Photoshop CC 服装设计经典实例教程

张记光　编著

国家一级出版社　中国纺织出版社　全国百佳图书出版单位

内 容 提 要

本书介绍了Photoshop CC软件在服装设计领域中的应用。作者结合二十多年服装设计和教学经验，将大量服装设计师及服装设计专业学生在工作和学习过程中最常用到的设计案例呈现于书中，给读者最直观的参考。全书共分六章，包括Photoshop CC软件介绍、服饰图案的绘制方法、服装面料的绘制方法、服饰配件的绘制方法、服装款式图的绘制方法、时装效果图的绘制方法。尤其是在Photoshop软件绘制服装款式图、服装参赛效果图等方面的技法介绍，是作者在写这本书过程中重点考虑的，并对此做了详细且全面的讲解。

本书随书附赠网络教学资源，将书中每一个实例做了全程视频讲解并提供案例原始格式文件，直观而清晰，使读者学习起来更轻松、便捷。本书内容全面，实例时尚且丰富，可作为高等院校服装设计专业学生的教材，也可作为服装设计师及时尚设计爱好者的参考用书。

图书在版编目（CIP）数据

Photoshop CC 服装设计经典实例教程 / 张记光编著. -- 北京：中国纺织出版社，2018.8 （2022.8 重印）
ISBN 978-7-5180-5148-9

Ⅰ. ① P… Ⅱ. ①张… Ⅲ. ①服装设计—计算机辅助设计—图象处理软件—高等学校—教材 Ⅳ. ① TS941.26

中国版本图书馆 CIP 数据核字（2018）第 130352 号

责任编辑：张晓芳 亢莹莹　　特约编辑：温 民
责任校对：武凤余　　责任印制：何 建

中国纺织出版社出版发行
地址：北京市朝阳区百子湾东里A407号楼　邮政编码：100124
销售电话：010-67004422　传真：010-87155801
http：//www.c-textilep.com
中国纺织出版社天猫旗舰店
官方微博 http：//weibo.com/2119887771
北京华联印刷有限公司印刷　各地新华书店经销
2018年8月第1版　2022 年 8 月第 2 次印刷
开本：787 × 1092　1/16　印张：17.5
字数：200千字　定价：78.00元

转眼间我从事服装设计教育工作已经有二十多年了，我将自己在设计工作和教学工作中的一些心得写出来，是2007年的事情了，在近十余年里，利用自己在工作的间隙写了几本关于服装设计软件方面的书籍，其中第一本是服装设计软件应用方面的图书《CorelDRAW服装设计经典实例教程》，它是在2009年由中国纺织出版社出版的。可以说我的初衷很简单，作为一名服装设计师和一名老师，我希望自己能够成为广大服装设计专业学生和爱好者在学习过程中的一块垫脚石，所以我将自己近年来在这一领域的一些想法，以及在教学实践中学生反应较多的问题的解决方法写出来，希望广大读者能够通过本书的学习尽快掌握并利用软件来辅助自己的设计。

随着时代的进步和电脑的普及，Photoshop、CorelDRAW、Illustrator和专业服装CAD等软件，已经成为每个从事服装设计工作者必须要掌握的基本工具。

开始接触Photoshop软件时，该软件还是5.0版本，学习该软件的过程可以说是一波三折，因为当时还没有关于这个软件在服装设计应用方面的书籍，所以学习该软件所使用的书籍大部分是平面设计方向的，加之当时大部分书籍写作的语言较为专业和生涩，学习起来非常吃力，用了近两年时间才将这个软件掌握。这些年来，在自己的服装设计软件教学过程中，看到有不少学生面对Photoshop软件有一种恐惧心理，也有不少服装设计专业及爱好者被软件中的定义和该软件强大的功能搞得不知所措，所以一直有一种想把自己对该软件在服装设计领域的应用写出来的冲动，目的是使更多的读者能够在一种轻松的氛围中快速掌握这个软件。基于上述想法，在本书的写作时，书中语言尽可能通俗易懂，在案例的安排时精挑细选，尽量挑选大家在设计工作中经常使用的、时尚的、简单并容易引发服装设计师在实际设计工作中举一反三的案例。目的是使读者能够在学习完本书后，尽快将该软件应用到实际设计工作中去。

另外，因为自己在学习Photoshop软件中也走了不少弯路，根据自己多年来的教学经验，如果读者没有教师的指导和讲解，也没有足够的毅力，学习的速度和效率不会太高。所以本书在用文字及图片讲解外，又将本书中所有的案例绘制过程全部录制成了视频，储存到网络教学资源中，随着本书一起呈现给大家，使读者在阅读纸质图书的同时，还可以在自己的电脑和手机上观看视频进行学习，从而能够获得如同坐在教室内听老师讲课的效果，能够大幅度提高读者的学习效率。

最后对中国纺织出版社表示衷心地感谢！感谢中国纺织出版社能够给我机会把自己的研究出版成书，将自己在学习软件方面的心得、体会与广大的同仁分享。我深知自己水平有限，且近年来一直工作在教学领域，与实际设计前沿工作尚有一定的距离，缺点和疏漏在所难免，恳请广大读者批评斧正。

张记光

2017年6月

目录

第一章　Adobe Photoshop CC软件介绍

Adobe Photoshop，简称“PS”，Photoshop是由美国Adobe Systems公司推出的图像处理软件，主要用于处理由像素构成的数字图像，使用众多的编辑与绘图工具，功能非常强大，广泛应用于印刷、平面设计、网页设计、数码摄影后期处理、动画设计、插画设计、室内设计、服装设计等领域。截至2016年1月的Adobe Photoshop CC为市场最新版本。在windows7系统桌面双击Adobe Photoshop CC快捷方式图标，打开Adobe Photoshop CC启动界面，如图1–1所示。

图1–1

第一节　Adobe Photoshop CC工作界面概述

启动Adobe Photoshop CC进入Adobe Photoshop CC的工作界面，工作界面中包含菜单栏、工具箱、工具选项栏、标题栏、状态栏、面板、文档窗口等内容，如图1–2所示。

1. *菜单栏*：菜单栏包含了Adobe Photoshop CC中所有的命令，由文件、编辑、图像、图层、文字、选择、滤镜、3D、视图、窗口、帮助菜单项组成，每一个菜单选项下内置多个菜单命令，通过这些命令可以对图像进行各种编辑处理。菜单命令后面有英文字母是该命令的快捷键（如新建命令的快捷键是【Ctrl】+【N】），菜单命令的右侧有“▸”符号，表示该菜单命令下还有子菜单，如果菜单命令右侧有省略号“…”，则单击此菜单命令时将会弹出

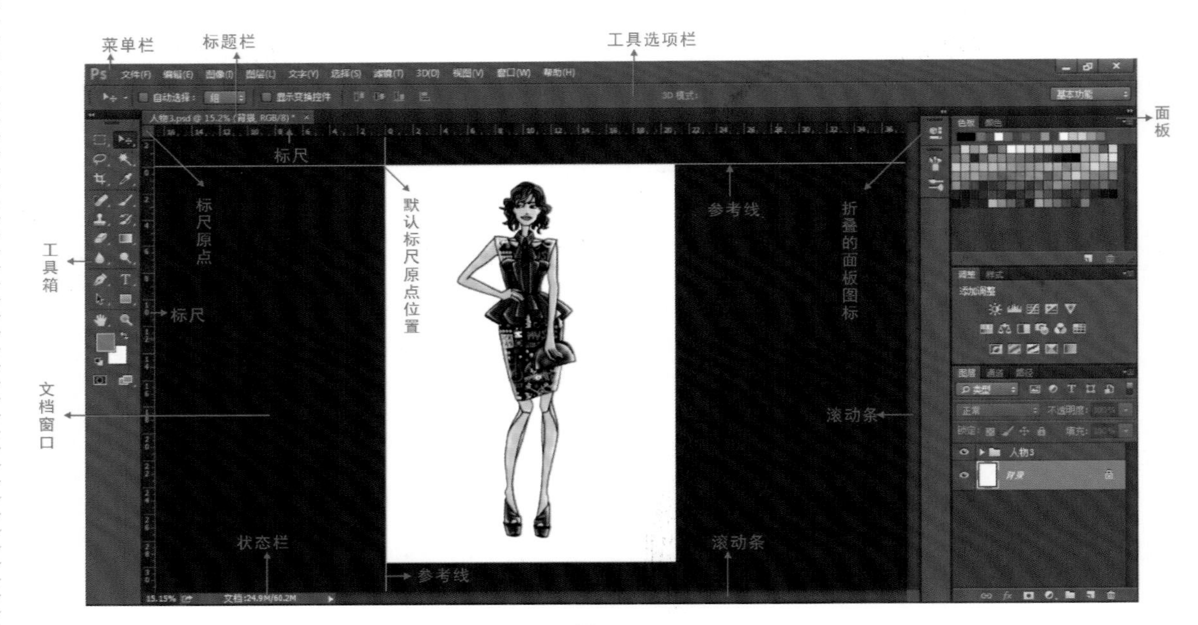

图1-2

与之相关的对话框。我们单击任意一个菜单项都会弹出其包含的命令，Adobe Photoshop CC中的绝大部分功能都可以利用菜单栏中的命令来实现。

2. **工具箱**：其中包含了用于单击各种操作的工具，如创建选区、移动图像、绘图、绘画等工具，如图1-2所示。

3. **工具选项栏**：工具选项栏位于菜单栏的下方，在Adobe Photoshop CC选择了工具箱中的工具后，工具选项栏会显示该工具的相关设置选项和可以使用的相关功能，工具选项栏的显示内容会根据所选择工具的不同而改变。例如图1-3所示为画笔工具的工具选项栏。

图1-3

4. **标题栏**：位于图像窗口的上方，显示图像文档的名称、文件格式、窗口缩放比例及色彩模式等信息。如果文档中包含多个图层，标题栏还会显示当前图层的名称，如图1-4所示。

图1-4

5. **状态栏**：状态栏位于图像窗口的底部，它显示文档窗口的缩放比例、文档大小、当前使用的工具等信息。单击状态栏右方黑色三角可以弹出一个选项菜单，包括文档大小、文档配置文件、文档尺寸、测量比例、暂存盘大小计时、当前工具等选项，当选择某一项时状态栏会显示相应的信息，如图1-5所示。

6. 面板：可以帮助我们编辑图像。在默认状态下，在工作界面右侧显示多个面板和面板图标，功能主要是用于配合图像的编辑，对操作进行设置以及设置参数等。我们可以在【窗口】菜单中选择需要的面板将其打开，也可以根据需要，随意把面板关闭收起或者展开，以节约桌面的空间。如图1–6所示展开的面板样式。

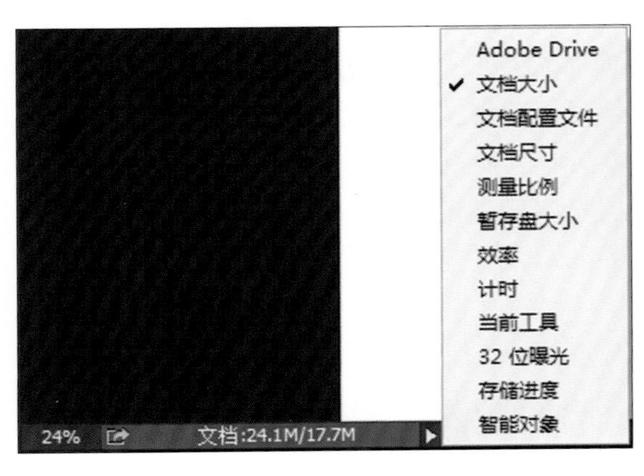

图1–5

图1–6

7. 文档窗口：文档窗口是Adobe Photoshop CC最主要的区域，也是面积最大的区域，是用于显示和编辑图像的位置。在操作中我们可以根据需求对窗口的大小、位置进行操作，当我们打开一个或者多个图像时，Adobe Photoshop CC会自动为每一个图像创建一个标题栏和一个状态栏，如图1–7所示。

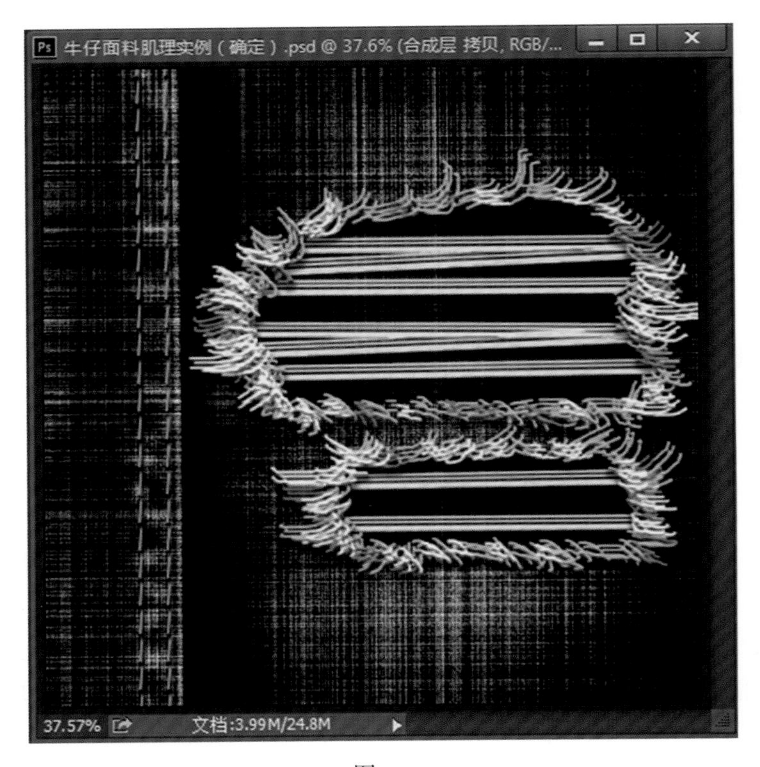

图1–7

第二节　工具箱介绍

在Adobe Photoshop CC默认状态下，工具箱位于屏幕的右侧，我们可以通过拖移工具箱的标题栏来移动它，也可以通过【窗口】/【工具】菜单命令，显示或者隐藏工具箱。通过这些工具，我们可以进行选择、绘画、编辑、移动、编辑等操作，还可以更改前景色/背景色以及在不同的模式下工作。工具图标右下侧的小三角表示该工具箱的隐藏工具，如图1-8所示。

1. 【移动工具】：主要用于图像、图层或选择区域的移动，使用它可以完成排列、组合、移动和复制等操作。该工具快捷键是【V】。结合键盘上的快捷键，移动工具还有以下扩展功能：

（1）移动复制：确认移动工具处于选择的状态下，按住键盘上的【Alt】键，按住鼠标左键，Photoshop的移动工具下面多了个白色小三角，移动图层对象时，每松开一次，将会复制该图像对象。

（2）精确移动对象：确认移动工具处于选择的状态下，使用键盘上的方向键，每一次按下键盘上的相应方向键，将使该对象与对应方向键的方向移动一个像素；按住键盘中【Shift】键的同时单击方向键，每次可移动10个像素。

（3）移动工具其他快捷使用方法：在使用其他工具时，按住键盘中的【Ctrl】键，光标将自动变为移动图标，达到临时使用移动工具的目的，但钢笔、抓手、切片、矩形工具和路径选择工具及各工具的隐藏工具除外。

2. 【画板工具】：该工具是Photoshop CC新增加的重要功能——对多画板的支持。以前的Photoshop版本软件不支持多画板，即使设计师使用双显示器，也只能在一个画板中作图。从现在开始，多画板支持再也不是Illustrator以及Sketch等设计软件的专利，大大方便了使用Photoshop的专业设计师的需求。该工具的快捷键是【V】。

若多种工具共用一个快捷键的可同时按【Shift】加此快捷键选取，如：要选择工具箱中的【画板工具】，可以先按键盘上的【V】键选中【移动工具】，然后再按住键盘上的【Shift】+【V】键即可选中【画板工具】。

3. 【矩形选框工具】：该工具用来创建矩形选区与正方形选区。在该工具处于选择的状态下，在画面上按住鼠标左键拖动，松开鼠标后即可得到矩形选区；如按住键盘上的【Shift】键并按鼠标左键拖动绘制，松开即可得到正方形选区。该工具快捷键是【M】。

4. 【椭圆选框工具】：该工具用来创建椭圆形选区与正圆形选区。在该工具处于选择的状态下，在画面上按住鼠标左键拖动，松开鼠标后即可得椭圆形选区；按住键盘上的【Shift】键拖动鼠标左键绘制，即可得到正圆形选区。该工具快捷键是【M】。

5. 【单行选框工具】：使用该工具可以创建高度为1像素的、宽度与整个页面相同的选区。在该工具处于选择的状态下，在画面上相应的位置单击即可创建选区。

6. 【单列选框工具】：使用该工具可以创建宽度为1像素、高度与整个页面相同的选区。使用方法同上，在该工具处于选择的状态下，在画面上相应的位置单击即可创建选区。

7. 【套索工具】：使用该工具可以通过绘制选区边缘的方式得到不规则的选区。在

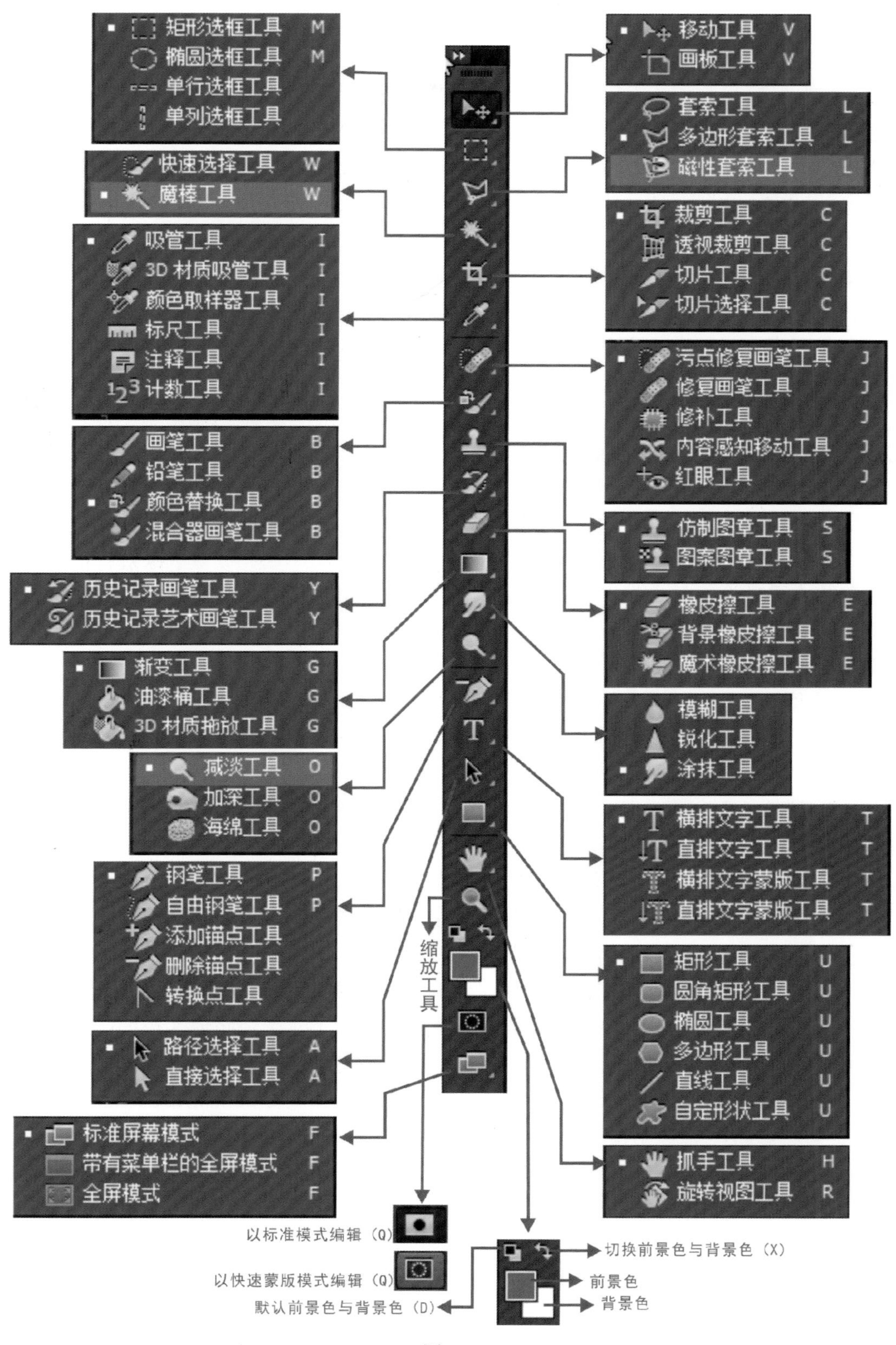

矩形选框工具 M
椭圆选框工具 M
单行选框工具
单列选框工具
快速选择工具 W
魔棒工具 W
吸管工具 I
3D 材质吸管工具 I
颜色取样器工具 I
标尺工具 I
注释工具 I
计数工具 I
画笔工具 B
铅笔工具 B
颜色替换工具 B
混合器画笔工具 B
历史记录画笔工具 Y
历史记录艺术画笔工具 Y
渐变工具 G
油漆桶工具 G
3D 材质拖放工具 G
减淡工具 O
加深工具 O
海绵工具 O
钢笔工具 P
自由钢笔工具 P
添加锚点工具
删除锚点工具
转换点工具
路径选择工具 A
直接选择工具 A
标准屏幕模式 F
带有菜单栏的全屏模式 F
全屏模式 F
移动工具 V
画板工具 V
套索工具 L
多边形套索工具 L
磁性套索工具 L
裁剪工具 C
透视裁剪工具 C
切片工具 C
切片选择工具 C
污点修复画笔工具 J
修复画笔工具 J
修补工具 J
内容感知移动工具 J
红眼工具 J
仿制图章工具 S
图案图章工具 S
橡皮擦工具 E
背景橡皮擦工具 E
魔术橡皮擦工具 E
模糊工具
锐化工具
涂抹工具
横排文字工具 T
直排文字工具 T
横排文字蒙版工具 T
直排文字蒙版工具 T
矩形工具 U
圆角矩形工具 U
椭圆工具 U
多边形工具 U
直线工具 U
自定形状工具 U
抓手工具 H
旋转视图工具 R
缩放工具
以标准模式编辑（Q）
以快速蒙版模式编辑（Q）
默认前景色与背景色（D）
切换前景色与背景色（X）
前景色
背景色

图1-8

【套索工具】处于选择的状态下，按住鼠标左键并根据需要拖动，松开鼠标时得到自动闭合的选区。该工具快捷键是【L】。

8. 【多边形套索工具】：该工具适合创建边界多为直线或者边界曲折有尖角的选区。选择该工具后，在画面上单击鼠标左键确定选区起点，接着移动光标到其他位置单击，两次单击联成一条直线，继续单击其他位置，最后将光标定位到选区起点处单击，即可获得选区。该工具快捷键是【L】。

9. 【磁性套索工具】：使用该工具可以捕捉对比度较大的图像边界，从而快速、准确地选取图像的轮廓区域，并创建选区。在该工具处于选择状态下，将光标放置于画面上色彩差异较大的边缘处，单击鼠标左键定位选区起点，然后沿着画面中色彩差异较大的边界拖动鼠标，随着光标的移动，【磁性套索工具】会自动在边缘建立节点，当光标移动到起点处单击鼠标左键即可创建选区。该工具快捷键是【L】。

10. 【快速选择工具】：该工具可以通过涂抹的方法迅速地绘制出与光标区域色彩接近的区域并建立选区。该工具快捷键是【W】。

11. 【魔棒工具】：使用该工具可以通过单击的方式选取画面中颜色相同或者相近的区域建立选区。该工具快捷键是【W】。

12. 【裁剪工具】：使用该工具可以对图像进行剪裁。在该工具处于选择的状态下，画面边缘将会出现八个节点框，我们用鼠标对着节点可进行缩放，或用鼠标对着框外可以对选择框进行旋转，用鼠标对着选择框双击或按下回车键即可以结束对该图像的裁切。该工具快捷键是【C】。

13. 【透视裁剪工具】：使用该工具可以在裁剪的同时方便矫正图像的透视错误，可以纠正由于相机或者摄影机角度问题造成的畸变，即对倾斜的图片进行矫正。该工具快捷键是【C】。

14. 【切片工具】：该工具是用来分解图片的，用这个工具可以把图片切成若干小图片。该工具在网页设计中运用比较广泛，可以把做好的图像，按照自己的需求切成小块，并可直接输出网页格式，非常实用。该工具快捷键是【C】。

15. 【切片选择工具】：该工具是用来选择划分好的切片，可以对一个独立的切片进行编辑。该工具快捷键是【C】。

16. 【吸管工具】：该工具可以吸取Adobe Photoshop CC内的任意图像的颜色，并作为前景色进行其他地方的填充。在该工具处于选中的状态下，想要吸取颜色的图像上单击，这时可看到工具箱里的前景色变为选取的颜色，一般用于要用到相同的颜色时候，在色板上又难以达到相同的可能，宜用该工具；如果按住键盘上的【Ctrl】键并单击鼠标左键，则被选中的颜色将会成为背景色。该工具快捷键是【I】。

17. 【3D材质吸管工具】：用该工具可以吸取3D材质纹理以及查看和编辑3D材质纹理。该工具快捷键是【I】。

18. 【颜色取样器工具】：该工具主要用于吸取图像中的颜色并在前景色中显示，吸取颜色的色值反应在信息面板中，每一个样点的颜色组成如RGB或CMYK等色彩数值都在右上角的选项栏上显示出来，默认只能吸引四次。我们可以根据色值来调出具体的颜色，也可以用鼠标拖动取样点，从而改变取样点的位置；如果想删除取样点，只需用鼠标将其拖出画布即可。该工具快捷键是【I】。

19. 【标尺工具】：该工具可以测量两点或两线间的坐标、宽度、高度、长度、角度等信息，信息将在信息面板中显示。在图像中某点处单击一下鼠标左键，并按住鼠标左键不放，拖动到另一点形成一条直线，松开左键，则在右上角的选项上会显示出该直线的长度和角度；如果想在画面上增加测量线，在该工具处于选中的状态下，按住键盘上的【Alt】键可以创建第二条测量线。该工具快捷键是【I】。

20. 【注释工具】：该工具主要用于图片中添加注释的工具。在该工具处于选中的状态下，在需要添加注释的地方单击鼠标左键会弹出注释对话框，在里面输入想要的文字即可，关闭对话框就可以保存。我们也可以在属性栏输入其他信息，也可以在【注释】上右键选择删除。该工具可以多次使用，【注释】完成后，保存为PSD格式的文件就可以把注释保存。该工具快捷键是【I】。

21. 【计数工具】：该工具是一款对画面重要对象进行数字计数及标示的工具，使用的时候在需要标注的地方点一下，就会出现一个数字，数字会随着你的点击而递增。用这款工具可以统计画面中一些重复的元素。结合该工具的使用，可以设置统计数字的字体颜色、大小、显示、隐藏等。该工具快捷键是【I】。

22. 【污点修复画笔工具】：该工具主要用于去除画面中较小的污点、划痕及其他不理想的部分。在该工具处于选中的状态下，利用键盘上的“【”键（缩小画笔）和“】”键（放大画笔），将画笔调整到合适大小，在画面上瑕疵部位单击鼠标左键或者拖动覆盖要修复的区域，松开鼠标后软件会自动从修饰区域周围进行取样，用取样内容填充瑕疵本身。该工具快捷键是【J】。

23. 【修复画笔工具】：该工具主要用于消除并修复画面中的瑕疵，从而使修复后的像素不留痕迹地融入图像的其他部分，利用键盘上的“【”键（缩小画笔）和“】”键（放大画笔），或者在工具选项栏上调整好画笔的大小及硬度等，将画笔调整到合适大小及硬度，按住键盘上的【Ctrl】键单击鼠标左键进行取样，然后在要修复的部位进行涂抹即可。该工具快捷键是【J】。

24. 【修补工具】：该工具是利用图像中其他部位的像素来修复选中的区域。当该工具处于选中的状态下，按住鼠标左键绘制出需要修补的区域，然后松开鼠标左键，将鼠标选中绘制好的区域，按住鼠标左键拖动到修复内容部位，松开鼠标左键即可完成自动修复。该工具快捷键是【J】。

25. 【内容感知移动工具】：该工具是一个操作非常简单的智能修复工具，主要有两大功能：

（1）感知移动功能：在该工具处于选中的状态下，将工具选项栏上的【模式】设置为【移动】，选中需要移动的画面中的对象，放置于合适的部位，移动后的空隙部位将被智能修复。

（2）快速复杂功能：在该工具处于选中的状态下，将工具选项栏上的【模式】设置为【扩展】，选中需要复杂的画面作为对象，放置在其他合适的部位就可以实行复制，复制后的边缘会自动柔化处理，跟周围的环境融合。该工具快捷键是【J】。

26. 【红眼工具】：该工具主要用于消除用闪光灯拍摄的人物照片中的红眼，也可以消除用闪光灯拍摄的动物照片中的白色或者绿色反光。该工具快捷键是【J】。

27. 【画笔工具】: Adobe Photoshop CC提供了强大的绘图工具，画笔工具是最基本的绘图工具，常用于绘制丰富的线条，该工具是绘制和编辑图像的基础。使用画笔工具进行绘画时，首先要设置好所需要的前景色，然后再通过工具选项栏与画笔面板，对画笔属性进行设置，设置完毕后在画面上按住鼠标左键拖动即可使用前景色绘制出所需的线条。该工具快捷键是【B】。

28. 【铅笔工具】: 铅笔工具的使用方法与画笔工具的使用方法相同，不同点在于铅笔工具主要用于绘制硬边的线条。该工具快捷键是【B】。

29. 【颜色替换工具】: 该工具的工作原理是用前景色替换图像中指定的像素。使用时选择好前景色，在图像中需要更改颜色的部位涂抹，即可将其替换为前景色。该工具的工具选项栏的【模式】中包括：【色相】、【饱和度】、【颜色】、【明度】，当选择【颜色】模式时，可以同时替换【色相】、【明度】和【饱和度】。该工具快捷键是【B】。

30. 【混合器画笔工具】: 该工具是一款模拟绘画效果的工具。通过工具选项栏的设置可以调节笔触的颜色、湿润度、混合颜色等，设置完毕后，按住鼠标左键在画面上需要的位置涂抹，即可使画面产生类似水彩画或者油画效果。该工具快捷键是【B】。

31. 【仿制图章工具】: 该工具的主要作用是在画面中取样，然后在需要仿制的区域涂抹，之前取样的像素会被完整地重现在被涂抹区域。使用方法是确认该工具处于选中的状态下，按住键盘上的【Ctrl】键，在画面中的取样区域单击鼠标左键取样，这样复制的图像被保存到剪贴板中，把鼠标移动到要复制图像的位置，选中一个点，然后按住鼠标左键拖动即可逐渐出现复制的图像。该工具快捷键是【S】。

32. 【图案图章工具】: 该工具的主要作用是像使用画笔工具一样，在画面中绘制图案。使用时选中该工具的状态下，在工具选项栏中设置【模式】、【不透明度】、【流量】以及选择【图案】列表中选择合适的图案，然后在画面中合适的位置按住鼠标左键在需要的位置涂抹，即可在画面中绘制选定的图案。该工具快捷键是【S】。

33. 【历史记录画笔工具】: 该工具的主要作用是图像编辑的恢复，使用【历史记录画笔工具】，可以将图像编辑中的某个状态还原到打开初期的原始状态。使用【历史记录画笔工具】可以起到突出画面重点的作用等。该工具快捷键是【Y】。

34. 【历史记录艺术画笔工具】: 该工具与【历史记录画笔工具】基本类似，不同的是用该工具涂抹画面的时候，可以加入不同的色彩和艺术风格，效果类似水彩画和油画的绘画效果。该工具快捷键是【Y】。

35. 【橡皮擦工具】: 该工具是以按住鼠标左键涂抹画面的方法擦掉画迹，将光标移动过的区域像素改为透明绘制背景色。该工具快捷键是【E】。

36. 【背景橡皮擦工具】: 该工具是一种基于色彩差异的智能化擦除工具，它可以自动采集画笔中心的色样，同时画笔内出现这种颜色，被擦除区域将成为透明。该工具快捷键是【E】。

37. 【魔术橡皮擦工具】: 该工具相当于【魔棒工具】加【删除】命令的作用，在该工具处于选中的状态下，在画面上需要擦除的色彩上单击，就会自动地擦除与此颜色相近的区域。该工具快捷键是【E】。

38.【渐变工具】：该工具的主要作用是在画面或者画面指定位置创建并填充色彩的渐变过渡效果。在该工具处于选中的状态下，在工具选项栏上单击“渐变颜色条”如，可以打开【渐变编辑器】对话框，设置好渐变效果，单击确定，关闭该对话框，然后在工具选项栏上单击选择需要的渐变类型，设置完成后，在画面中按住鼠标左键并拖拉，松开鼠标即可得到需要的渐变填充效果。该工具快捷键是【G】。

39.【油漆桶工具】：该工具主要是用于在画面上或者画面指定位置填充单色或图案，如果画面中已经创建了选区，用该工具可填充选区；如果没有创建选区，该工具则填充与鼠标单击处色彩相近的区域。该工具快捷键是【G】。

40.【3D材质拖放工具】：该工具作用于对3D文字和3D模型填充系统自带或者载入的纹理材质效果。该工具快捷键是【G】。

41.【模糊工具】：该工具的主要作用是对于图像中的细节处进行柔化，从而减少图像中的细节。在该工具处于选中的状态下，通过设置工具选项栏中的【强度】数值来改变图像模糊的强度，然后在画面中按住鼠标左键进行涂抹，涂抹次数越多该位置的模糊强度越强。

42.【锐化工具】：该工具的主要作用是增强图像局部的清晰度，也就是增大像素之间的对比度。该工具的使用方法与【模糊工具】使用方法相同。

43.【涂抹工具】：该工具可以模拟类似于手指划过未干油墨的效果，也就是说画笔周围的像素将随笔触一起移动。该工具的使用方法，在该工具处于选中的状态下，在画面中按住鼠标左键并拖动即可拾取鼠标单击处的颜色，并沿着拖拽的方向展开这种颜色。

44.【减淡工具】：该工具主要用于调整图像画面特定区域的曝光度。在该工具处于选中的状态下，在画面是合适的位置按住鼠标左键进行涂抹，被涂抹的区域会变亮。该工具快捷键是【O】。

45.【加深工具】：该工具主要用于图像画面特定区域的加深处理，在该工具处于选中的状态下，在画面合适的位置按住鼠标左键进行涂抹，被涂抹的区域的色彩将会被加深。该工具快捷键是【O】。

46.【海绵工具】：该工具主要用于调整图像画面特定区域色彩的饱和度。在该工具处于选中的状态下，在画面合适的位置按住鼠标左键进行涂抹，被涂抹区域的饱和度将会被降低。该工具快捷键是【O】。

47.【横排文字工具】：该工具主要用于输入横排（横向）文字。该工具快捷键是【T】。

48.【直排文字工具】：该工具主要用于输入直排（竖向）文字。该工具快捷键是【T】。

49.【横排文字蒙版工具】：该工具主要用于输入横排（横向）文字选区。该工具快捷键是【T】。

50.【直排文字蒙版工具】：该工具主要用于输入直排（竖向）文字选区。该工具快捷键是【T】。

51.【钢笔工具】：该工具用于绘制精确的路径和形状，用途十分广泛，可以用来绘制服装线稿、款式图、不规则选区等。在该工具处于选中的状态下，在画面上单击鼠标左键创建一个锚点，再次单击鼠标或者单击拖拽会在两个锚点之间建立一条路径，当我们想要绘制一个闭合路径或者形状时，只需要将鼠标光标放在路径的起点单击即可。该工具快捷键是【P】。

52. 【自由钢笔工具】：该工具可以徒手绘制路径或者形状。在该工具处于选中的状态下，在画面上按住鼠标左键拖动绘制即可生成路径绘制形状。该工具快捷键是【P】。

53. 【添加锚点工具】：该工具的作用是在路径没有锚点的位置添加新的锚点。该工具快捷键是【+】。

54. 【删除锚点工具】：该工具的作用是在路径已有锚点的位置单击删除已有锚点。该工具快捷键是【-】。

55. 【转换点工具】：该工具是转换路径上角点与平滑点的工具。使用方法是在该工具处于选中的状态下，在需要修改的节点上按住鼠标左键拖拽即可。

56. 【矩形工具】：该工具的主要作用是用来绘制矩形或者正方形的形状及路径。在该工具处于选中的状态下，在画面上合适的位置按住鼠标左键，拖动鼠标左键到对角处，然后松开鼠标左键，即可绘制矩形路径及形状。在绘制时按住键盘上的【Shift】键，可以绘制正方形的形状及路径。该工具快捷键是【U】。

57. 【圆角矩形工具】：该工具主要用于绘制四角圆滑的矩形或者正方形的形状及路径。在该工具处于选中的状态下，在画面上合适的位置按住鼠标左键，并拖动鼠标左键到对角处，然后松开鼠标左键，即可绘制圆角矩形；在绘制时按住键盘上的【Shift】键，可以绘制四角圆滑的正方形的形状及路径。该工具快捷键是【U】。

58. 【椭圆工具】：该工具主要用于绘制椭圆形或者正圆形的形状及路径。在该工具处于选中的状态下，在画面上合适的位置按住鼠标左键，并拖动鼠标左键到对角处，然后松开鼠标左键，即可绘制椭圆形路径及形状；在绘制时按住键盘上的【Shift】键，可以绘制正圆形的形状及路径。该工具快捷键是【U】。

59. 【多边形工具】：该工具主要用于绘制多边形或者星形的形状及路径。在该工具处于选中的状态下，在工具选项栏设置好多边形或者星形的边数，在画面上合适的位置按住鼠标左键，并拖动鼠标左键到对角处，松开鼠标左键，即可绘制多边形或者星形；在绘制时按住键盘上的【Shift】键，可以绘制正多边形或者正星形的的形状及路径。该工具快捷键是【U】。

60. 【直线工具】：该工具主要用于绘制带有宽度的直线线条或者带有箭头的直线线条的形状及路径。在该工具处于选中的状态下，在画面上合适的位置按住鼠标左键，并拖动鼠标左键到对角处，松开鼠标左键，即可绘制所需线形及路径；在绘制时按住键盘上的【Shift】键，可以将绘制直线的方向控制在0°、45°或者90°方向的形状及路径。该工具快捷键是【U】。

61. 【自定形状工具】：该工具主要用于绘制Adobe Photoshop CC内置的形状列表中预设好的形状及路径。在该工具处于选中的状态下，在画面上合适的位置按住鼠标左键，并拖动鼠标左键到对角处，松开鼠标左键，即可绘制。该工具快捷键是【U】。

62. 【路径选择工具】：该工具可以整体移动和改变路径的形状，还可以调整两个路径的相对位置。其使用方法类似于【移动工具】，只不过【移动工具】是对选取区域进行操作，而【路径选择工具】是对路径进行操作。该工具快捷键是【A】。

63. 【直接选择工具】：该工具可以选择任何路径上的节点，单击鼠标左键点选其中一个锚点，按住键盘上的【Shift】连续点选可选多个锚点。该工具可以方便地对路径上的锚点、控制手柄、一段路径甚至全部路径进行移动、改变方向和形状操作，也可以改变路径的位置。该工具快捷键是【A】。

64. 【抓手工具】：该工具可以通过鼠标自由控制图像在工作区中的显示位置。我们用其他工具处理图片的时候，通常会放大后再处理，那时就只会显示一小块，此时，你可以按住空格键，就会出现【手形】工具，可以方便地移动画面，放开空格键又恢复以前的工具了（文字工具除外）。该工具快捷键是【H】。实时的快捷键是键盘上的空格键。

65. 【旋转视图工具】：该工具的作用是进行绘画和处理图像时，可以使用该工具按照任意角度旋转画布，就像在纸上绘画一样方便，而且不会使图像变形。当操作完成后，可以按住键盘上的【Esc】键，可以复位视图的原始角度。该工具快捷键是【R】。

66. 【缩放工具】：【缩放工具】又称放大镜工具，可以对图像进行放大或缩小。在该工具处于选中的状态下，鼠标光标将变为中心带有一个加号的放大镜。点按想放大的区域，每点按一次，图像便放大至下一个预设百分比，并以鼠标单击点按的点为中心显示；按住键盘上的【Alt】键可以启动缩小工具（或单击其属性栏上的缩小按钮）。指针将变为中心带有一个减号的放大镜。鼠标左键单击想缩小的图像区域的中心，每点按一次，视图便缩小到上一个预设百分比。该工具快捷键是【Z】。（图像缩放的其他方法：同时按下键盘上的【Ctrl】+【+】键，将会放大画面；同时按住键盘上的【Ctrl】+【–】键，将会缩小画面。）

67. 【设置前景色/背景色】：该选项主要是用来设置画面当前可使用的颜色，它由设置前景色、设置背景色、切换前景色与背景色、默认前景色与背景色等部分组成，如图1–9所示。

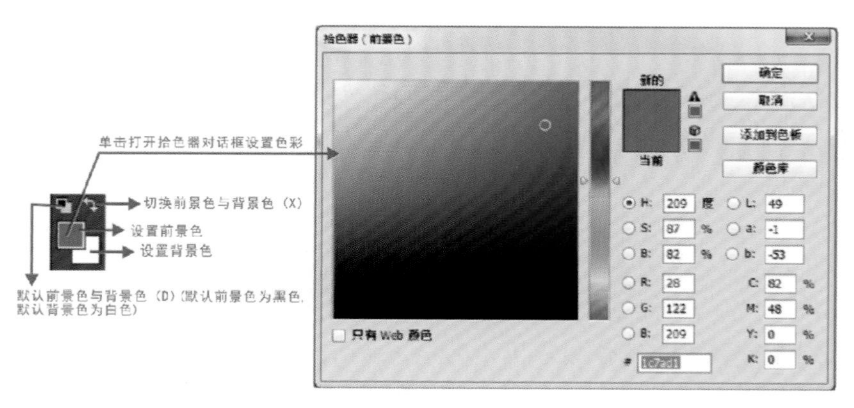

图1–9

设定前景色与背景色的方法有以下4种：

（1）单击【设置前景色】绘制【设置背景色】按钮，然后在弹出的【拾色器】对话框中设定需要的颜色。

（2）用【颜色】面板设定所需的颜色。

（3）用【色板】面板设定所需的颜色。

（4）用工具箱中的【吸管工具】吸取所需的颜色。

在填充颜色之前，首先要设置好前景色或者背景色，然后使用键盘上的【Alt】+【Delete】键可以填充前景色，使用键盘上的【Ctrl】+【Delete】键可以填充背景色。

第三节　菜单简介

菜单的作用主要是便于使用计算机单击各种操作命令。

1. **文件菜单**：该菜单里的命令主要用于图像文件的创建、打开、保存、输入、输出和打印等操作，如图1–10所示。

（1）新建：用于建立Photoshop CC的新文件，单击该命令，打开【新建】对话框，可以设定文件名、尺寸、分辨率、色彩模式、背景颜色等，其快捷键为键盘上的【Ctrl】+【N】键，如图1–11所示。

（2）打开：用于打开文件，在【打开】对话框中可以选择文件位置和文件格式，其快捷键为键盘上的【Ctrl】+【O】键，如图1–12所示。

（3）存储：该命令主要作用是存储当前正在处理的图像文件，若该图像文件在打开后没有被修改，则该命令显示为无效状态，其快捷键为键盘上的【Ctrl】+【S】键，如图1–13所示。

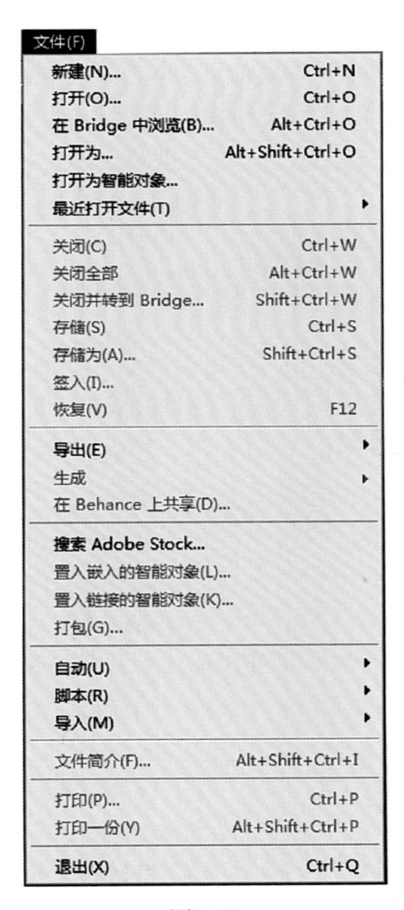

图1–10

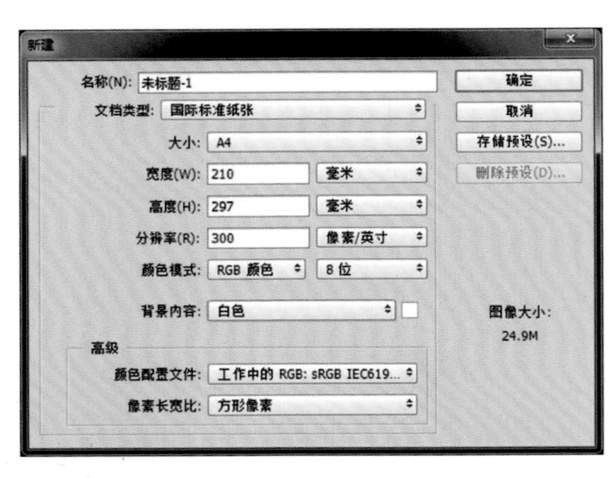

图1–11

图1–12

（4）存储为：如果我们要把当前的图像文件保存到不同的位置，或以不同的文件格式保存，原来的文件仍保持不变，便可使用该命令，其快捷键为键盘上的【Shift】+【Ctrl】+【N】键。

（5）打印：单击选中该命令，则可以打开【打印】对话框，在【打印】对话框中可以选定打印机、设定打印机参数和打印质量，就可以打印文件选中的文件。其快捷键为键盘上的【Ctrl】+【P】键，如图1–14所示。

图1–13

图1–14

2. **编辑菜单**：该菜单中的命令主要是对文件或者是文件中的元素进行编辑，比如复制、粘贴、填充、描边等，如图1–15所示。

（1）还原：该命令是用来将当前对图像所做的操作进行还原，它的快捷键是【Ctrl】+【Z】，但是它只能还原一次，如果想还原多步原操作，要多次按下键盘上的【Ctrl】+【Alt】+【Z】键。

（2）拷贝和粘贴：这两个命令基本上是组合使用的，用【矩形选框工具】、【椭圆选框工具】、【快速选择工具】、【套索工具】等来选中要复制的部分，然后选择菜单栏上选择【编辑】/【拷贝】命令将其复制，该命令的快捷键是【Ctrl】+【C】。然后再选择 【编辑】/【粘贴】将复制的部分粘贴到画面中，该命令的快捷键是【Ctrl】+【V】。

（3）填充：该命令的功能与工具箱中的“油漆桶”工具基本相同，只不过它将一些主要的命令和选项集中在一起。单击该命令，会打开【填充】对话框，如图1–16所示。

（4）描边：该命令的作用是在选区的边界上，用前景色进行笔划式的描边，如图1–17所示。

（5）自由变换：当前图像或图层中的对象有选择区域时，该命令处于可用状态。应用时通过拖动选择边框上出现的8个控制点，可以改变图层对象或者选区的大小，也可以旋转和拖拽图层对象或者选区。

（6）变换：该命令的子菜单下的几个命令主要应用于图像图层中的对象或者图像中的选择区域，通过这些子菜单我们可以完成对图像对象的挤压、扭曲、透视、旋转等操作以达到所需图像的效果。

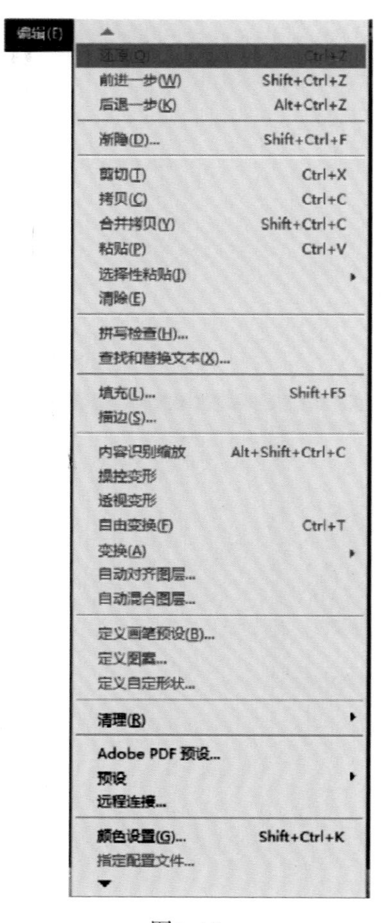

图1-15

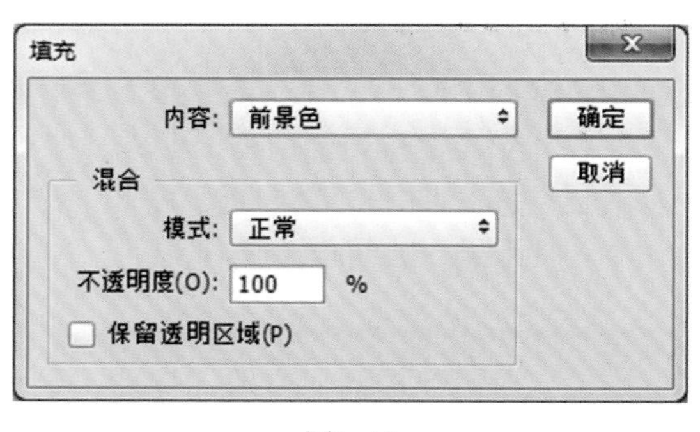

图1-16

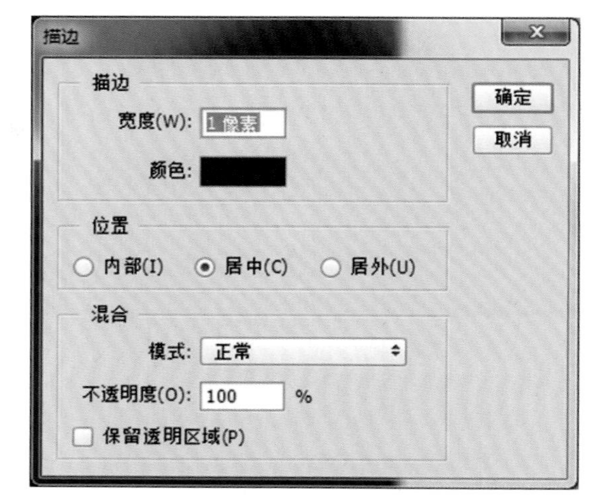

图1-17

（7）自定义画笔：该命令是将图像对象或者选定的区域设定为画笔，供工具箱中的画笔等工具使用。

（8）定义图案：该命令的作用是将选区设定为图案模板，供填充和画笔绘画使用，图案可以多次重复填入图像图层或者选定区域。

3. 图像菜单：该菜单的作用是对图像进行调整，包含了我们在操作图像时最为常用的一些调整命令，通过该菜单我们可以调整图像的大小、图像的格式、色彩的明度、纯度及色相和对比度等，如图1-18所示。

（1）模式：通过该命令后的子命令来更改或者设定图像的色彩模式。

（2）调整：该命令后有24个子菜单，主要用于调整图像的层次、对比度和色彩变化等特性，如图1-19所示。

（3）复制：该命令的作用是制作当前图像的复制品。在绘制或者处理图像的过程中，可以使用该命令对将要处理或者绘制的图像做一份“备份”。

（4）图像大小：该命令用于重新设定图像的尺寸和分辨率。

（5）画布大小：该命令用于重新设定图像画面的尺寸。

（6）旋转画布：该命令用于旋转整个图像，而不是图像中的选区。

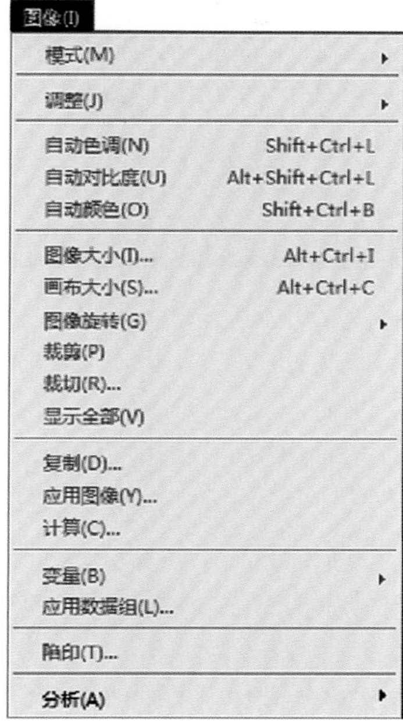
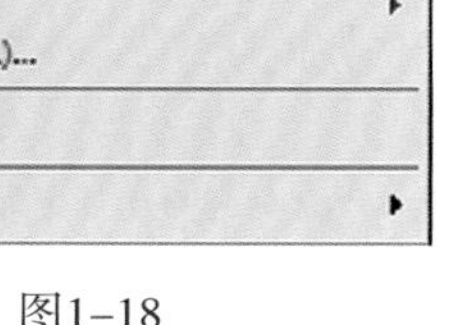

图1–18

图1–19

4. *图层菜单*：该菜单可以帮助实现对图层的大多数编辑命令，如图层的新建、合并、删除等操作，如图1–20所示。

（1）新建：用于创建一个新的图层，“新建”后面有子菜单，可以从中选择不同的创建方式，如图1–21所示。

图层：选择该命令，可打开【新建图层】对话框，创建出新的图层。

背景图层：该命令可将“背景”图层转化为普通图层；如果文档中没有“背景”图层，则选中一个图层，单击该命令后将其转换为“背景”图层。

组：该命令可创建出新图层组。

从图层建立组：创建新图层组，并将选中的图层放入新建的图层中。

通过拷贝的图层：使用该命令，可将当前选区内的图像直接拷贝并粘贴到新图层。

通过剪切的图层：使用该命令，可将当前选区内的图像直接剪切并粘贴到新图层。

（2）复制图层：使用该命令，可将图层复制到当前文档、其他打开的文档及新建文档中。单击【复制图层】命令，打开【复制图层】对话框，在对话框中可定义新图层的名称，并选择复制的目标位置，如图1–22所示。

（3）删除：使用【删除】命令中的子命令可以将图层或

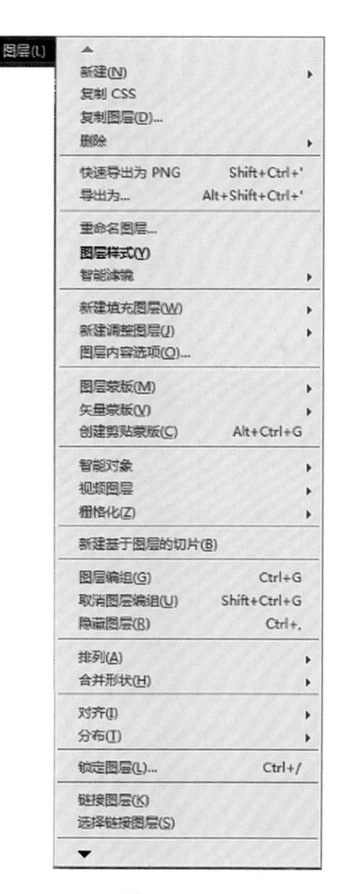

图1–20

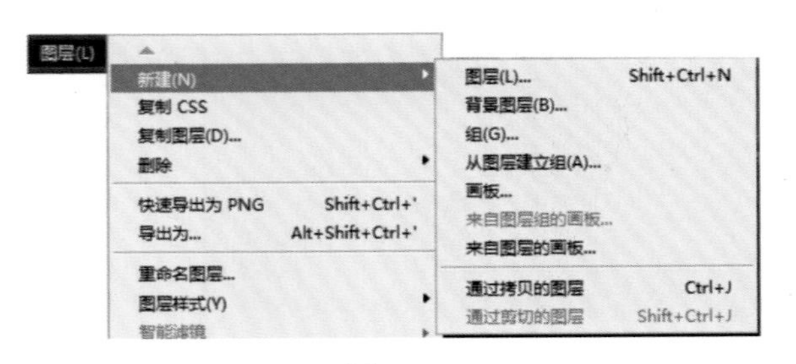

图1–21

图1–22

隐藏的图层删除。选中图层，然后单击该命令即可。

（4）图层样式：该命令后面带有多项子菜单，可以对图层应用投影、发光、斜面、浮雕、覆盖、填充、描边等多种操作。

（5）新建填充图层：利用该命令中的【纯色】、【渐变】、【图案】命令，可在图像中添加单色填充、渐变填充或是图案填充的图层，它们单独占有一个图层，可根据需要随时调整参数或删除。

（6）新建调整图层：使用该命令可为图像添加颜色调整图层，使用的颜色命令方法同【图像】/【调整】菜单中的颜色调整方法相同，都可对图像颜色进行调整，所不同的是颜色调整图层可对该图层以下所有可见图层的颜色进行调整，并可以随时打开对应的颜色调整对话框，对参数设置进行修改。

（7）图层蒙版：使用该命令中的子菜单，可以添加图层蒙版进行相应的设置，如隐藏、删除或取消链接等。

（8）矢量蒙版：该命令是针对矢量图形添加的蒙版，可控制矢量图形的显示与否。该命令下的子菜单命令与【图层蒙版】命令下的子菜单基本相同。其中【当前路径】命令可针对视图中的路径创建蒙版。

（9）创建剪贴蒙版：剪贴蒙版可使用图层的内容来遮盖其上方的图层，即上方图层中显示的内容就是下方图层的图像形状。选中要显示的图层，单击【创建剪贴蒙版】命令，创建完毕后，【创建剪贴蒙版】命令变为【放开剪贴蒙版】命令，选择该命令，恢复图层原来的状态。

（10）智能对象：智能对象是包含栅格或矢量图形的图像数据图层，它可保留图像的原内容及其所有原始特性，实现对图层的非破坏性编辑。利用【智能对象】命令下的子命令，可实现创建并管理智能对象的操作。

（11）文字：该菜单中的命令主要针对文本内容进行各种编辑，如利用文本生成路径或形状、改变文本消除锯齿的方法等。

（12）栅格化：使用该命令可将文字、形状、填充内容、矢量蒙版、智能对象、视频或3D图层栅格化，转换为普通图层。

（13）图层编组：选择除“背景”图层以外的一个或多个其他图层，单击【图层】/【图层编组】命令，可将选中的图层放入到新建的图层组中。

（14）取消图层编组：选中【图层】面板中的图层组，单击【取消图层编组】命令，可将图层组中的图层从组中取出，并将图层组删除。

5. *文字菜单*：该菜单可以帮助实现对文字的大多数编辑，如调整字体字号、调整字符及段落间距、将文字转换为路径等操作，如图1–23所示。

6. *选择菜单*：该菜单中的命令主要是针对选区进行各种编辑，如创建、修改或存储选区等操作，如图1–24所示。

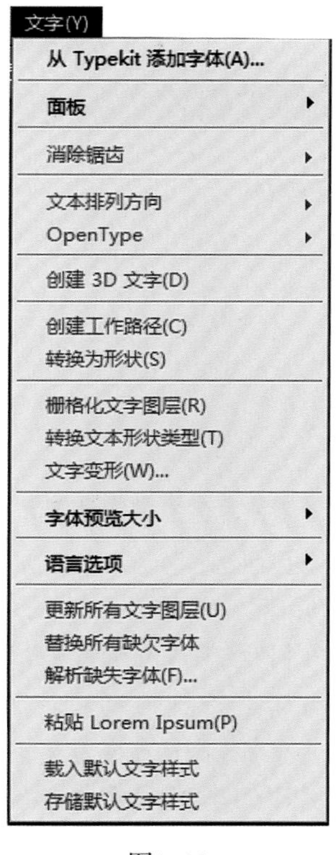

图1–23

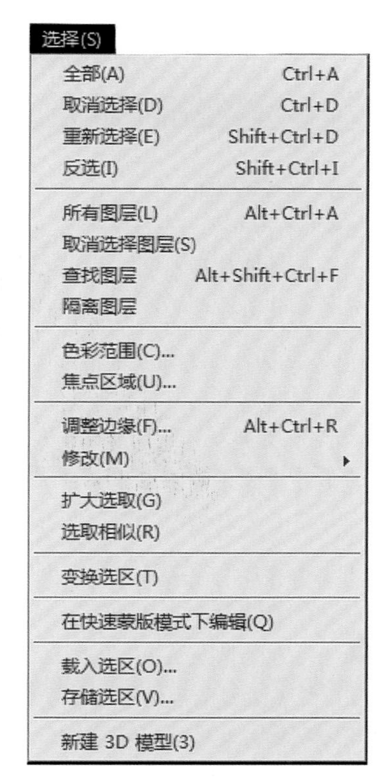

图1–24

（1）全部：该命令用于将当前图像全部选中。

（2）取消选择：单击该命令，将取消图像中的选区，其快捷键为键盘上的【Ctrl】+【D】键。

（3）反选：单击该命令，可将当前选区反转，即原来选框外区域变为选中的部分。其快捷键为键盘上的【Shift】+【Ctrl】+【I】键。

（4）所有图层：单击该命令，可将除“背景”图层以外的所有图层全部选中。

（5）色彩范围：使用该命令可将图像中颜色相似或特定颜色的图像内容选中。单击【选择】/【色彩范围】命令，打开【色彩范围】对话框，移动鼠标到图像窗口中单击，选择要选取的颜色，按住【Shift】键可加选，按住【Alt】键可减选。

（6）修改：通过该命令，我们可以对已有选区进行修改，得到需要的选区，利用该命令下的子菜单可以对选区进行羽化、扩展及收缩等操作，如图1–25所示。

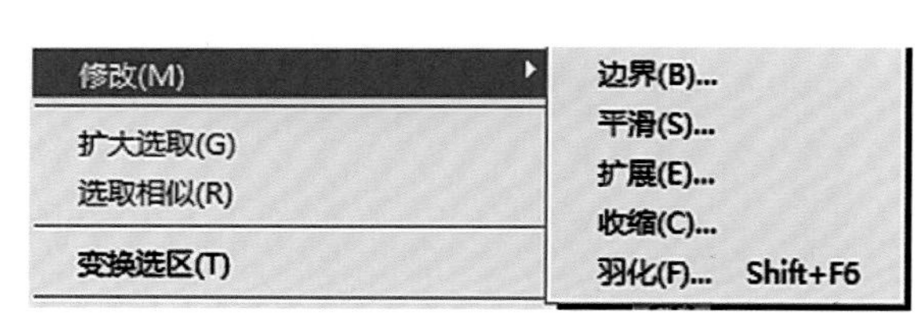

图1–25

（7）载入选区：使用该命令，可以将指定图层或通道的选区载入。该命令将打开【载入选区】对话框，在【文档】下拉列表中选择所选的文档，并在“通道”下拉列表中选中要载入选区的图层或通道。在【操作】选项组中可设置新选区与已有选区的关系，如图1–26所示。

（8）存储选区：使用该命令可以将选区存储为 Alpha 通道。单击该命令，打开【存储选区】对话框，指定将新通道存储在当前文档或新建文档中，并为新通道命名，如图1–27所示。

图1–26

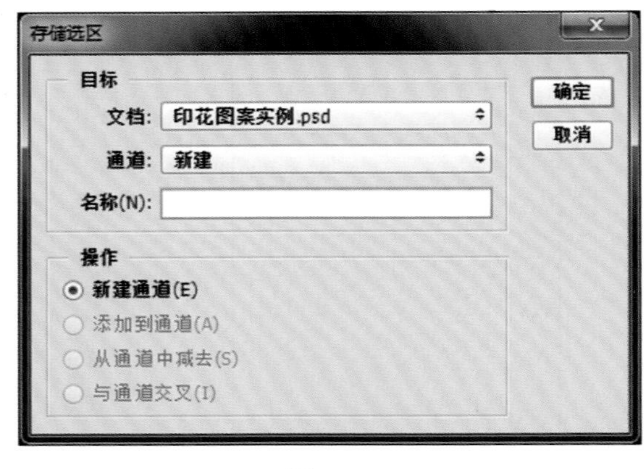

图1–27

7．*滤镜菜单*：滤镜是Photoshop CC的特色之一，具有强大的功能。滤镜产生的复杂数字化效果源自摄影技术，为了丰富照片的图像效果，摄影师们在照相机的镜头前加上各种特殊影片，这样拍摄得到的照片就包含了所加镜片的特殊效果。即称为“滤色镜”。特殊镜片的思想延伸到计算机的图像处理技术中，便产生了“滤镜（Filer）”，也称为“滤波器”，是一种特殊的图像效果处理技术。一般地，滤镜都是遵循一定的程序算法，对图像中像素的颜色、亮度、饱和度、对比度、色调、分布、排列等属性进行计算和变换处理，其结果便是使图像产生特殊效果。滤镜不仅可以改善图像的效果并掩盖其缺陷，还可以在原有图像的基础上产生许多特殊的效果。

滤镜(T)
上次滤镜操作(F) Ctrl+F
转换为智能滤镜(S)
滤镜库(G)...
自适应广角(A)... Alt+Shift+Ctrl+A
Camera Raw 滤镜(C)... Shift+Ctrl+A
镜头校正(R)... Shift+Ctrl+R
液化(L)... Shift+Ctrl+X
消失点(V)... Alt+Ctrl+V
3D
风格化
模糊
模糊画廊
扭曲
锐化
视频
像素化
渲染
杂色
其它
浏览联机滤镜...

图1–28

滤镜分为内置滤镜和外挂滤镜，内置滤镜是Photoshop CC自身提供的各种滤镜;外挂滤镜则是由其他厂家开发的滤镜，它们需要先安装在Photoshop CC后才可以使用。

该菜单包含了Photoshop CC所有内置滤镜，如图1–28所示，为了让大家更加直观地了解各种滤镜的效果，下面将用图片的形式展示给大家，效果如图1–29至图1–45所示。

液化

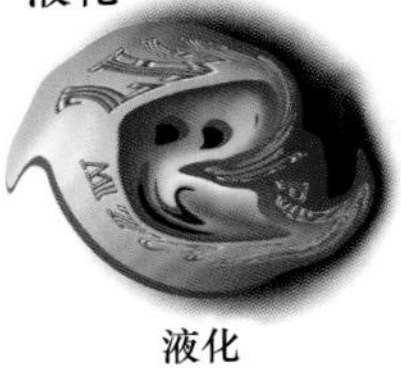

液化

图1-29

滤镜库—画笔描边

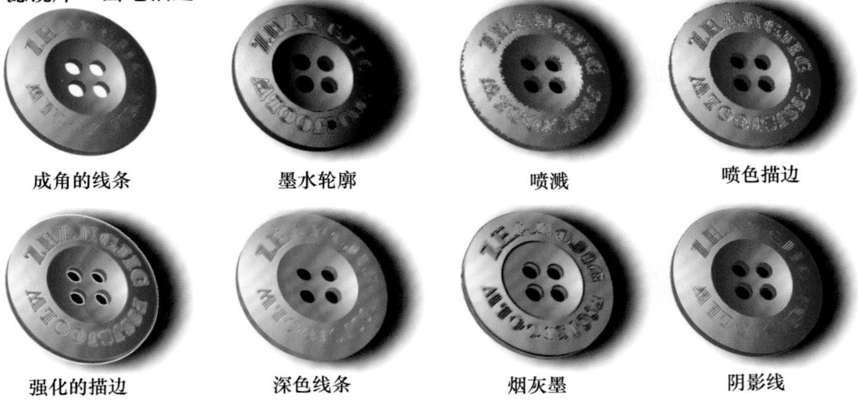

成角的线条　墨水轮廓　喷溅　喷色描边

强化的描边　深色线条　烟灰墨　阴影线

图1-31

滤镜库—风格化

查找边缘

图1-30

滤镜库—扭曲

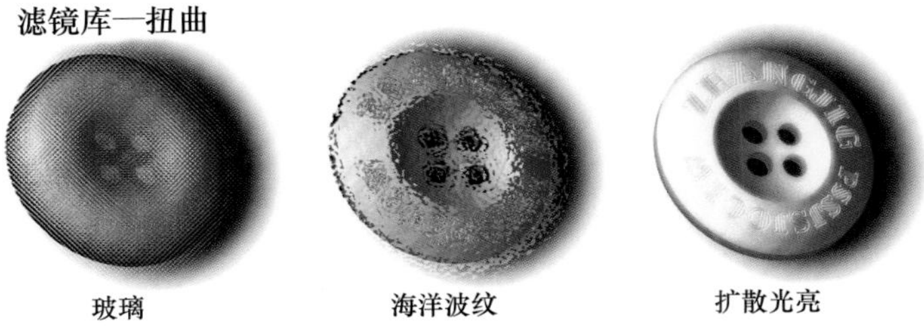

玻璃　海洋波纹　扩散光亮

图1-32

滤镜库—素描

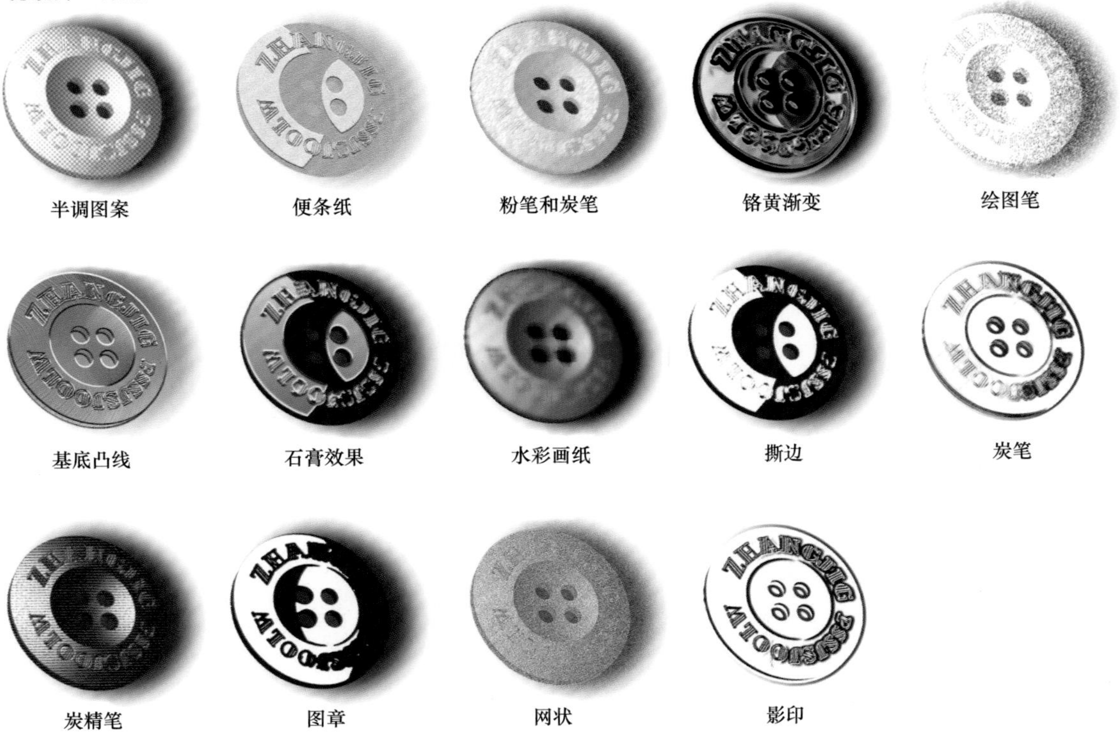

半调图案　便条纸　粉笔和炭笔　铬黄渐变　绘图笔

基底凸线　石膏效果　水彩画纸　撕边　炭笔

炭精笔　图章　网状　影印

图1-33

滤镜库—纹理

贵裂缝

颗粒

拼缀图

染色玻璃

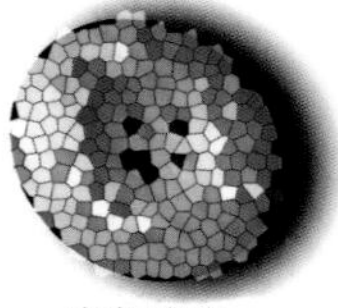
染色玻璃

纹理化

图1-34

滤镜库—艺术效果

壁画

彩色铅笔

粗糙蜡笔

底纹效果

干画笔

海报边缘

海绵

绘画涂抹

胶片颗粒

木刻

霓虹灯光

水彩

塑料包装

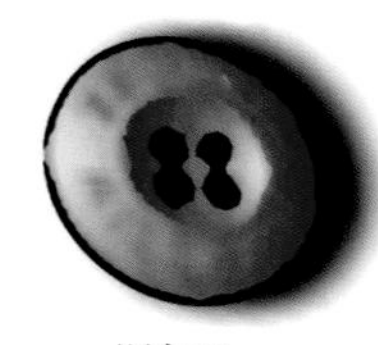
调色刀

涂抹棒

图1-35

风格化

查找边缘

高等线

风

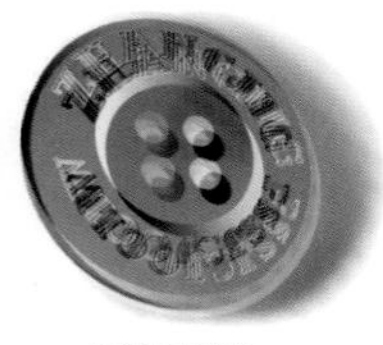
浮雕效果

扩散

拼贴

曝光过度

凸出

图1-36

模糊

表面模糊

动感模糊

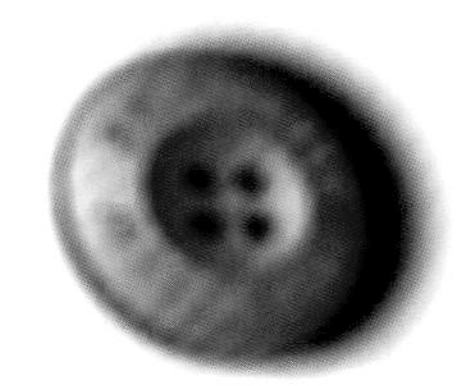
方框模糊

高斯模糊

进一步模糊

径向模糊

镜头模糊

模糊

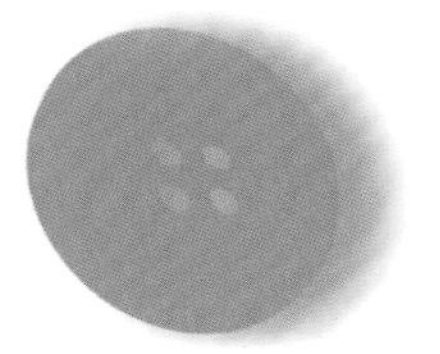
平均

特殊模糊

形状模糊

图1-37

模糊画廊

场景模糊

光圈模糊

移轴模糊

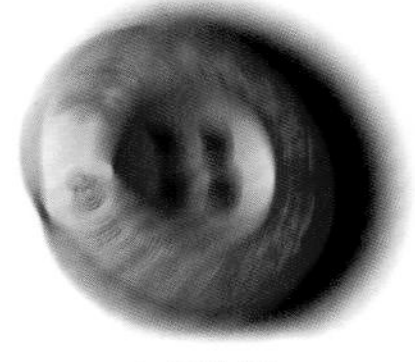
路径模糊

旋转模糊

图1-38

扭曲

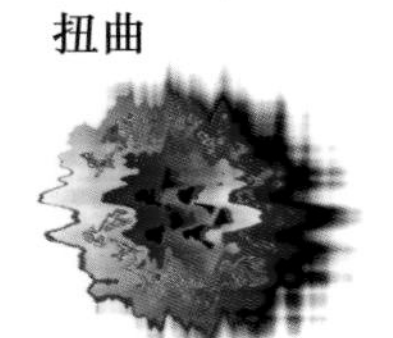
波浪

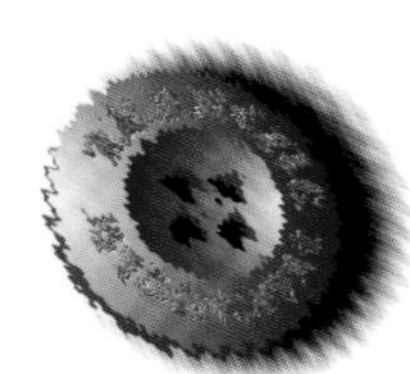
波纹

极坐标

挤压

切变

球面化

水波

旋转扭曲

置换

图1-39

锐化

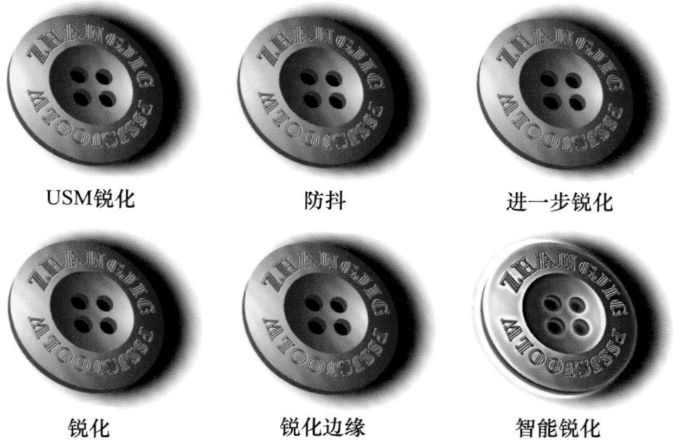

USM锐化　防抖　进一步锐化

锐化　锐化边缘　智能锐化

图1-40

视频

NTMC颜色

逐行

图1-41

像素化

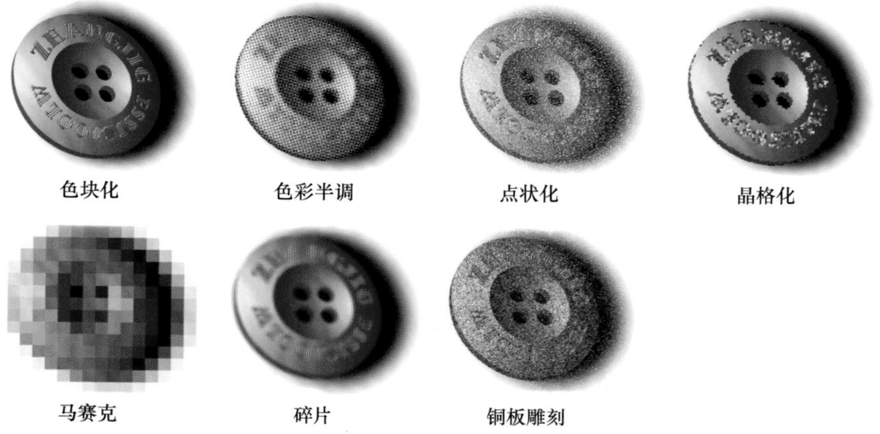

色块化　色彩半调　点状化　晶格化

马赛克　碎片　铜板雕刻

图1-42

渲染

分层云彩　光照效果　镜头光晕　纤维　云彩

图1-43

杂色

减少杂色　蒙尘与划痕　去斑　添加杂色　中间值

图1-44

其他

HSB/HSL

高反差保留

位移

自定

最大值

最小值

图1-45

8. 3D菜单：该菜单用于处理和合并现有的3D对象，创建新的3D对象，编辑和创建3D纹理及组合3D对象与2D对象。Photoshop CC允许我们导入3D格式文件，在画布上对3D物体旋转、移动等，还可以在3D物体上进行绘画。该菜单可以帮助实现3D文件的大多数编辑，如图1-46所示。

9. 视图菜单：该菜单里命令的作用是对图像的视图进行调整，包括缩放视图、排名模式、标尺显示、参考线的创建和清除等，如图1-47所示。

3D(D)
从文件新建 3D 图层(N)...
合并 3D 图层(D)
导出 3D 图层(E)...
在 Sketchfab 上共享 3D 图层...
获取更多内容(X)...
从所选图层新建 3D 模型(L)
从所选路径新建 3D 模型(P)
从当前选区新建 3D 模型(U)
从图层新建网格(M)
编组对象
将场景中的所有对象编组
将对象移到地面(J)
封装地面上的对象
从图层新建拼贴绘画(W)
生成 UV...
绘画衰减(F)...
绘画系统
在目标纹理上绘画(T)
选择可绘画区域(B)
创建绘图叠加(V)
拆分凸出(I)
将横截面应用到场景
为 3D 打印统一场景
简化网格...
从此来源添加约束
显示/隐藏多边形(H)
从 3D 图层生成工作路径(K)
渲染(R)　Alt+Shift+Ctrl+R
使用当前画笔素描(S)
3D 打印设置...
3D 打印(3)...
取消 3D 打印(C)
3D 打印实用程序...

图1-46

视图(V)
校样设置(U)
校样颜色(L)　Ctrl+Y
色域警告(W)　Shift+Ctrl+Y
像素长宽比(S)
像素长宽比校正(P)
32 位预览选项...
放大(I)　Ctrl++
缩小(O)　Ctrl+-
按屏幕大小缩放(F)　Ctrl+0
按屏幕大小缩放画板(F)
100%　Ctrl+1
200%
打印尺寸(Z)
屏幕模式(M)
显示额外内容(X)　Ctrl+H
显示(H)
标尺(R)　Ctrl+R
对齐(N)　Shift+Ctrl+;
对齐到(T)
锁定参考线(G)　Alt+Ctrl+;
清除参考线(D)
新建参考线(E)...
新建参考线版面...
通过形状新建参考线(A)
锁定切片(K)
清除切片(C)

图1-47

10. **窗口菜单**：该菜单里的命令作用是对工作区进行调整和设置，在该菜单命令下，直接点击菜单中的面板名称可以打开或者关闭这些面板，如图1–48所示。

11. **帮助菜单**：该菜单里的命令作用是帮助解决一下疑难问题，比如对Photoshop CC中某个命令或者功能不懂，就可以通过该菜单下的命令寻求帮助，如图1–49所示。

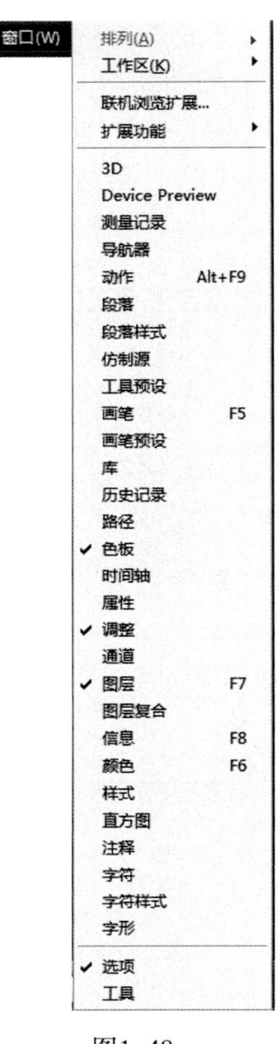

图1–48

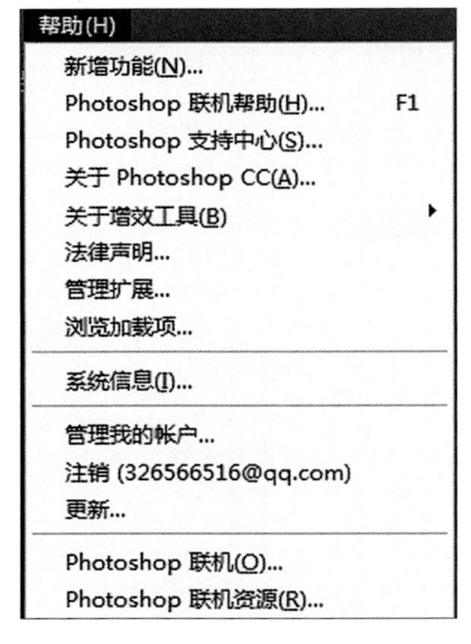

图1–49

第四节　Adobe Photoshop CC中的常用概念

1. **位图**：也叫点阵图、点位图或栅格图像，它是由很多方形色块组成的图像，这一个个的方块也就是一个个像素点，当放大位图时，可以看见赖以构成整个图像的无数单个方块。扩大位图尺寸的效果是增大单个像素，随着图像的方式大，它的像素点也会放大，图像就会越不清晰。然而，如果从稍远的位置观看它，位图图像的颜色和形状又显得是连续的。位图有种类繁多的文件格式，常见的有JPEG、PCX、BMP、PSD、PIC、GIF和TIFF等。如图1–50所示位图图像和放大后的像素点。

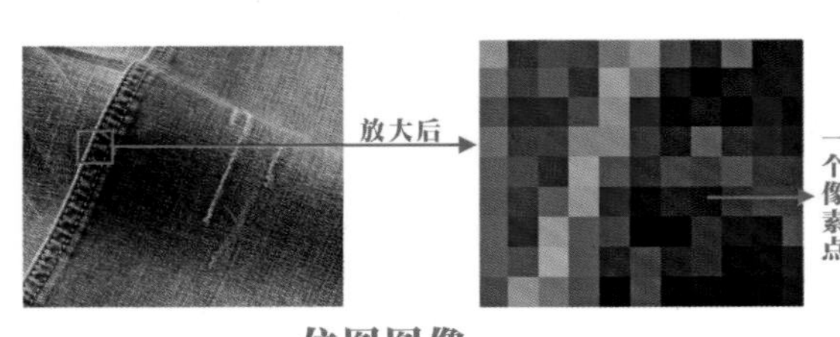

图1–50

2. **分辨率**：是指单位长度内包含的像素点的数量，分辨率决定了位图图像细节的精细程度。它的单位通常为像素／英寸

（dpi），如72 dpi表示每英寸包含72个像素点。分辨率决定了位图细节的精细程度，通常状态下，分辨率越高，包含的像素越多，图像就越清晰，印刷的质量也就越好。但是，分辨率越高的图像文件也会越大，占用更多的存储空间。根据不同领域的应用，分辨率可分为显示器分辨率、图像分辨率、打印输出分辨率、专业印刷分辨率和位分辨率5种，不同分辨率的图像效果示例如图1–51所示。

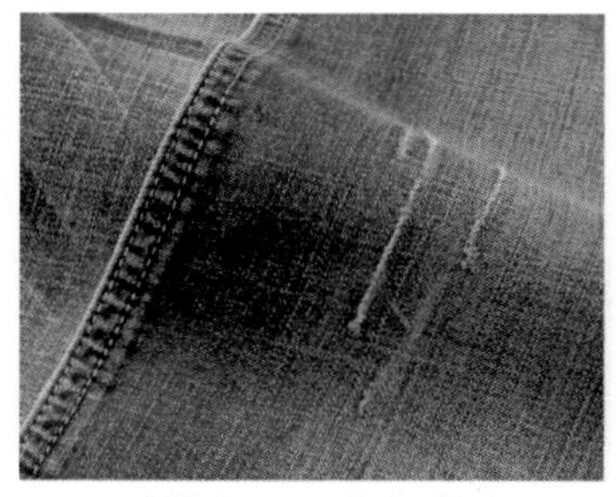
分辨率：100像素/英寸

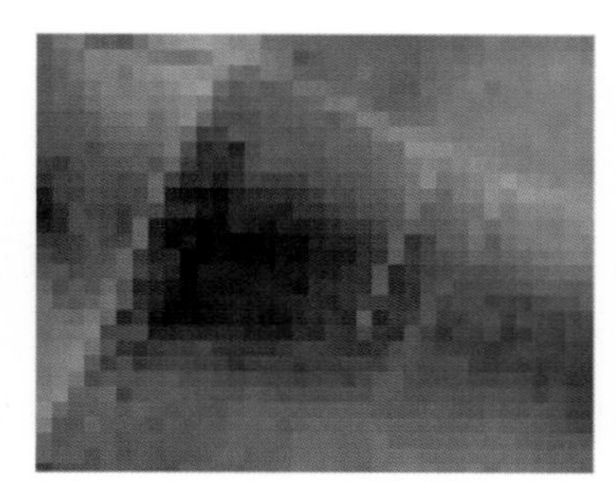
分辨率：30像素/英寸

分辨率：10像素/英寸

图1–51

3. **矢量图**：也叫向量图，是由被称为矢量的数学对象定义的线条和曲线组成。矢量根据图像的几何特性描绘图像。矢量图形与分辨率无关，也就是说，可以将它们缩放到任意尺寸，可以按任意分辨率打印，而不会丢失细节或降低清晰度。因此，矢量图形是表现服装款式图、标志图形的最佳选择。其特点是矢量图占的空间较少，但是矢量图不易表现色彩丰富、细腻的图像。矢量图常用的文件格式有CDR、AI、WMF、EPS等。放大后的矢量图像示例如图1–52所示。

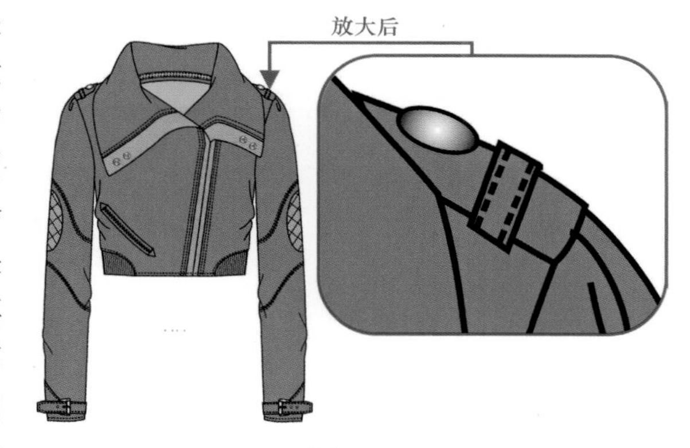

图1–52

4. **路径**：路径在Photoshop CC中是使用贝赛尔曲线（又称贝兹曲线，在Photoshop 中绘制路径的工具主要是【钢笔工具】）所构成的一段闭合或者开放的曲线线段。是精确绘制图像或者选择图像的重要媒介，是使用绘图工具创建的任意形状的一个或者多个直线或者曲线组成。路径的端点是由锚点标记，在曲线线段上，选中的锚点，将显示一条或者两条控制柄，根据控制柄和路径的关系，锚点可以分为平滑点和角点两种。为了满足绘图的需要，路径可以分为开放路径和封闭路径两种，开放路径是指有明显起点和终点的路径，闭合路径是指起点与终点重合的路径。在Photoshop CC创建路径的工具有钢笔工具、自由钢笔工具、矩形工具、椭圆工具等。开放路径和闭合路径示例如图1–53所示。

5. **形状**：在Photoshop CC中形状指用软件定义好的或者通过自己定义的特殊图形，形状的边缘是闭合的路径，形状不等于路径，形状相当于是路径、路径填充和路径描边像素的叠加过程，是图像的一部分，在绘制形状的过程中，软件会为自动建立一个特殊的形状图层。形状图层示例如图1–54所示。

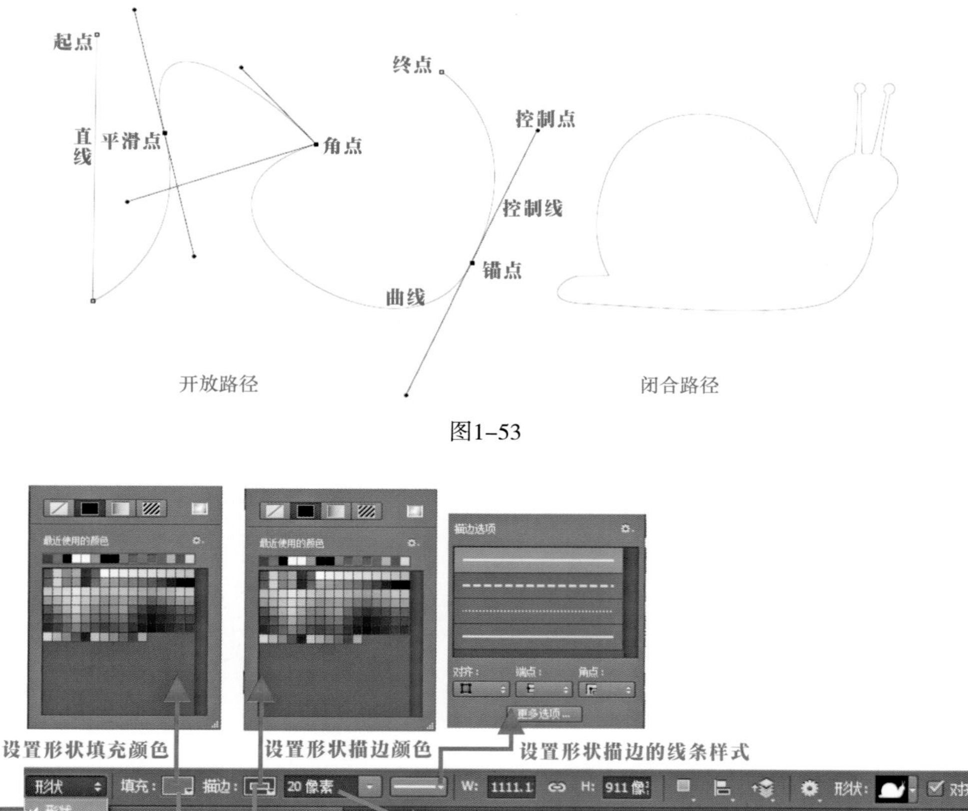

图1-53

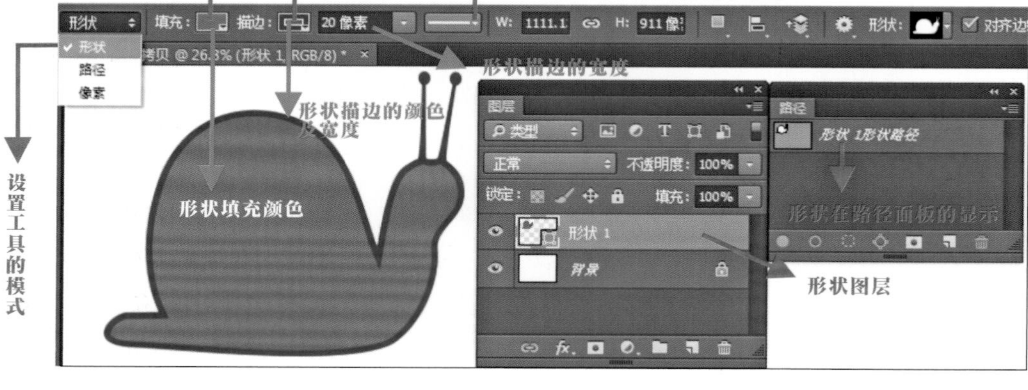

图1-54

6. 路径的运算：是指在选择路径绘制工具或选区绘制工具时【工具选项栏】中的【路径操作】选项的属性，这些属性的作用是让两个重叠的路径、形状或者选区之间，产生相加、相减、相交和重叠的效果。路径或形状的运用效果示意如图1-55所示。

7. 色彩模式：色彩模式是颜色不同的表示方式，不同的颜色模式应用领域不同。RGB颜色模式主要用于显示设备，CMYK颜色模式主要用于印刷行业，LAB、HSB颜色模式主要用于色调调整。

8. 图像格式：图像文件格式是记录和存储影像信息的格式。对数字图像进行存储、处理、传播，必须采用一定的图像格式，也就是把图像的像素按照一定的方式进行组织和存储，把图像数据存储成文件就得到图像文件。图像文件格式决定了应该在文件中存放何种类

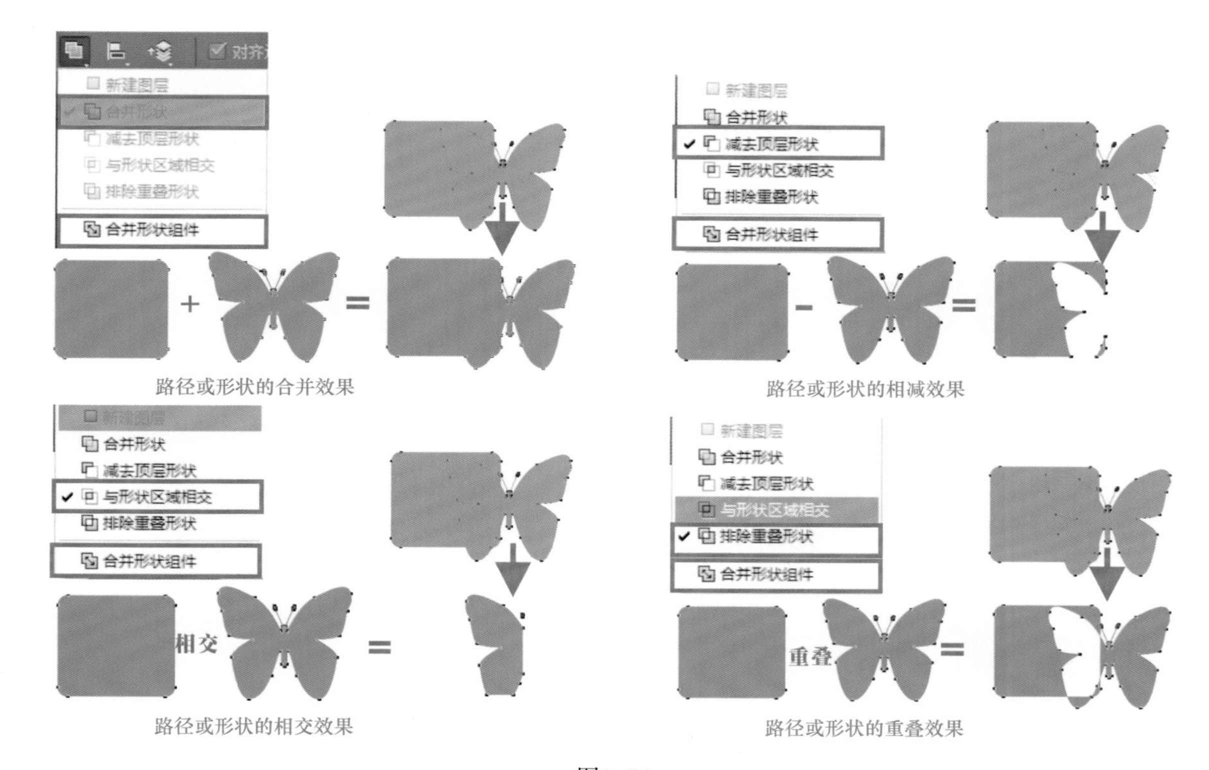

图1-55

型的信息，文件如何与各种应用软件兼容，文件如何与其他文件交换数据。在Photoshop CC中，它主要包括固有格式（PSD）、应用软件交换格式（EPS、DCS、Filmstrip）、专有格式（GIF、BMP、PCX、PDF、PICT、PNG、TGA）、主流格式（JPEG、TIFF）、其他格式（CD、AI、Flash、Pix）。

9. 选区：选区在Photoshop CC是通过各种选区绘制工具在图像中提取的全部或者部分图像区域，在图像中呈流动的蚂蚁爬行状显示。选区的作用主要有三个，一是选区所需的图像轮廓，已便对选取的图像进行移动、复制等操作；二是创建创建选区后通过填充等操作形成相应形状的图形；三是选区在处理图像时起保护作用，约束各种操作只对选区外有效，防止选区外的图像受到影响。

10. 图层：图层的概念在Photoshop CC中非常重要，它是构成图像的重要组成单位，许多效果可以通过对图层的直接操作而得到，用图层来实现效果是一种直观而简便的方法。打个比方说，在一张张透明的玻璃纸上作画，透过上面的玻璃纸可以看见下面纸上的内容，但是无论在上一层上如何涂画都不会影响到下面的玻璃纸，上面一层会遮挡住下面的图像。最后将玻璃纸叠加起来，通过移动各层玻璃纸的相对位置或者添加更多的玻璃纸即可改变最后的合成效果。图层叠加的效果虽然视觉效果一致，但分层绘制的图像具有很强的可修改性，这种方式，极大地提高了后期修改的便利度，最大可能地避免重复劳动。因此，将图像分层制作是明智的。图层可以分为背景图层、普通图层、调整图层、填充图层、文字图层、形状图层、智能对象图层、蒙版图层、调整图层、样式图层10种，图层效果示意如图1-56所示。

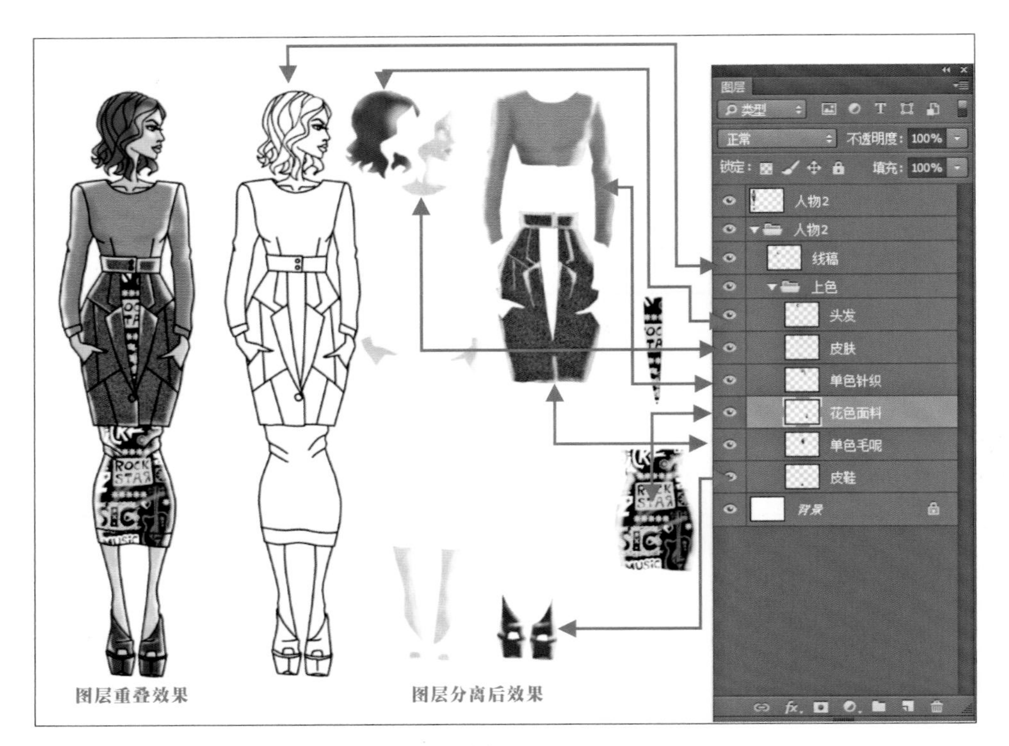

图1-56

11. *图层样式*：图层样式是多种图层效果组合，Photoshop CC提供了多种图像效果，如阴影、发光、浮雕和颜色叠加等，将效果应用于图层的同时，也创建了相应的图层样式，在【图层样式】对话框中可以对图层样式进行设置、修改和保存等编辑操作，下面将通过图像的10种图层效果展示给大家，图层样式效果示意如图1-57所示。

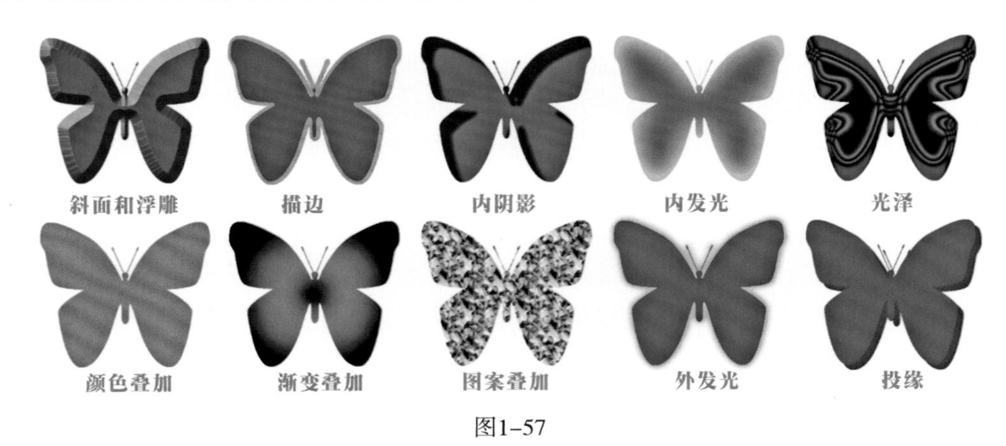

图1-57

12. *图层混合模式*：图层混合模式决定当前图层的像素如何与下层像素进行混合。单击【图层】面板中的【设置图层混合模式】下拉菜单，在弹出的下拉菜单列表中有27种混合模式，通过设置不同的混合模式，可以使当前图层与下一图层之间产生各种不同的特殊效果，下面将通过图像的27种图层混合模式展示给大家，各图层混合模式效果如图1-58所示。

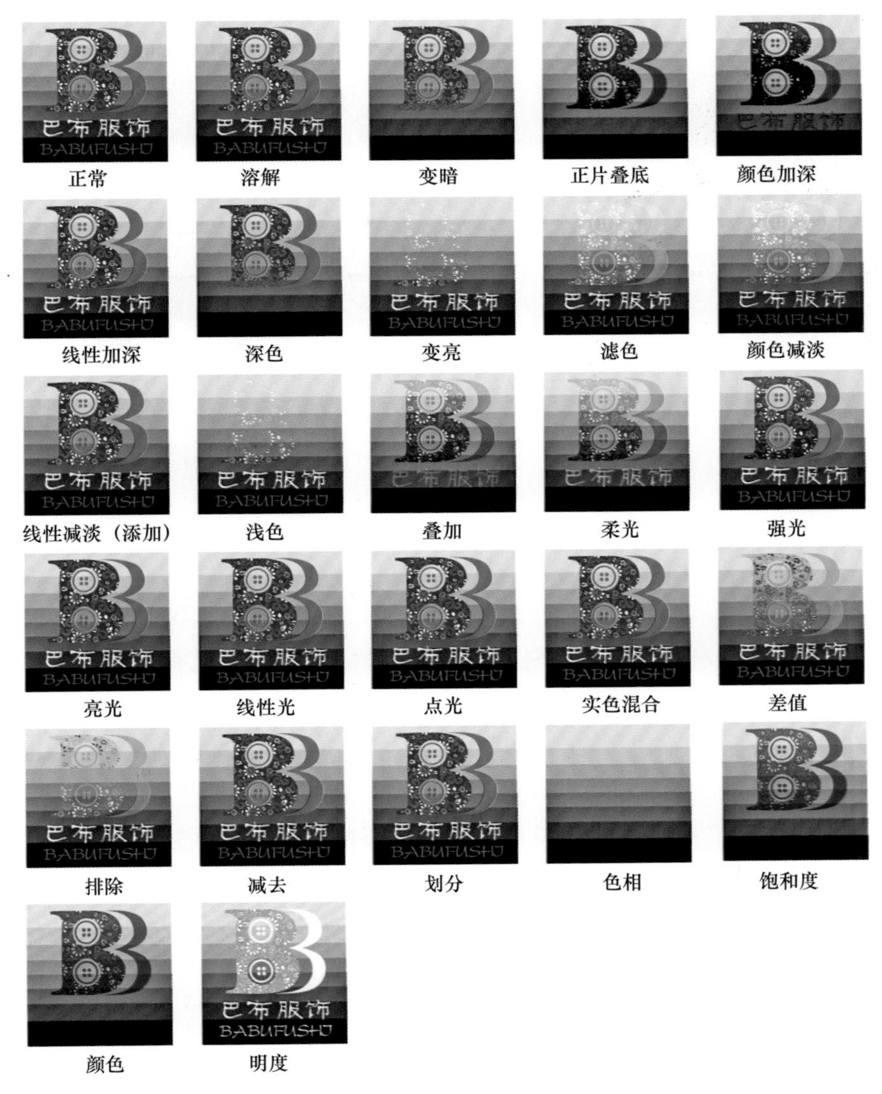

图1-58

13. 通道：在Photoshop CC中，通道的主要功能就是保持颜色信息，例如一个RGB色彩模式的图像，它的每一个像素的颜色数据是由红（R）、绿（G）、蓝（B）这三个通道来记录的，而这三个色彩通道组合定义后合成了一个RGB主通道。通道的另外一个常用功能就是用来保持和存放选区，也就是Alpha通道功能。通道效果示意如图1-59所示。

14. 蒙版：蒙版就是选框的外部（选框的内部是选区）。蒙版一词本身来自生活应用，也就是“蒙在上面的板子”的含义。形象地讲，蒙版可以理解为在当前图层上面覆盖一层玻璃片，这种玻璃片有：透明的和黑色不透明，白色显示全部，黑色隐藏部分。然后用各种绘图工具在蒙版上（即玻璃片上）涂色（只能涂黑、白、灰色），涂黑色的地方蒙版变为不透明，看不见当前图层的图像；涂白色则使涂色部分变为透明可看到当前图层上的图像；涂灰色使蒙版变为半透明，透明的程度由涂色的灰度深浅决定。在Photoshop CC中根据使用方法不同我们可以把蒙版分为快速蒙版、矢量蒙版、剪贴蒙版、图层蒙版四种类型。

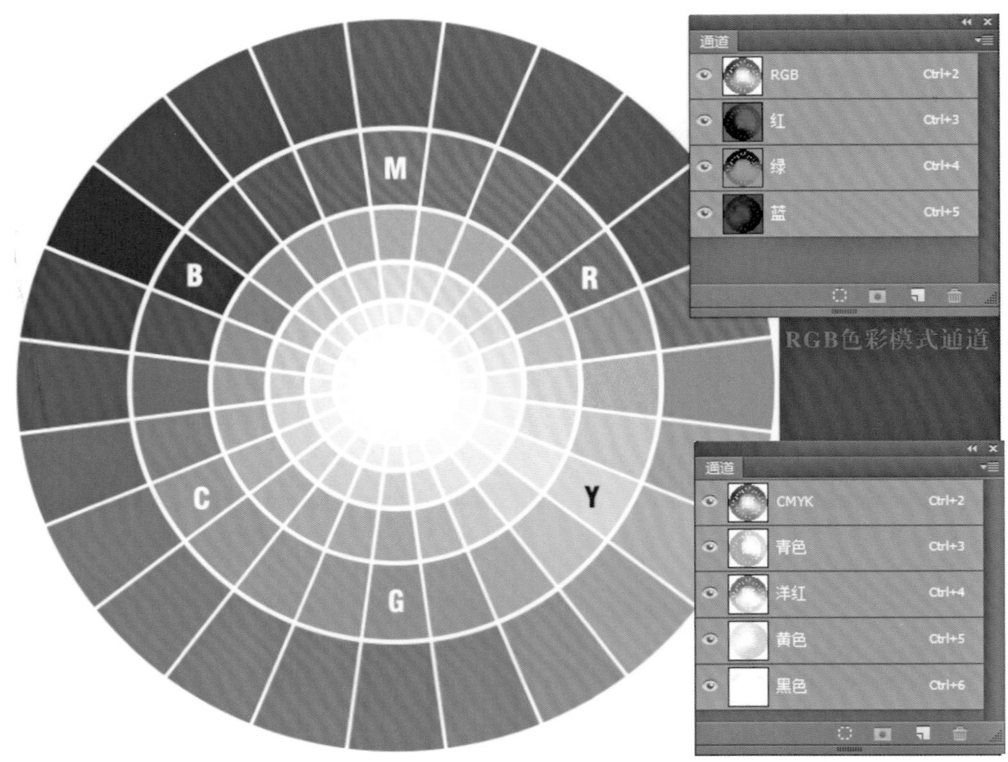
M
B
R
C
Y
G
通道
RGB Ctrl+2
红 Ctrl+3
绿 Ctrl+4
蓝 Ctrl+5
RGB色彩模式通道
通道
CMYK Ctrl+2
青色 Ctrl+3
洋红 Ctrl+4
黄色 Ctrl+5
黑色 Ctrl+6
CMYK色彩模式通道

图1-59

第二章　服饰图案的绘制方法

第一节　服装标志的绘制方法

服装标志的最终绘制完成效果，如图2-1所示。

服装标志的绘制方法如下：

1. 单击菜单栏上的【文件】/【新建】命令，打开【新建】对话框，设置【名称】为服装标志设计、【文档类型】为自定、【宽度】为100毫米、【高度】为100毫米、【分辨率】为300像素/英寸、【颜色模式】为RGB颜色、【背景内容】为白色，单击【确定】确认操作，如图2-2所示。

图2-1

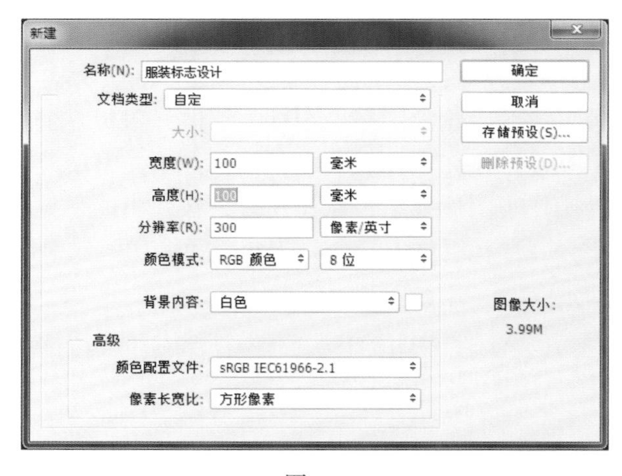

图2-2

2. 选择工具箱中的【横排文字工具】，设置【工具选项栏】中的字体样式，设置为“方正小标宋简体”，字体大小设置为130点，鼠标左键在页面空白处单击，按住键盘上的【Caps Lock】键，输入一个大写的英文字母“B”，效果如图2-3所示。

3. 鼠标左键单击选中【图层】面板中的文字图层，单击鼠标右键，在弹出下拉菜单中选择“栅格化文字”命令，将文字进行栅格化处理，效果如图2-4所示。

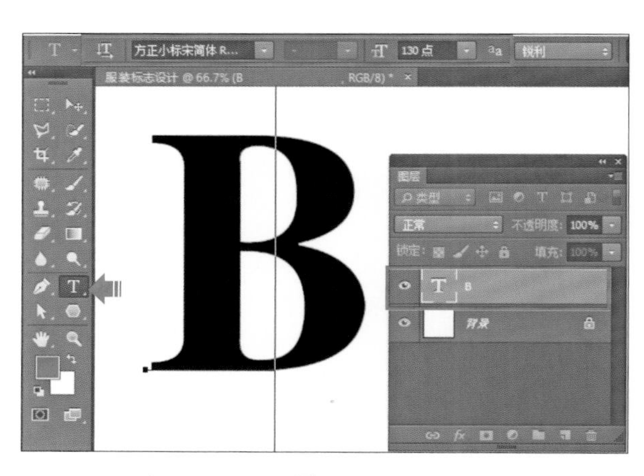

图2-3

4．按住键盘上的【Ctrl】键，鼠标左键单击【图层】面板中的文字图层前方的缩略图，将文字的外轮廓转换为选区。在【路径】面板下方的【从选区生成路径】图标上单击鼠标左键，将文字的外轮廓生成的选区转换为路径，效果如图2-5所示。

图2-4

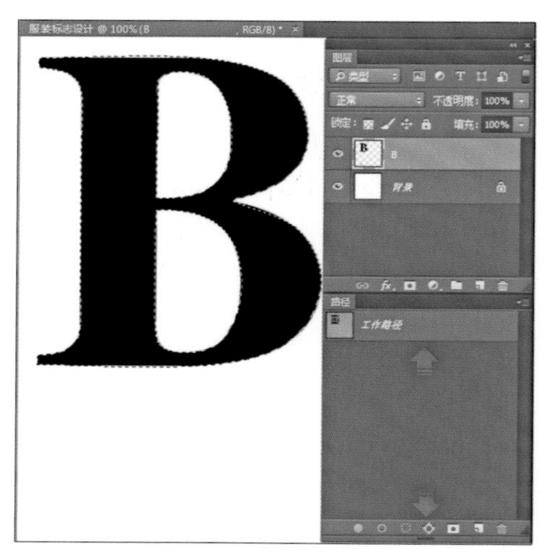

图2-5

5．在【图层】面板中选中文字图层，在文字图层上按住鼠标左键，拖拉至【图层】面板下方的【删除图层】图标上，放开鼠标左键，删除文字图层。选择工具箱中的【路径选择工具】，按住鼠标左键，拖拉框选由文字的外轮廓生成的路径，在【工具选项栏】上的【路径操作】图标上单击鼠标左键，在弹出的下拉菜单中分别单击鼠标左键选中【合并形状】和【合并形状组件】命令，改变路径形状，效果如图2-6所示。

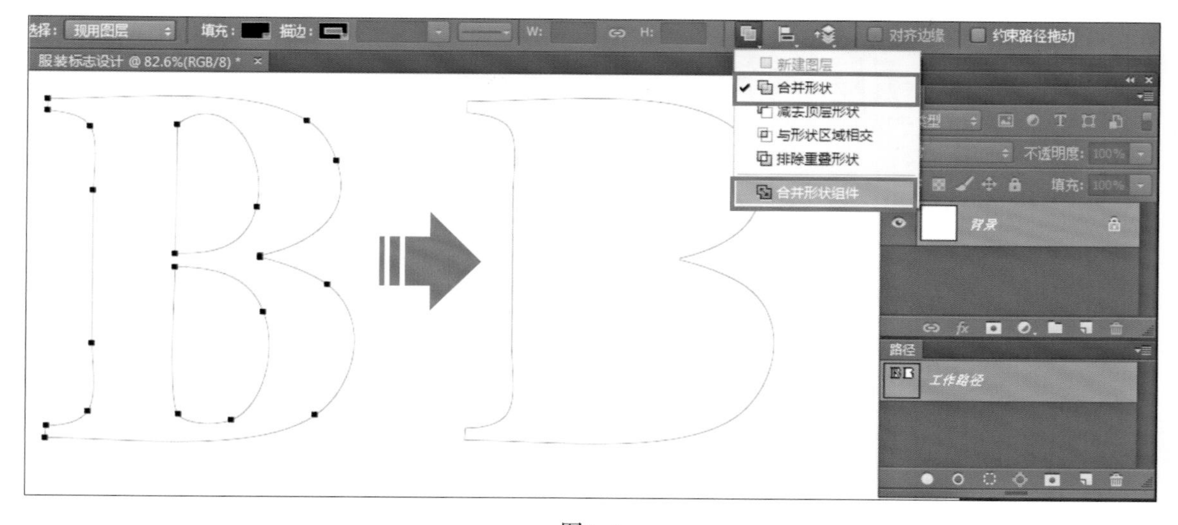

图2-6

6．鼠标左键在【路径】面板中的【工作路径】路径上双击，在弹出的【储存路径】面板中单击【确定】，将该工作路径转换为“路径1”。在【路径】面板中选中“路径1”，按住鼠标左键，拖拉至【路径】面板下方的【创建新路径】图标，放开鼠标左键，创建新路径

“路径1拷贝”。选中工具箱中的【路径选择工具】，单击鼠标左键选中【路径】面板中的“路径1”，按住键盘上的【Alt】键，当鼠标标示下方出现“+”号时，选中该路径向左进行拖拉，复制该路径，效果如图2-7所示。

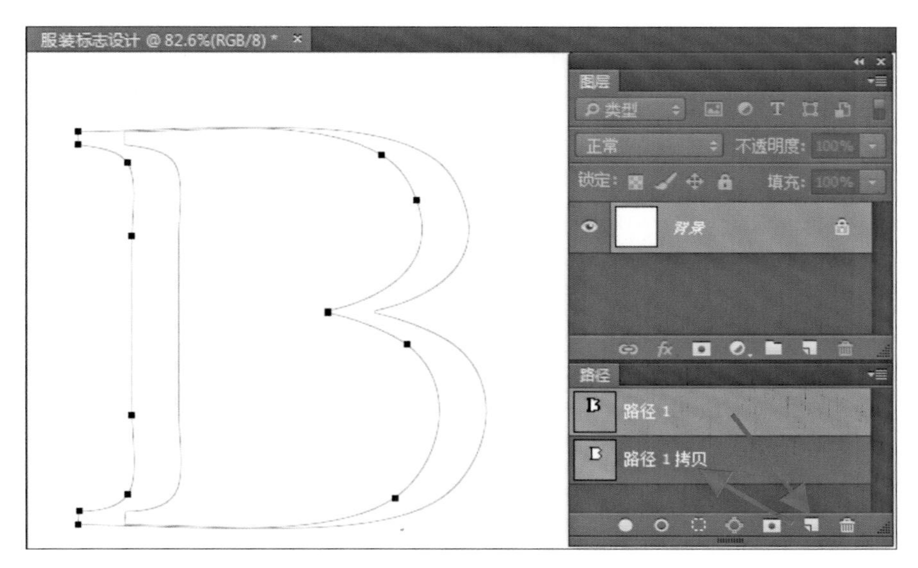

图2-7

7. 在再制路径处于选中的状态下，在【工具选项栏】上的【路径操作】图标上单击鼠标左键，在弹出的下拉菜单中分别单击鼠标左键选中【减去顶层选择】和【合并形状组件】命令，用再制的路径修剪原有路径得到新的路径形状，效果如图2-8所示。

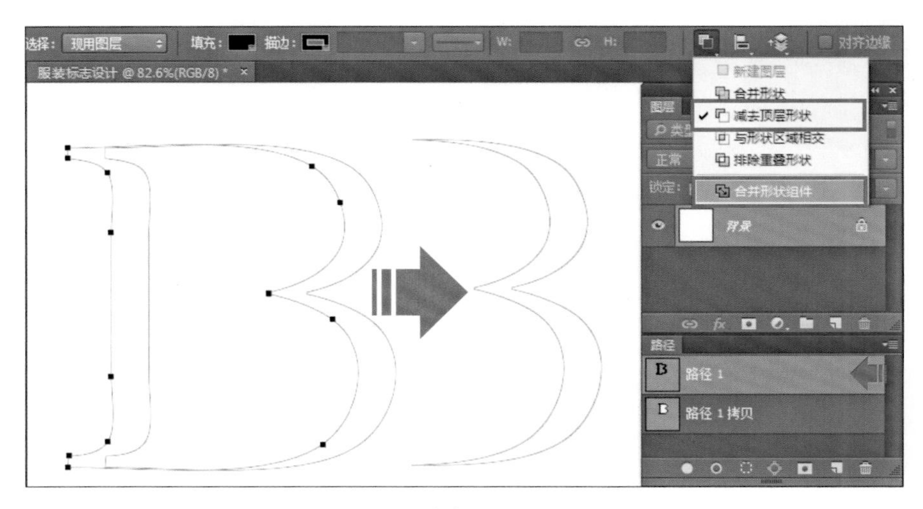

图2-8

8. 标志主题部分的处理：

（1）鼠标左键在【路径】面板中的“路径1”的文字名称上双击，参照图2-9所示，输入名称为“投影”。同此方法将“路径1拷贝”改名为“标志主题部分”，效果如图2-9所示。

（2）鼠标左键在【图层】面板下方的【创建新图层】图标上两次单击，创建两个新图层，为两个新图层重新命名为“投影”和“标志主题部分”，效果如图2–9所示。

（3）鼠标左键单击工具箱中的【默认前景色与背景色】图标，将前景色设置为黑色、背景色设置为白色。确认【图层】面板中“标志主题部分”图层处于选中的状态下，选中工具箱中的【路径选择工具】，单击选中【路径】面板中的“标志主题部分”路径，鼠标左键单击【路径】面板下方的【用前景色填充路径】命令，将该路径用黑色进行填充，效果如图2–9所示。

9．标志投影部分的处理：

（1）同步骤8的方法，选中图层面板中的“投影”图层，单击【路径】面板中“投影”路径，使该路径处于显示状态，效果如图2–10所示。

（2）单击选中【色板】面板中的“RGB红色”，将前景色设置为红色，效果如图2–10所示。

（3）鼠标左键单击【路径】面板下方的【前景色填充路径】命令，将该路径填充为红色，单击【路径】面板下方空白处，取消路径的显示，效果如图2–10所示。

（4）确认【图层】面板上的“投影”图层处于选中的状态下，选择工具箱中的【移动工具】，利用键盘上的方向键，参照图2–10所示，将该图层上的图像移动到合适的位置，效果如图2–10所示。

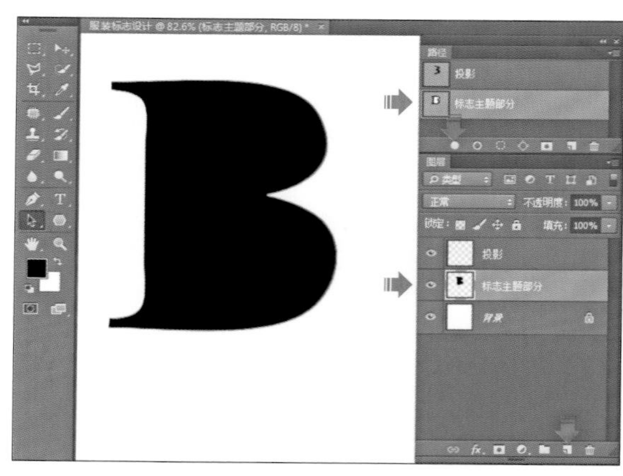

图2–9

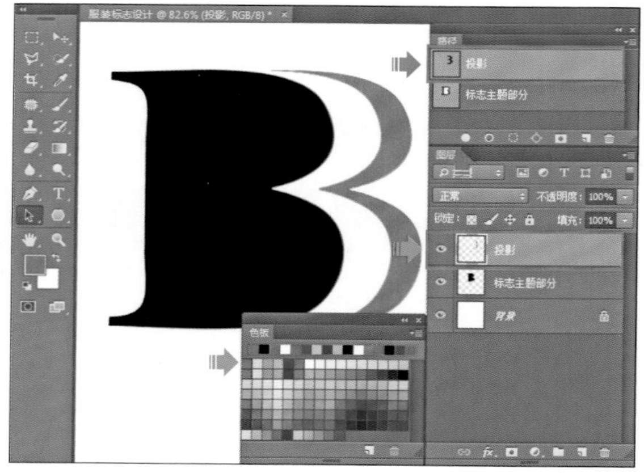

图2–10

图2–11

10．鼠标左键单击【路径】面板下方的【创建新路径】命令，新建新的路径“路径1”，鼠标左键在“路径1”的路径名称上双击，将该路径的名称更改为“扣子路径”。选择工具箱中的【椭圆工具】，将工具选项栏上的【设置工具模式】设置为“路径”，参照图2–11所示，按住键盘上的【Shift】键，在合适的位置绘制一个正圆形路径，效果如图2–11所示。

11．鼠标左键单击【路径】面板下方的【将路径作为选区载入】命令，将该路径转换为选区。确认【图层】面板中的“标志主题部分”图层处于选中的状态下，按下键盘上的【Delete】键，删除该图层选区选中部分，效果如图2–12所示。

12．选择工具箱中的【矩形选框工具】，按住键盘上的向下方向键，将正圆形选区移动到合适的位置，参照图2–13所示，按下键盘上的【Delete】键，删除该图层选区选中部分。按下键盘上的【Ctrl】+【D】键，取消选区。

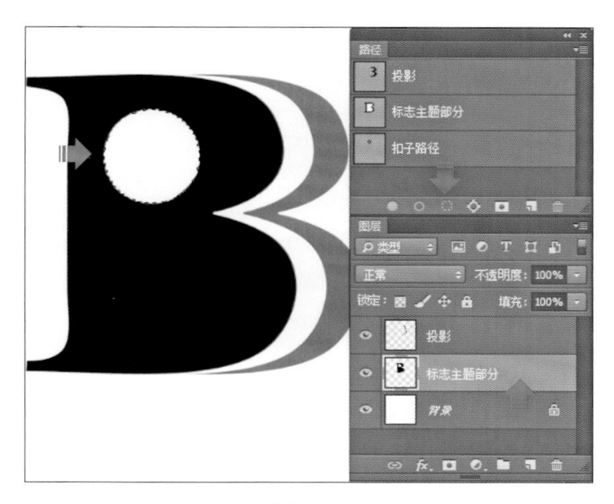

图2–12

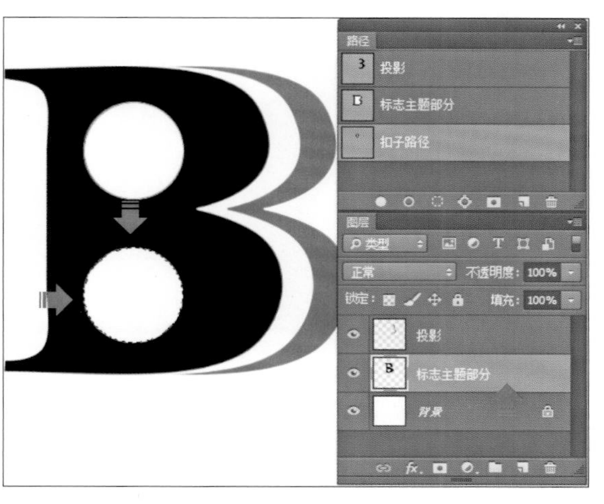

图2–13

13．选择工具箱中的【路径选择工具】，鼠标左键单击选中【路径】面板中的“扣子路径”，使该路径处于显示状态，按下键盘上的【Ctrl】+【T】键，再按住键盘上的【Shift】+【Alt】键，鼠标左键选中路径四个边角控制点中的任意一个向内进行拖拉，同心等比缩放该路径。按下键盘上的【Enter】键，确认路径的缩放，效果如图2–14所示。

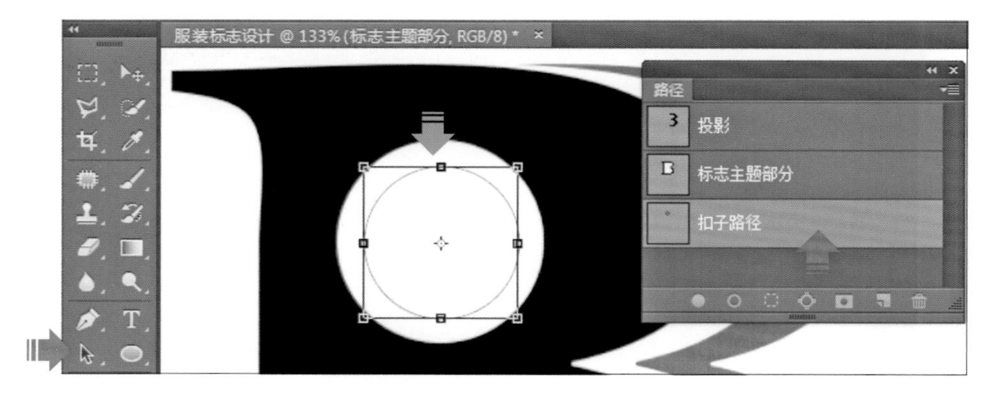

图2–14

14．鼠标左键在【图层】面板下方的【创建新图层】命令上单击，创建新图层“图层1”，鼠标左键在“图层1”的图层名称上双击，更改该图层的名称为“扣子”，效果如图2–15所示。

15. 选择工具箱中的【画笔工具】，单击鼠标左键选择工具选项栏的【“画笔预设”选取器】图标，打开【“画笔预设”选取器】，设置【大小】为8像素、【硬度】为100%，效果如图2-16所示。

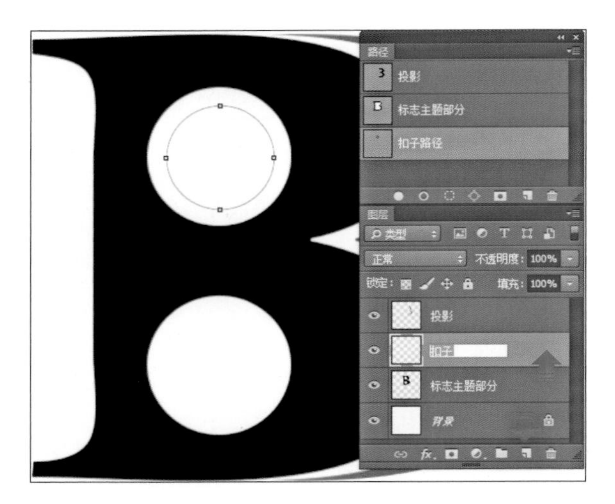

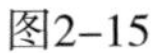

图2-15

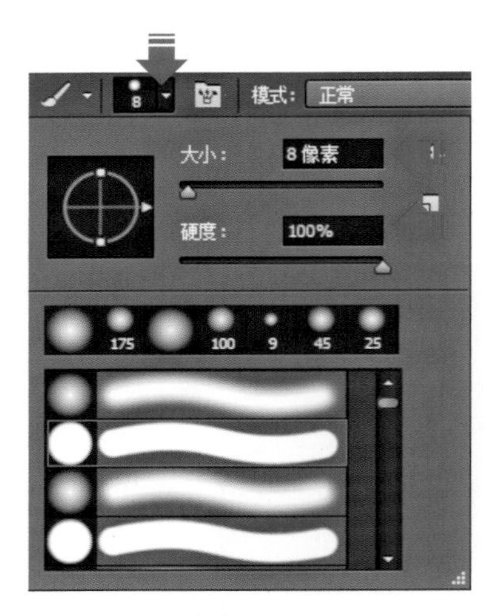

图2-16

16. 鼠标左键单击【色板】面板中的“RGB红色”图标，将工具箱中的前景色设置为大红色。确认【图层】面板中的“扣子”图层处于选中的状态下，鼠标左键单击【路径】面板下方的【用画笔描边路径】命令，为该路径描边，效果如图2-17所示。按下键盘上的【Delete】键，删除该路径。

17. 鼠标左键单击【路径】面板中的“扣子路径”，选择工具箱中的【椭圆工具】，将工具选项栏上的【设置工具模式】设置为“路径”，参照图2-18所示，按住键盘上的【Shift】键，在合适的位置拖拉绘制一个正圆形路径。

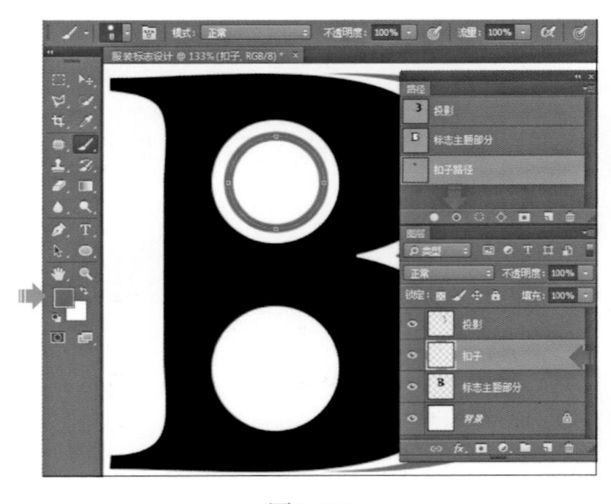

图2-17

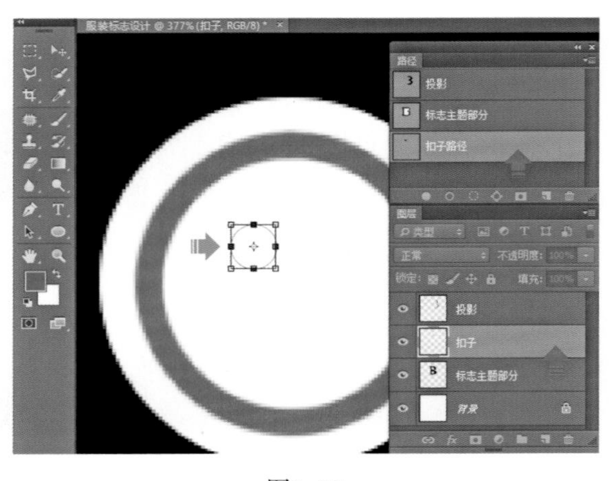

图2-18

18. 选择工具箱中的【路径选择工具】，按住键盘上的【Alt】键，选中上一步绘制好的正圆形路径，按住鼠标左键不要松开，参照图2-19所示，拖拉至合适位置，放开鼠标左键，复制该正圆形路径，同上方法，再制出另外两个正圆形路径，效果如图2-19所示。

19. 确认工具箱中的前景色为大红色，确认【图层】面板中的“扣子”图层处于选中的状态下，鼠标左键单击【路径】面板中的【用前景色填充路径】命令，用前景色填充路径，单击【路径】面板中的空白处，取消路径的显示，效果如图2–20所示。

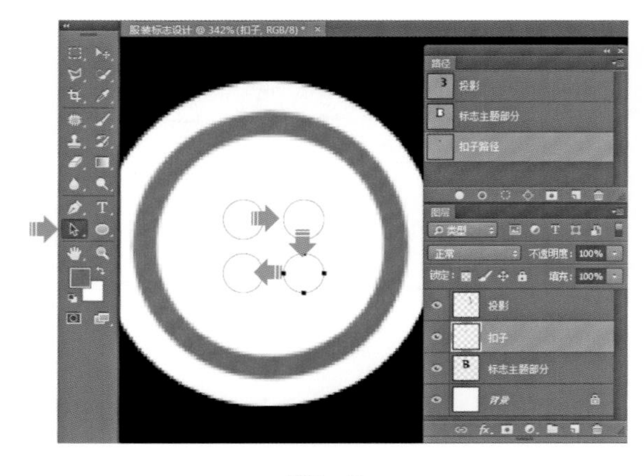

图2–19

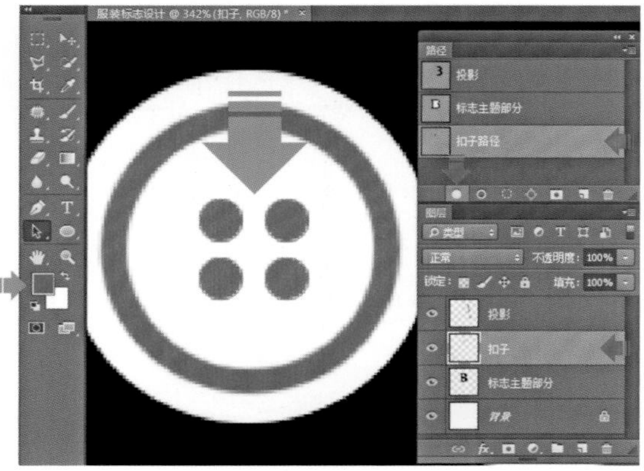

图2–20

20. 鼠标左键按住【图层】面板中的“扣子”图层不要松开，拖拉至【图层】面板下方的【创建新图层】命令上，放开鼠标左键，再制一个形状完全相同的新图层，“扣子”图层，选择工具箱中的【移动工具】，选中该图层，利用键盘上的向下方向键，参照图2–21所示，将该图层下移到合适的位置。

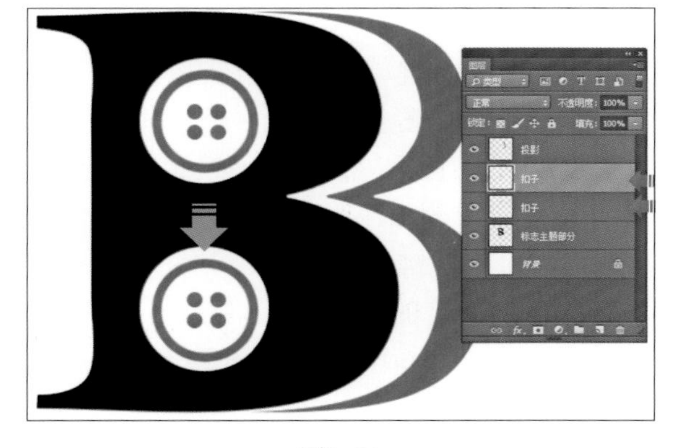

图2–21

21. 按住键盘上的【Ctrl】键，鼠标左键连续单击加选选中【图层】面板中的“投影”与两个“扣子”图层，单击【图层】面板右上方的【选项卡】命令，在弹出的下拉菜单中选择【合并图层】命令，将这三个图层合并为一个图层，双击【图层】面板中合并生成的新图层的名称，更改该图层名称为“投影及扣子层”，效果如图2–22所示。

22. 单击菜单栏中的【文件】/【打开】命令，在弹出【打开】对话框内选择网络教学资源文件中的“蓝印花布素材”，单击【打开】，打开“蓝印花布素材”文件，效果如图2–23所示。

23. 选择工具箱中的【移动工具】，在“蓝印花布素材”文件画面中按住鼠标左键不要松开，拖拉鼠标至“服装标志设计”文件中，放开鼠标左键，将该文件素材移至“服装标志设计”文件中，形成新的图层“图层1”。单击“蓝印花布素材”文件名称栏右上方的“X”形命令标志，关闭该文件，效果如图2–24所示。

24. 鼠标左键在【图层】面板中的“图层1”名称上双击，更改该图层的名称为“蓝印花布素材”，确认该路径处于选中的状态下，按住键盘上的【Ctrl】键，单击“标志主题部分”图标前方的图层缩略图图标，使该图层的图像选区处于显示状态。单击菜单栏中的【选择】/【反选】命令，将该选区转换为反向选择状态，效果如图2–25所示。

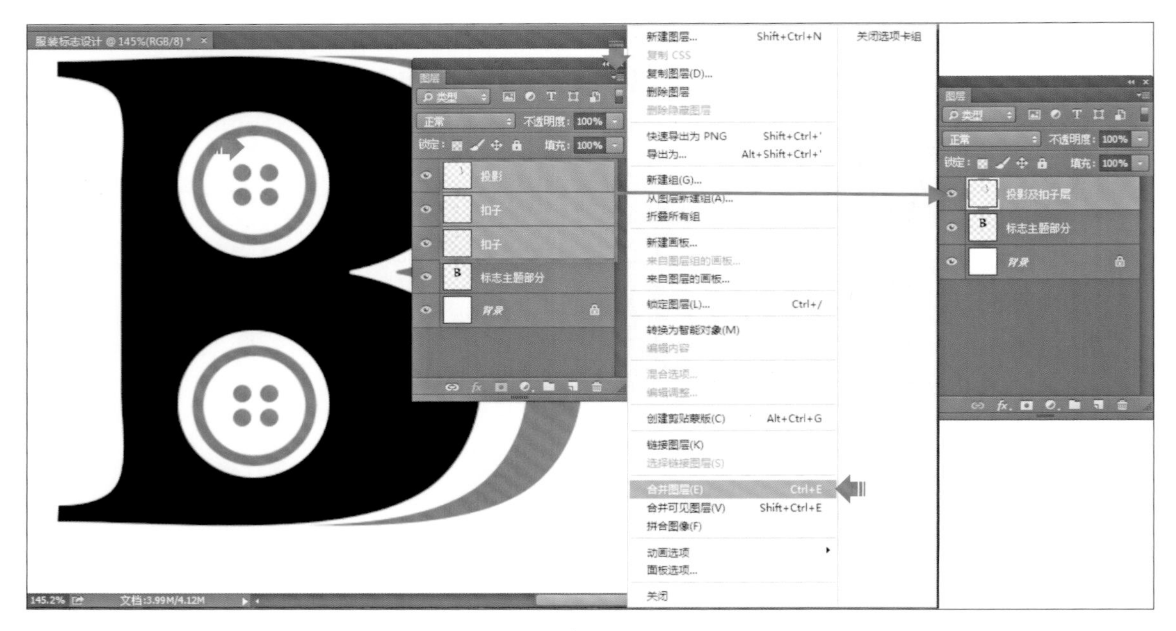

图2-22

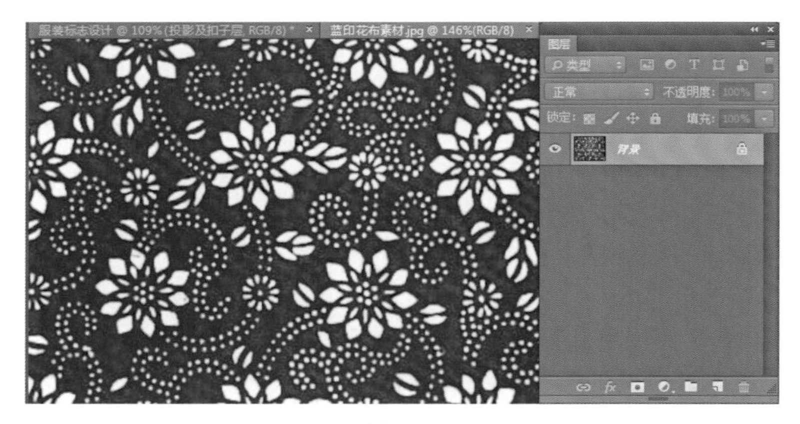

图2-23

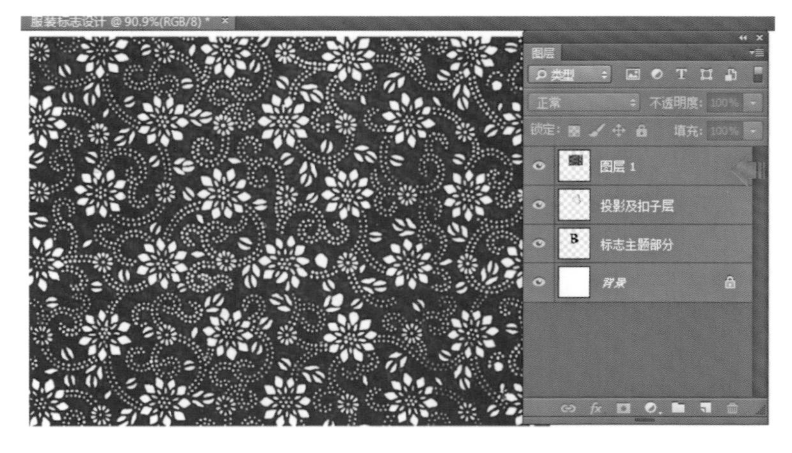

图2-24

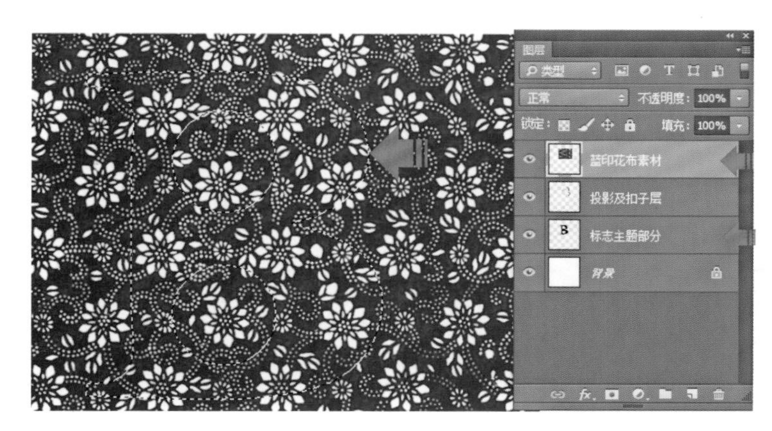

图2-25

25．按下键盘上的【Delete】键，删除图层“蓝印花布素材”上选中的区域，效果如图2-26所示。

图2-26

26．鼠标左键选中【图层】面板中的“标志主题部分”图层，按住鼠标左键不要松开，拖拉至【图层】面板下方的【删除图层】命令，放开鼠标左键，删除该图层，效果如图2-27所示。

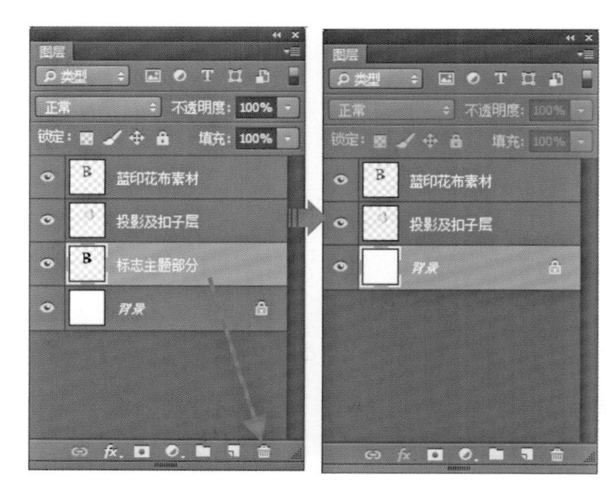

图2-27

27．选择工具箱中的【横排文字工具】，参照图2-28所示，设置相关文字大小、整体样式和字体颜色，输入文字“巴布服饰”，效果如图2-28所示。

28．选择工具箱中的【横排文字工具】，参照图2-29所示，设置相关文字大小、整体样式和字体颜色，输入文字“BABUFUSHI”。完成服装标志图案的绘制，效果如图2-29所示。

图2-28

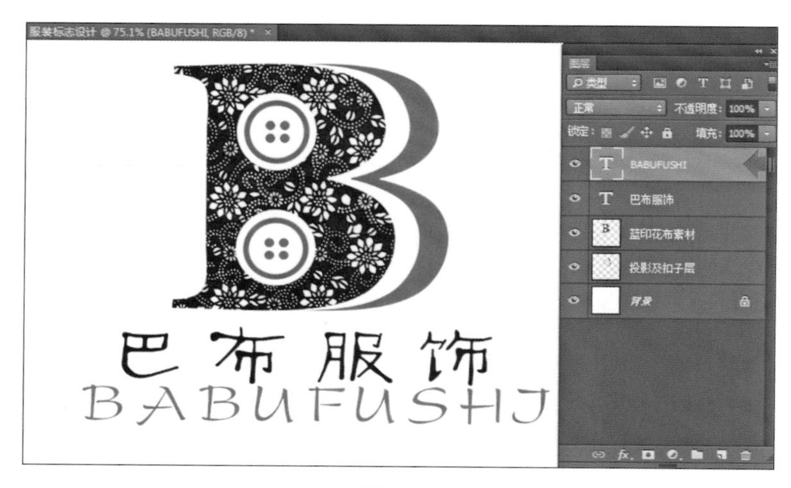

图2-29

第二节　印花图案的绘制方法

印花图案的最终绘制完成效果，如图2-30所示。

印花图案的绘制方法如下：

1. 新建文件，名称为“印花图案实例”。单击菜单栏上的【文件】/【新建】命令，打开【新建】对话框，设置【名称】为印花图案实例、【文档类型】为自定、【宽度】为100毫米、【高度】为100毫米、【分辨率】为300像素/英寸、【颜色模式】为RGB颜色、【背景内容】为白色，单击【确定】按钮确认操作，如图2-31所示。

2. 打开文件“印花图案照片素材”。单击菜单栏中的【文件】/【打开】命令，在弹出的【打开】对话框内选择网络教学资源文件“印花图案照片素材1”，单击【打开】，“印花图案照片素材1”文件，如图2-32所示。

图2–30

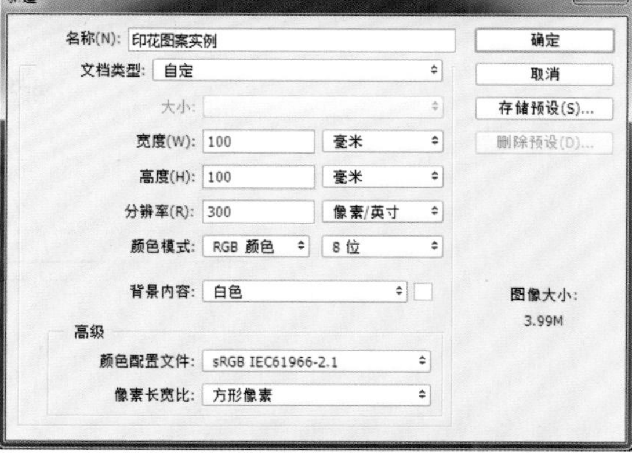

图2–31

图2–32

3．调整图案素材的图像效果。单击菜单【图像】/【调整】/【去色】命令，将该图像转换为黑白图像，效果如图2–33所示。

4．调整印花图案素材黑白状态时的对比度。单击菜单【图像】/【调整】/【色阶】命令，打开【色阶】对话框，设置【调整阴影输入色阶】为0、【调整中间调输入色阶】为0.13、【调整高光输入色阶】为119，单击【确定】，确认图像对比度的调整，效果如图2–34所示。

5．将图像素材的黑色部分转换为选区。单击菜单【选择】/【色彩范围】命令，打开【色彩范围】对话框，鼠标左键单击图像中黑色部分，将黑色选中，设置【颜色容差】为200，将图像中黑色部分转换为选区，效果如图2–35所示。

图2-33

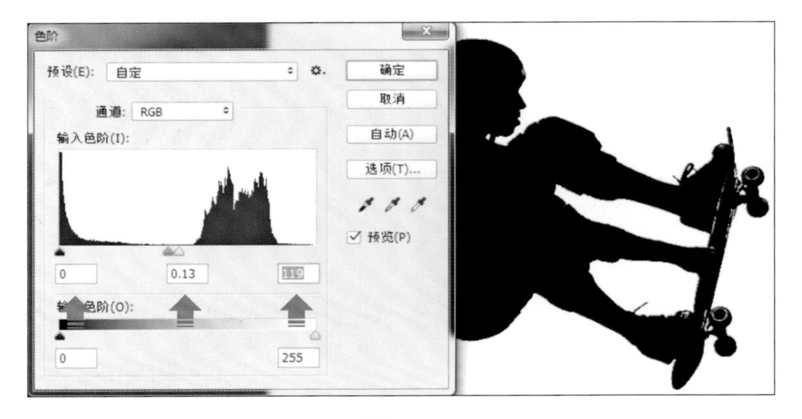

图2-34

图2-35

6. 根据上一步创建图像的新图层。按下键盘上的【Ctrl】+【C】键，复制上一步选择图像的黑色部分，按下键盘上的【Ctrl】+【V】键，粘贴上一步选择图像的黑色部分，形成新的图层“图层1”（在该图层中只有图像的黑色部分）如图2–36所示。

图2–36

7. 在“印花图案实例”文件的界面中，拖入“印花图案照片素材1”中的“图层1”，并修改图层名称。选择工具箱中的【移动工具】，在“印花图案照片素材1”文件的图层面板中选中“图层1”，按住鼠标左键不要松开，拖拉该图层至“印花图案实例”文件界面中，放开鼠标左键，将该图层拖拉至“印花图案实例”中，形成新的图层“图层1”，在该图层名称上双击鼠标左键，更改该图层名称为“人物素材”，关闭“印花图案照片素材1”文件，效果如图2–37所示。

图2–37

8. 改变图层背景色。鼠标左键单击选中图层面板中的“背景”图层，选择【色板】面板中的“浅青豆绿”色，将该颜色转换为前景色，按下键盘上的【Alt】+【Delete】键，对

“背景”图层进行前景色填充，效果如图2–38所示。

图2–38

9. 绘制正圆形路径。选择工具箱中的【椭圆工具】，按住键盘上的【Shift】键，参照图2–39所示，按住鼠标左键拖拉绘制一个正圆形路径，放开鼠标左键及键盘上的【Shift】键，双击【路径】面板中的“工作路径”，在弹出的【存储路径】面板上单击【确定】，将该临时路径储存为“路径1”，效果如图2–39所示。

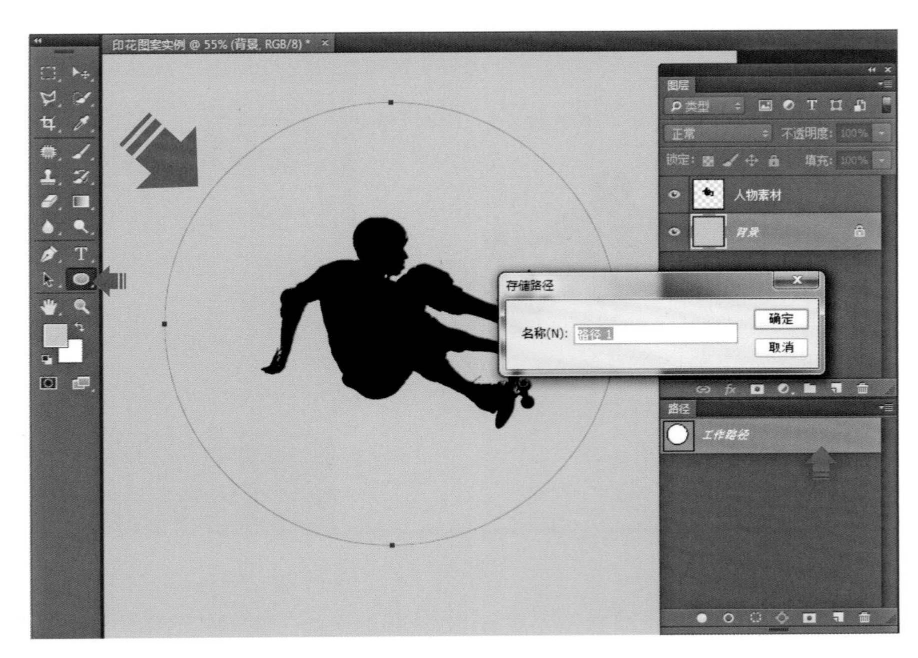

图2–39

10. 在正圆形路径上创建文字或字母。选择工具箱中的【横排文字工具】，鼠标左键在正圆形路径上单击，当正圆形路径上出现文字光标时，单击工具箱中【默认的前景色与背景色】命令，将前景色设置为黑色。参照图2-40所示，设置相关文字整体、字号及字间距，环绕正圆形路径输入若干大写英文字母（内容可以自定），效果如图2-40所示。

图2-40

图2-41

11. 变换“路径1”并缩放到合适的大小及位置。鼠标左键单击选中【路径】面板中的路径“路径1”，按下键盘上的【Ctrl】+【T】键，使该路径处于自由变换状态，再按住键盘上的【Shift】+【Alt】键，鼠标左键单击选中该路径的四个边角控制点之一，按住鼠标左键向圆内进行推移，参照图2-41所示，同心等比缩放该路径到合适大小，放开鼠标左键及键盘上的【Shift】+【Alt】键，按下键盘上的【Enter】键，确定该路径的缩放，效果如图2-41所示。

12. 栅格化文字图层。在【图层】面板中的文字图层上单击鼠标右键，在弹出的下拉菜单中选中【栅格化文字】命令，栅格化文字图层，效果如图2-42所示。

13. 预设画笔像素及硬度。选择工具箱中的【画笔工具】，单击鼠标左键选择工具选项栏的【“画笔预设”选取器】图标，打开【“画笔预设”选取器】，设置【大小】为20像素、【硬度】为100%，效果如图2-43所示。

14. 用画笔为路径描边。鼠标左键单击【路径】面板中的“路径1”，使该路径处于显示状态，鼠标左键单击【图层】面板中的文字图层，使图层处于选中状态；鼠标左键单击工具箱中的【默认的前景色和背景色】命令，将工具箱中的前景色设置为黑色，鼠标左键单击【路径】面板下方的【用画笔描边路径】命令，为该路径描边，如图2-44所示。

图2–42

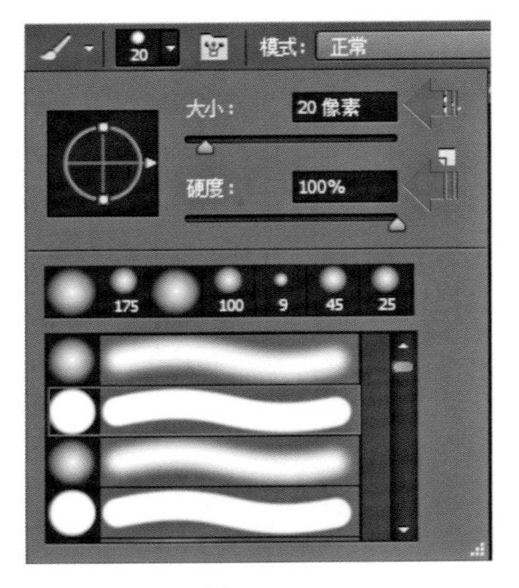

图2–43

图2–44

15．通过“自由变换”功能等比缩放“路径1”的路径，获得同心圆。鼠标左键单击选中【路径】面板中的路径“路径1”，按下键盘上的【Ctrl】+【T】键，使该路径处于自由变换状态，按住键盘上的【Shift】+【Alt】键，鼠标左键单击选中该路径的四个边角控制点，按住鼠标左键向外进行拖拉，参照图2–45所示，同心等比缩放该路径到合适大小，放开鼠标左键及键盘上的【Shift】+【Alt】键，按下键盘上的【Enter】键，确定该路径的缩放，效果如图2–45所示。

16．描边同心圆路径。鼠标左键单击【路径】面板中的“路径1”路径，使该路径处于显示状态，鼠标左键单击【图层】面板中的文字图层，使图层处于选中状态；鼠标左键单击工具箱中的【默认的前景色和背景色】命令，将工具箱中的前景色设置为黑色，鼠标左键单击【路径】面板下方的【用画笔描边路径】命令，为该路径描边，如图2-46所示。

图2-45

图2-46

17. 打开网络教学资源文件中的“印花图案照片素材2”文件。按住鼠标左键不要松开，拖拉该文件至Adobe Photoshop CC软件中的“印花图案实例”文件中，放开鼠标左键，将该照片素材拖拉至文件中，形成一个新的图层“印花图案照片素材2”，按下键盘上的【Enter】键，确定该素材文件的置入，效果如图2-47所示。

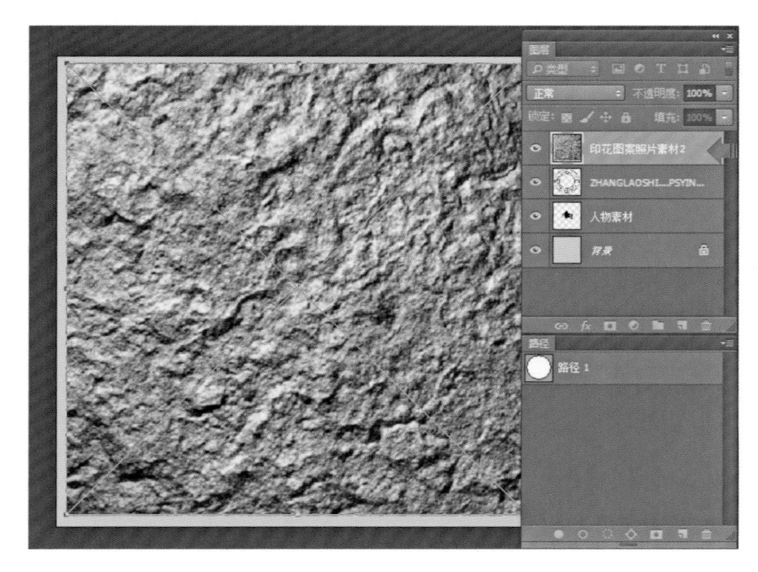

图2-47

18. 确认【图层】面板中的“印花图案照片素材2”图层处于选中状态下，该图层上单击鼠标右键，在弹出的下拉菜单中选中【栅格化图层】命令，将该图层对象由智能化对象转换为普通图层，效果如图2-48所示。

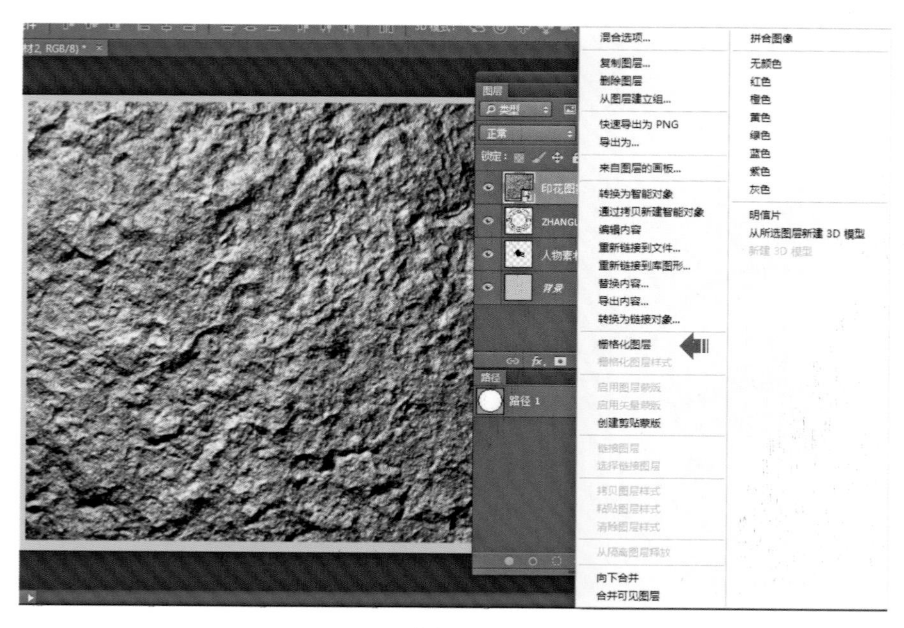

图2-48

19．单击菜单【图像】/【调整】/【去色】命令，将该图层转换为黑白图像，效果如图2-49所示。

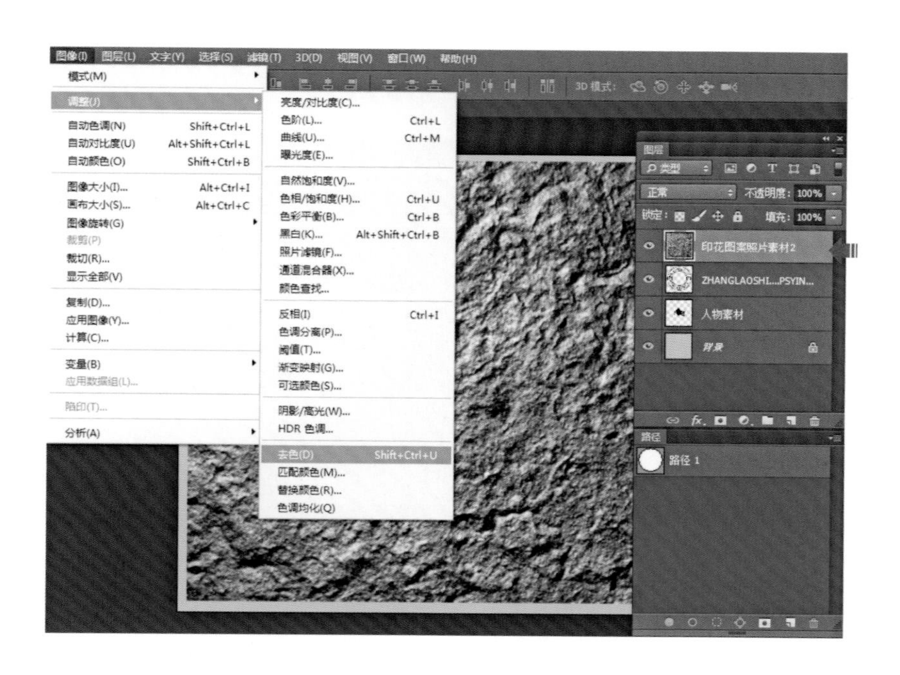

图2-49

20．单击菜单【图像】/【调整】/【色阶】命令，打开【色阶】对话框，设置【调整阴影输入色阶】为68、【调整中间调输入色阶】为1.00、【调整高光输入色阶】为70，单击【确定】，确认该图层对比度的调整，效果如图2-50所示。

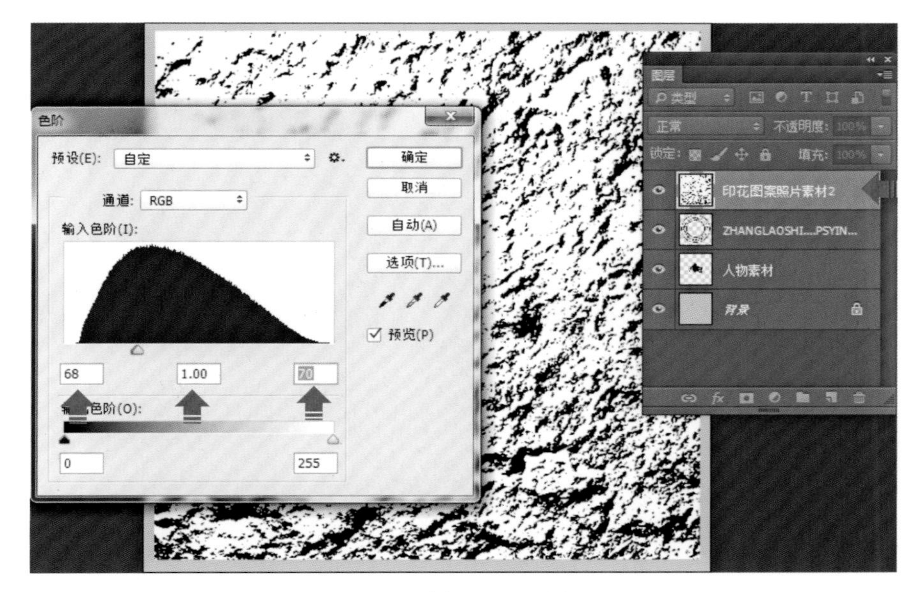

图2–50

21．单击菜单【选择】/【色彩范围】命令，打开【色彩范围】对话框，鼠标左键单击图像中黑色部分，将黑色选中，设置【颜色容差】为200，将图像中黑色部分转换为选区，效果如图2–51所示。

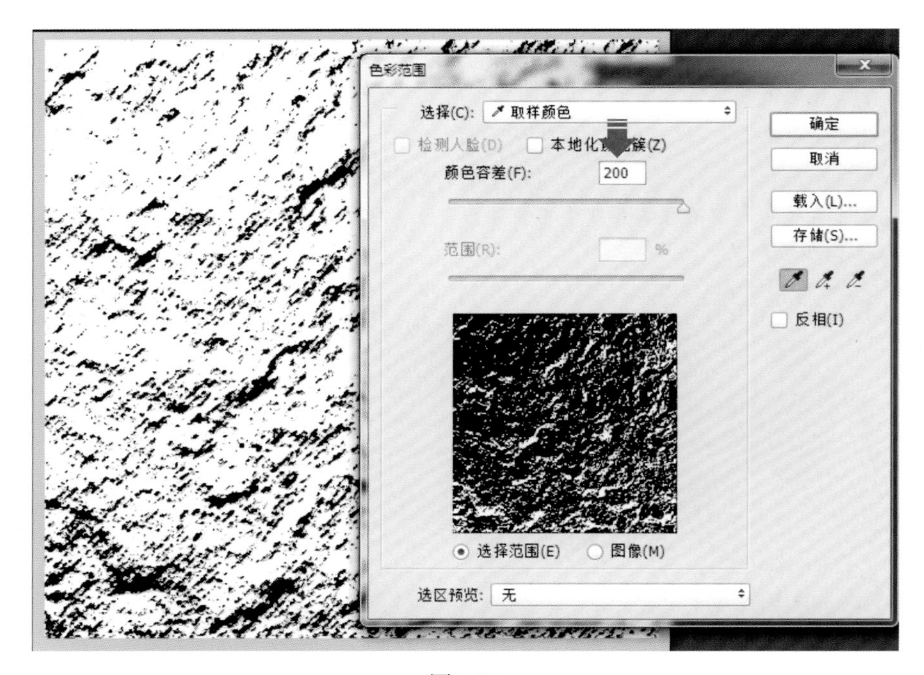

图2–51

22．单击选中【图层】面板中的“印花图案照片素材2”图层，按住鼠标左键不要松开，将该图层拖拉至【图层】面板下方的【删除图层】命令，放开鼠标左键，将该图层删除，效果如图2–52所示。

图2-52

23. 确认【图层】面板中文字图层处于选中的状态下，按下键盘上的【Delete】键，利用选区来裁剪该图层，使该图层产生仿旧的斑驳效果。按住键盘上的【Ctrl】键，鼠标左键两次单击同时选中文字图层及“人物素材”图层，单击【图层】面板右上方的【选项卡】命令，在弹出的下拉菜单中选择【合并图层】命令，将这两个图层合并为一个图层，双击【图层】面板中合并生成的新图层的名称，更改该图层名称为“图案”，效果如图2-53所示。

图2-53

24. 确认【图层】面板中“图案”图层处于选中的状态下，单击菜单【图像】/【调整】/

【色相/对比度】命令，打开【色相/对比度】对话框，在对话框右下角的【着色】命令的方框内勾选，设置【色相】为156、【饱和度】为59、【明度】为+17，单击【确定】，确认该图层的色彩调整，完成该实例的绘制，效果如图2-54所示。

图2-54

第三节　四方连续图案的绘制方法

四方连续图案的最终绘制完成效果，如图2-55所示。

图2-55

四方连续图案的绘制方法如下：

1．单击菜单栏上的【文件】/【打开】命令，打开【打开】对话框，打开网络教学资源文件中的“四方连续图案素材1”文件，如图2–56所示。

图2–56

2．单击菜单栏上的【选择】/【色彩范围】命令，打开【色彩范围】对话框，鼠标左键单击图像中白色部分，将白色选中，设置【颜色容差】为100，单击【确定】，确认将图像中白色部分转换为选区，如图2–57所示。

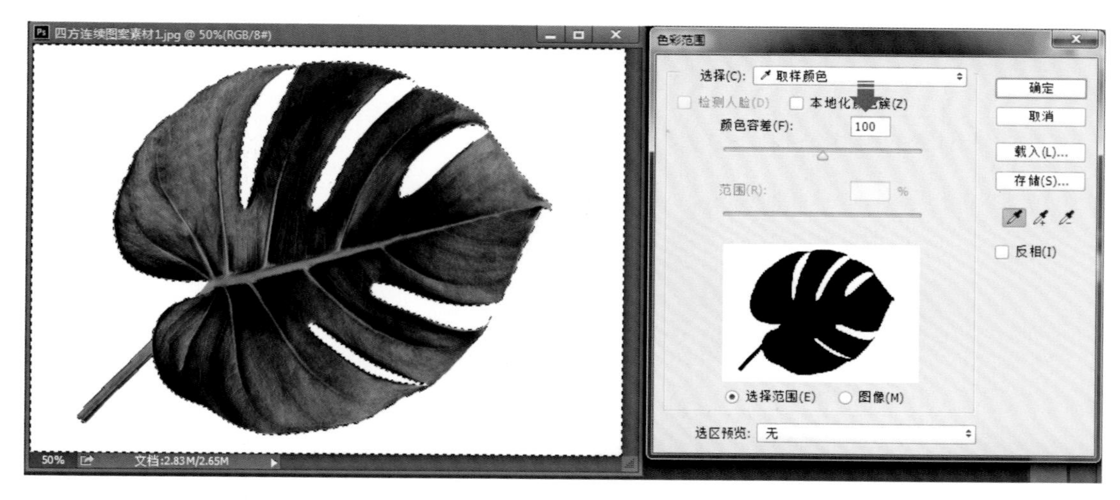

图2–57

3．单击菜单栏上的【选择】/【反选】命令，将该选区进行反选，效果如图2–58所示。

4．按下键盘上的【Ctrl】+【C】键，复制上一步选择的图像树叶部分，按下键盘上的【Ctrl】+【V】键，粘贴上一步选择的图像树叶部分，形成新的图层“图层1”，效果如图2–59所示。

5．单击菜单栏上的【文件】/【打开】命令，打开【打开】对话框，打开网络教学资源文件中的“四方连续图案素材2”文件，如图2–60所示。

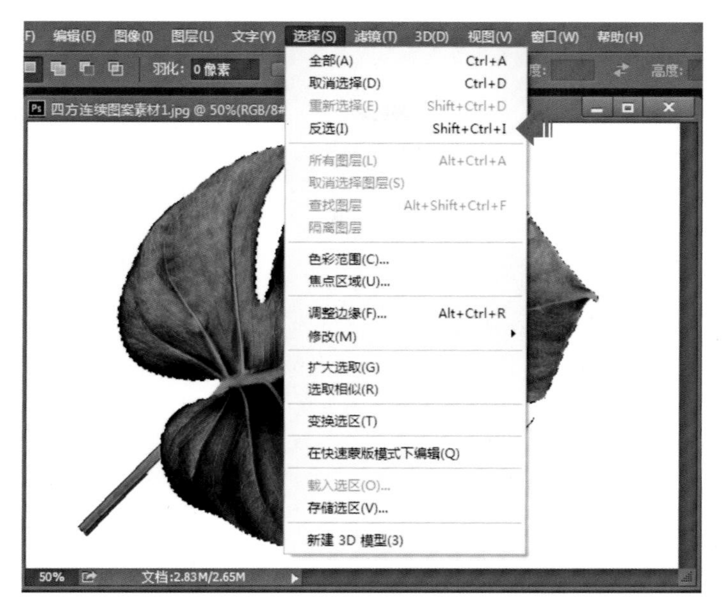

图2-58

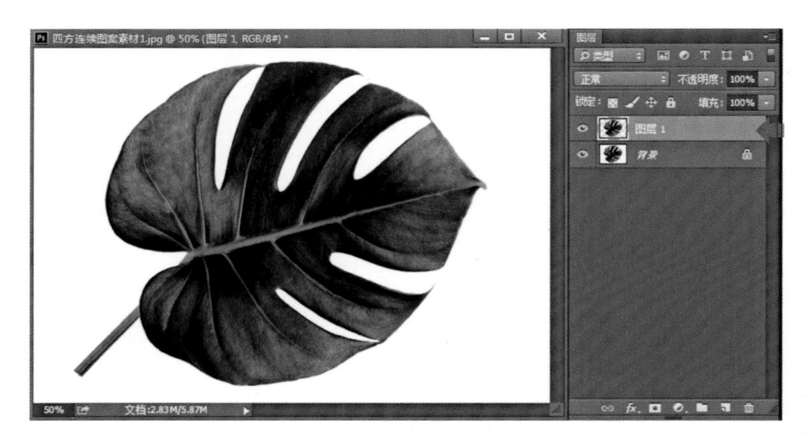

图2-59

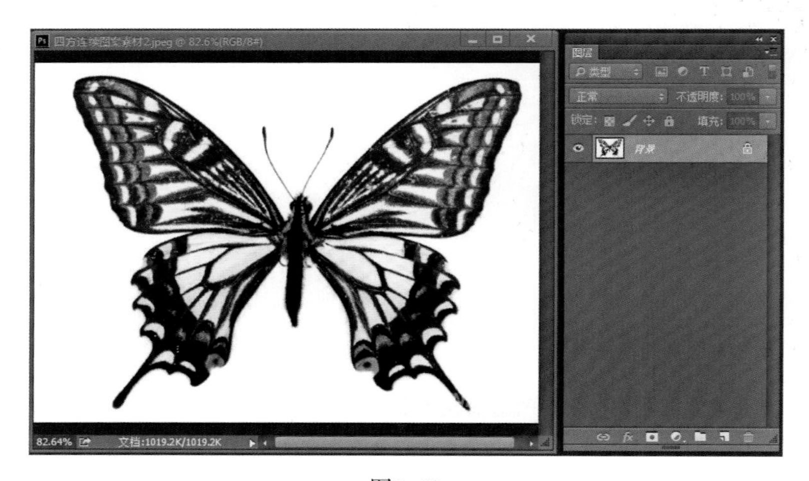

图2-60

6. 单击菜单【图像】/【调整】/【去色】命令，将“四方连续图案素材2”的图层转换为黑白图像，效果如图2-61所示。

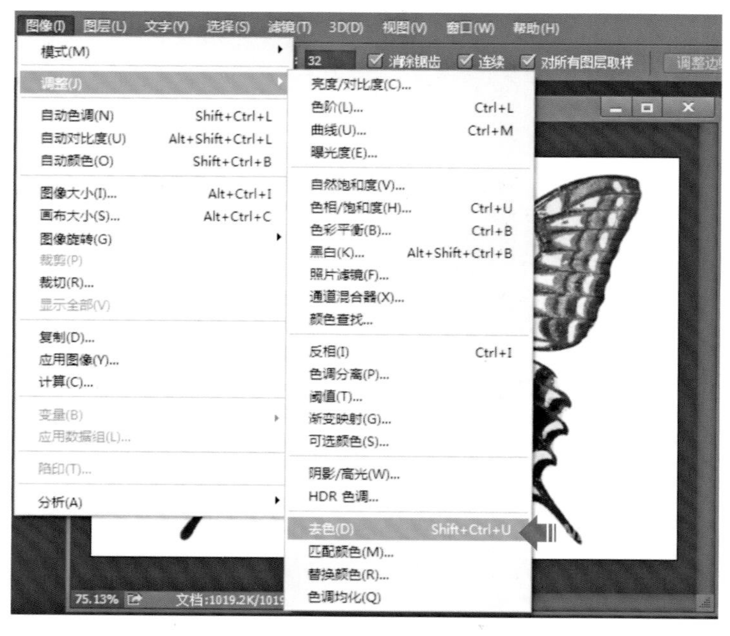

图2-61

7. 单击菜单【图像】/【调整】/【色阶】命令，打开【色阶】对话框，设置【调整阴影输入色阶】为42、【调整中间调输入色阶】为0.02、【调整高光输入色阶】为168后，单击【确定】，确认该图像对比度的调整，效果如图2-62所示。

图2-62

8. 选择工具箱中的【魔棒工具】，鼠标左键在画面中蝴蝶图像外围的白色部分处单击，选中图像中的蝴蝶图案外围的白色部分，使其成为选区，单击菜单【选择】/【反选】命令，将该选区进行反选，使图像中的蝴蝶图像处于选区选中状态，效果如图2-63所示。

图2-63

9. 按下键盘上的【Ctrl】+【C】键，复制上一步选择图像中的蝴蝶部分，按下键盘上的【Ctrl】+【V】键，粘贴上一步选择图像中的蝴蝶部分，形成新的图层“图层1”。鼠标左键单击【图层】面板中的“背景”图层前方的眼睛图标，使该图层处于隐藏显示状态，效果如图2-64所示。

图2-64

10. 确认【图层】面板中“图层1”图层处于选中的状态下，单击菜单【图像】/【调整】/【色相/对比度】命令，打开【色相/对比度】对话框，在对话框右下角的【着色】命令的方框内勾选，设置【色相】为0、【饱和度】为100、【明度】为+44，单击【确定】，将该图层的黑色调整为大红色，效果如图2-65所示。

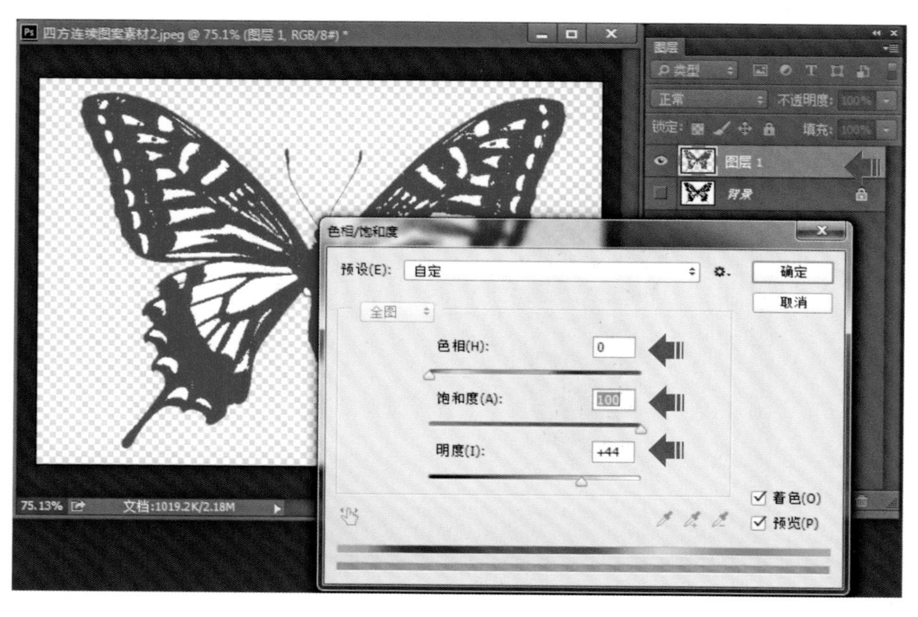

图2-65

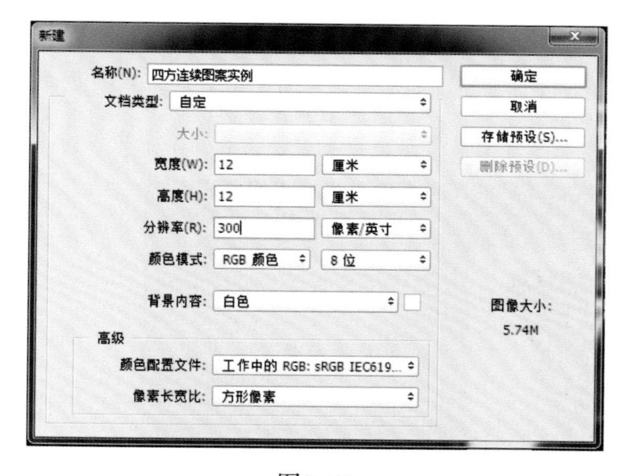

图2-66

11．单击菜单栏上的【文件】/【新建】，打开【新建】对话框，设置【名称】为四方连续图案实例、【文档类型】为自定、【宽度】为12厘米、【高度】为12厘米、【分辨率】为300像素/英寸、【颜色模式】为RGB颜色、【背景内容】为白色，单击【确定】图标确认操作，如图2-66所示。

12．单击菜单【视图】/【新建参考线】命令，打开【新建参考线】对话框，在【垂直】命令前方的圆形边框内点选，在【位置】后的命令栏内输入“4厘米”，单击【确定】，确定参考线的设置。同上方法，在垂直的位置上8厘米处建立第二条参考线，效果如图2-67所示。

13．同上方法，在水平的位置上4厘米和8厘米处建立两条水平参考线，效果如图2-68所示。

14．选择工具箱中的【移动工具】，选择“四方连续图案素材1”文件，单击选中【图层】面板中的被分离出来的树叶素材——“图层1”，按住鼠标左键选中的“图层1”，拖拉至文件“四方连续图案实例”画面中，放开鼠标左键，将该素材拖拉至文件“四方连续图案实例”中，形成新的图层“图层1”；同上方法，将蝴蝶图案素材拖拉至该文件中，形成新的图层“图层2”，效果如图2-69所示。

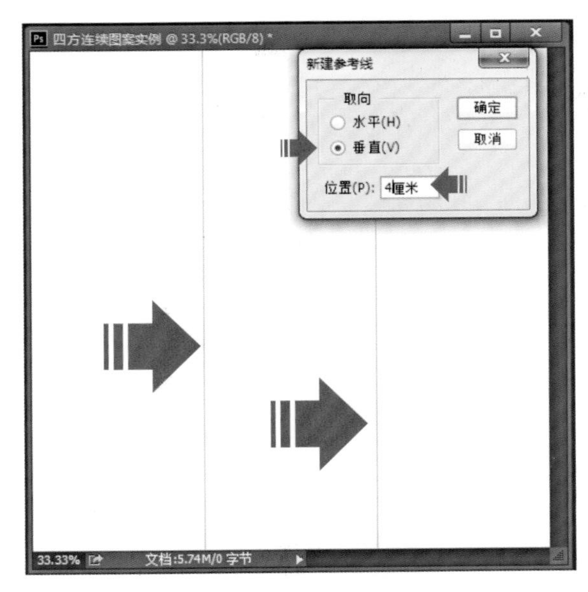

图2-67

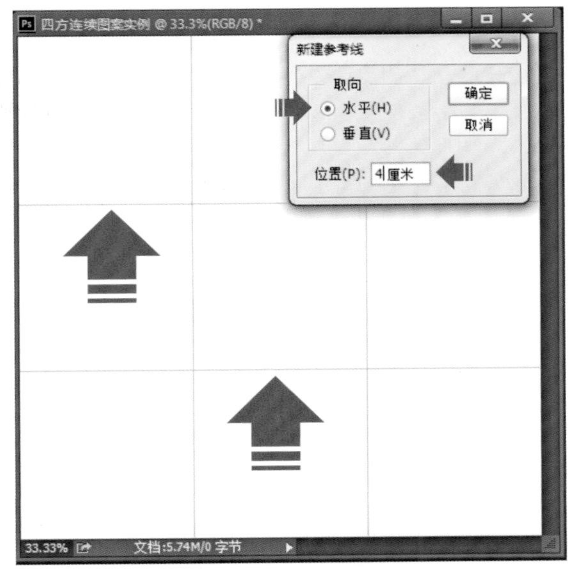

图2-68

图2-69

15. 选中【图层】面板中的“树叶”图层，按下键盘上的【Ctrl】+【T】键，使该图层处于自由变换状态，参照图2-70所示，对该图层的位置、角度和大小进行调整，然后按下键盘上的【Enter】键，确认图层形态的调整，效果如图2-70所示。

16. 选择工具箱中的【移动工具】，确认“树叶”图层处于选中状态下，按住键盘上的【Alt】+【Ctrl】键，鼠标左键选中画面上的“树叶”图层，按住鼠标左键不要松开，在水平位置上拖拉到合适位置，在水平位置上再制该图层，参照图2-71所示，注意图上的提示；利用键盘上的方向键，参照画面上的参考线，对再制出来的新图层进行位置上的精确调整，使得两个“树叶”图层的“对齐点”对齐，效果如图2-71所示。

图2–70

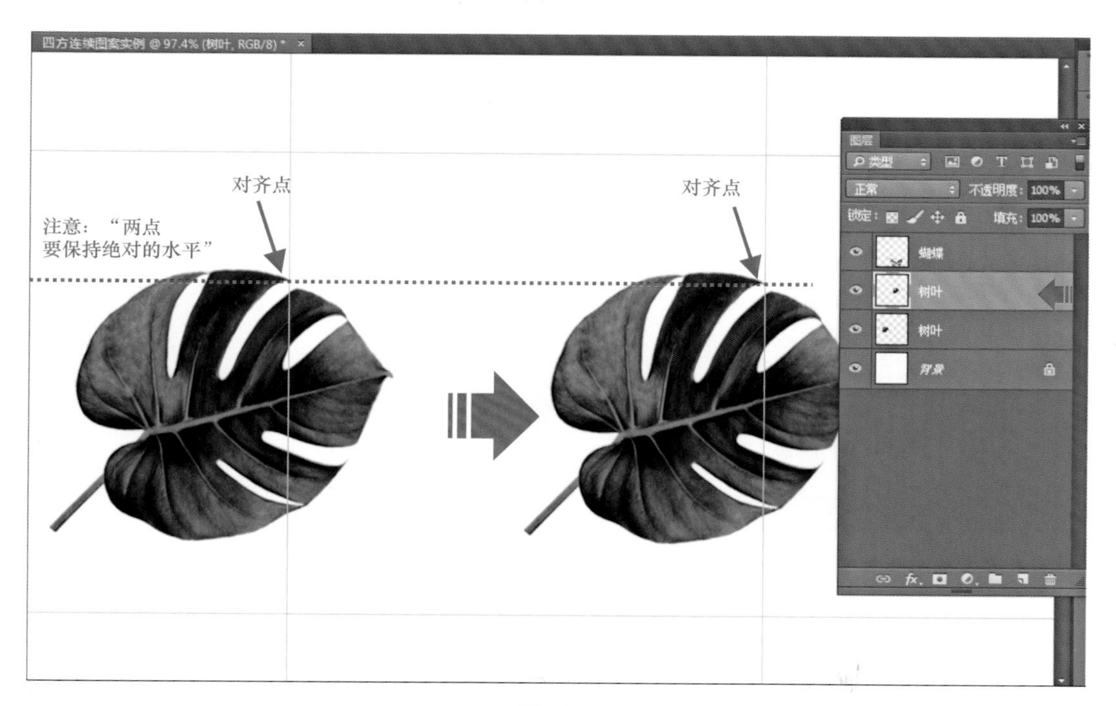

图2–71

17．同上方法，参照图2–72所示，在合适的位置再制第三个“树叶”图层，调整该图层的角度，效果如图2–72所示。

18．同上方法，参照图2–73所示，在合适的位置再制第四个“树叶”图层，利用键盘上的方向键，参照画面上的参考线，对再制出来新图层进行位置上的精确调整，使得上下两个“树叶”图层的“对齐点”对齐，效果如图2–73所示。

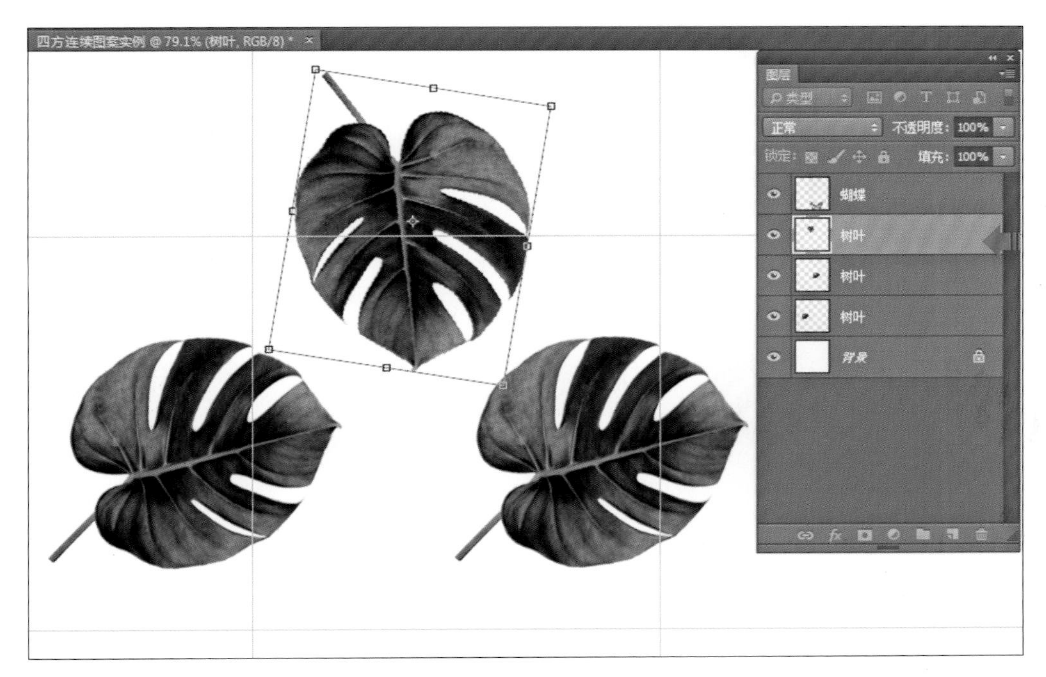

图2–72

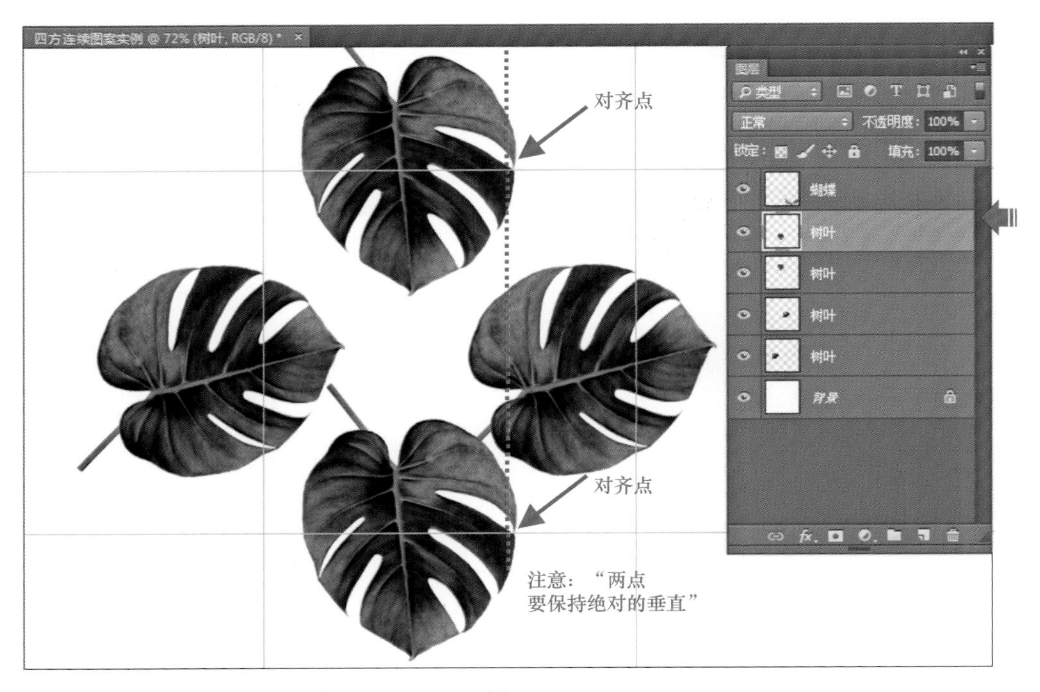

图2–73

19. 按住键盘上的【Ctrl】键，鼠标左键四次单击选中【图层】面板中的"树叶"图层，使该四个图层处于同时选择的状态下，单击【图层】面板右上方的【选项卡】命令，在弹出的下拉菜单中选择【合并图层】命令，将这四个图层合并为一个图层，效果如图2–74所示。

图2-74

20. 按住键盘上的【Ctrl】键，在【图层】面板的“树叶”图层前方的缩略图图标单击鼠标左键，使该图层上的图像处于选区选中的状态。确认“树叶”图层处于选中的状态下，调整【颜色】面板上的颜色设置，将“R”（红色）设置为254、“G”（绿色）设置为172、“B”（蓝色）设置为172，将该浅红色设置为前景色，按下键盘上的【Alt】+【Delete】键，用该颜色对“树叶”图层中的选区进行前景色填充，效果如图2-75所示。按下键盘上的【Ctrl】+【D】键，取消选区。

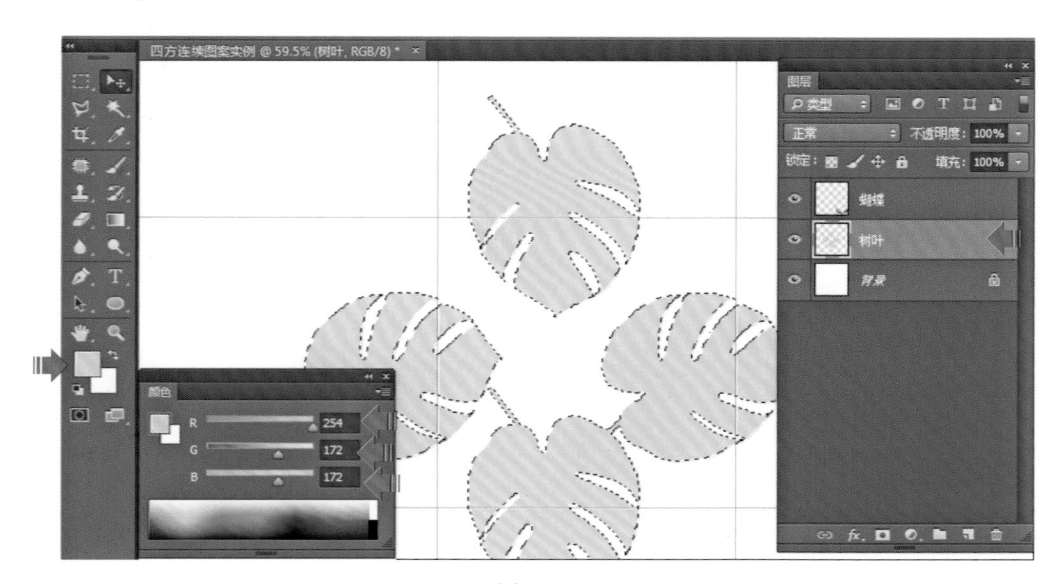

图2-75

21. 选中【图层】面板中的“蝴蝶”图层，按下键盘上的【Ctrl】+【T】键，使该图层处于自由变换状态，参照图2-76所示，对该图层的位置、角度和大小进行调整，然后按下键盘上的【Enter】键，确认图层形态的调整，效果如图2-76所示。

图2-76

22. 选择工具箱中的【移动工具】，确认“蝴蝶”图层处于选中状态下，按下键盘上的【Alt】+【Ctrl】键，鼠标左键选中画面上的“蝴蝶”图层，按住鼠标左键不要松开，在水平位置上拖拉到合适位置，在水平位置上再制该图层，注意参照图2-77所示。利用键盘上的方向键，借助画面上的参考线，对再制出来的新图层进行位置上的精确调整，使得两个“蝴蝶”图层的“对齐点”对齐，如图2-77所示。

图2-77

23. 同上方法，参照图2-78所示，在合适的位置再制第三个“蝴蝶”图层，调整该图层的角度及大小选择，然后按下键盘上的【Enter】键，确认图层形态的调整，效果如图2-78所示。

图2–78

24. 同上方法，参照图2–79所示，在合适的位置再制第四个“蝴蝶”图层，利用键盘上的方向键，参照画面上的参考线，对再制出来的新图层进行位置上的精确调整，使得上下两个“蝴蝶”图层的“对齐点”对齐，效果如图2–79所示。

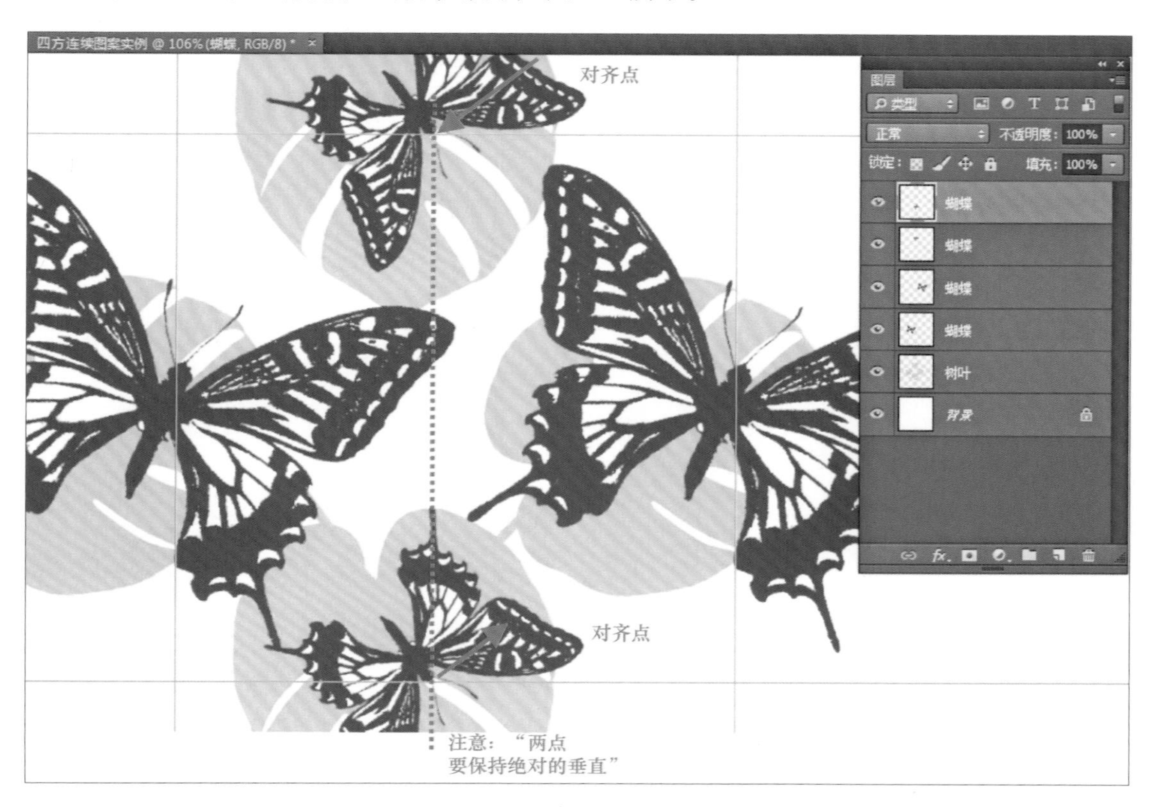

图2–79

25．单击【图层】面板右上方的【选项卡】命令，在弹出的下拉菜单中选择【拼合图层】命令，将所有图层合并为一个图层，效果如图2–80所示。

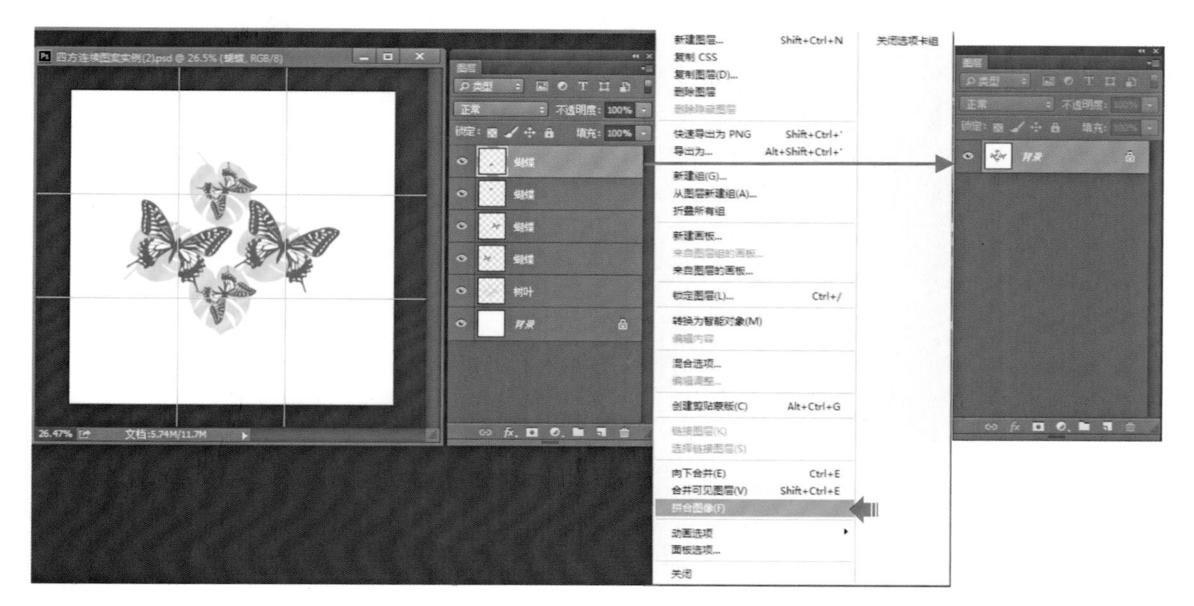

图2–80

26．单击菜单【视图】/【对齐到】/【参考线】命令，使该命令前方显示“√”图标，如图2–81所示。

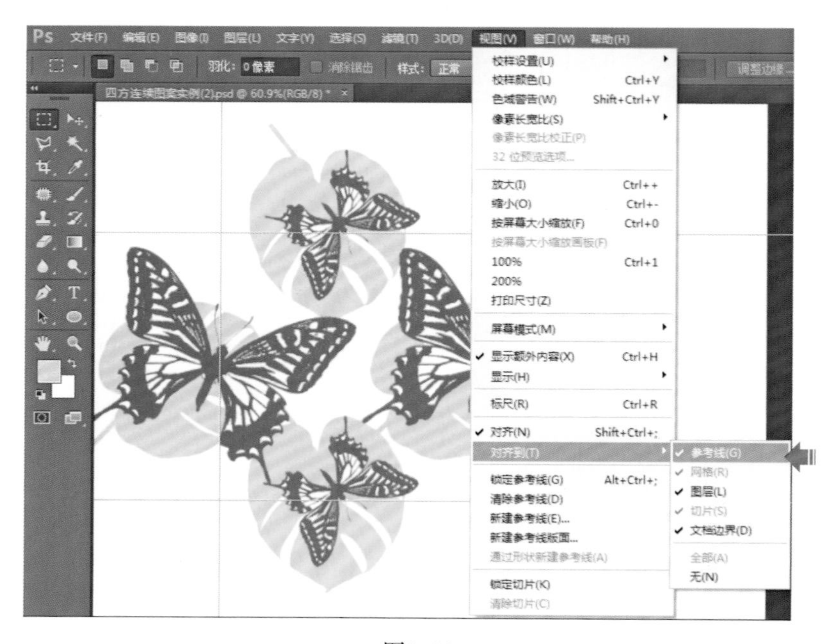

图2–81

27．选择工具箱的【矩形选框工具】，参照图2–82所示，在如图所示的位置沿参考线绘制一个正方形选区，效果如图2–82所示。

图2-82

28. 单击菜单【编辑】/【定义图案】命令，打开【图案名称】对话框，将上一步正方形选区内的图像命名为“图案1”，单击【确定】，确认图案的保存。按下键盘上的【Ctrl】+【D】键，取消选区，如图2-83所示。

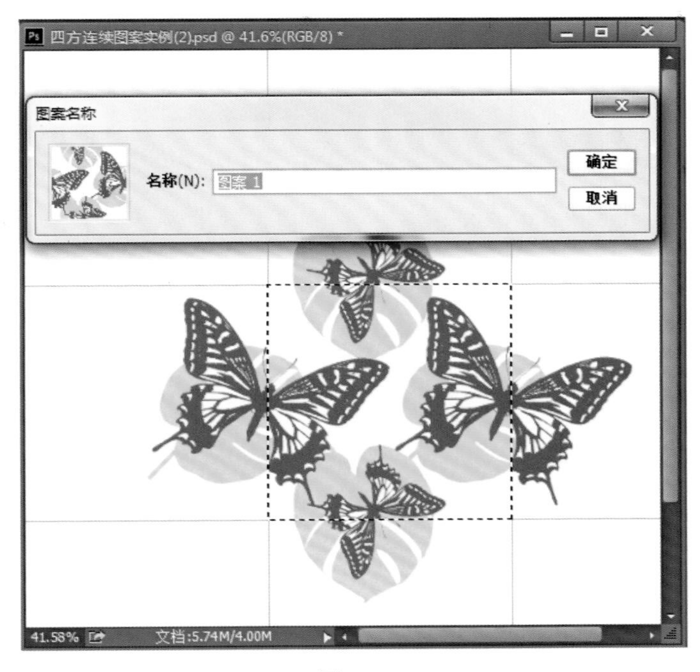

图2-83

29. 单击菜单【编辑】/【填充】命令，打开【填充】对话框，设置【内容】为“图案”，单击【自定图案】命令后的缩略图，在弹出的图案下拉菜单中找到上一步定义的“图案1”，单击选定“图案1”，单击【确定】，确认用“图案1”填充整个页面，效果如图2-84所示。

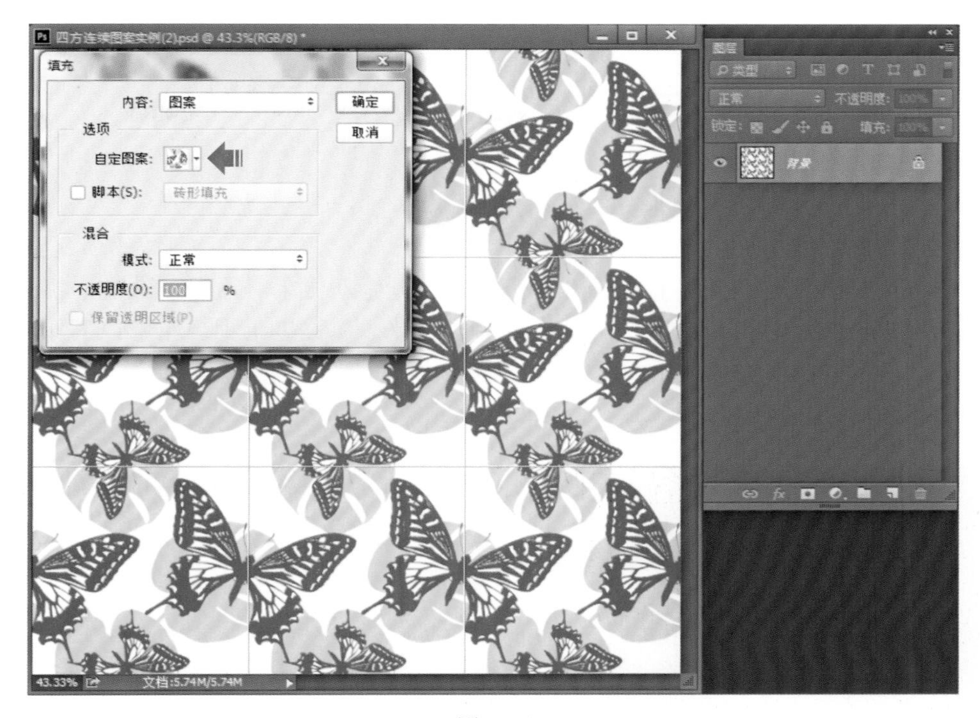

图2-84

30. 单击菜单【视图】/【显示】/【参考线】命令，去除【参考线】命令前方的“√”图标，隐藏参考线的显示，如图2-85所示，完成四方连续图案的绘制。

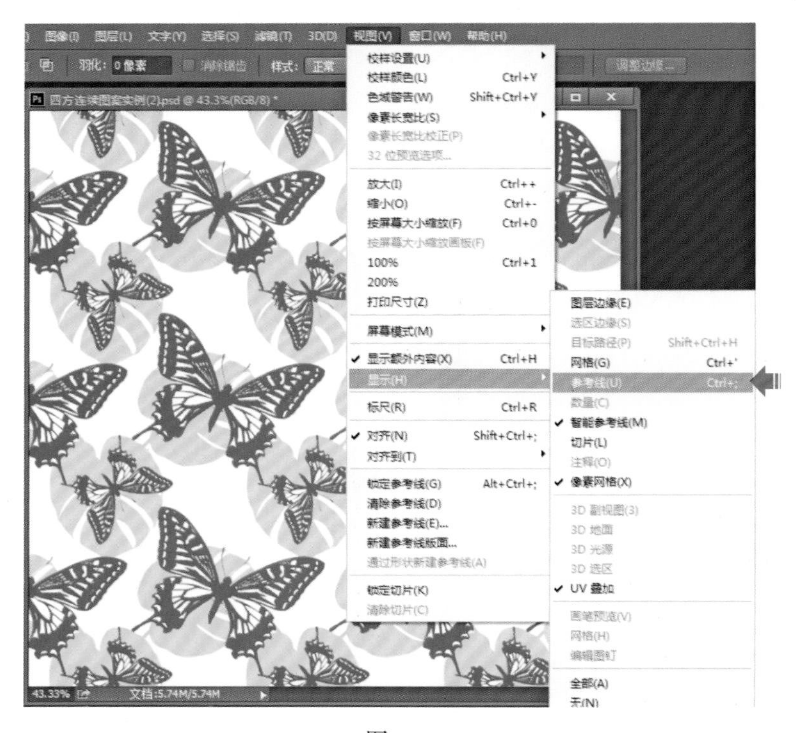

图2-85

第四节 烫钻图案的绘制方法

烫钻图案的绘制最终完成效果，如图2-86所示。

烫钻图案的绘制方法如下：

1. 单击菜单栏上的【文件】/【新建】命令，打开【新建】对话框，设置【名称】为烫钻图案实例、【文档类型】为自定、【宽度】为15厘米、【高度】为15厘米、【分辨率】为300像素/英寸、【颜色模式】为RGB颜色、【背景内容】为白色，单击【确定】图标确认操作，效果如图2-87所示。

图2-86

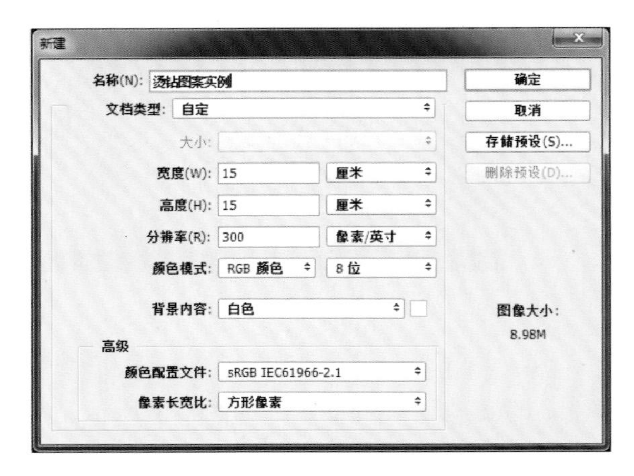

图2-87

2. 单击菜单【视图】/【新建参考线】命令，打开【新建参考线】对话框，在【垂直】命令前方的圆形边框内点选，在【位置】后的命令栏内输入7.5厘米，单击【确定】，确定参考线的设置，如图2-88所示。

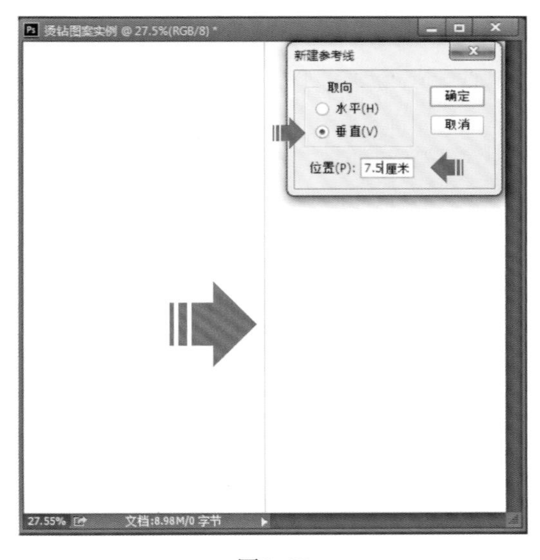

图2-88

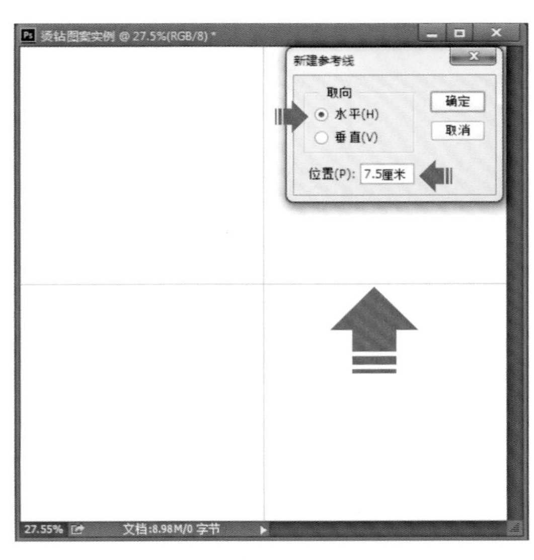

图2-89

3．单击菜单【视图】/【新建参考线】命令，打开【新建参考线】对话框，在【水平】命令前方的圆形边框内点选，在【位置】后的命令栏内输入7.5厘米，单击【确定】，确定参考线的设置，建立第二条参考线，如图2-89所示。

4．选择工具箱中的【多边形工具】，设置工具选项栏上的【选择工具模式】为路径、【多边形的边数（绘制星形的顶点数）】为10，按住键盘上的【Shift】+【Alt】键，参照图2-90所示，在垂直和水平参考线交叉点按住鼠标左键不要松开，向外拖拉至合适的位置放开鼠标左键，绘制一个以参考线交叉点为中心的正十边形路径，如图2-90所示。

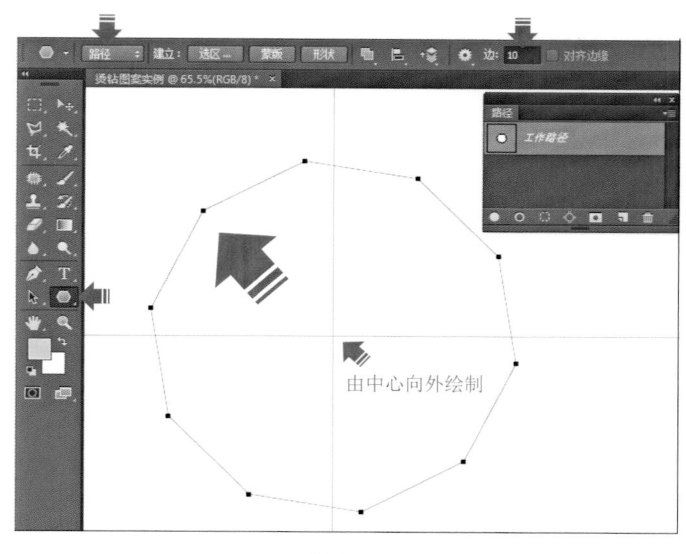

图2-90

5．同上方法，绘制第二个以参考线交叉点为中心的正十边形路径，如图2-91所示。

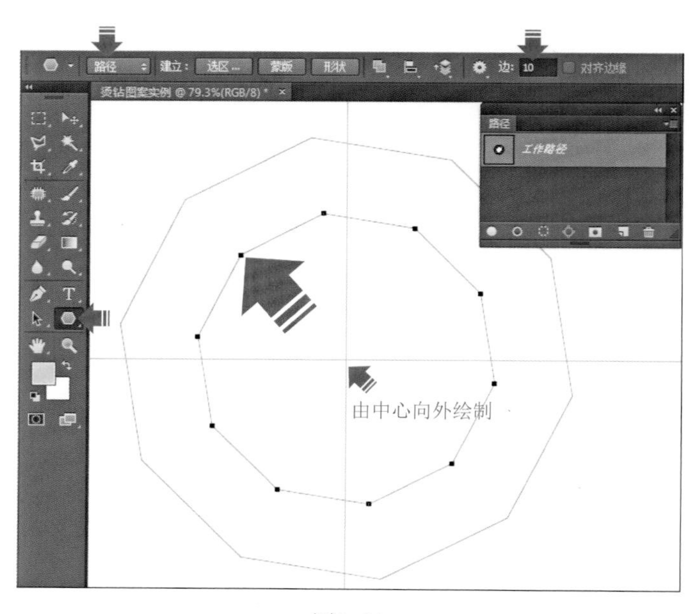

图2-91

6. 同上方法，绘制第三个以参考线交叉点为中心的正十边形路径，效果如图2-92所示。

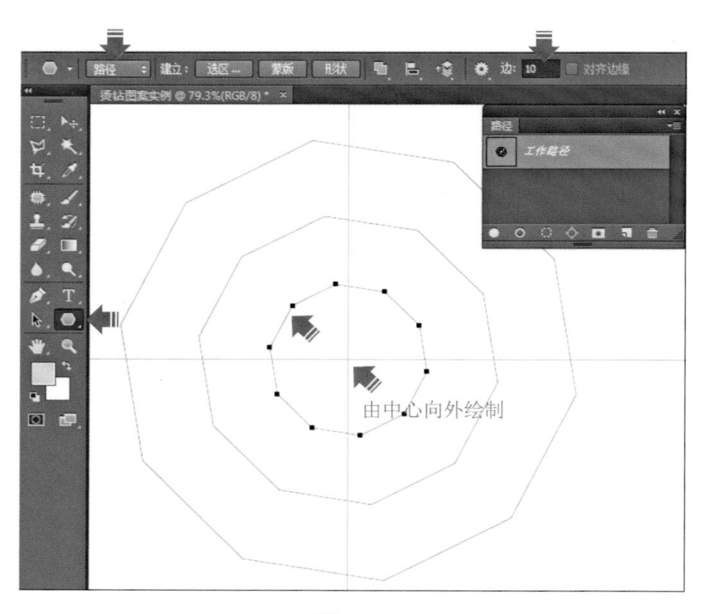

图2-92

7. 选择工具箱中的【钢笔工具】，设置工具选项栏上的【选择工具模式】为路径，参照图2-93，在合适的位置连续四次单击绘制倒梯形路径，效果如图2-93所示。

8. 按下键盘上的【Ctrl】+【T】键，将上一步绘制的倒梯形路径处于自由变换状态，鼠标左键单击选中该路径的中心点，按住鼠标左键不要松开，参照图2-94所示，拖拉其中心点至水平与参照参考线的交叉点位置，放开鼠标左键，如图2-94所示。

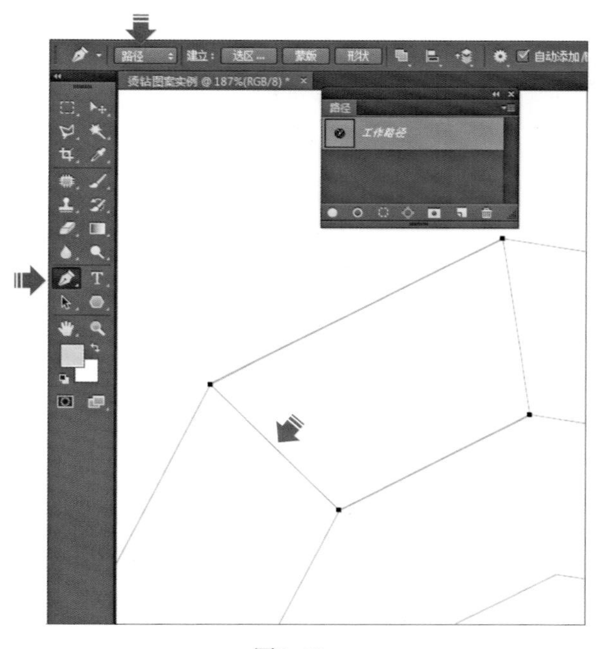

图2-93

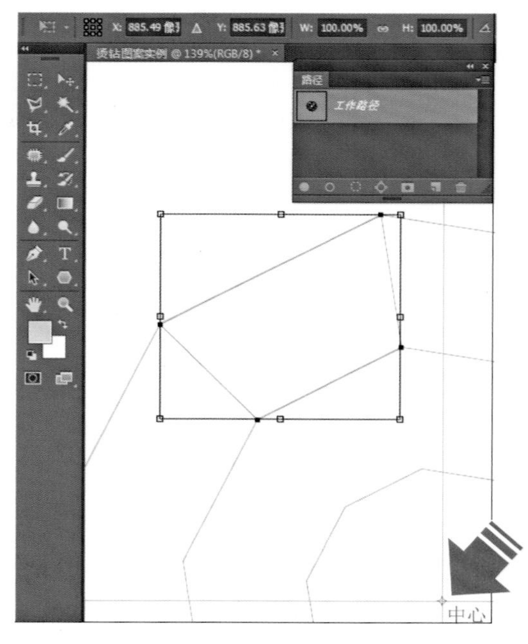

图2-94

9. 设置工具选项栏上的【设置旋转】角度为36°，鼠标左键单击【确认变换】命令，确认该路径的旋转，如图2-95所示。

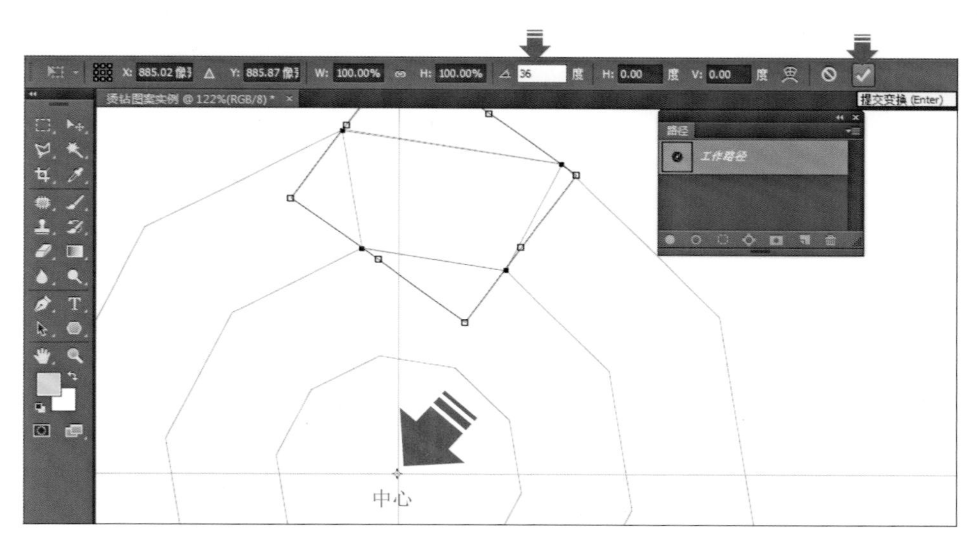

图2-95

10. 确认工具箱中的【路径选择工具】处于选择状态下，按下键盘上的【Shift】+【Ctrl】+【Alt】+【T】键9次，以水平与垂直参考线交叉点为中心旋转再制九个梯形路径，效果如图2-96所示。

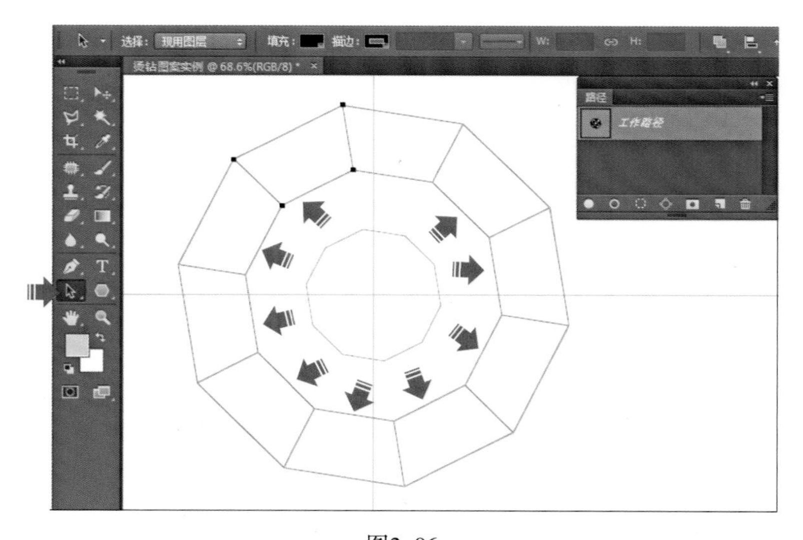

图2-96

11. 参照图2-97所示，选择工具箱中的【钢笔工具】，绘制第二个梯形路径，效果如图2-97所示。

12. 按下键盘上的【Ctrl】+【T】键，将上一步绘制的倒梯形路径处于自由变换状态，鼠标左键单击选中该路径的中心点，按住鼠标左键不要松开，参照图2-98所示，拖拉其中心点至水平与参照参考线的交叉点位置，放开鼠标左键，效果如图2-98所示。

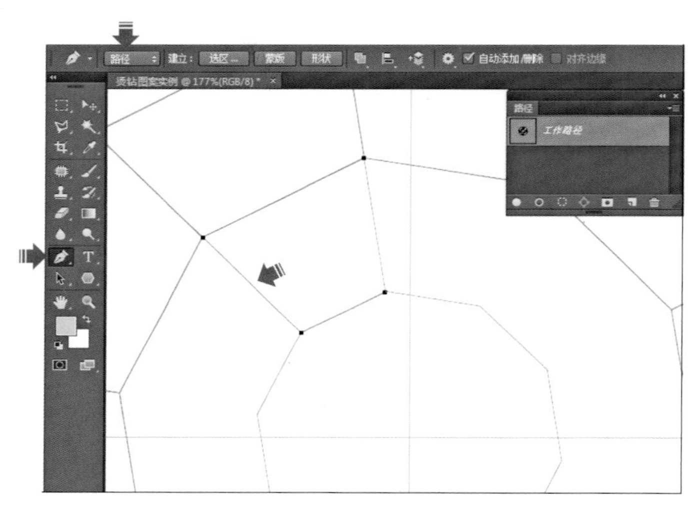

图2-97

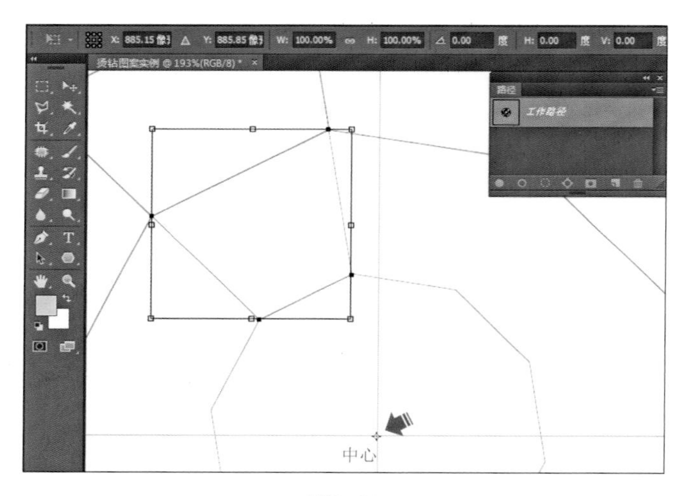

图2-98

13．设置工具选项栏上的【设置旋转】角度为36°，鼠标左键单击【确认变换】命令，确认该路径的旋转，效果如图2-99所示。

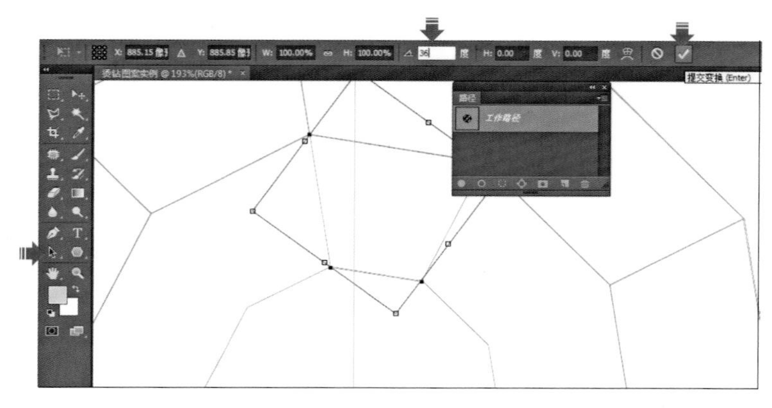

图2-99

14．确认工具箱中的【路径选择工具】处于选择状态下，按下键盘上的【Shift】+【Ctrl】+【Alt】+【T】键9次，以水平与垂直参考线交叉点为中心旋转再制9个梯形路径，效果如图2-100所示。

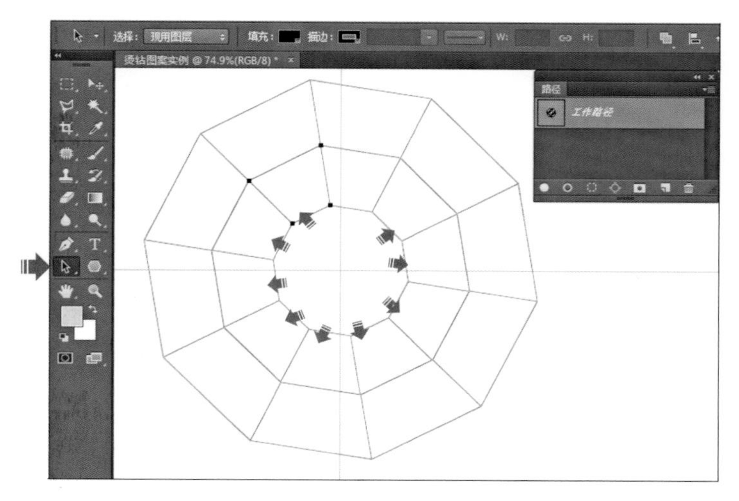

图2-100

15．选择工具箱中的【画笔工具】，单击鼠标左键选择工具选项栏的【“画笔预设”选取器】图标，打开【“画笔预设”选取器】，设置【大小】为2像素、【硬度】为100%，如图2-101所示。

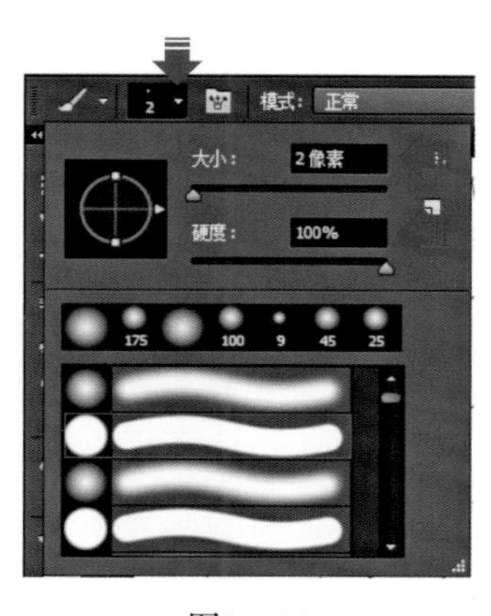

图2-101

16．选择工具箱中的【画笔工具】，设置工具选项栏上的【不透明度】为100%、【流量】为100%，鼠标左键单击工具箱中的【默认的前景色和背景色】命令，将工具箱中的前景色设置为黑色，鼠标左键单击【路径】面板下方的【用画笔描边路径】命令，为该工作路径进行描边。单击【路径】面板中的空白处，取消工作路径的显示，效果如图2-102所示。

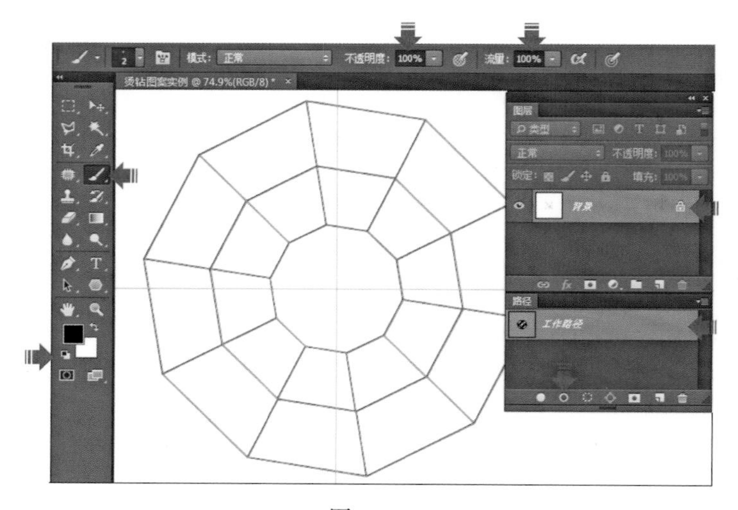

图2-102

17. 选择工具箱中的【魔棒工具】，设置工具选项栏的【容差】为32，鼠标左键在画面空白处单击，将图像以外的画面选中成为选区，效果如图2-103所示。

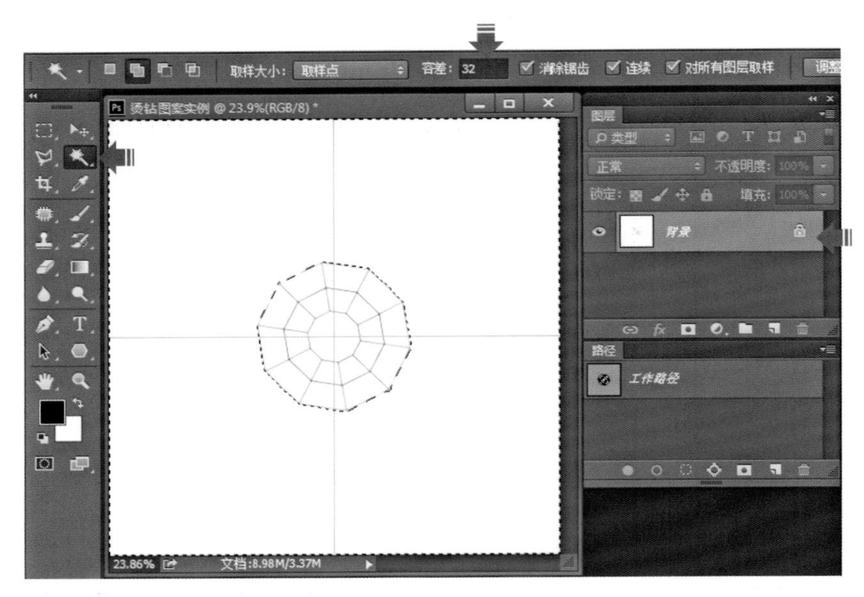

图2-103

18. 单击菜单【选择】/【反选】命令，将该选区进行反选，这样就将画面上的图像作为选区选中，效果如图2-104所示。

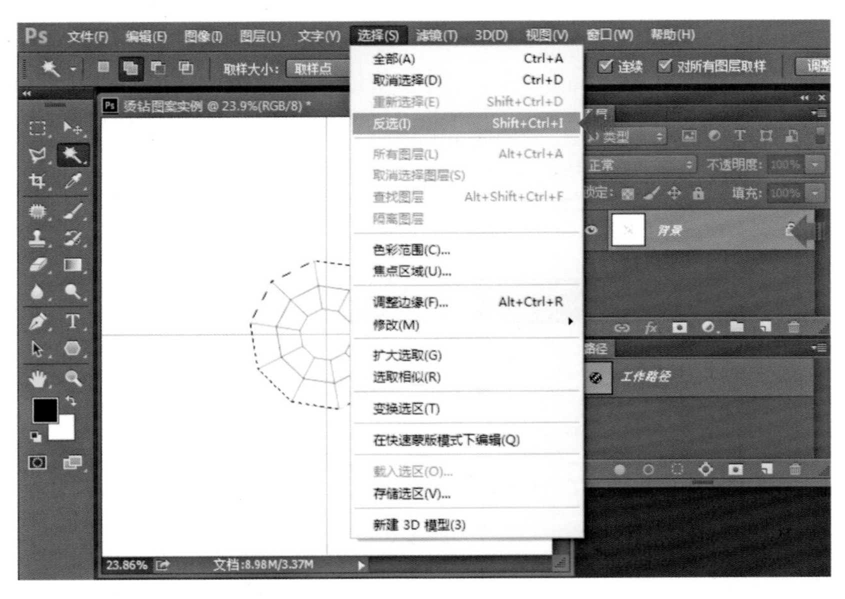

图2-104

19. 按下键盘上的【Ctrl】+【C】键，复制选区内的图像，再按下【Ctrl】+【V】键，粘贴复制的图像形成新的图层“图层1”；单击【图层】面板中“背景”图层前方的眼睛图标，隐藏该图层的显示，如图2-105所示。

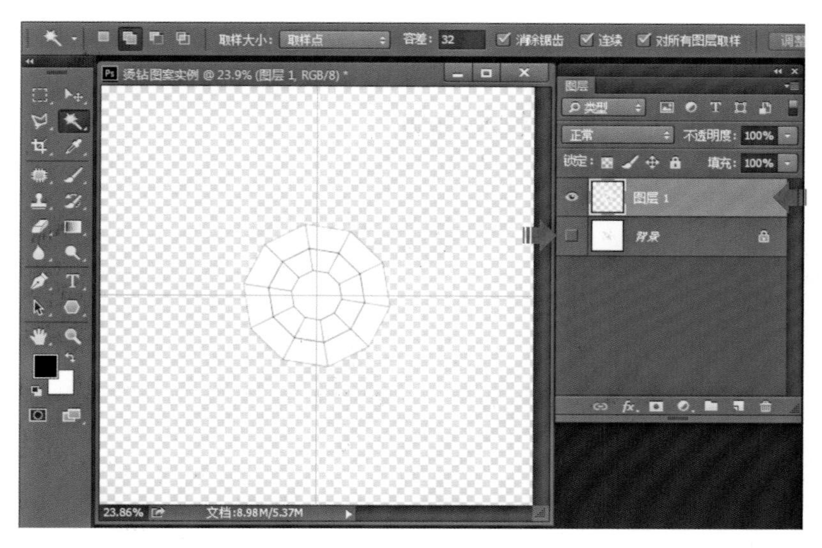

图2-105

20．选择工具箱中的【油漆桶工具】，确认图层面板中的“图层1”处于选中状态，单击工具箱中的【默认的前景色和背景色】命令，或者选择【色板】面板中的黑色，将前景色设置为黑色，参照图2-106所示。多次单击鼠标左键在如图2-106所示的红色箭头所指示的位置填充黑色，效果如图2-106所示。

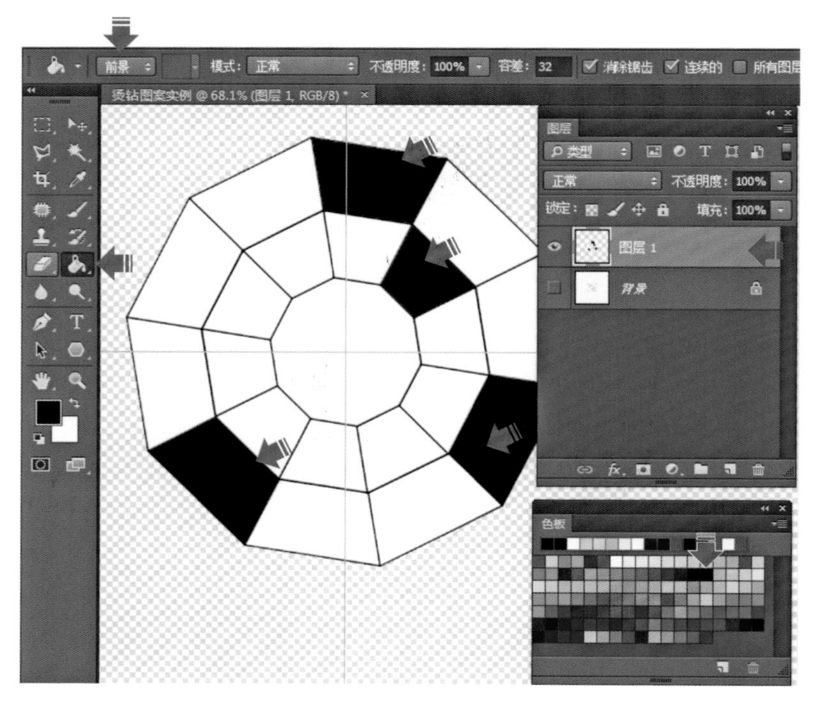

图2-106

21．同上方法，单击【色板】面板中的“70%灰色”，将前景色设置为深灰色，利用工具箱中的【油漆桶工具】，将该颜色填充到如图2-107中箭头所指的位置，效果如图所示。

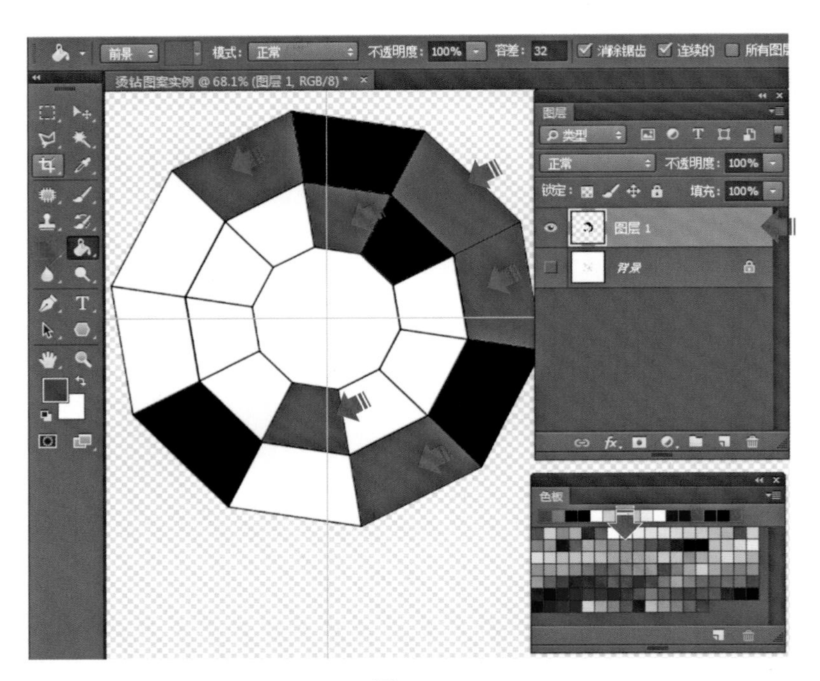

图2-107

22．同上方法，单击【色板】面板中的“40%灰色”，将前景色设置为浅灰色，参照图2-108所示，利用工具箱中的【油漆桶工具】，将该颜色填充到如图2-108箭头所指的位置。

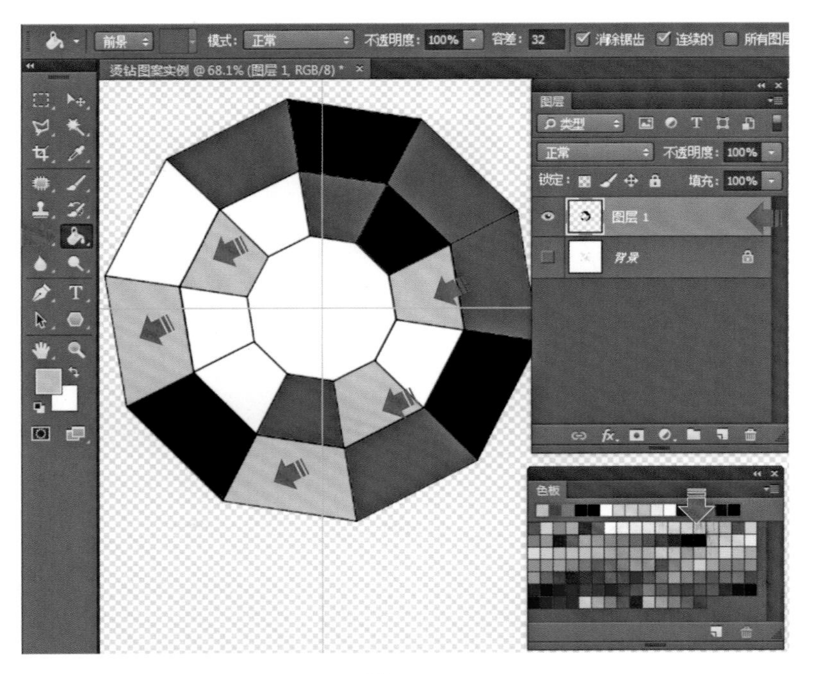

图2-108

23．同上方法，单击【色板】面板中的“15%灰色”，将前景色设置为浅灰色，参照图2-109所示，利用工具箱中的【油漆桶工具】，将该颜色填充到如图2-109箭头所指的位置。

24. 选择工具箱中的【魔棒工具】，设置工具选项栏的【容差】为32，鼠标左键在图像中心的正十边形内单击，将如图所示的区域转换为选区，效果如图2-110所示。

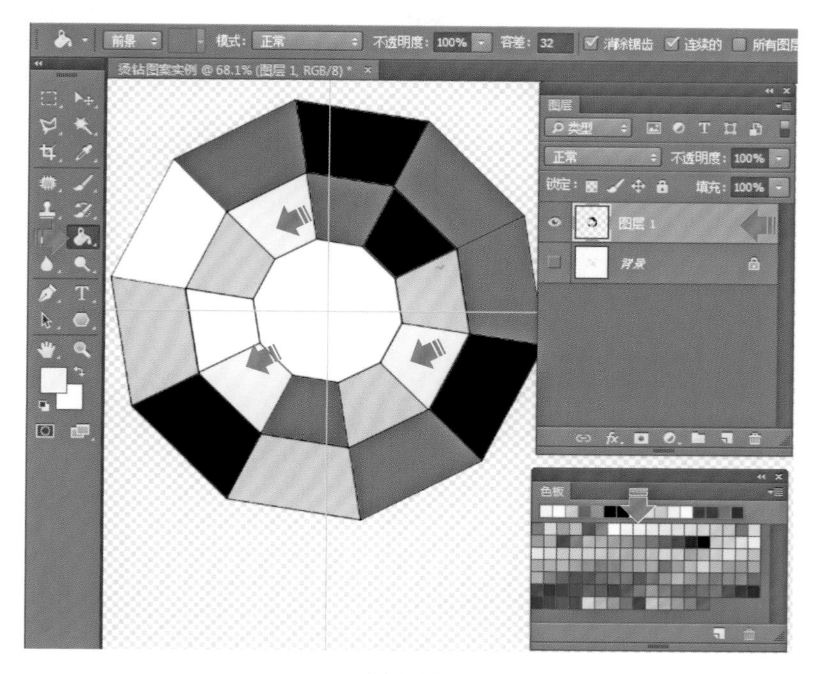

图2-109

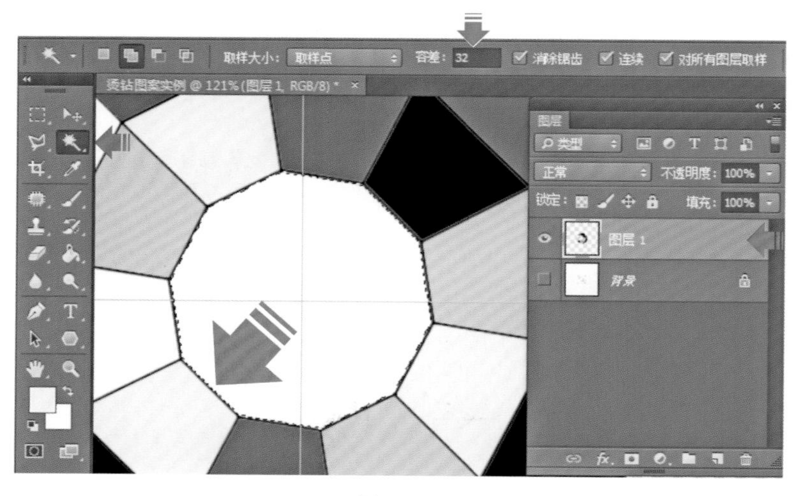

图2-110

25. 选择工具箱中的【渐变工具】，鼠标左键单击工具选项栏中的【点按可编辑渐变】命令，打开【渐变编辑器】对话框，参照图2-111所示，单击选中【预设】预览框内的第三个图标（黑、白渐变），单击【确定】，确认该渐变类型的选择，效果如图2-111所示。

26. 鼠标左键单击选中工具选项栏里的【线性渐变】命令，参照图2-112所示，在画面中的选区内按住鼠标左键，由选区的右上角向左下角拖拉到合适位置，放开鼠标左键，绘制渐变效果，如图2-112所示。按下键盘上的【Ctrl】+【D】键，取消选区。

图2-111

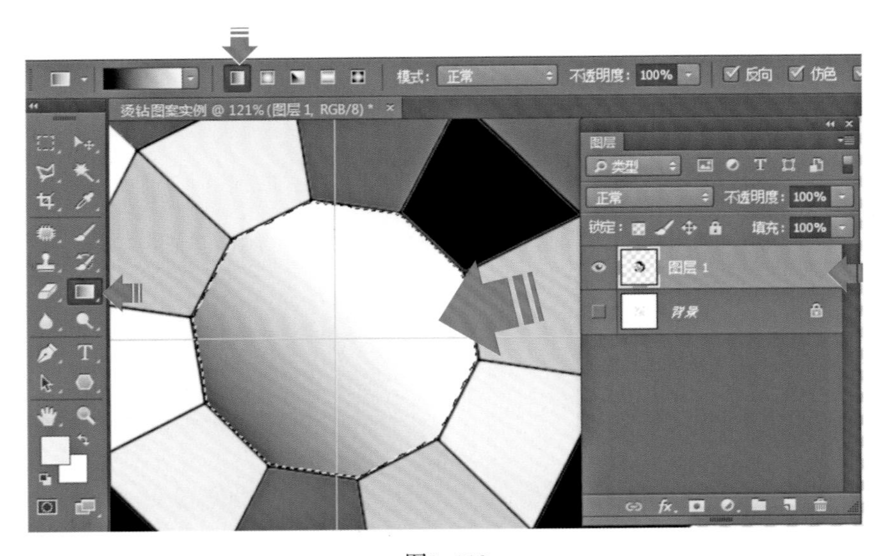

图2-112

27．按下键盘上的【Ctrl】+【T】键，将“图层1”内的图像转换到自由变换状态，按住键盘上的【Shift】+【Alt】键，按住鼠标左键不要松开，参照图2-113所示，选择对象的四个边角控制点中的任意一个控制点向内进行推移，放开鼠标左键，等比缩放对象，效果如图2-113所示。按下键盘上的【Enter】键，确认对象的变换。

28．单击菜单【编辑】/【定义画笔预设】命令，打开【画笔名称】对话框，输入【名称】为“烫钻图案实例”，单击【确定】，确认画笔的设定，效果如图2-114所示。

图2-113

图2-114

29. 鼠标左键选中【图层】面板中的“图层1”，在该图层上按住鼠标左键不要松开，拖拉至图层面板上的【删除图层】命令上，放开鼠标左键，删除“图层1”图层，如图2-115所示。

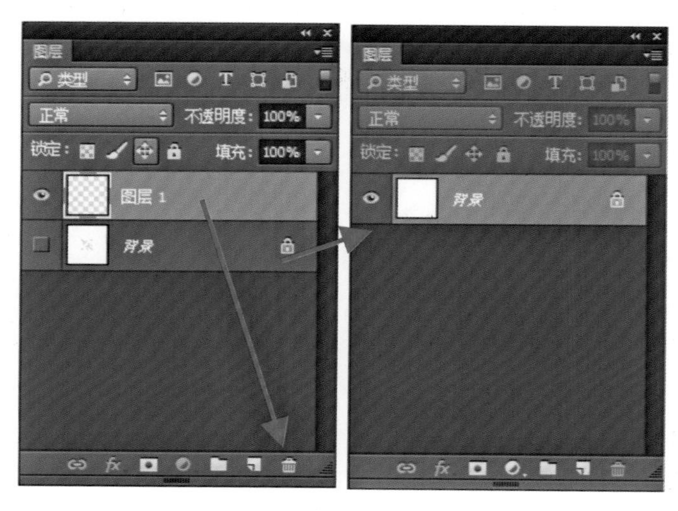

图2-115

30．单击菜单【视图】/【显示】/【参考线】命令，去除【参考线】命令前方的“√”图标，隐藏参考线的显示，如图2–116所示。

图2–116

31．打开网络教学资源文件中的 “烫钻图案素材”文件。在文件名上按住鼠标左键不要松开，拖拉该文件至“烫钻图案实例”文件画面中，放开鼠标左键，将该素材文件拖拉放开到该文件中，形成新的图层——“烫钻图案素材”，效果如图2–117所示。

图2–117

32. 单击菜单【选择】/【色彩范围】命令，打开【色彩范围】对话框，鼠标左键单击画面上的黑色部位，设置对话框中的【色彩容差】为100，单击【确定】，将该图像的黑色部分转换为选区，效果如图2-118所示。

图2-118

33. 鼠标左键单击【路径】面板下方的【从选区生成路径】命令，将该选区生成新的“工作路径”，效果如图2-119所示。

图2-119

34. 鼠标左键单击选中【图层】面板中的“图层1”，按住鼠标左键不要松开，将该图层拖拉至图层面板下方的【删除图层】命令，删除该图层后，效果如图2-120所示。

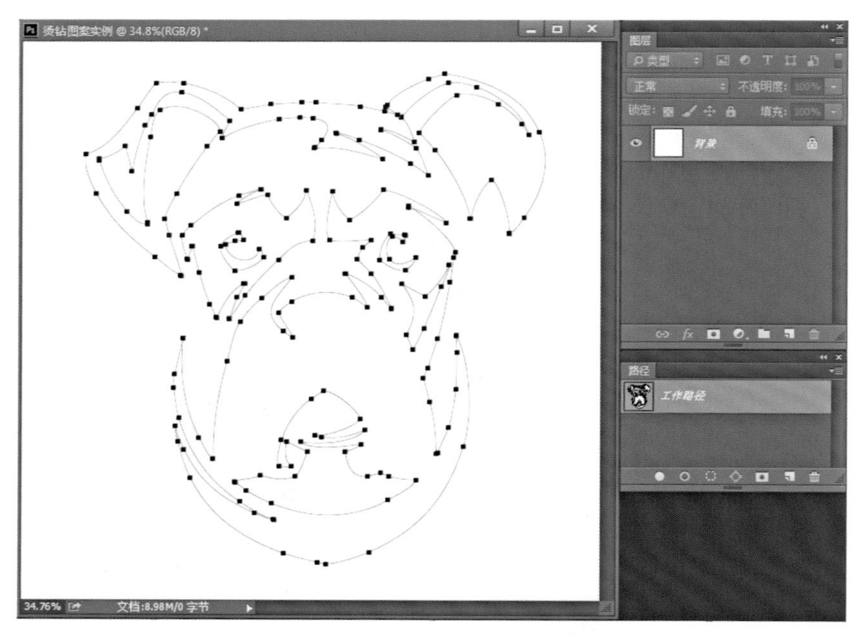

图2–120

35. 鼠标左键单击选中【图层】面板下方的【创建新图层】命令，创建新的图层“图层1”。单击工具箱中的【设置前景色】命令，打开【拾色器】对话框，在拾色器内选择灰色，单击【确定】，将前景色设置为灰色。选择工具箱中的【画笔工具】，单击工具选项栏上的【切换画笔面板】命令，打开【画笔】面板，单击选择【画笔笔尖形状】命令，在画笔形状预览框中选择步骤28所预设的画笔——“烫钻图案实例”，设置【大小】为23像素、【间距】为160，如图2–121所示。

图2–121

36. 确认【图层】面板中的“图层1”图层处于选中的状态下，鼠标左键单击【路径】面板下方的【用画笔描边路径】命令，用上一步设置的画笔描边路径；鼠标左键再次单击

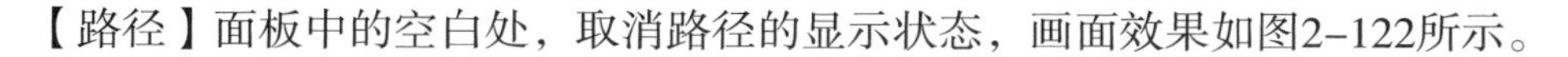

【路径】面板中的空白处，取消路径的显示状态，画面效果如图2-122所示。

图2-122

37. 单击选择【图层】面板中的“背景”图层，按下键盘上的【Alt】+【Delete】键，用前景色（黑色）填充该图层，效果如图2-123所示。

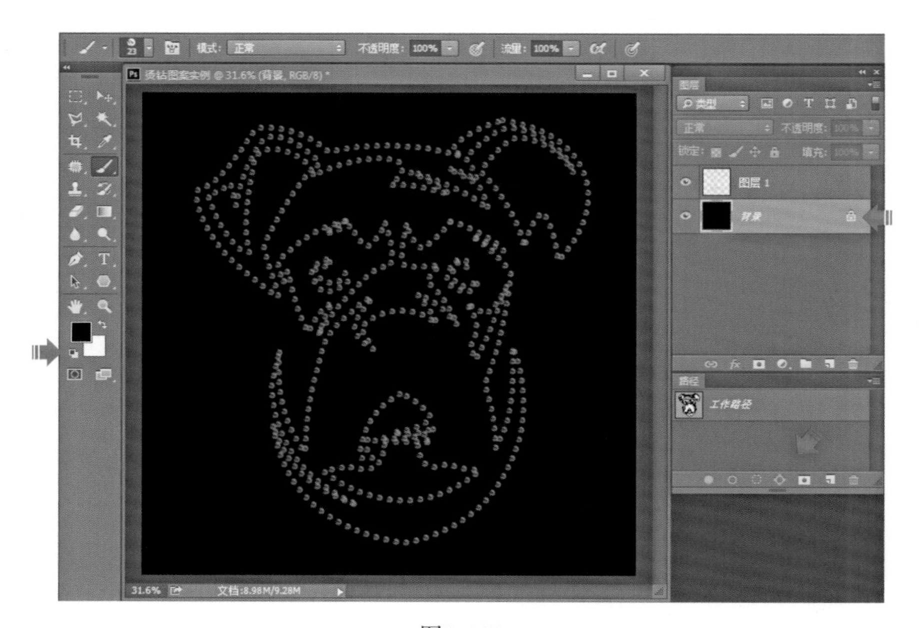

图2-123

38. 单击选择【图层】面板中的“图层1”图层，单击菜单【图像】/【调整】/【亮度/对比度】命令，打开【亮度/对比度】对话框，设置【亮度】为130，单击【确定】，确认该图层的亮度调整，效果如图2-124所示。

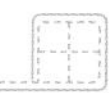

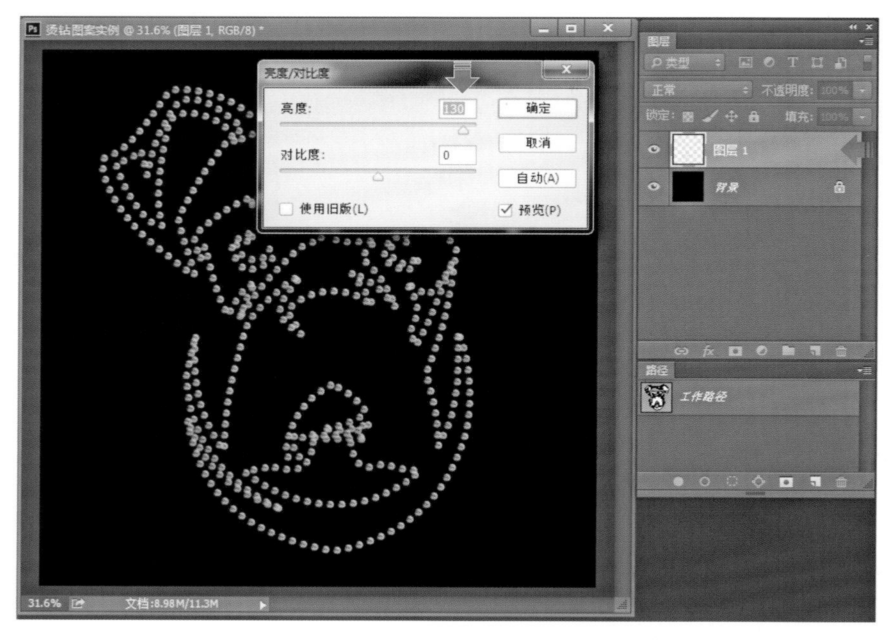

图2-124

39. 单击菜单【图像】/【调整】/【色相/饱和度】命令，打开【色相/饱和度】对话框，在对话框右下角的【着色】命令的方框内勾选，设置【色相】为316、【饱和度】为97、【明度】为+15，单击【确定】，确认调整该图层的色彩纯度及色彩倾向，效果如图2-125所示，完成“烫钻图案实例”的绘制。

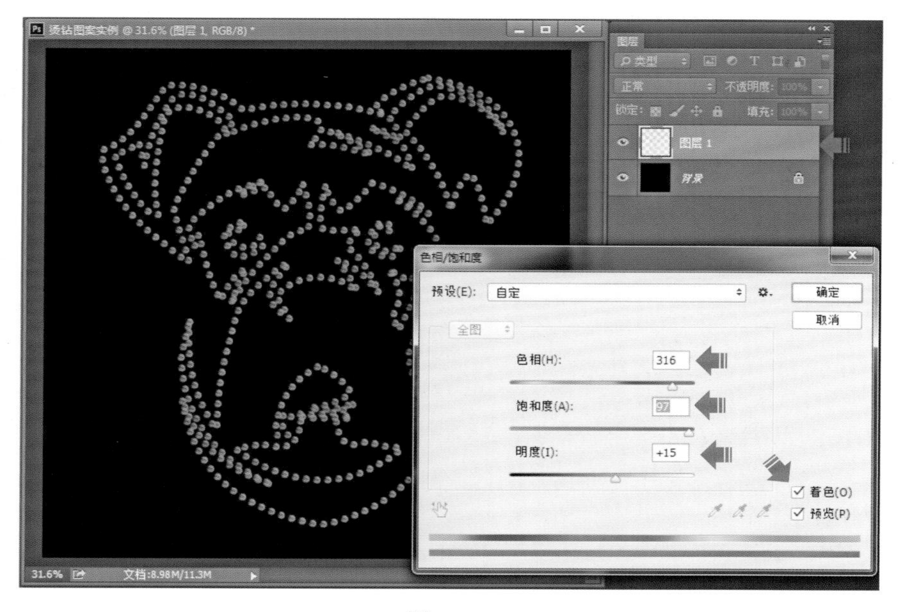

图2-125

第三章　服装面料的绘制方法

第一节　丝绸面料的绘制方法

丝绸面料的最终绘制完成效果，如图3–1所示。

丝绸面料的绘制方法如下：

1．单击菜单栏上的【文件】/【新建】，打开【新建】对话框，设置【名称】为丝绸印花面料原始格式、【文档类型】为自定、【宽度】为10厘米、【高度】为10厘米、【分辨率】为100像素/英寸、【颜色模式】为RGB颜色、【背景内容】为白色，单击【确定】，确认设置操作，效果如图3–2所示。

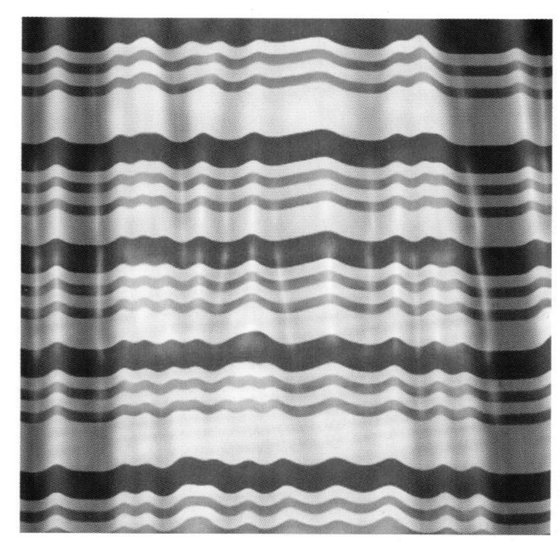

图3–1

图3–2

2．鼠标左键单击【图层】面板下方的【创建新图层】命令，创建新的图层“图层1”，鼠标左键在【图层1】面板中的文字名称上双击，改名称为“阴影”；鼠标左键单击选中【颜色】面板中的黑色，将前景色设置为黑色，效果如图3–3所示。

3．选择工具箱中的【渐变工具】，鼠标左键单击工具选项栏中的【点按可编辑渐变】命令，打开【渐变编辑器】对话框，参照图3–4所示，单击选中【预设】预览框内的第1个图标（“前景色和背景色渐变”），单击【确定】，确认该渐变类型的选择，如图3–4所示。

4．设置工具选项栏上的【模式】为差值，鼠标左键单击选中工具选项栏里的【线性渐变】命令，参照图3–5所示，在画面中按住鼠标左键，由画面的水平方向拖拉到合适位置，放

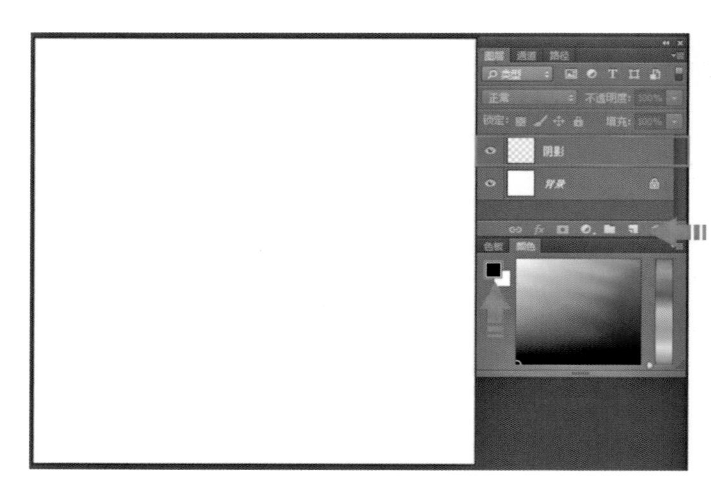

图3-3

图3-4

开鼠标左键；重复该动作四到五次，绘制渐变效果，如图3–5所示。

图3–5

5．单击菜单【滤镜】/【模糊】/【高斯模糊】命令，打开【高斯模糊】对话框，设置【半径】为8像素，单击【确定】，确认“阴影”图层的模糊滤镜效果变化，如图3–6所示。

6．单击菜单【滤镜】/【风格化】/【查找边缘】命令，对该图层单击【查找边缘】的滤镜效果，如图3–7所示。

7．单击菜单【滤镜】/【模糊】/【高斯模糊】命令，打开【高斯模糊】对话框，设置【半径】为6像素，单击【确定】，确认对该图层单击高斯模糊的滤镜效果，如图3–8所示。

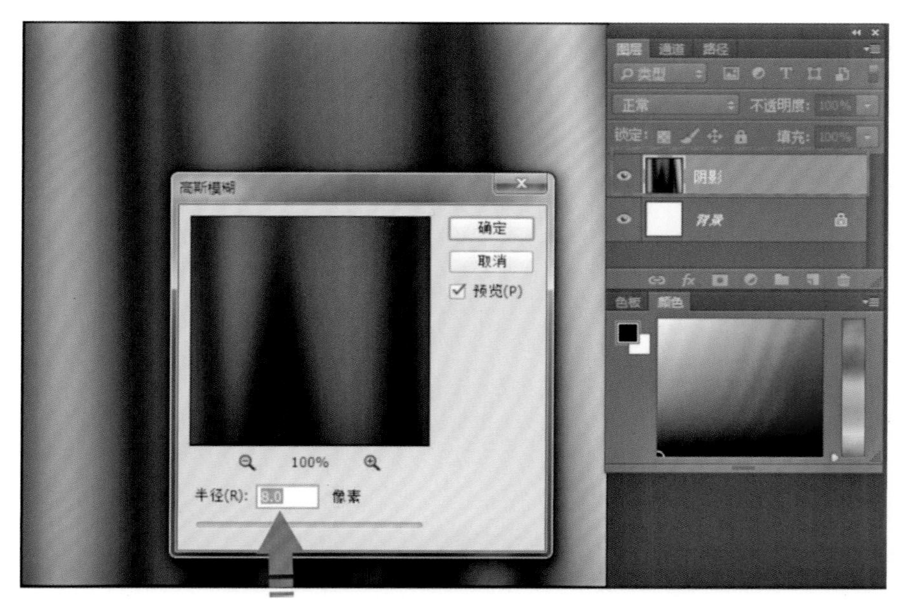

图3-6

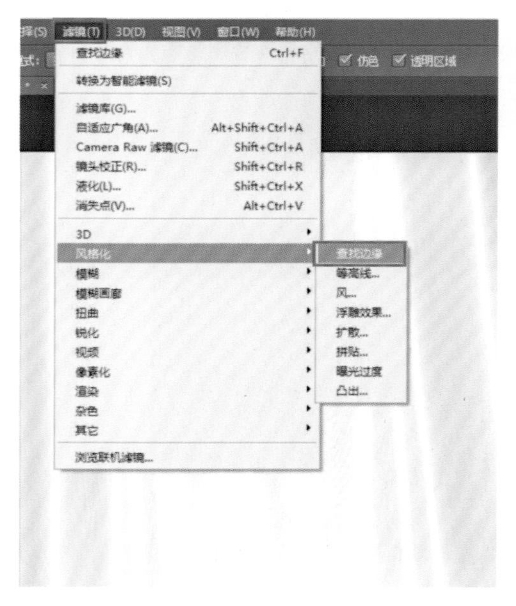

图3-7

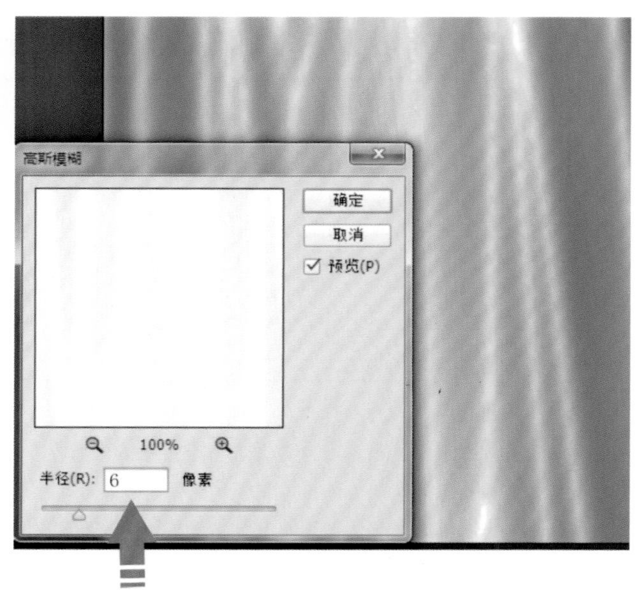

图3-8

8. 单击菜单【图像】/【调整】/【亮度/对比度】命令，打开【亮度/对比度】对话框，设置【亮度】为-50、【对比度】为100，单击【确定】，确认该图层的明度和对比度的调整，如图3-9所示。

9. 单击菜单【文件】/【存储为】命令，打开【存储为】对话框，文件存储位置选择：桌面，输入【文件名】为“置换用PSD文件1”，设置【文档类型】为“PSD格式”，单击【保存】，并确认文件是否另存，效果如图3-10所示。

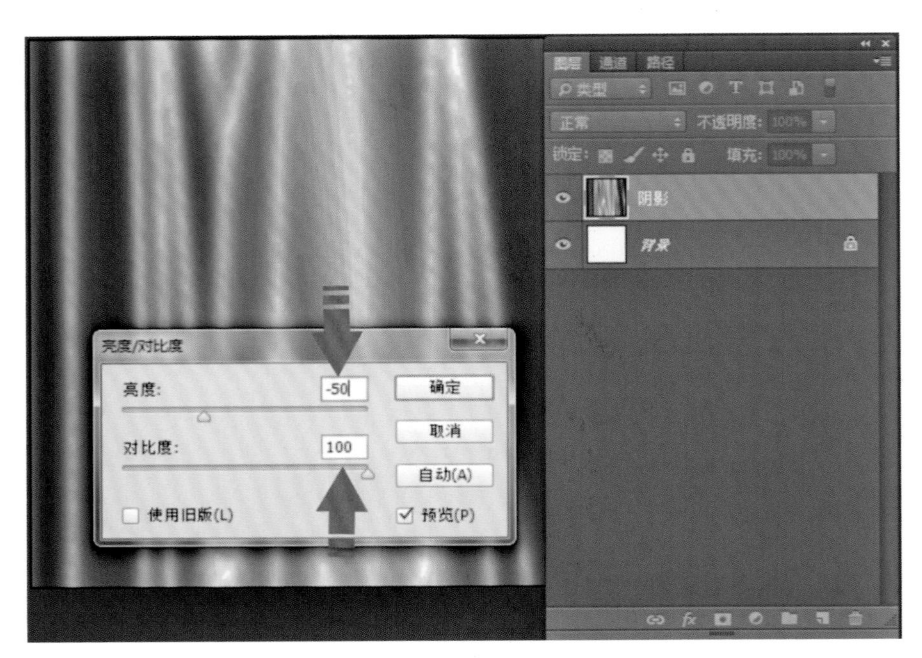

图3-9

图3-10

10．单击【图层】面板下方的【创建新图层】命令，创建新的图层“图层1”，单击【色板】面板上的“CMYK红”，将前景色设置为红色，选择工具箱中的【矩形选框工具】，参照图3-11所示，在画面上相应的位置绘制一个矩形选区，按下键盘上的【Alt】+【Delete】键，将前景色填充到该选区内，效果如图3-11所示，之后按下键盘上的【Ctrl】+【D】键，取消选区。

11．单击选中【图层】面板中的“图层1”，按住鼠标左键不要松开，拖拉至【图层】面板下方的【创建新图层】命令，复制该图层，按下键盘上的【Ctrl】+【T】键，参照图

3–12所示，调整复制出来的新图层的形状及位置。按下键盘上的【Enter】键，确认该图层的调整，效果如图3–12所示。

图3–11

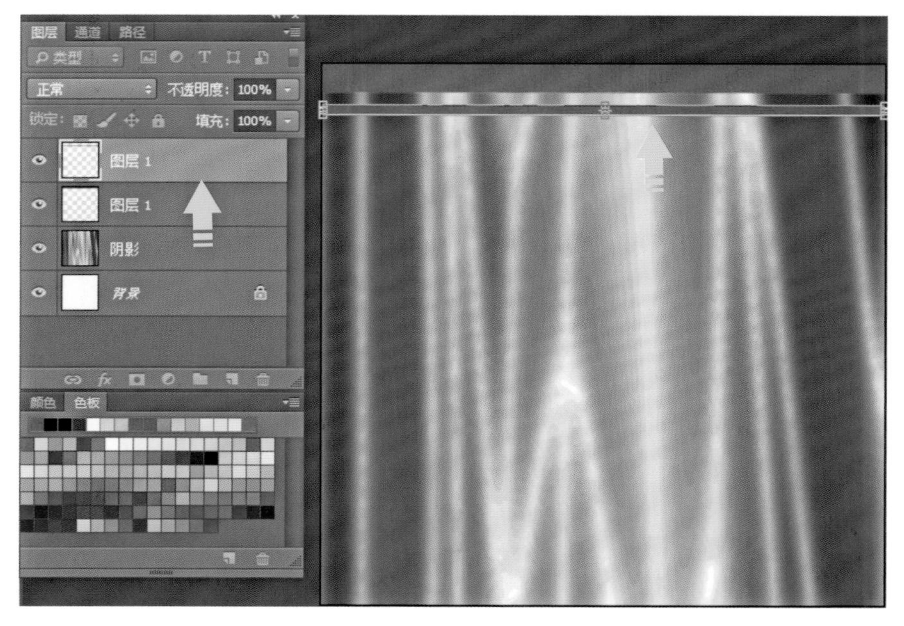

图3–12

12．确认调整后的图层“图层1”处于选中的状态下，单击菜单【图像】/【调整】/【色相/饱和度】命令，打开【色相/饱和度】对话框，设置【明度】为50，单击【确定】确认图层的色彩调整，如图3–13所示。

13．选择工具箱中的【移动工具】选中上一步调整的图层，按住键盘上的【Alt】+

【Shift】键，按住鼠标左键不要松开，在垂直的位置上再制该图层并拖拉至该图层的下方，形成新的图层。按住键盘上的【Ctrl】键，分别单击加选选中步骤10、11、12绘制的三个图层，按下键盘上的【Ctrl】+【E】键，将这三个图层合并为一个图层——“图层1”，效果如图3-14所示。

图3-13

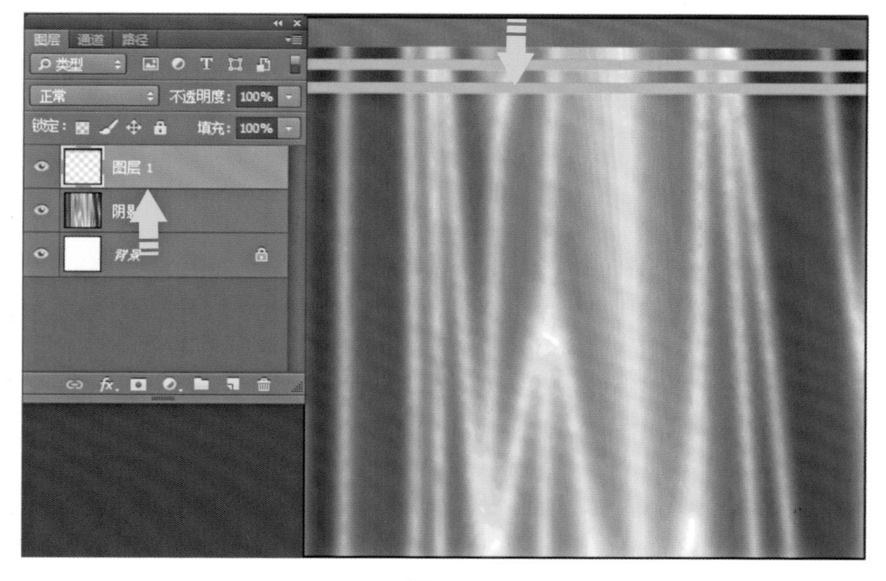

图3-14

14. 用与步骤13相同的方法，参照图3-15的箭头所示，移动再制四个相应的图层，效果如图3-15所示。

15. 按住键盘上的【Ctrl】键，分别单击加选选中上一步绘制的五个图层，按下键盘上的【Ctrl】+【E】键，将这五个图层合并为一个图层——“图层1”。鼠标左键在该图层名称上双击，并修改图层的名称为“图案”，如图3-16所示。

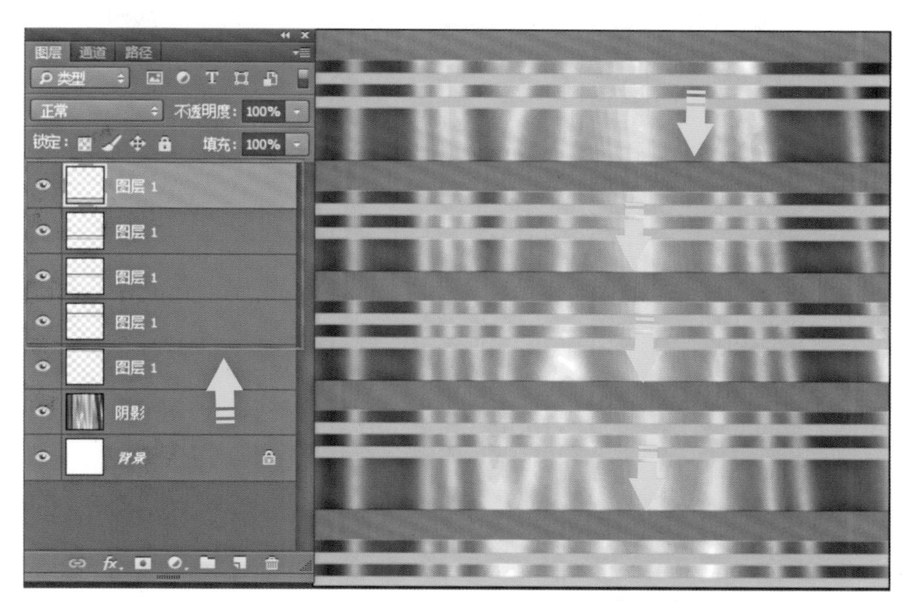

图3-15

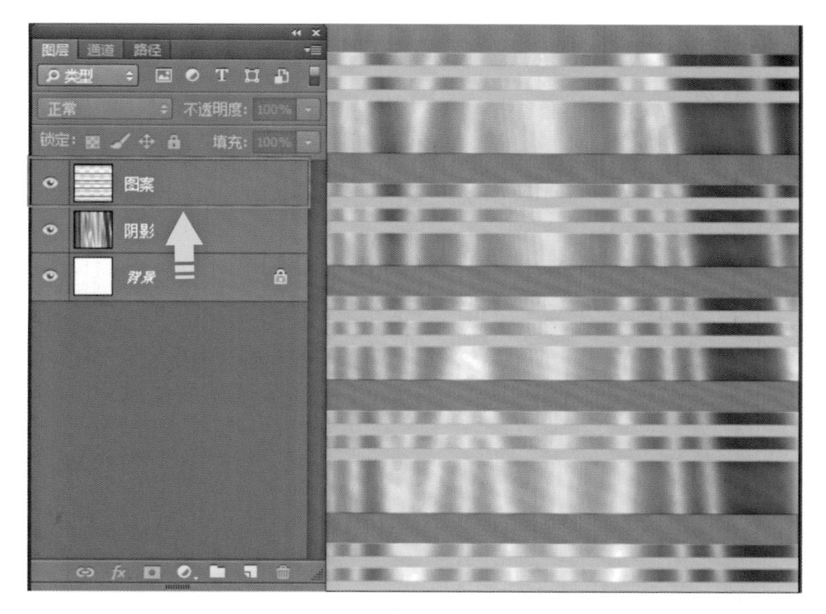

图3-16

16. 确认“图案”图层处于选中的状态下，单击菜单【滤镜】/【扭曲】/【置换】命令，如图3-17所示。

17. 在弹出的【置换】对话框内，设置【水平比例】为8、【垂直比例】为8，点选【置换图】下方的【伸展以适合】命令，继续点选【未定义区域】下方的【重复边缘像素】命令，单击【确定】，确认设置，如图3-18所示。

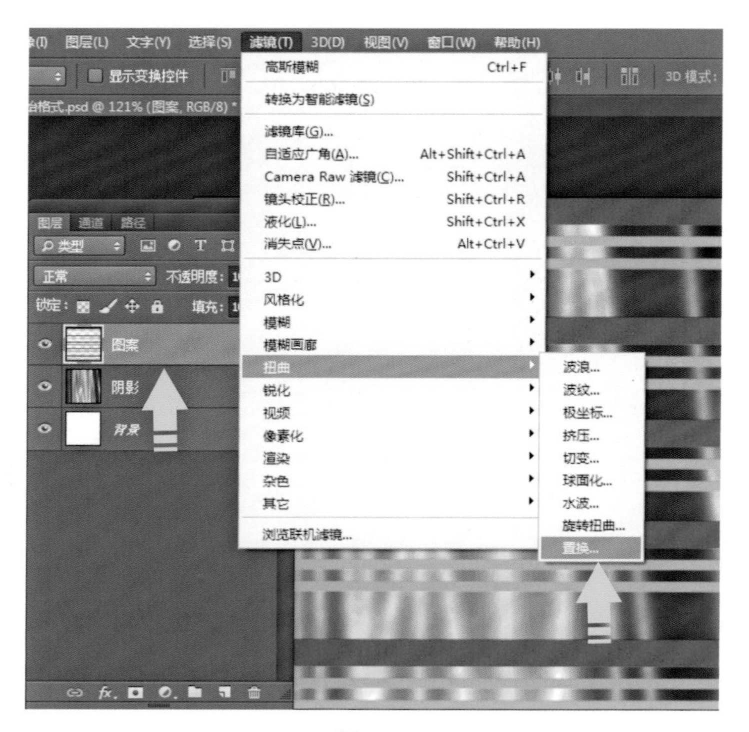

图3-17

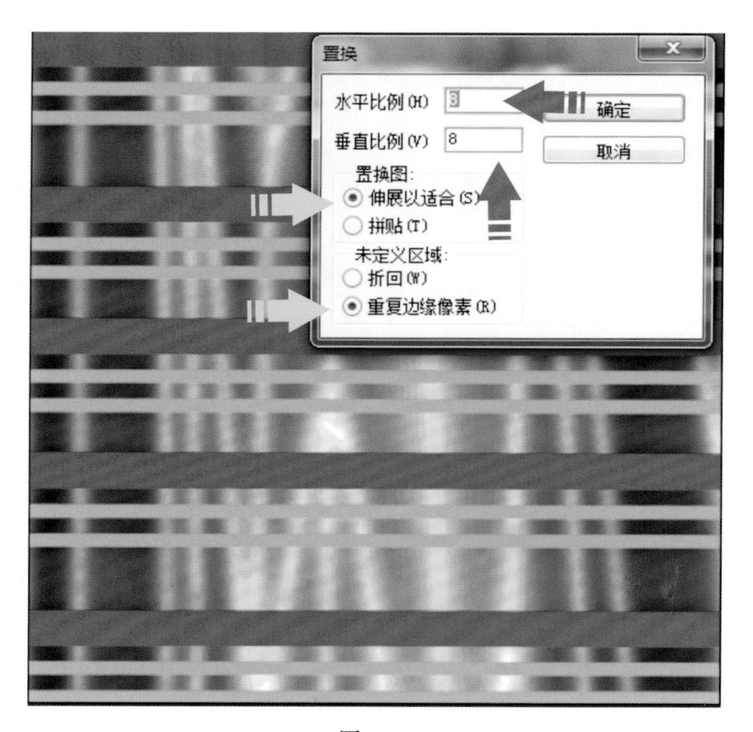

图3-18

18. 在弹出的【选取一个置换图】对话框内选择桌面上的“置换用PSD文件1”文件，单击【打开】，确认该文件与“图案”图层共同结合后形成的置换效果，如图3-19所示。

图3-19

19. 确认“图案”图层处于选中的状态下，在【图层】面板中的【设置图层的混合模式】下拉菜单中选择“正片叠底”，将图层的混合模式设置为“正片叠底”，效果如图3-20所示。

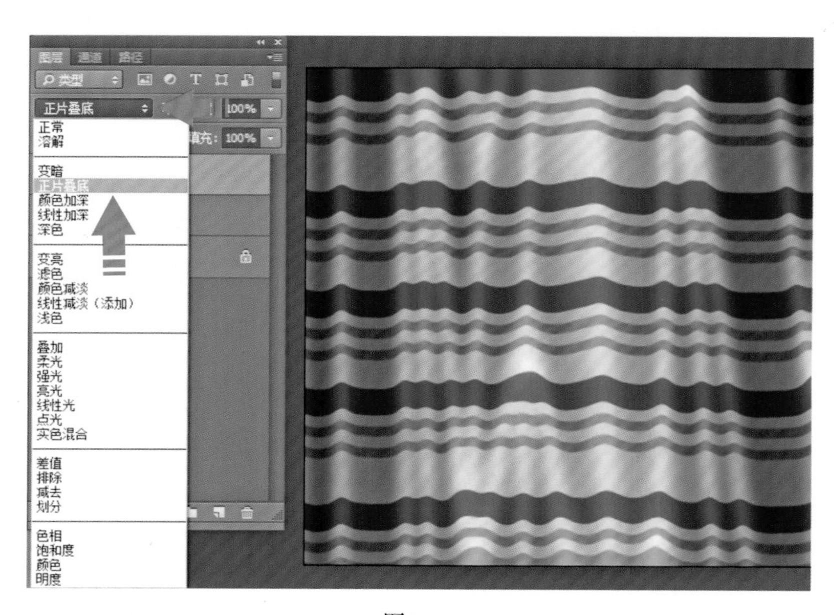

图3-20

20. 参照图3-21所示，分别选择“阴影”图层和“图案”图层，单击【图层】面板下方的【创建新的填充或调整图层】命令，在弹出的下拉菜单中选择“亮度/对比度”命令，分别在这两个图层上方建立新的调整层，并在弹出的【属性】面板中设置该图层的【亮度】为30，效果如图3-21所示。

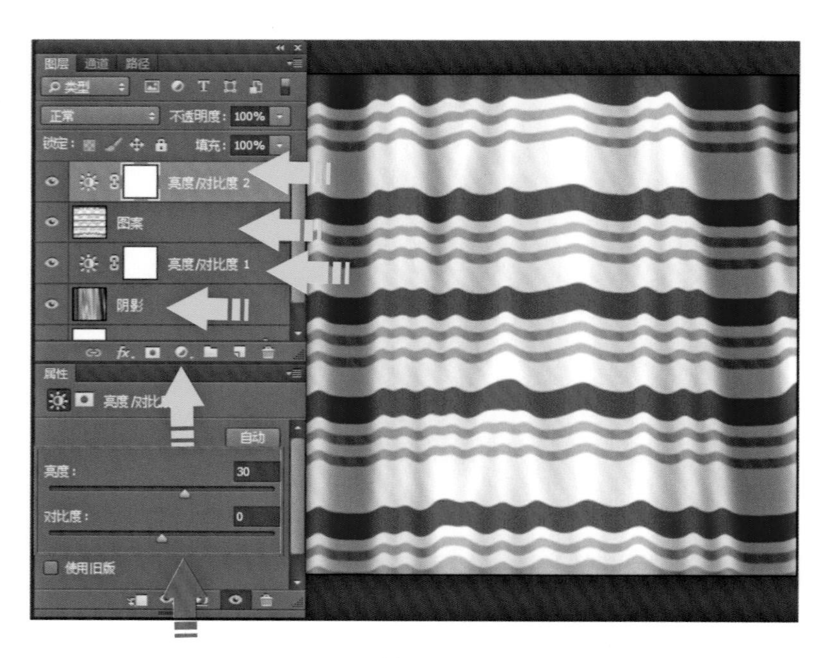

图3–21

21. 按下键盘上的【Ctrl】+【Shift】+【E】键，将所有图层合并为一个图层——“背景”图层，效果如图3–22所示。

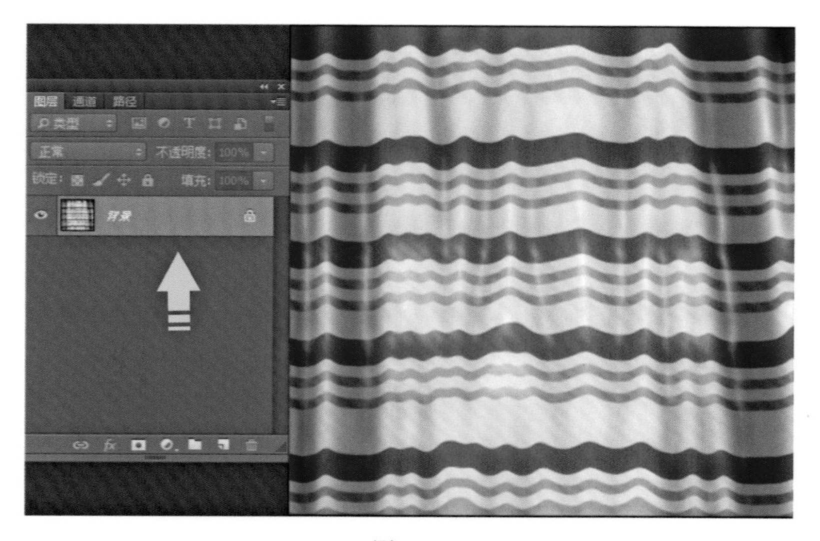

图3–22

22. 单击菜单【滤镜】/【滤镜库】命令，打开【滤镜库】对话框，选择【艺术效果】/【塑料包装】命令，设置【光亮强度】为10、【细节】为15、【平滑度】为15，单击【确定】，确认该图层的滤镜效果，如图3–23所示。

23. 单击菜单【图像】/【调整】/【色相/饱和度】命令，打开【色相/饱和度】对话框，设置【饱和度】为20，单击【确定】，确认该图像的饱和度提高，完成该实例的绘制，效果如图3–24所示。

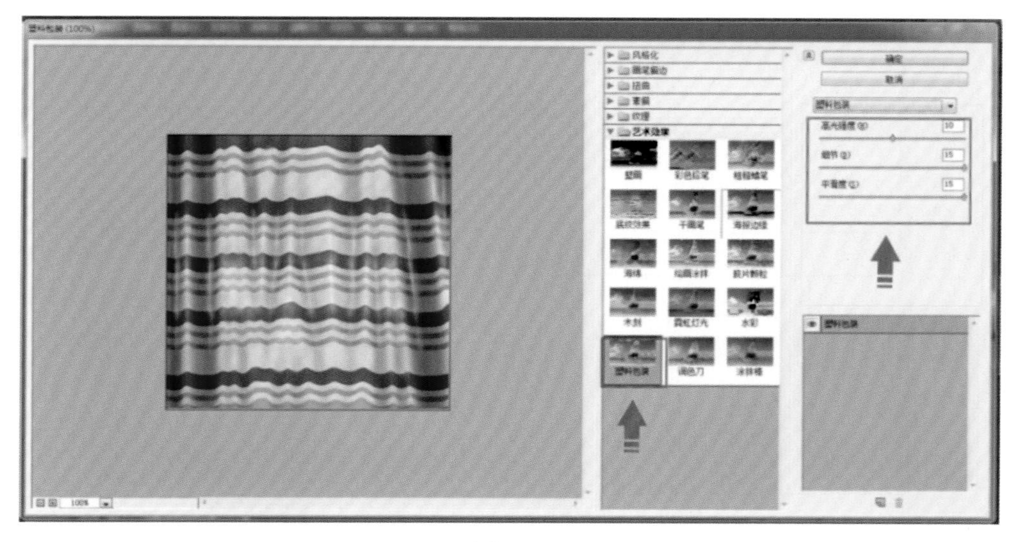

图3-23

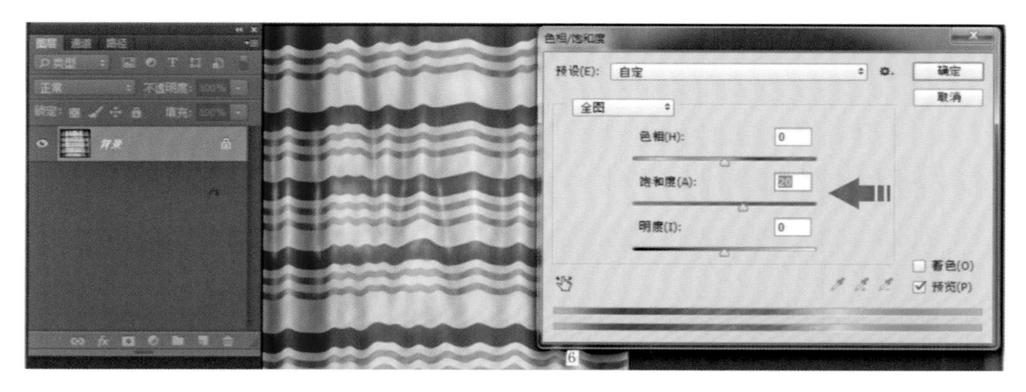

图3-24

第二节　皮革面料的绘制方法

皮革面料的最终绘制完成效果，如图3-25所示。

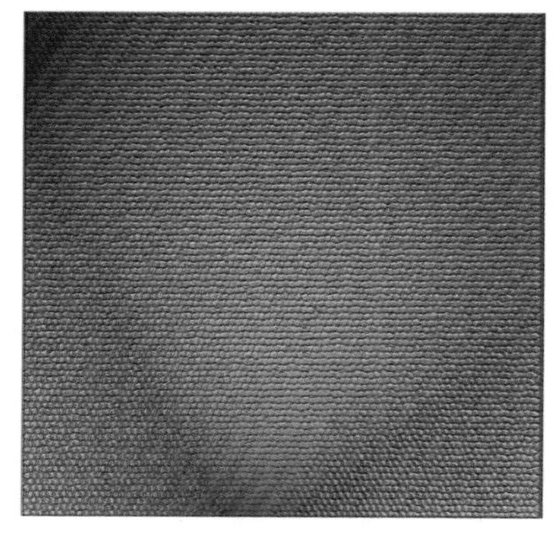

图3-25

皮革面料的绘制方法如下：

1. 单击菜单栏上的【文件】/【新建】命令，打开【新建】对话框，设置文件【名称】为“皮革面料原始格式”、【文档类型】为自定、【宽度】为10厘米、【高度】为10厘米、【分辨率】为200像素/英寸、【颜色模式】为RGB颜色、【背景内容】为白色，单击【确定】确认操作，完成设置；单击工具箱中的【默认前景色和背景色】命令，将背景色设置为白色，前景色设置为黑色，效果如图3-26所示。

图3-26

2. 单击菜单【滤镜】/【滤镜库】命令，打开【滤镜库】对话框，选择【纹理】/【染色玻璃】命令，设置【单元格大小】为4、【边框粗细】为2、【光照强度】为2、单击【确定】，确认背景图层的滤镜效果，如图3-27所示。

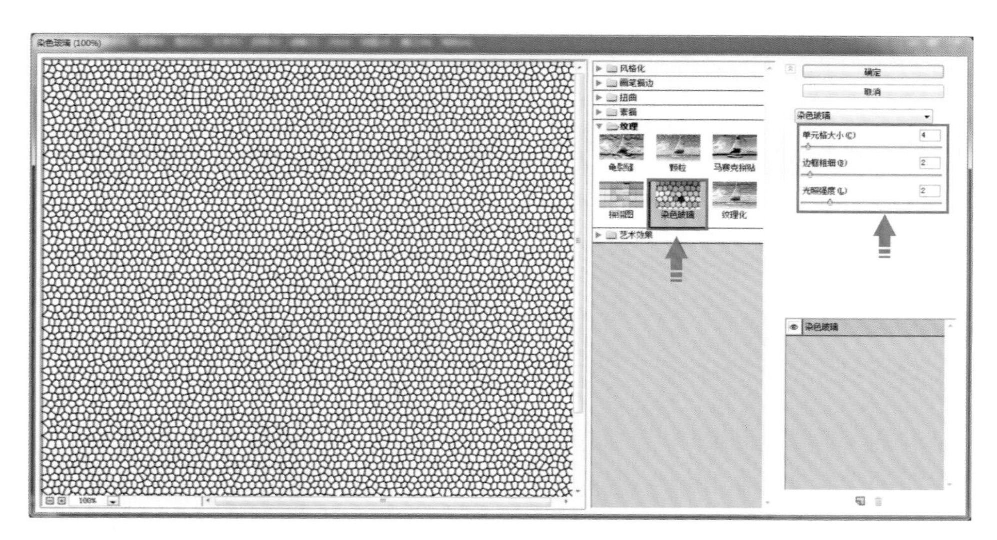

图3-27

3. 单击【图层】面板下方的【创建新图层】命令，创建新的图层“图层1”，按下键盘上的【Ctrl】+【Delete】键，将背景色（白色）填充入“图层1”，如图3-28所示。

4. 同步骤2的方法，设置“图层1”的滤镜效果，如图3-29所示。

5. 确认“图层1”处于选中的状态下，设置【图层】面板中的【不透明度】为60%，使图像中上下两个图层产生半透明的重叠效果，如图3-30所示。

图3-28

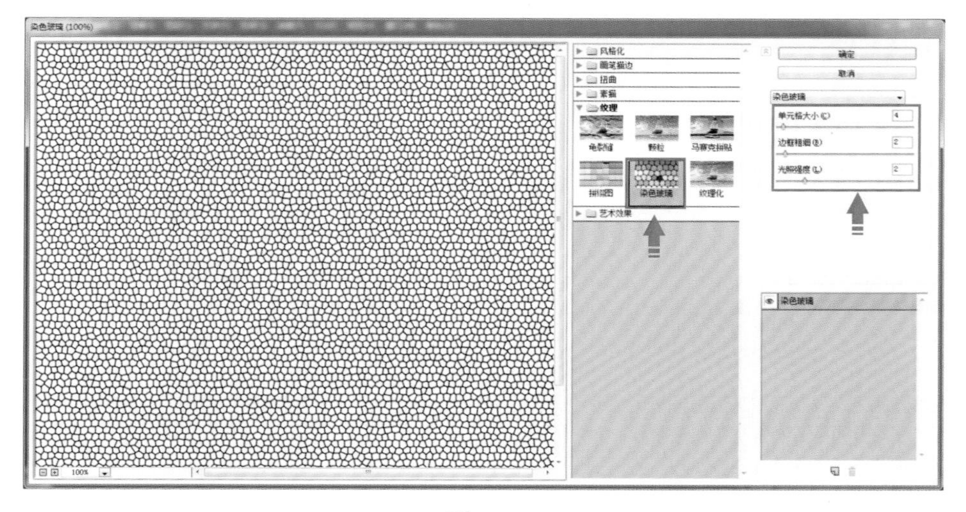

图3-29

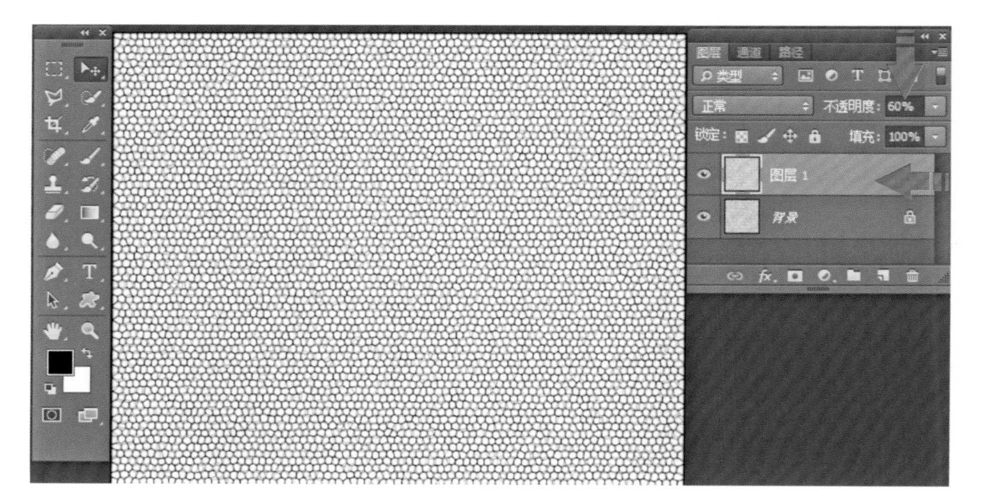

图3-30

6．按下键盘上的【Ctrl】+【E】键，将两个图层合并为一个图层——“背景”图层，如图3-31所示。

7．单击菜单【滤镜】/【杂色】/【添加杂色】命令，打开【添加杂色】对话框，设置【数量】为20%，点选【分布】命令栏中的【平均分布】命令，在【单色】命令前方的方框内勾选，单击【确定】，确认背景图层的添加杂色的滤镜效果，如图3-32和图3-33所示。

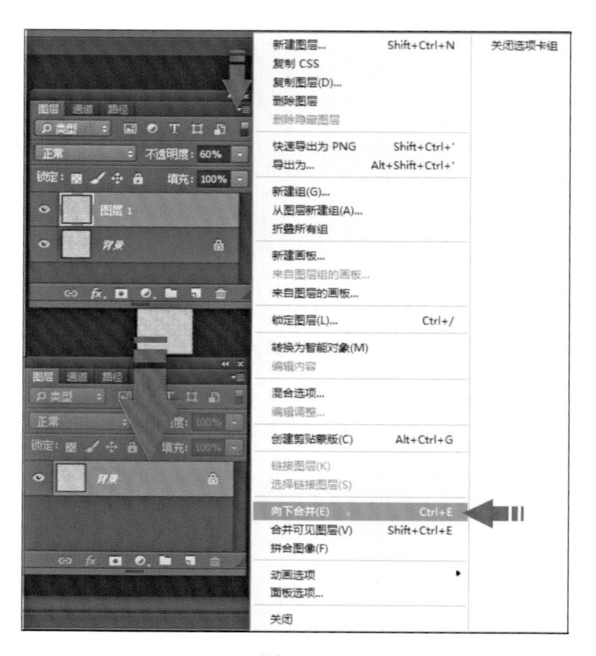

图3-31

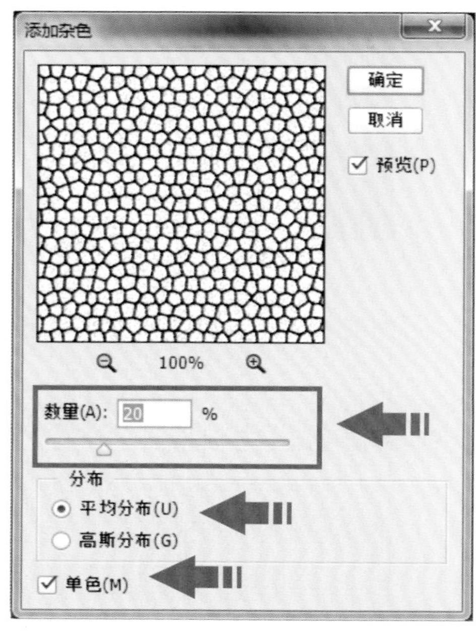

图3-32

图3-33

8．按下键盘上的【Ctrl】+【A】键，将“背景”图层全部选中，将该图层转换为选区，按下键盘上的【Ctrl】+【C】键，复制该图层，如图3-34所示。

图3-34

9．单击【通道】面板下方的【创建新通道】命令，创建新的通道“Alpha 1”如图3-35所示。

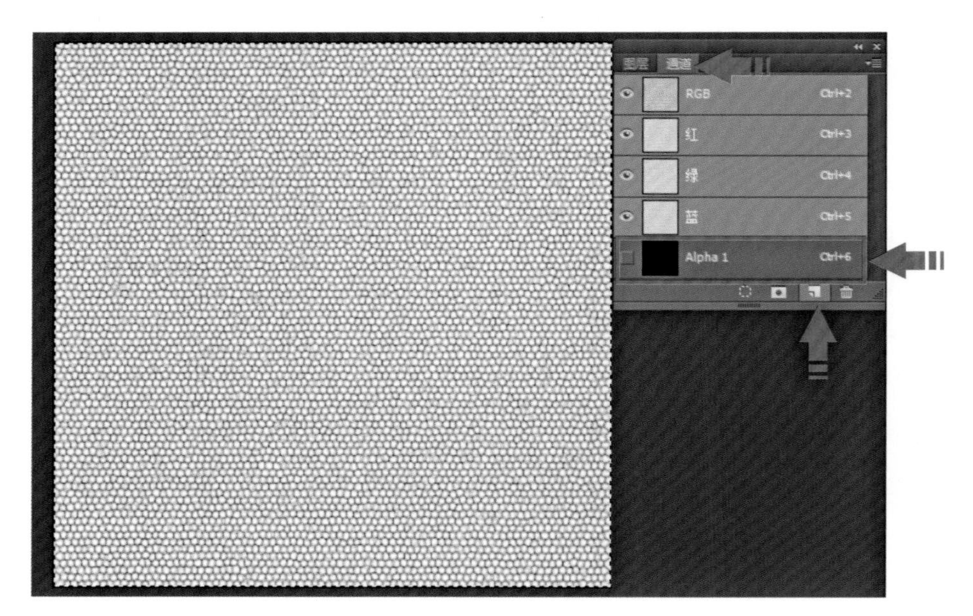

图3-35

10．单击选中【通道】里的“Alpha 1”通道，按下键盘上的【Ctrl】+【V】键，将步骤8复制的对象粘贴到该通道内，如图3-36所示。按下键盘上的【Ctrl】+【D】键，取消选区。

11．鼠标左键单击工具箱中的【设置前景色】图标，打开【拾色器】对话框，参照图3-37所示，单击对话框中的灰色（R：77、G：77、B：77），单击【确定】，将该颜色设置为前景色，按下键盘上的【Alt】+【Delete】键，将该颜色填充到画面内，效果如图3-37大红箭头所示。

图3-36

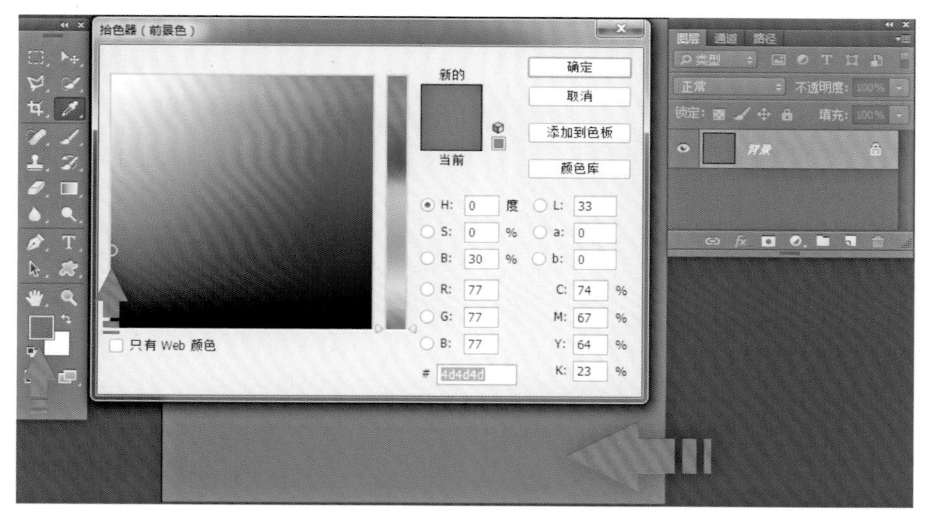

图3-37

12．单击菜单【滤镜】/【渲染】/【光照效果】命令，打开【光照效果】预览窗口，在工具选项栏里的【预设】后的下拉菜单内选择“交叉光”，如图3-38所示。

13．参照图3-39所示，按下鼠标左键单击选择页面上的“A”点，不要松开鼠标左键，拖拉调整光源的宽度及角度，效果如图3-39所示。

14．鼠标左键单击【属性】面板中的【纹理】后的对话框，在弹出的下拉菜单中单击选中“Alpha 1”，将该纹理效果导入到光照效果中来。设置【强度】为35、【聚光】为69，效果如图3-40所示。

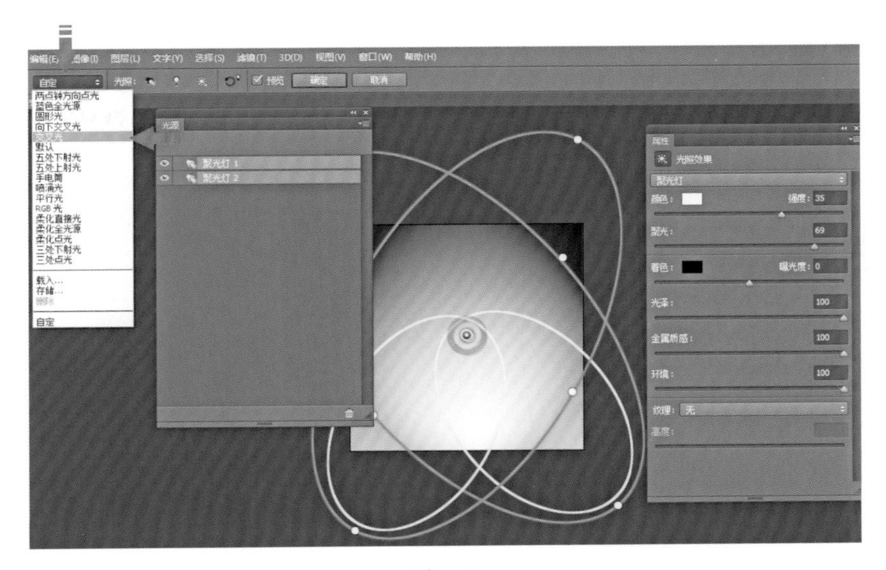

图3-38

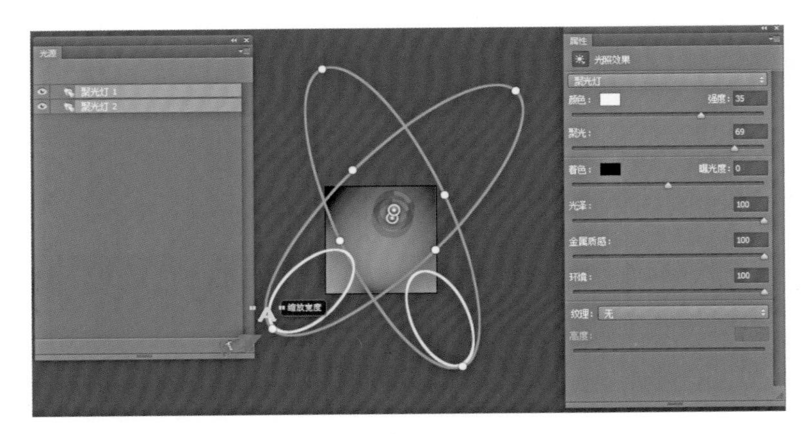

图3-39

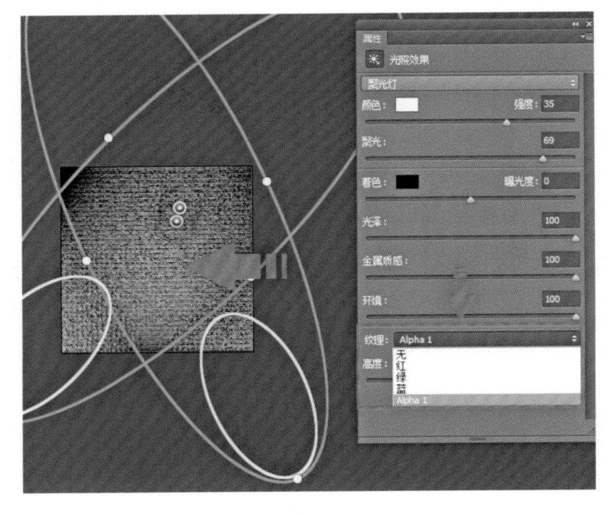

图3-40

15. 鼠标左键单击【属性】面板中的【着色】后的对话框，打开【拾色器（环境色）】对话框，在对话框内选择咖啡色（R：100、G：40、B：0），单击【确定】确认色彩设置，效果如图3-41所示。

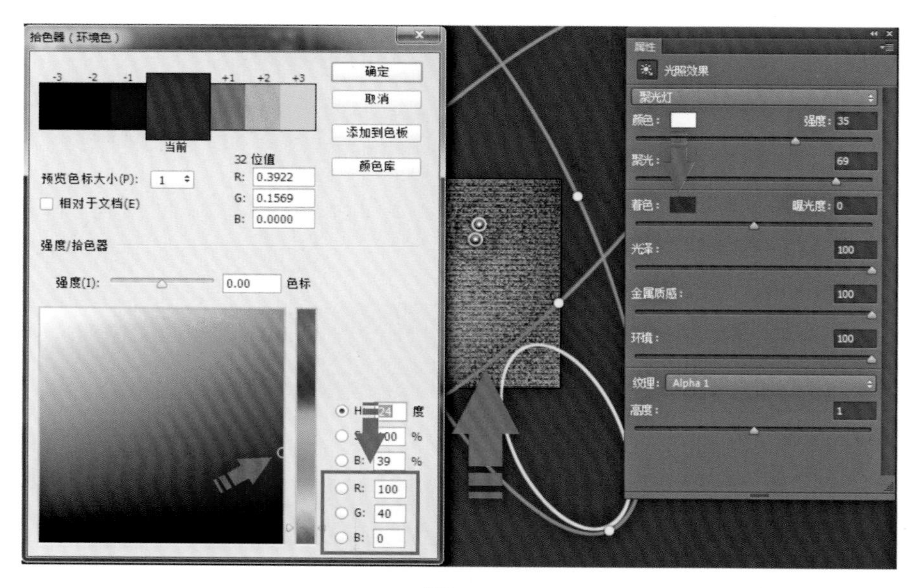

图3-41

16. 鼠标左键单击工具选项栏上的【确定】命令，确认滤镜效果的设置，效果如图3-42和图3-43所示。

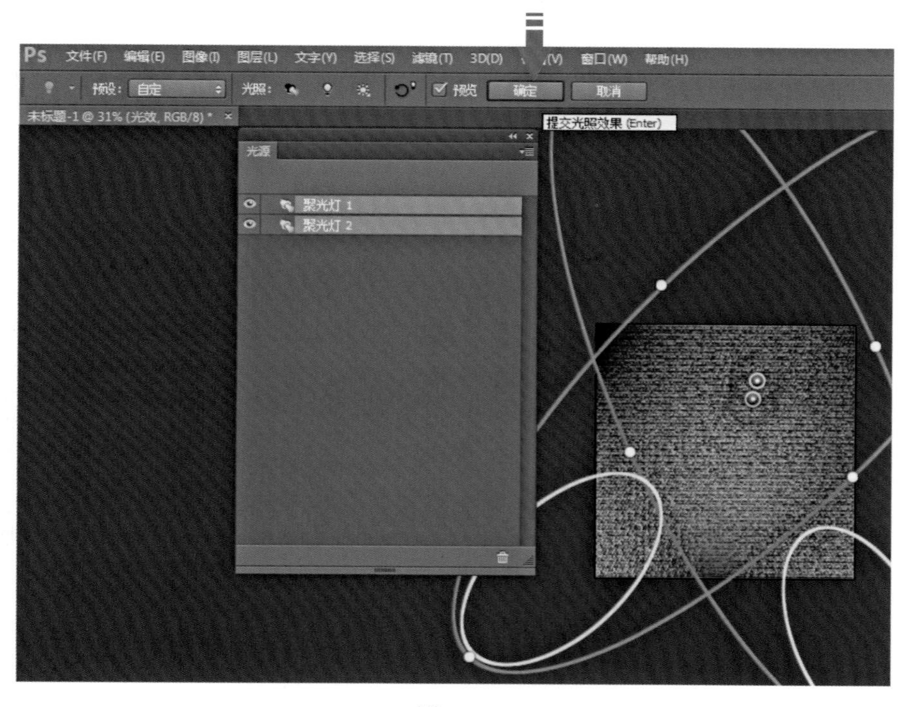

图3-42

17. 单击菜单【图像】/【调整】/【色相/饱和度】命令，打开【色相/饱和度】对话框，设置【饱和度】为70、单击【确定】，确认该图像饱和度的提高，完成该实例绘制，效果如图3-44所示。

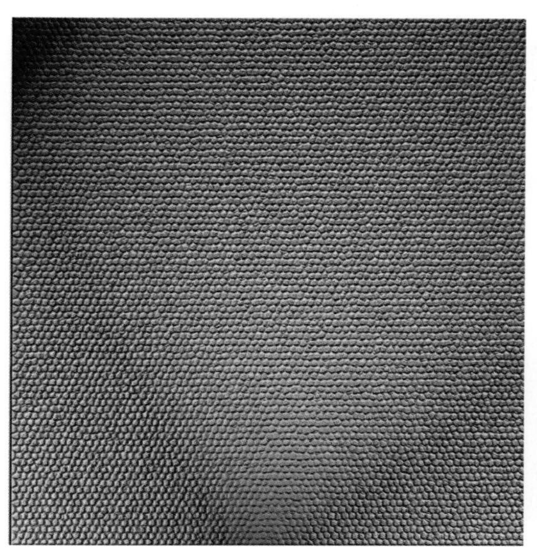

图3-43

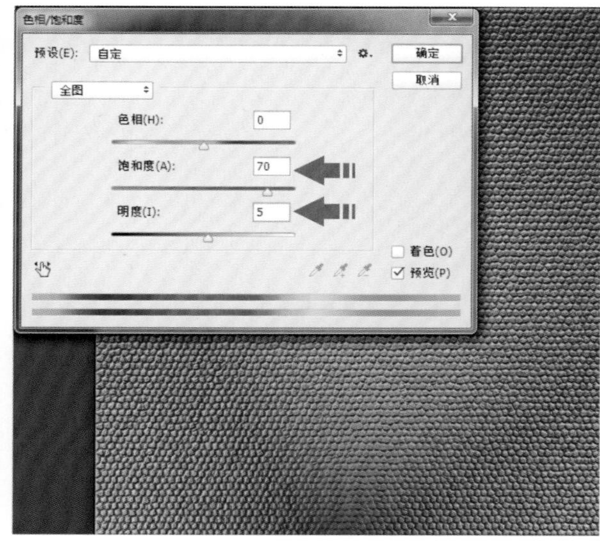

图3-44

第三节 裘皮面料的绘制方法

裘皮面料的最终绘制完成效果，如图3-45所示。

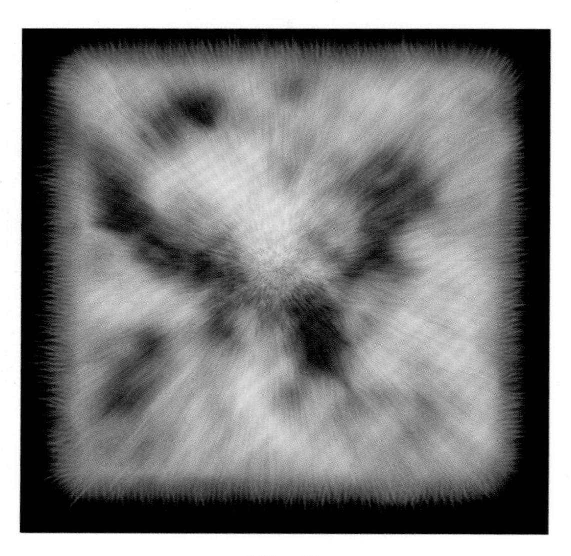

图3-45

裘皮面料的绘制方法如下：

1. 单击菜单栏上的【文件】/【新建】命令，打开【新建】对话框，设置【名称】为裘皮面料实例、【文档类型】为自定、【宽度】为15厘米、【高度】为15厘米、【分辨率】为200像素/英寸、【颜色模式】为RGB颜色、【背景内容】为白色，单击【确定】，完成新文件的设置，如图3-46所示。

2. 单击工具箱中的【默认前景色和背景色】命令，将背景色设置为白色，前景色设置为黑色。按下键盘上的【Alt】+【Delete】键，用前景色（黑色）填充“背景”图层。单击【图层】面板下方的【创建新图层】命令，创建新的图层“图层1”，鼠标左键在该图层名称上双击，修改该图层的名称为“裘皮”，如图3-47所示。

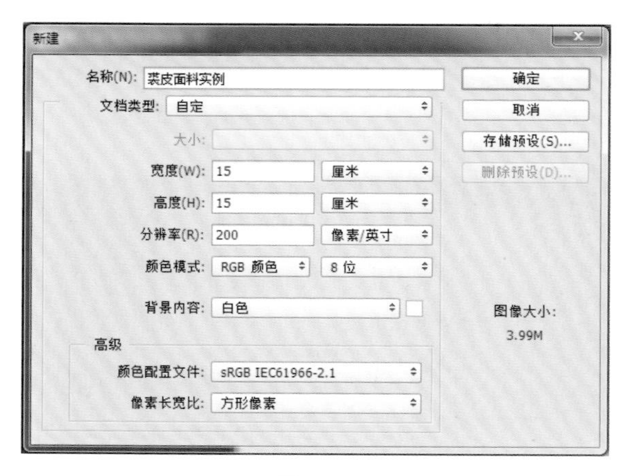

图3-46

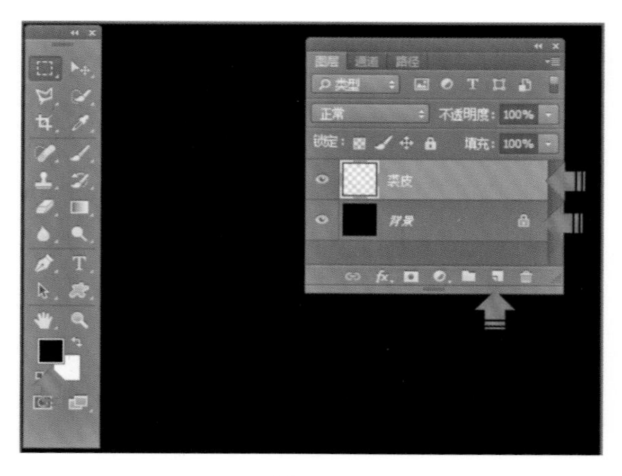

图3-47

3. 选择工具箱中的【圆角矩形工具】，设置工具选项栏的【选择工具模式】为“路径”，设置【半径】为40像素。参照图3-48所示，按住键盘上的【Shift】键，确认“裘皮”图层处于选中的状态下，在画面的左上角按下鼠标左键不要松开，拖拉鼠标向右下角，绘制合适大小的正圆角矩形，放开鼠标左键及键盘上的【Shift】键，完成正圆角矩形路径的绘制，效果如图3-48所示。

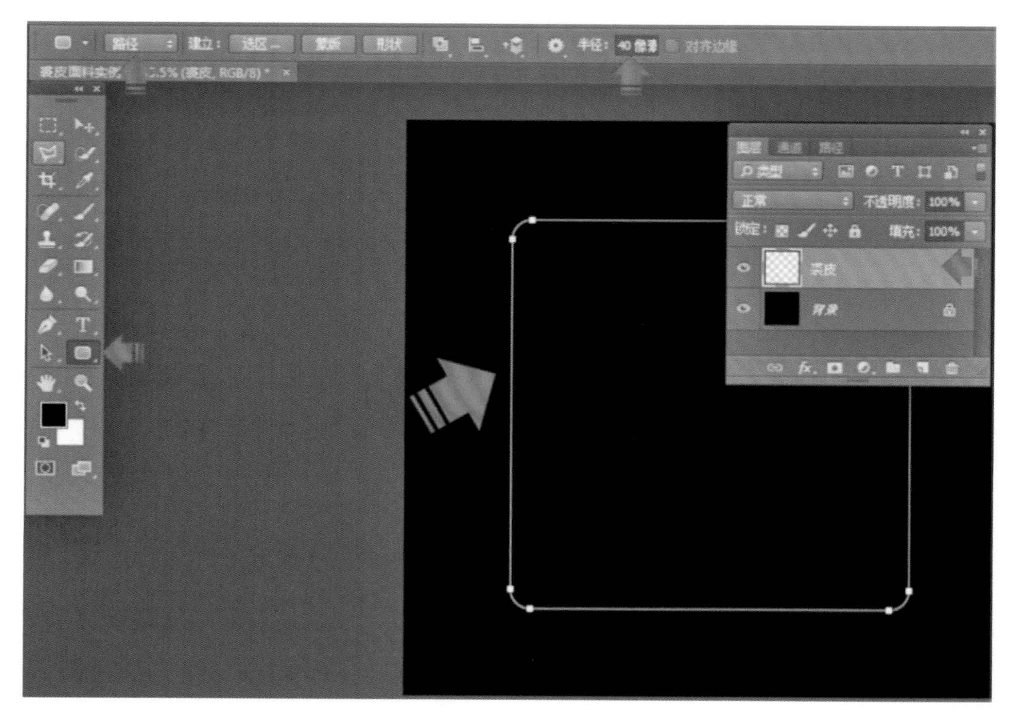

图3-48

4. 按下键盘上的【Ctrl】+【Enter】键，将上一步绘制的路径作为选区载入，点击菜单【选择】/【修改】/【羽化】命令，打开【羽化选区】对话框，设置【羽化半径】为20像素，单击【确定】，并确认选区边缘的羽化，效果如图3-49所示。

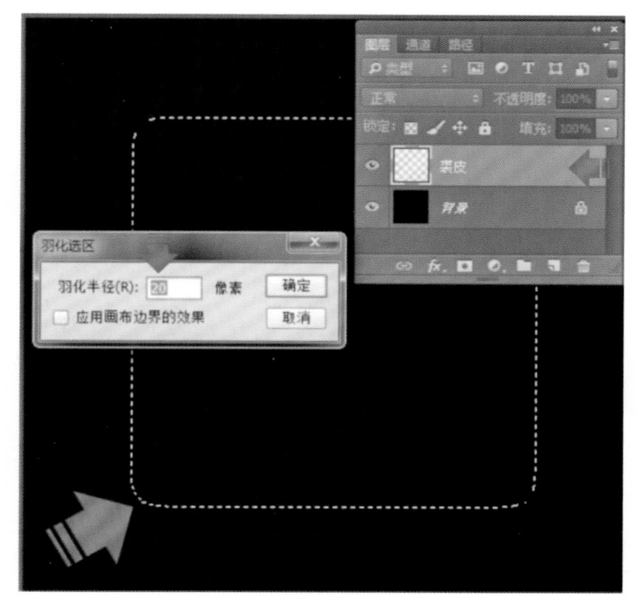

图3-49

5. 单击菜单【滤镜】/【渲染】/【云彩】命令，为“裘皮”图层的选区内填充黑白变化的肌理效果，如图3-50所示。

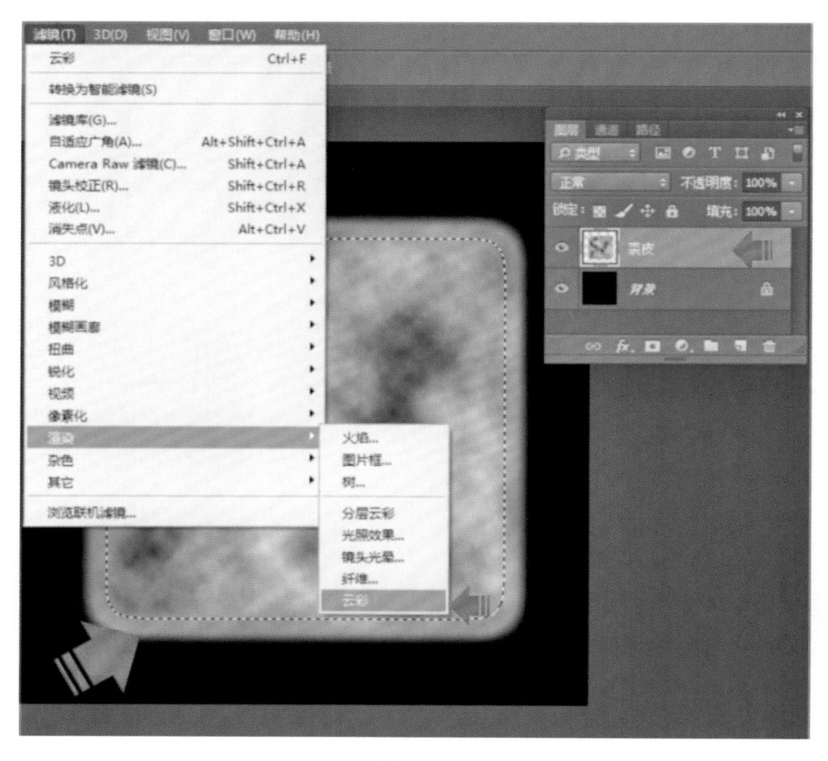

图3-50

6. 单击菜单【图像】/【调整】/【色阶】命令，打开【色阶】对话框，设置【调整阴影输入色阶】为42，设置【调整中间调输入色阶】为1.16，设置【调整高光输入色阶】为198，单击【确定】，确认图像对比度的调整。按下键盘上的【Ctrl】+【D】键，取消选区，如图3–51所示。

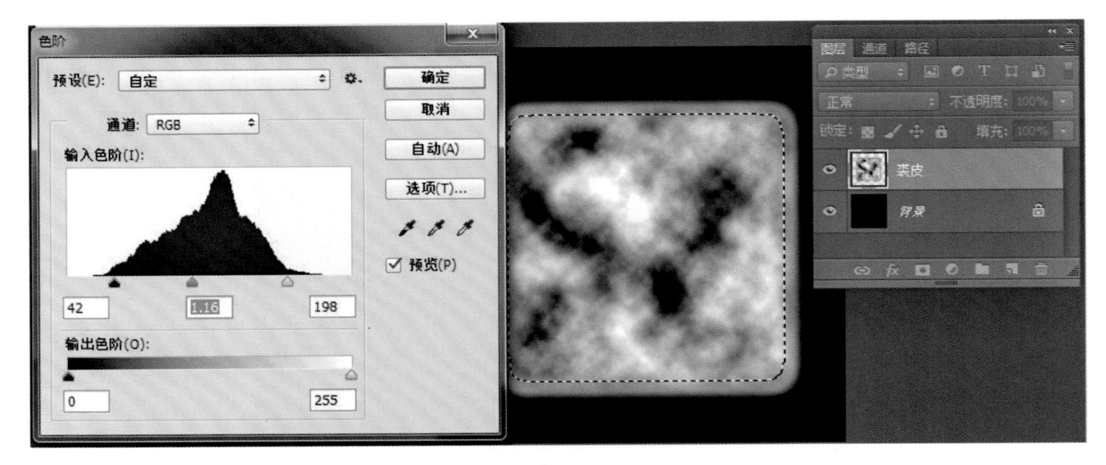

图3–51

7. 单击菜单【滤镜】/【杂色】/【添加杂色】命令，打开【添加杂色】对话框，设置【数量】为40%，点选【分布】命令栏中的【平均分布】命令，在【单色】命令前方的方框内勾选，单击【确定】，确认背景图层添加杂色的滤镜效果，如图3–52所示。

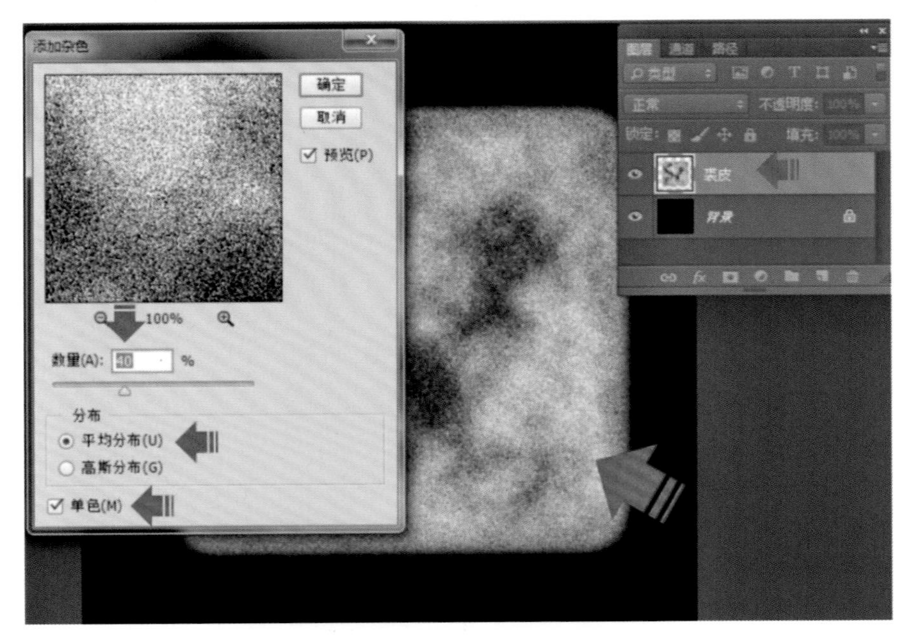

图3–52

8. 单击菜单【滤镜】/【模糊】/【径向模糊】命令，打开【径向模糊】对话框，设置【数量】为30，点选【模糊方法】命令栏中的【缩放】命令，点选【品质】命令栏中的【好】选项，单击【确定】，确认该图层径向模糊的滤镜效果，如图3–53所示。

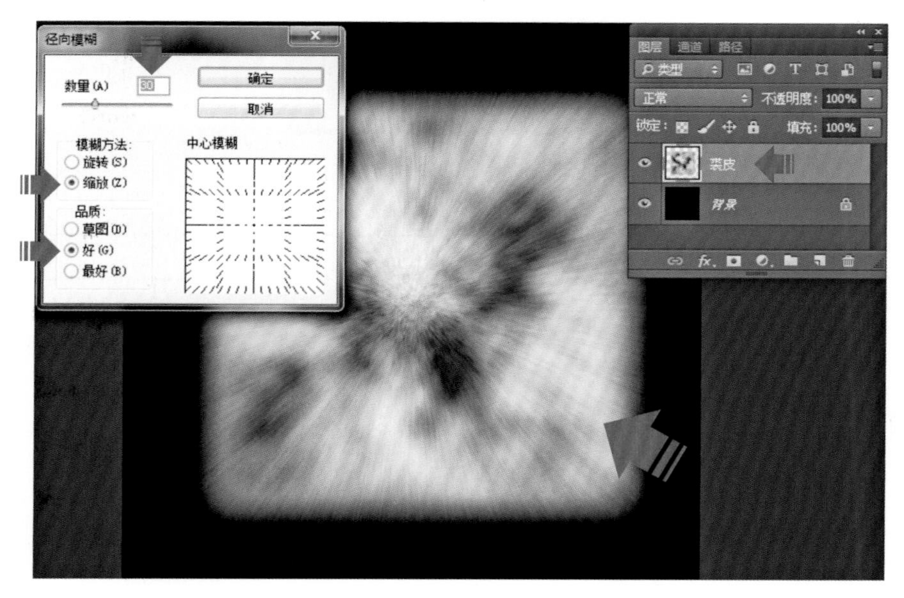

图3-53

9. 单击菜单栏上的【文件】/【新建】命令，打开【新建】对话框，设置【名称】为裘皮笔刷、【文档类型】为自定、【宽度】为80像素、【高度】为80像素、【分辨率】为100像素/英寸、【颜色模式】为RGB颜色、【背景内容】为白色，单击【确定】，确认操作完成设置，如图3-54所示。

图3-54

10. 选择工具箱中的【钢笔工具】，绘制如图3-55所示的闭合路径，结合工具箱中的【直接选择工具】，调整该路径形状。

11. 选择工具箱中的【路径选择工具】，按住键盘上的【Alt】键，单击选中上一步绘制的路径，按下鼠标左键不要松开，拖拉移动再制该路径，放开鼠标左键及键盘上的【Alt】

键。继续按下键盘上的【Ctrl】+【T】键，使再制的路径处于自由变换状态，如图3-56所示，适当调整路径的角度及形状。按下键盘上的【Enter】键，确认路径的调整。

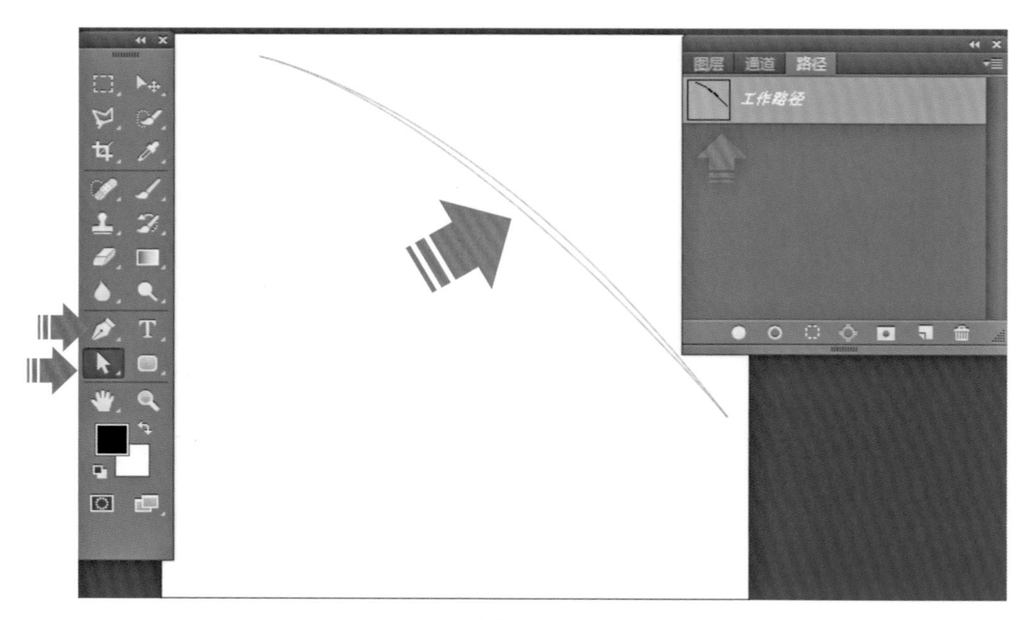

图3-55

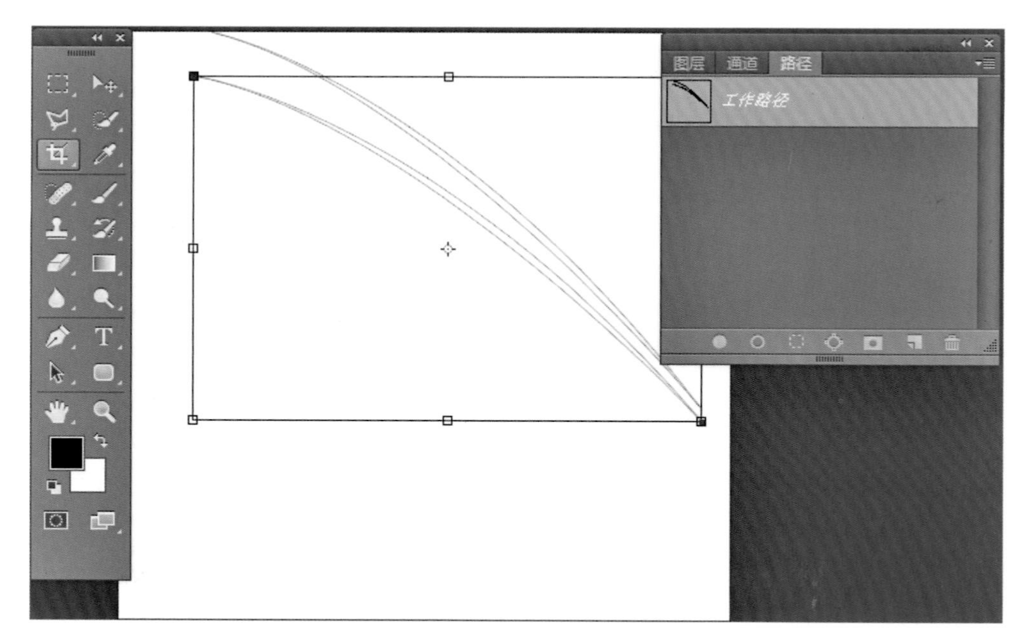

图3-56

12. 同上方法继续再制几个相同的闭合路径，并适当调整路径的形状及角度，效果如图3-57所示。

13. 单击【图层】面板下方的【创建新图层】命令，创建新的图层“图层1”，鼠标左键在该图层名称上双击，并修改该图层的名称为“笔刷”，如图3-58所示。

14．按下键盘上的【Ctrl】+【Enter】键，将上一步绘制的路径作为选区载入，选择工具箱中的【渐变工具】，鼠标左键单击工具选项栏中的【点按可编辑渐变】命令，打开【渐变编辑器】对话框，如图3–59所示，分别单击【渐变编辑器】内部红色箭头所指示的位置，单击【颜色】命令后的色彩图标，在弹出的【拾色器（色标颜色）】对话框内选择相应的颜色，编辑一个边缘浅灰、中心深灰的渐变，单击【确定】，确认该渐变类型的设置及选择，效果如图3–59所示。

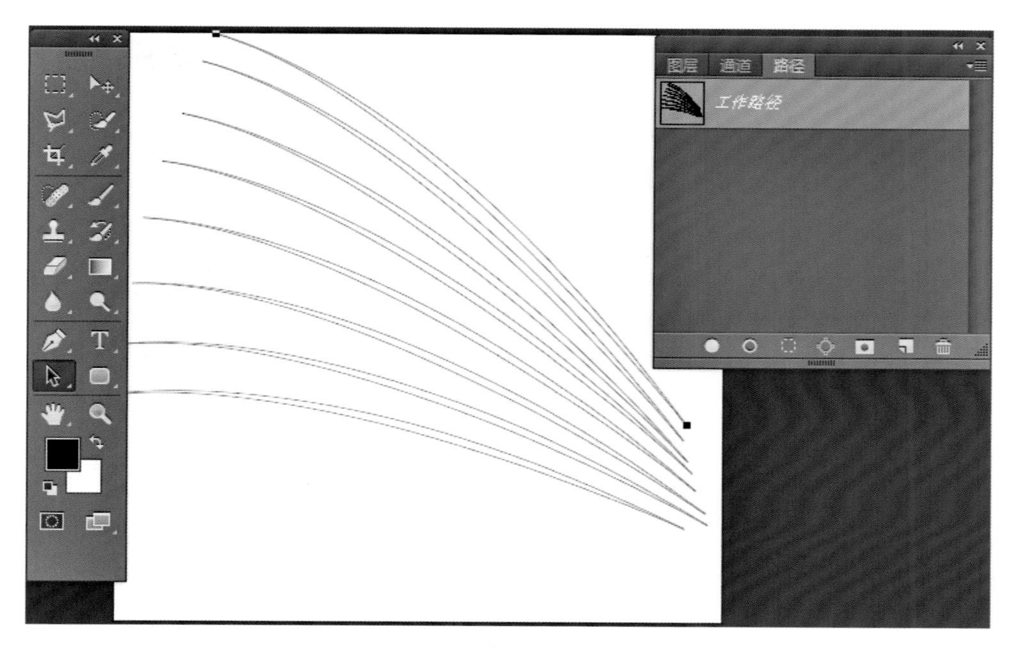

图3–57

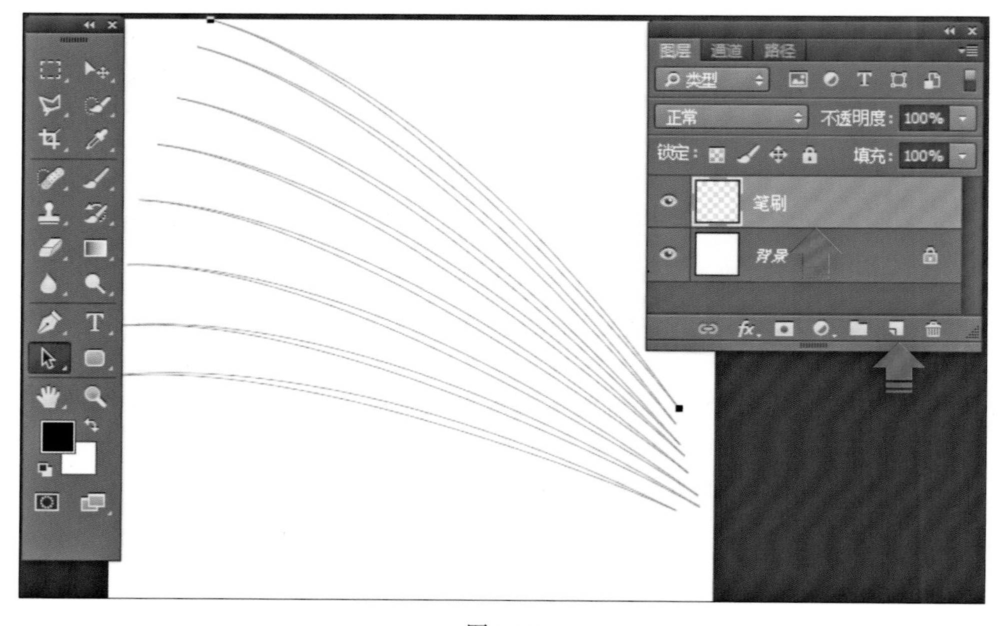

图3–58

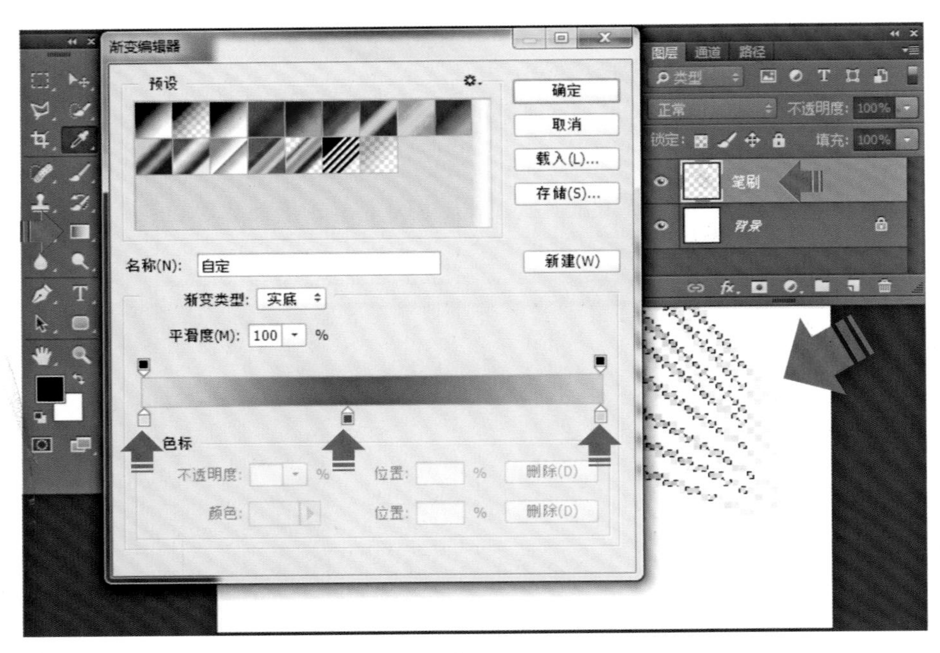

图3-59

15. 鼠标左键单击选中工具选项栏里的【线性渐变】命令，参照如图3-60所示，在画面中按下鼠标左键，由画面的水平方向拖拉到合适位置，放开鼠标左键，在选区内绘制渐变效果。单击菜单【编辑】/【定义画笔预设】命令，打开【画笔名称】对话框，设置笔刷的【名称】为“裘皮笔刷”，关闭该文件，如图3-60所示。

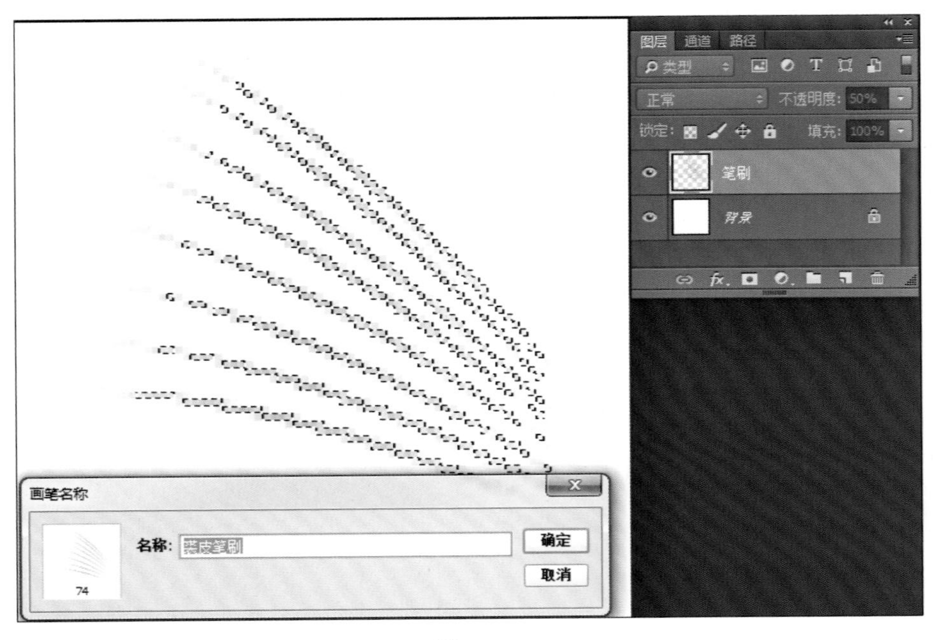

图3-60

16. 选择文件“裘皮面料实例”文件。在该文件的【图层】面板上的“背景”图层，单击【图层】面板下方的【创建新图层】命令，在“背景”图层上方创建新的图层“图层1”，鼠标左键在该图层名称上双击，修改该图层的名称为“底层饰边”，如图3-61所示。

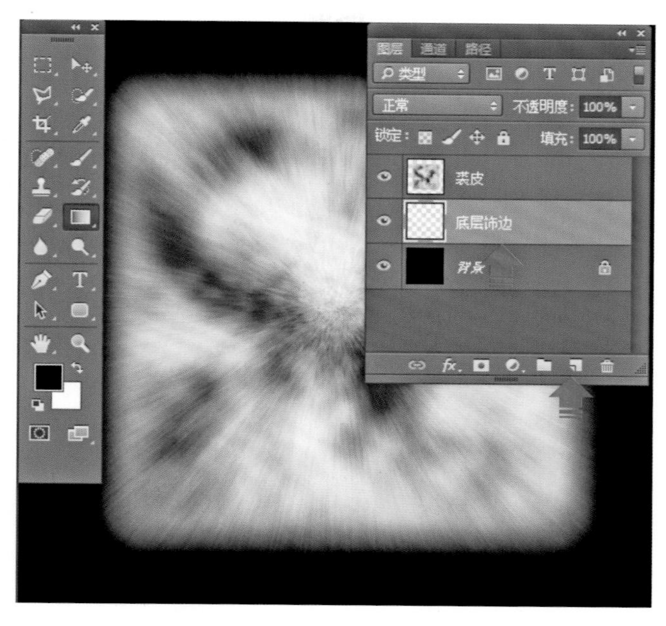

图3-61

17. 选择工具箱中的【画笔工具】，单击工具选项栏上的【切换画笔面板】命令，打开【画笔】面板，单击选择【画笔笔尖形状】命令，在画笔形状预览框中选择作图步骤15所预设的画笔——“裘皮笔刷”，设置【大小】为200像素、【角度】为24°、【圆度】为100%、【间距】为40%；单击选择【形状动态】命令，设置【大小抖动】为50%、【最小半径】为30%，效果如图3-62所示。

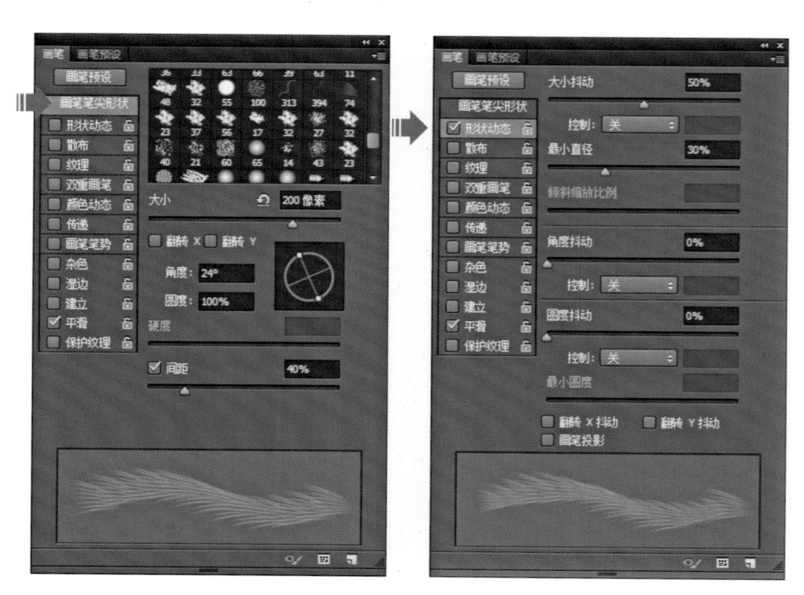

图3-62

18. 确认【图层】面板中的“底层饰边”图层处于选中的状态下，鼠标左键双击工具箱中的【设置前景色】图标，打开【拾色器】对话框，参照图3-63所示，单击对话框中的灰色，将该颜色设置为前景色。选择工具箱中的【画笔工具】，设置工具选项栏上的【不透明度】为100%、【流量】为100%，效果如图3-63所示。

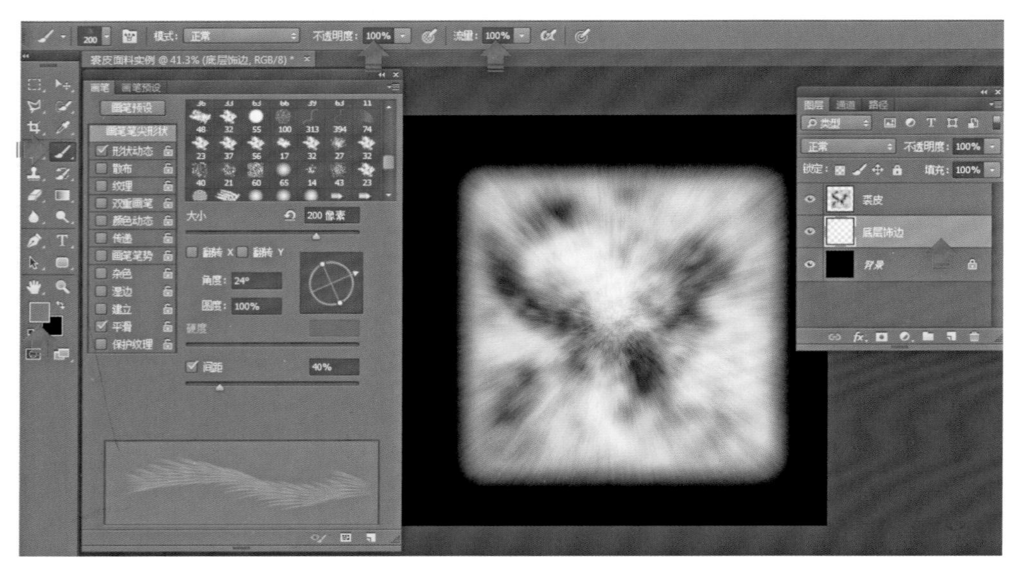

图3-63

19. 设置【画笔】面板中的【角度】为17°，参照图3-64所示，在相应的位置在垂直地按下鼠标左键，拖拉绘制裘皮边缘的毛边效果，如图3-64所示。

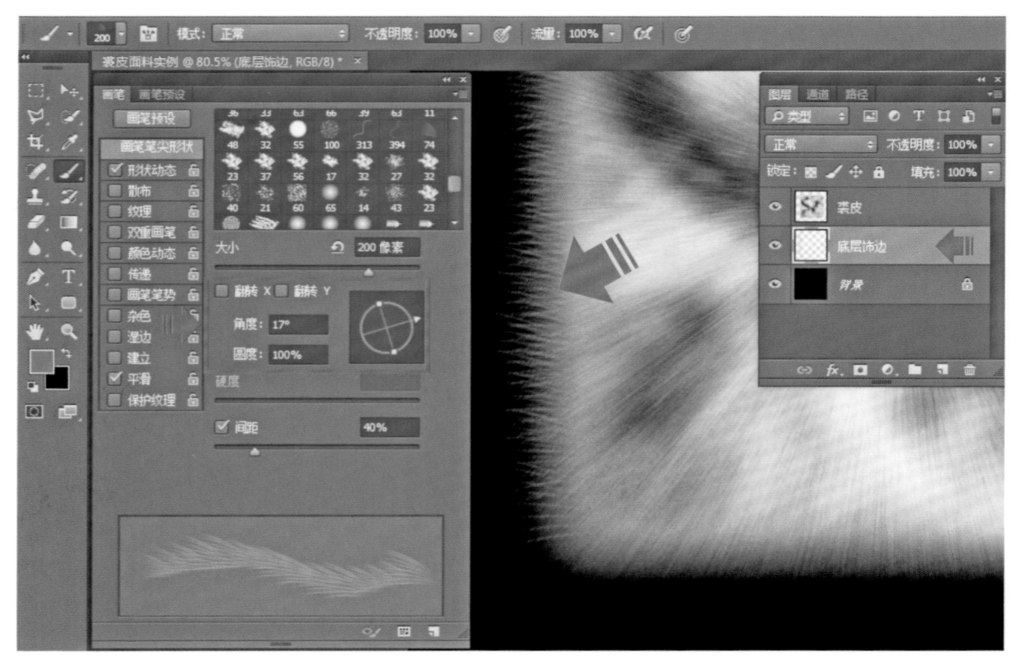

图3-64

20. 同上方法，设置【画笔】面板中的【角度】为111°，参照图3-65所示，在相应的位置水平地按下鼠标左键，拖拉绘制裘皮边缘的毛边效果，如图3-65所示。

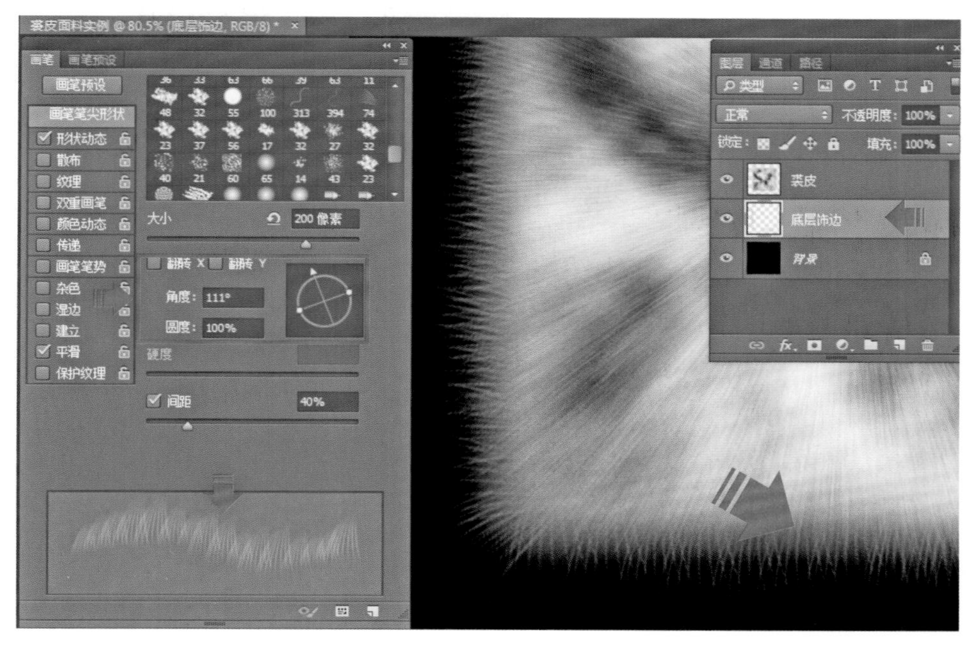

图3-65

21. 设置【画笔】面板中的【角度】为-142°，参照图3-66所示，在相应的位置垂直地按下鼠标左键，拖拉绘制裘皮边缘的毛边效果，效果如图3-66所示。

图3-66

22．设置【画笔】面板中的【角度】为-58°，参照图3-67所示，在相应的位置水平地按下鼠标左键，拖拉绘制裘皮边缘的毛边效果，效果如图3-67所示。

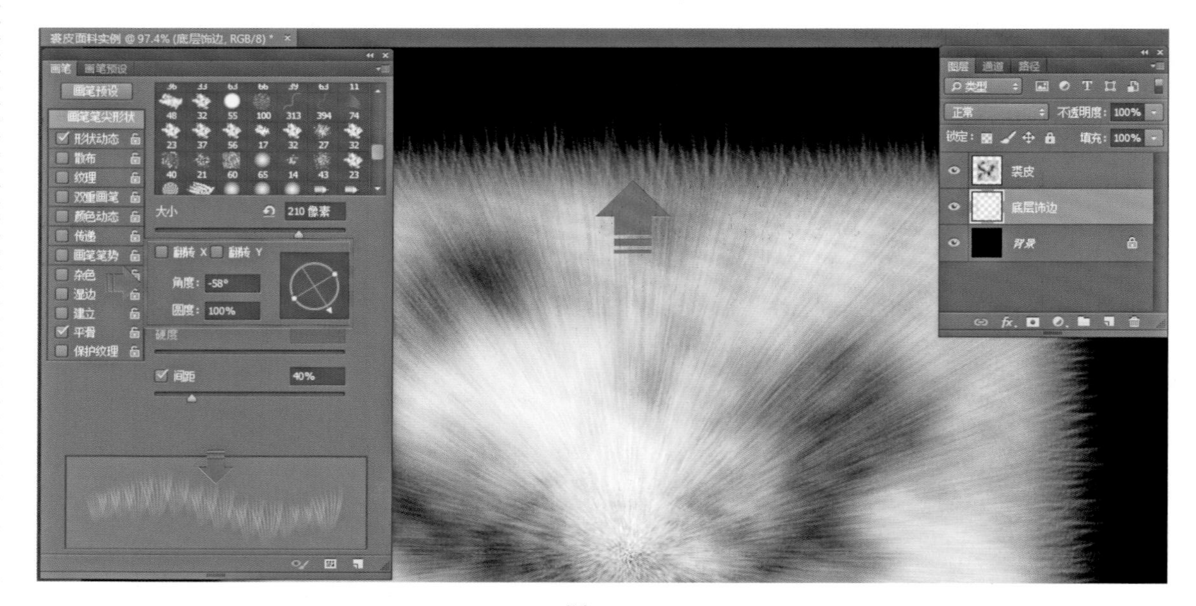

图3-67

23．单击选中【图层】面板中的“裘皮”图层，按下键盘上的【Ctrl】+【E】键，将“裘皮” 图层和“底层饰边”图层合并为一个图层——“底层饰边”图层，效果如图3-68所示。

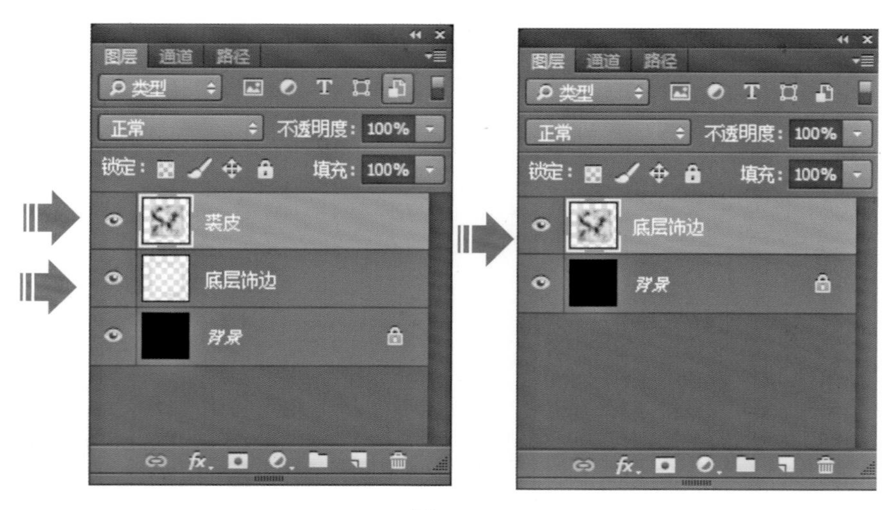

图3-68

24．确认【图层】面板中的“底层饰边”图层处于选中的状态下，单击菜单【滤镜】/【液化】命令，打开【液化】对话框，参照图3-69所示，设置画笔的压力和大小，利用面板中的【向前变形工具】、【褶皱工具】及【膨胀工具】等工具，对预览框中的对象如红色箭头所指处进行修改，使该图像对象显得更加自然。单击【确定】，确认该图层的滤镜变化效果，如图3–69所示。

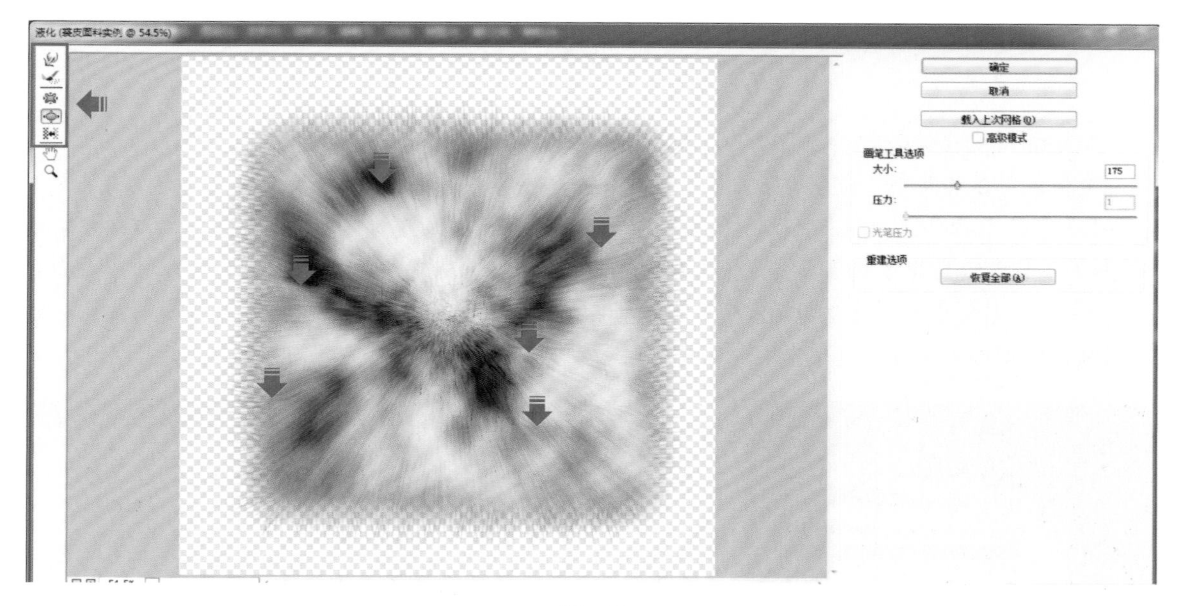

图3–69

25. 确认【图层】面板中的“底层饰边”图层处于选中的状态下，单击菜单【图像】/【调整】/【色相/饱和度】命令，打开【色相/饱和度】对话框，参照图3–70所示，在对话框右下角的【着色】命令的方框内勾选，设置【色相】为30、【饱和度】为40、【明度】为0，单击【确定】，确认调整该图层的色彩纯度及色彩倾向，完成裘皮面料实例的绘制，效果如图3–70所示。

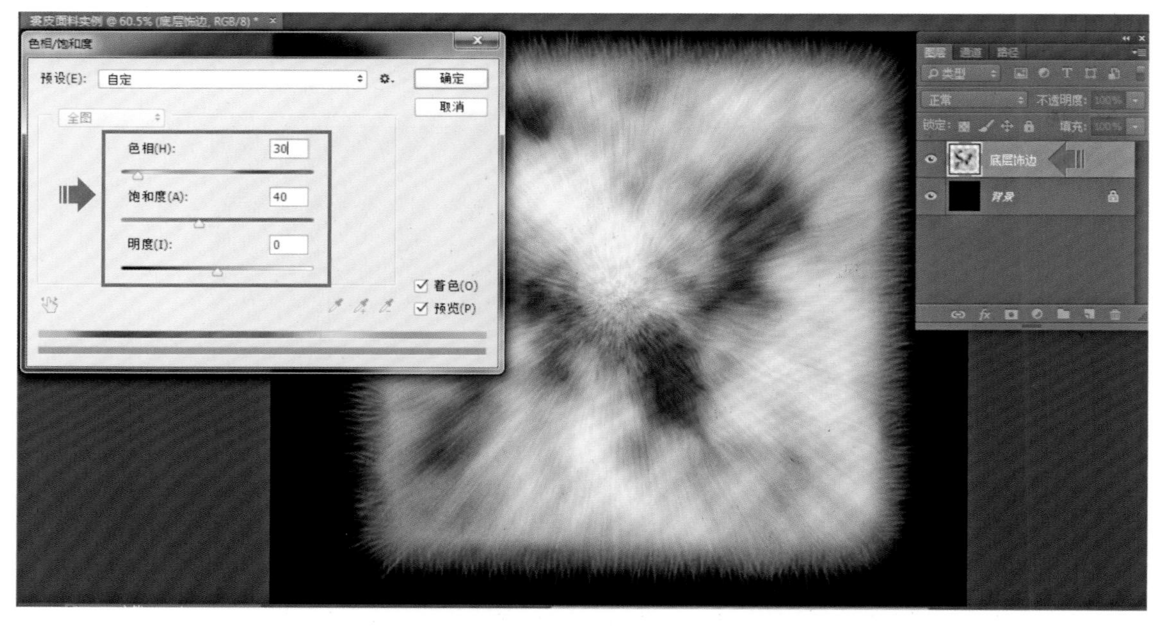

图3–70

第四节　牛仔面料的绘制方法

牛仔面料的最终绘制完成效果，如图3–71所示。

牛仔面料的绘制方法如下：

1. 单击菜单栏上的【文件】/【新建】命令，打开【新建】对话框，设置【名称】为未标题–1、【文档类型】为自定、【宽度】为15厘米、【高度】为15厘米、【分辨率】为200像素/英寸、【颜色模式】为RGB颜色、【背景内容】为白色，单击【确定】，确认操作，完成新文件的设置，如图3–72所示。

图3–71

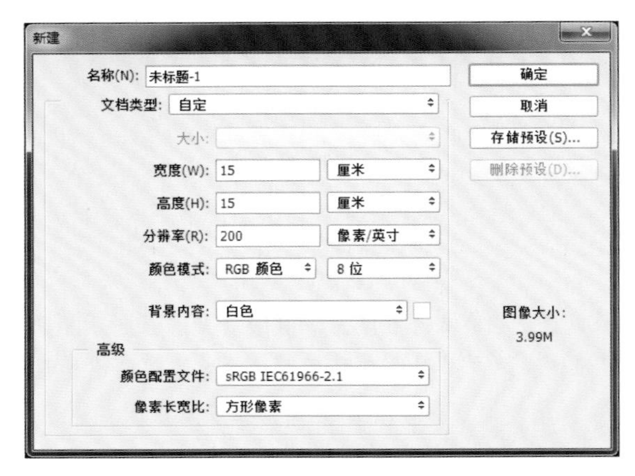

图3–72

2. 单击工具箱中的【默认前景色和背景色】命令，将背景色设置为白色，前景色设置为黑色。按下键盘上的【Alt】+【Delete】键，用前景色（黑色）填充“背景”图层，效果如图3–73所示。

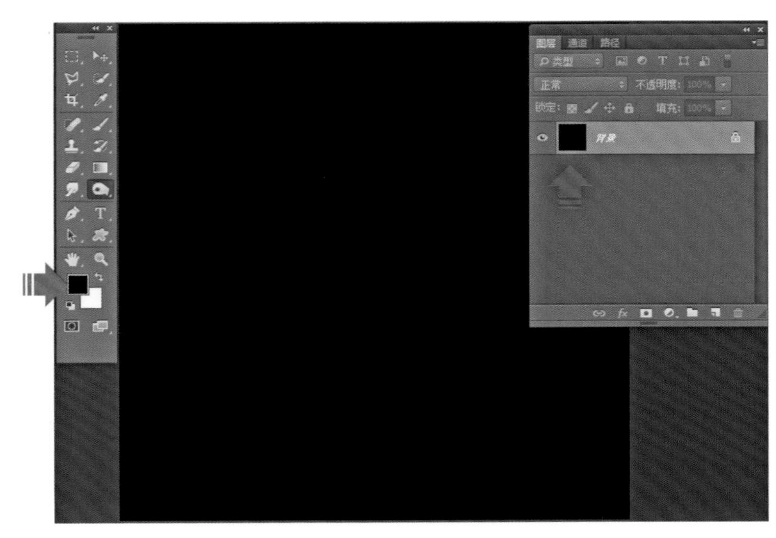

图3–73

3. 单击菜单【滤镜】/【杂色】/【添加杂色】命令，打开【添加杂色】对话框，设置【数量】为50%，点选【分布】命令栏中的【平均分布】命令，在【单色】命令前方的方框内勾选，单击【确定】，确认背景图层添加杂色的滤镜效果，如图3–74所示。

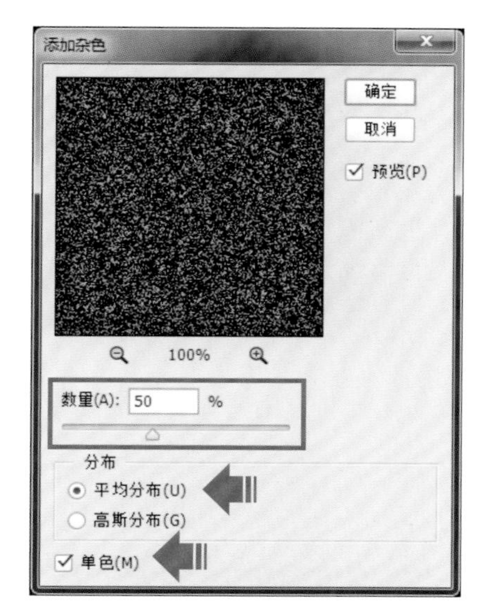

图3–74

4. 单击菜单【滤镜】/【模糊】/【动感模糊】命令，打开【动感模糊】对话框，设置【角度】为0°、【距离】为2000像素，单击【确定】，确认背景图层动感模糊的滤镜效果，如图3–75所示。

5. 按下鼠标左键选中【图层】面板中的“背景”图层，拖拉至面板下方的【创建新图层】命令，放开鼠标左键，再制该图层，效果如图3–76所示。

图3–75

6. 确认上一步再制的“背景”图层处于选中的状态下，单击【图层】面板上的【设置图层的混合模式】命令，在下拉菜单中选择“滤色”图层混合模式。按下键盘上的【Ctrl】+【T】键，将该图层处于自由变换状态，按住键盘上的【Ctrl】键，鼠标左键放在该图层复选框外，按住鼠标左键，旋转该图层90°，放开鼠标左键和键盘上的【Ctrl】键，按下键盘上的【Enter】键，确认该图层对象的旋转，效果如图3–77所示。

图3-76

图3-77

7. 按下键盘上的【Ctrl】+【E】键，将【图层】面板上的两个图层合并为一个图层——"背景"图层，效果如图3-78所示。

8. 单击菜单【滤镜】/【杂色】/【添加杂色】命令，打开【添加杂色】对话框，设置【数量】为10%，点选【分布】命令栏中的【平均分布】命令，在【单色】命令前方的方框内勾选，单击【确定】，确认背景图层添加杂色的滤镜效果，如图3-79所示。

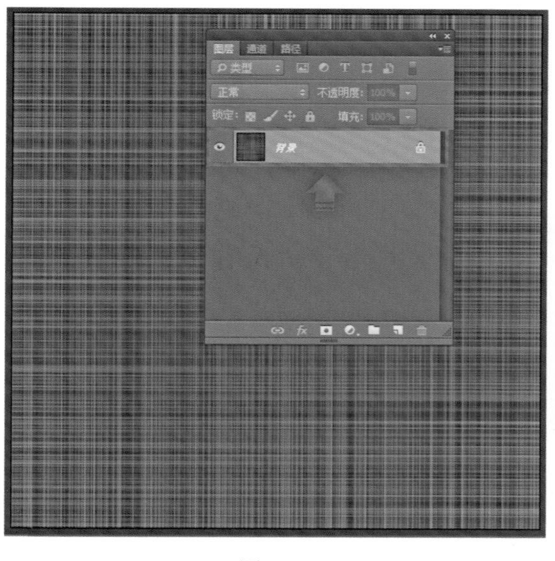

图3-78

图3-79

9. 单击菜单【图像】/【调整】/【色阶】命令，打开【色阶】对话框，设置【调整阴影输入色阶】为52、【调整中间调输入色阶】为1.2、【调整高光输入色阶】为150，单击【确定】，确认图像对比度的调整，效果如图3-80所示。

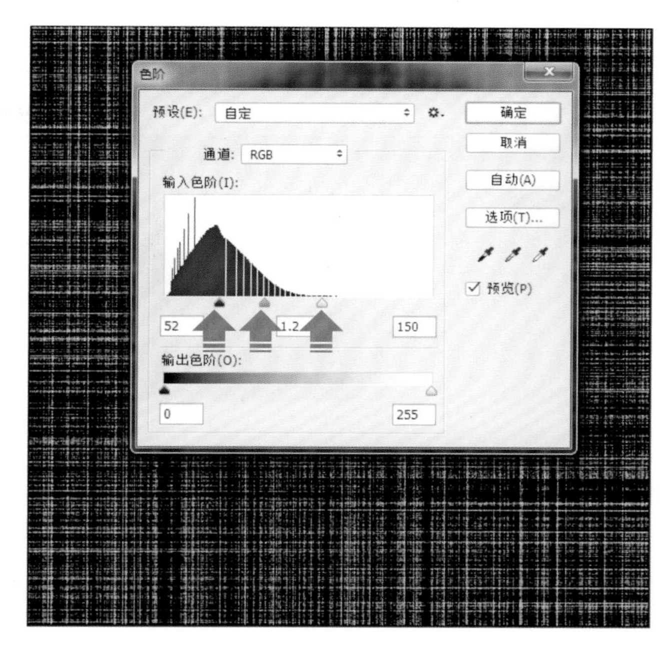

图3-80

10．单击菜单栏上的【图像】/【调整】/【渐变映射】命令，打开【渐变映射】对话框，鼠标左键在【渐变映射所使用的范围】命令下方的渐变颜色条上单击，弹出【渐变编辑器】对话框，在该对话框内单击渐变颜色条左下方黑色向上箭头（下图中红色箭头是指示的位置）单击鼠标左键，效果如图3-81所示。

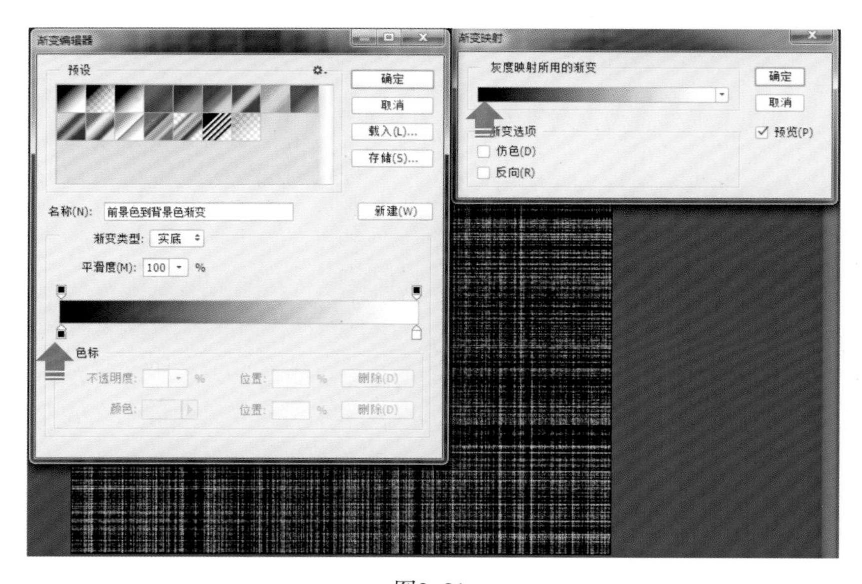

图3-81

11．鼠标左键在【渐变编辑器】对话框的【颜色】命令后方的颜色条上单击，打开【拾色器（色标颜色）】对话框，在该对话框内单击选择（或者输入色彩值）深蓝色（R：0、G：10、B：30），单击【拾色器（色标颜色）】对话框内的【确定】确认色彩的选择，继续单击

【渐变编辑器】内的【确定】，确认该渐变效果的使用，继续单击【渐变映射】对话框内的【确定】，确认图层的色彩调整，如图3-82所示。

图3-82

12．选择工具箱中的【矩形选框工具】，参照图3-83红色箭头所示，在相应的位置绘制一个矩形选区，按下键盘上的【Ctrl】+【C】键，复制选区内的图像，按下键盘上的【Ctrl】+【V】键，粘贴复制的内容形成新的图层——“图层1”，如图3-83所示。

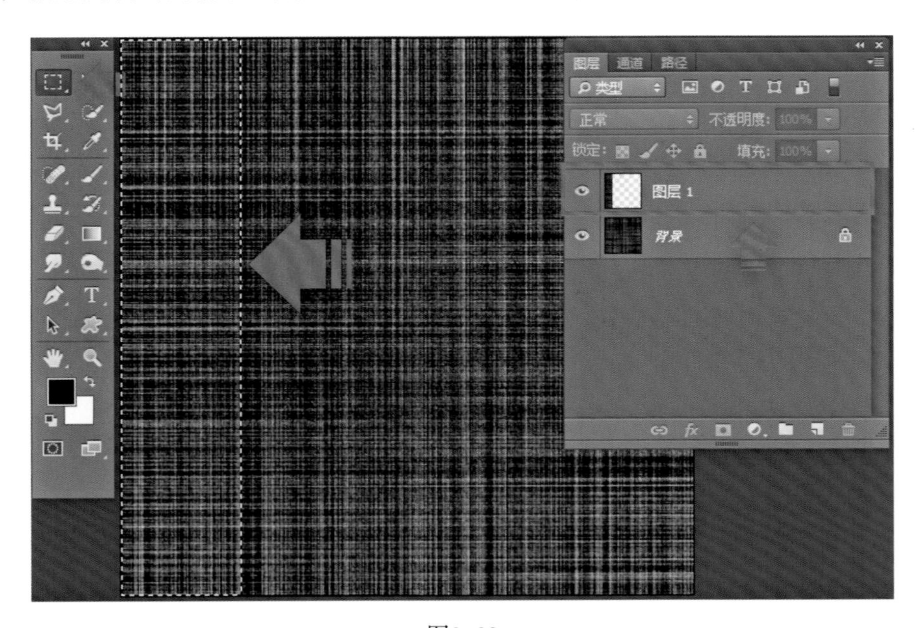

图3-83

13．按下键盘上的【Ctrl】+【T】键，将上一步复制的“图层1”处于自由变换状态，参照图3-84所示，适当将该图层内容进行放大，使上下两个图层内容的纹理产生适当的错落感。按下键盘上的【Enter】键，确认图层内容的形状调整，效果如图3-84所示。

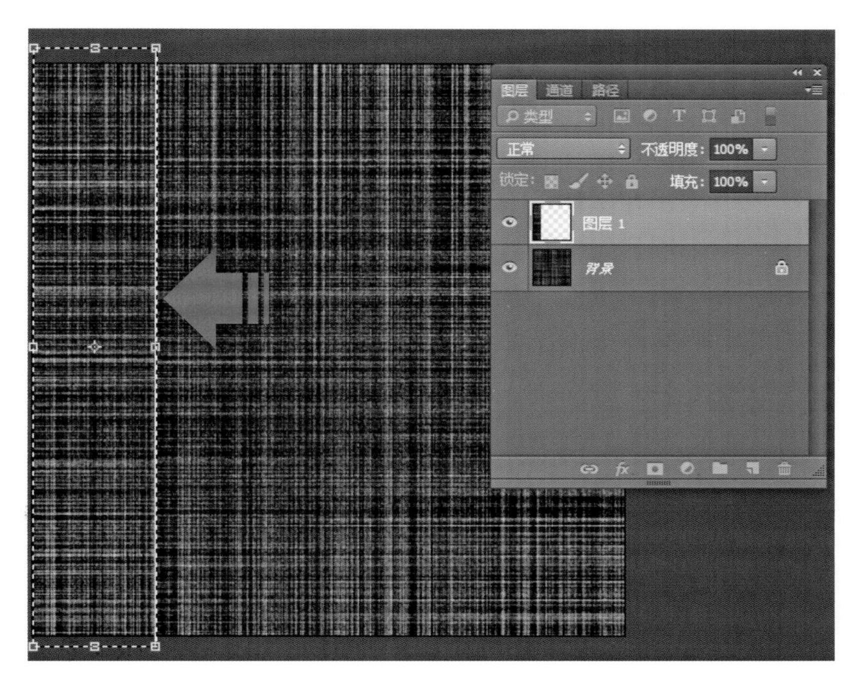

图3-84

14. 选择工具箱中的【画笔工具】，单击鼠标左键选择工具选项栏的【“画笔预设”选取器】图标，打开【“画笔预设”选取器】，设置【大小】为500像素、【硬度】为0%，如图3-85所示。

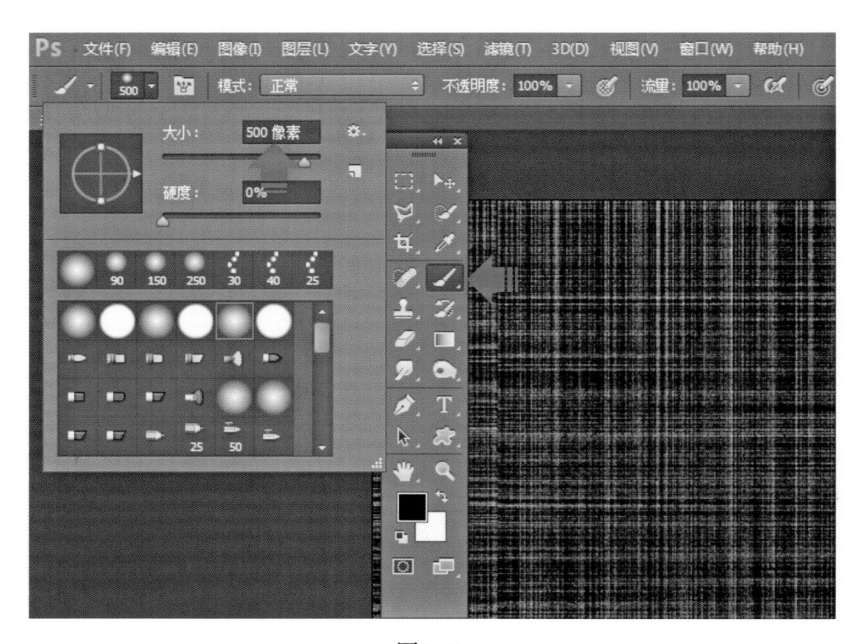

图3-85

15. 选择工具箱中的【加深工具】，设置工具选项栏的【范围】为中间调、【曝光度】为100%，参照图3-86所示，选择底层的“背景”图层，按住鼠标左键不要松开，在相应的位置拖拉绘制该图层的加深效果，效果如图2-86所示。

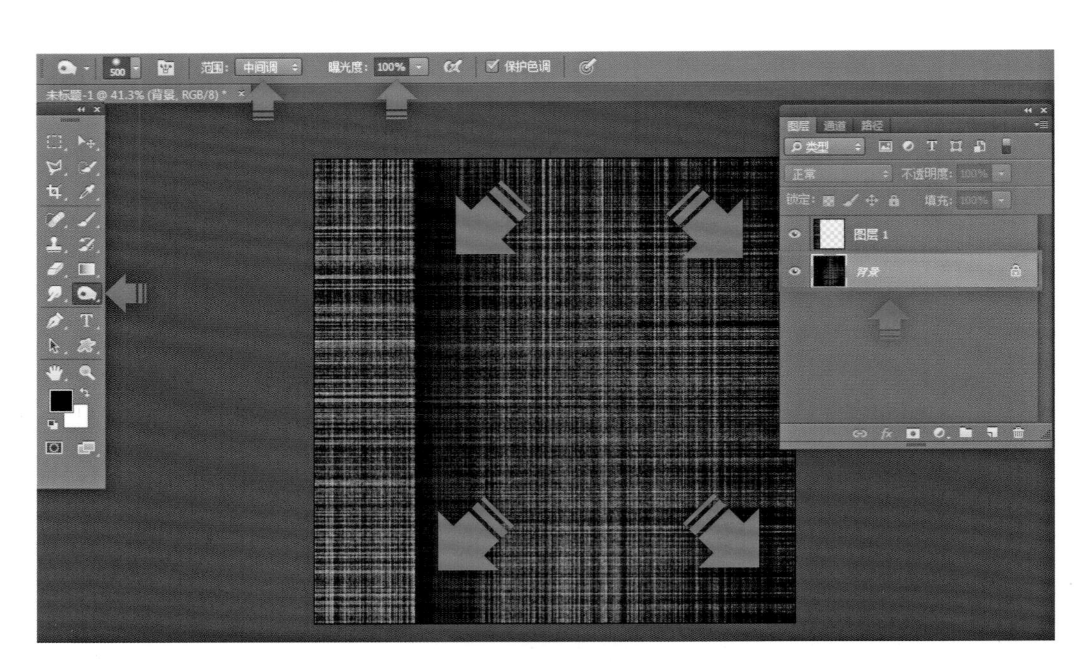

图3-86

16. 选择工具箱中的【减淡工具】，设置工具选项栏的【范围】为中间调、【曝光度】为100%，参照图3-87中大红色箭头所示，选择底层的“背景”图层，按下鼠标左键不要松开，在相应的位置拖拉绘制该图层的减淡效果，如图2-87所示。

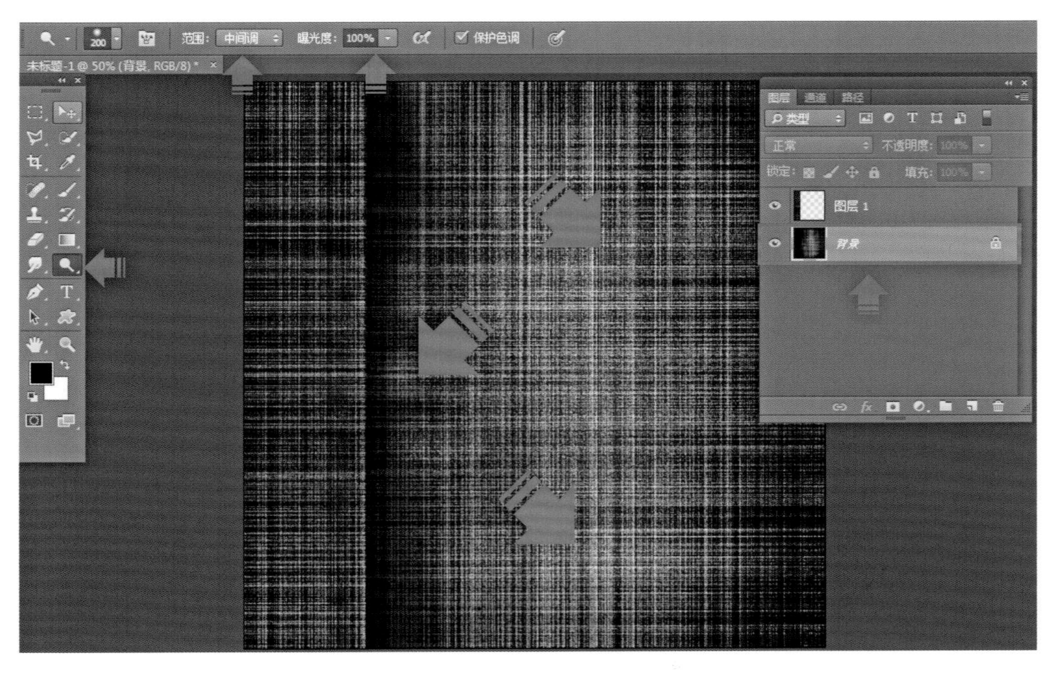

图3-87

17. 使用同步骤15和步骤16的方法，继续绘制“图层1”的加深和减淡效果，以模仿牛仔面料的水洗效果，如图3-88所示。

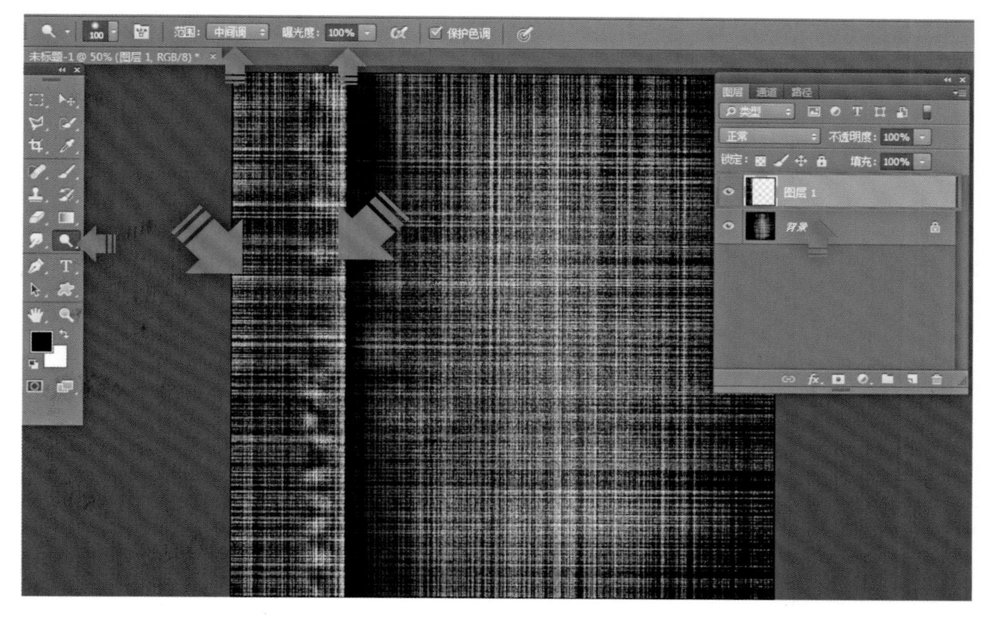

图3-88

18．选择工具箱中的【钢笔工具】，设置工具选项栏的【设置工具模式】为路径，按住键盘上的【Shift】键，参照图3-89大红箭头所示，在画面相应的位置两次单击鼠标左键绘制一条垂直的路径，如图3-89所示。

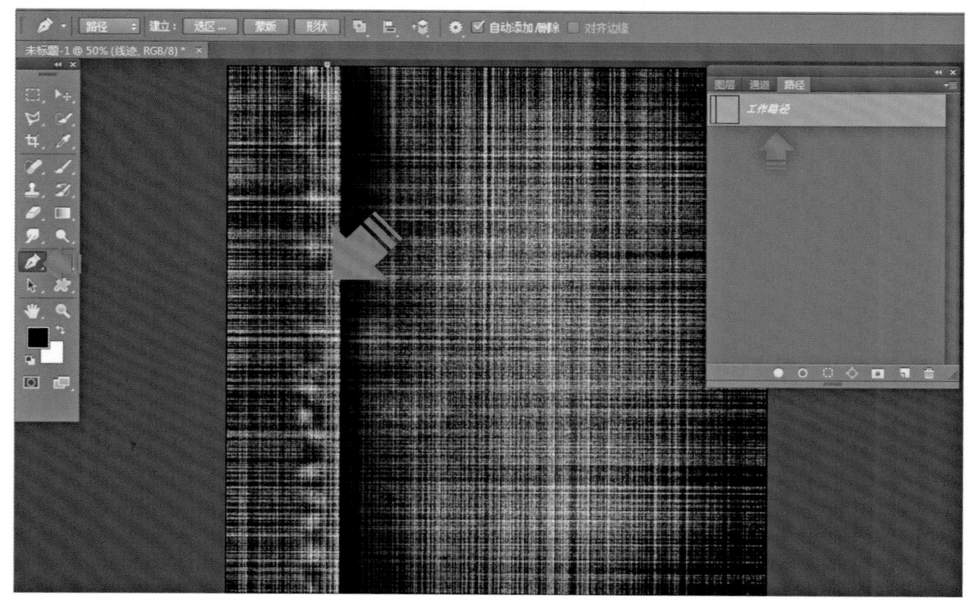

图3-89

19．选择工具箱中的【画笔工具】，单击工具选项栏上的【切换画笔面板】命令，打开【画笔预设】面板，单击选择该面板左上方的【选项卡】命令，在下拉菜单中选择“方头笔刷”命令，将该笔刷载入预览框内，效果如图3-90所示。

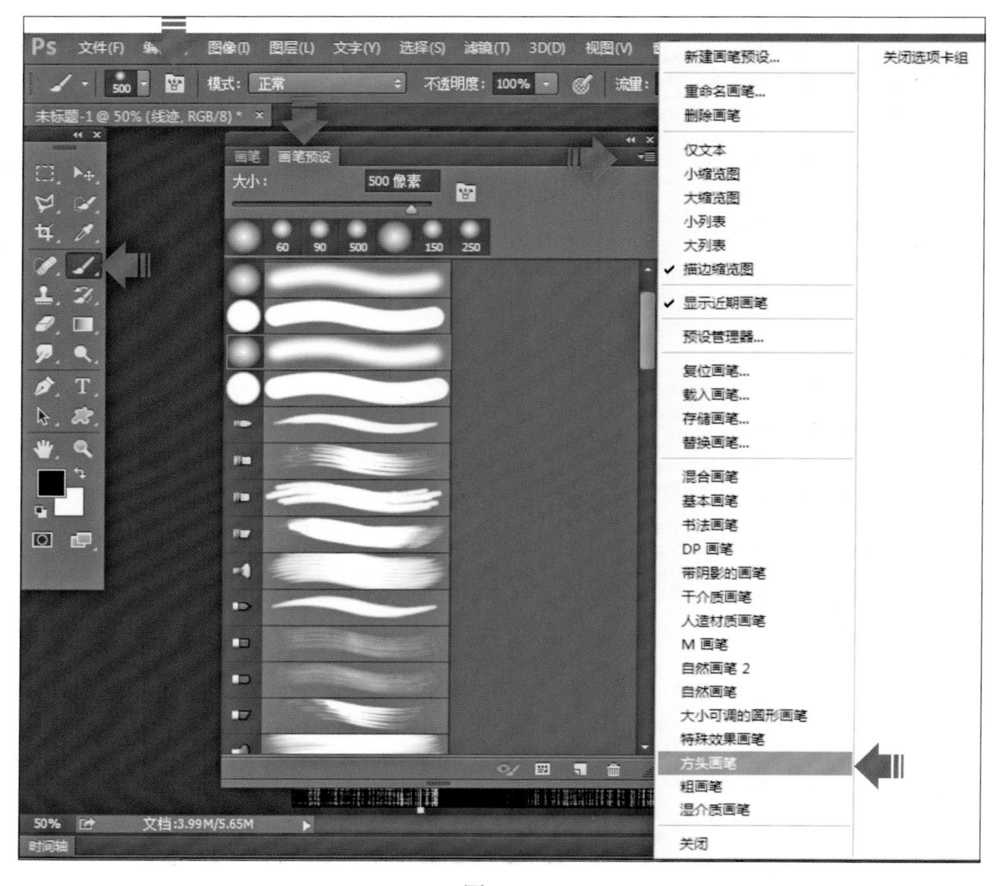

图3-90

20．绘制牛仔面料上的线迹。

（1）参照图3-91中的“A”点所示，双击工具箱中的【设置前景色】图标，打开【拾色器】对话框，在该对话框内设置一个浅绿色，单击该对话框内的【确定】，将该颜色设置为前景色。单击【画笔预设】面板中的任意一种笔刷。

（2）参照图3-91中的“B”点所示，单击【画笔】面板选中【画笔笔尖形状】命令，设置笔刷的【大小】为50像素、【角度】为85°、【圆度】为12%、【间距】为110%。

（3）参照图3-91中的“C”点所示，单击【图层】面板下方的【创建新路径】命令，创建新的路径——“路径1”，鼠标左键在该路径名称上双击，修改名称为“线迹”。

（4）参照图3-91中的“D”和“E”点所示，单击【路径】面板下方的【用画笔描边路径】命令，用已经设置好的笔刷为该“工作路径”进行描边，效果如图3-91中大红箭头所指。

21．按住鼠标左键选中【图层】面板中的“线迹”图层不要松开，将其拖拉至【图层】面板下方的【创建新图层】命令上，放开鼠标左键，再制该图层。选择工具箱中的【移动工具】，参照图3-92所示，用键盘上的方向键，将该图层移动到合适的位置，效果如图3-92所示。

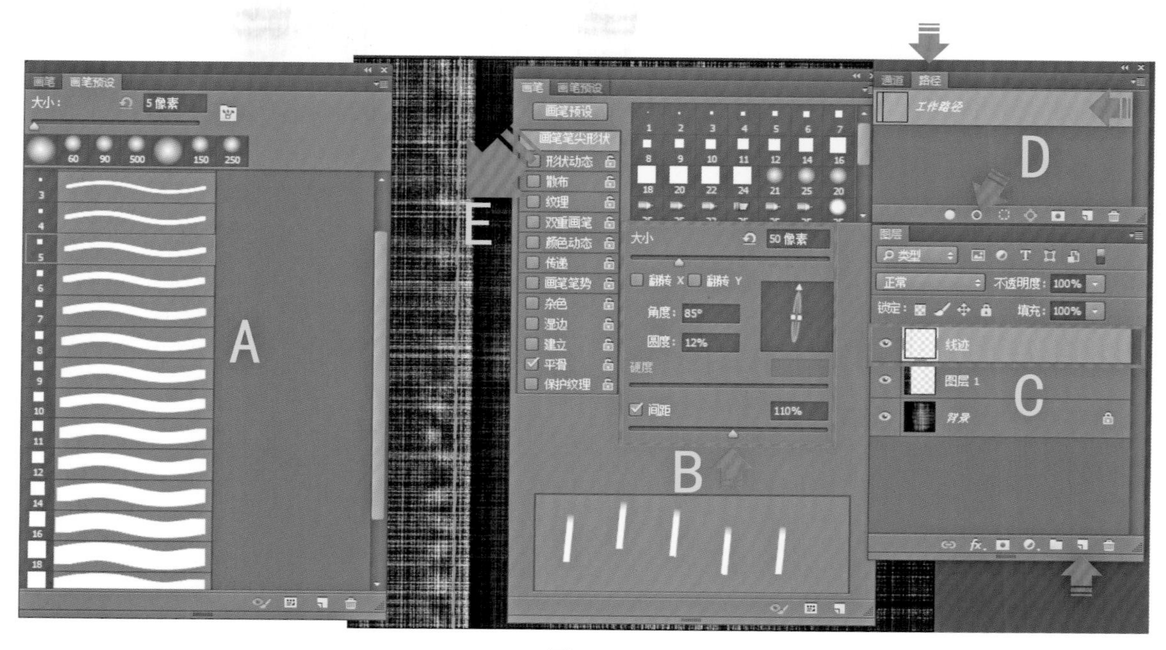

图3-91

图3-92

22．按下键盘上的【Ctrl】+【E】键，将两个“线迹”图层合并为一个图层，如图3-93所示。

图3–93

23．确认【图层】面板中的“线迹”图层在处于选中的状态下，单击【图层】面板下方的【添加图层样式】命令，在弹出的下拉菜单击“斜面和浮雕”命令，在弹出的【图层样式】对话框设置【样式】为内斜面、【方法】为雕刻清晰、【深度】为164%、【方向】为上、【大小】为6像素、【软化】为1像素、【角度】为110°，效果如图3–94所示。

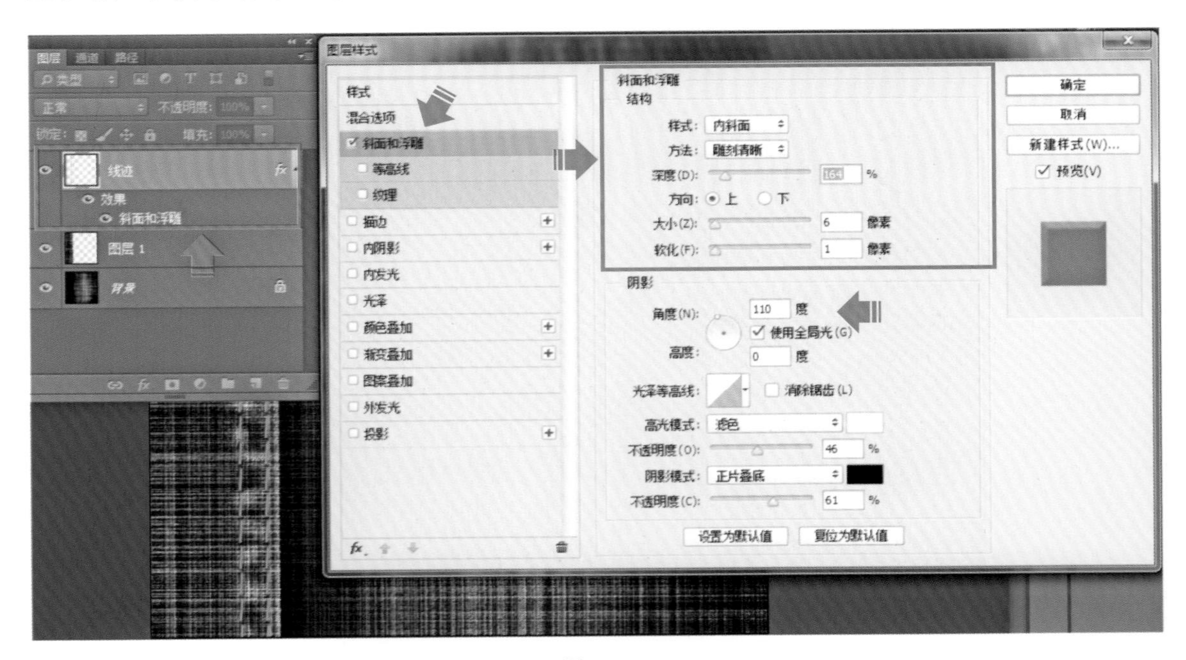

图3–94

24．鼠标左键继续单击【图层样式】对话框的【投影】命令，设置【混合模式】为正片叠底、【不透明度】为50%、【角度】为110°、【距离】为10像素、【扩展】为20%、【大小】为10像素，单击【确定】，确认该图层的图层效果，如图3-95所示。

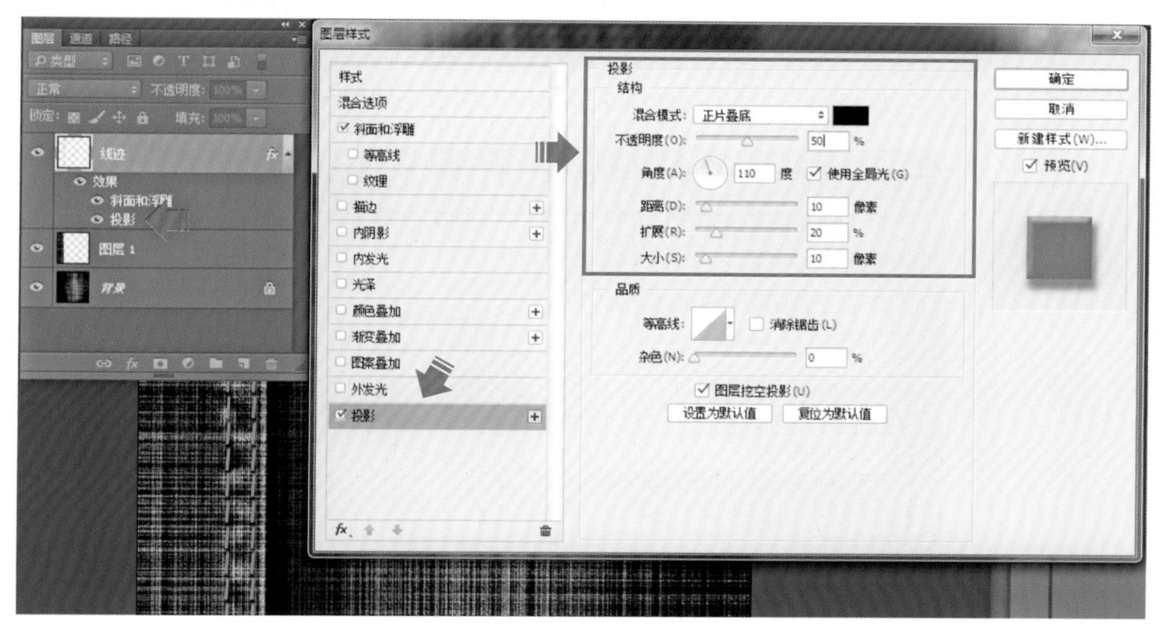

图3-95

25. 按下键盘上的【Shift】+【Ctrl】+【Alt】+【E】键，盖印所有可见图层（即将下面所有图层合并，但各自原图层仍保留），名称为“图层2”，双击该图层的名称，修改图层名称为“合成层”，如图3-96所示。

图3-96

26. 按下鼠标左键选中【图层】面板中的“合成层”图层，拖拉至【图层】下方的【创建新图层】命令上，放开鼠标左键，再制该图层。单击选中下方的“合成层”，单击菜单【图像】/【调整】/【亮度/对比度】命令，打开【亮度/对比度】对话框，设置【亮度】为–150、【对比度】为90，单击【确定】，确认该图层明度及对比度的调整，如图3–97所示。

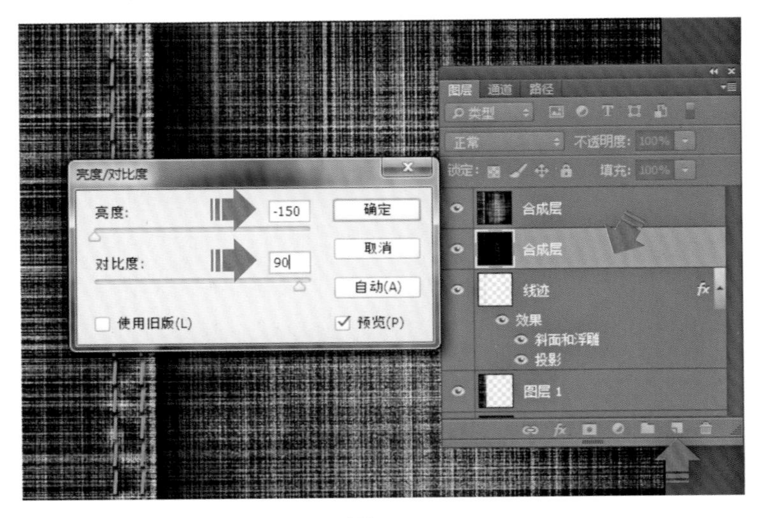

图3–97

27. 选择工具箱中的【多边形套索工具】，单击鼠标左键选择工具选项栏上的【添加到选区】命令。参照图3–98中大的红色箭头所示，按下鼠标左键在相应的位置绘制两个选区，如图3–98所示。

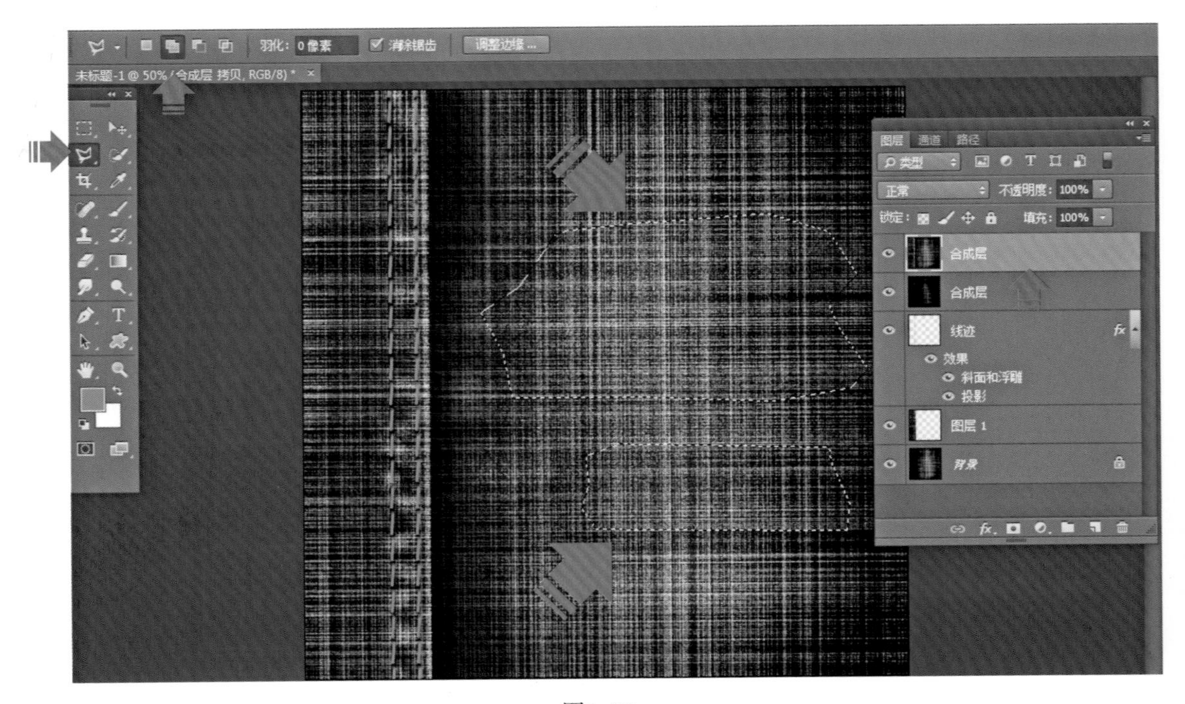

图3–98

28. 单击选中【图层】面板中上方的“合成层”，使该图层处于选中的状态下，按下键盘上的【Delete】键，将选区内的内容删除，如图3-99所示。按下键盘上的【Ctrl】+【D】键，取消选区。

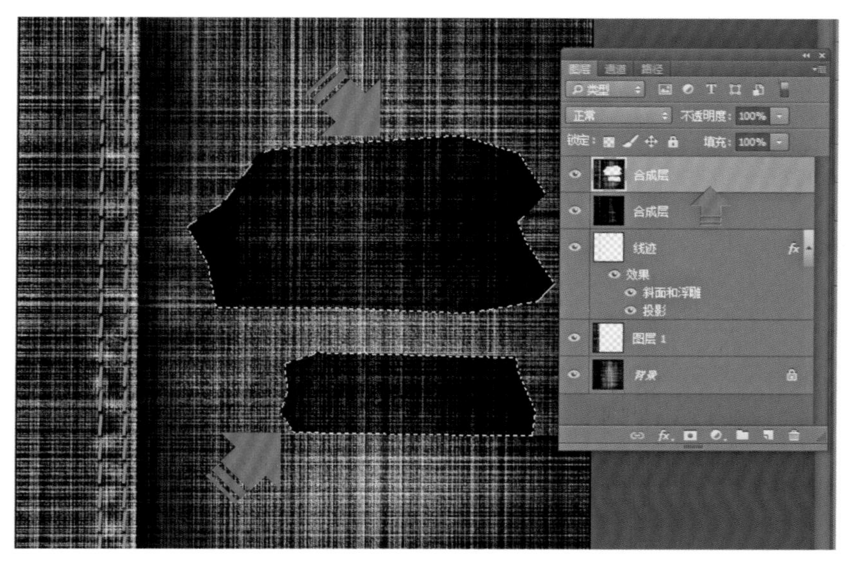

图3-99

29. 单击菜单栏上的【文件】/【新建】，打开【新建】对话框，设置【名称】为未标题-3、【文档类型】为自定、【宽度】为20像素、【高度】为20像素、【分辨率】为200像素/英寸、【颜色模式】为RGB颜色、【背景内容】为白色，单击【确定】，确认设置操作，如图3-100所示。

30. 选择工具箱中的【画笔工具】，单击鼠标左键选择工具选项栏的【“画笔预设”选取器】图标，打开【“画笔预设”选取器】，设置【大小】为3像素、【硬度】为0%。单击工具箱中的【默认前景色和背景色】命令，将背景色设置为白色、前景色设置为黑色。鼠标左键在画面上单击绘制笔触，如图3-101所示。

图3-100

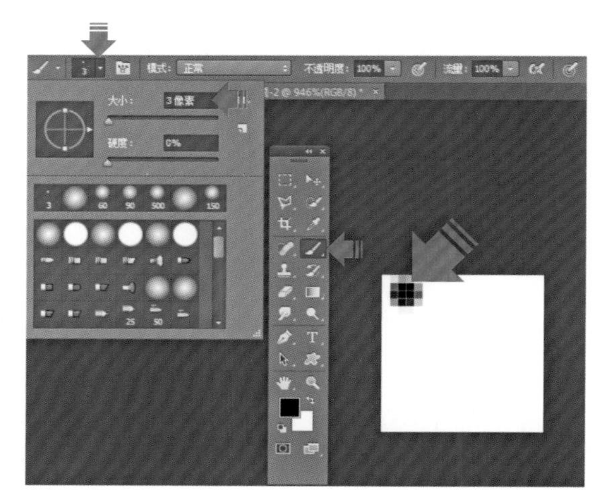

图3-101

31. 参照图3-102所示，继续在页面上绘制几个笔触。

32. 单击菜单【编辑】/【定义画笔预设】命令，打开【画笔名称】对话框，设置笔刷的【名称】为“样品画笔1”，关闭该文件，效果如图3-103所示。

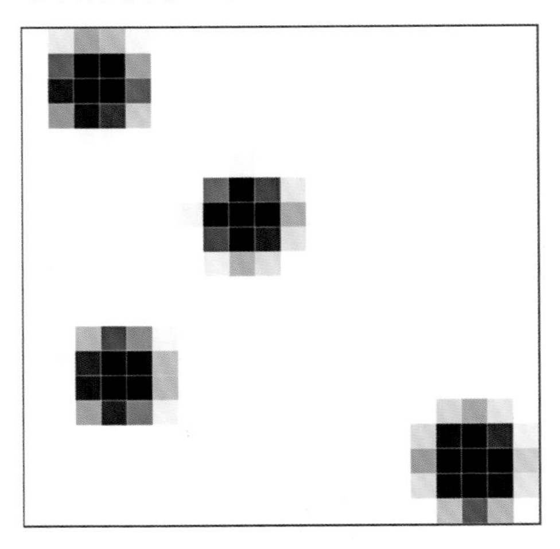

图3-102

图3-103

图3-104

33. 单击选择牛仔面料文件“未标题-1”，参照图3-104所示，单击两次【图层】面板下方的【创建新图层】命令，创建两个新图层，在这两个新图层的名称上分别双击，分别修改其名称为“上层线”和“下层线”，并参照如图3-104所示，设置两个图层的位置。

34. 鼠标左键单击工具箱中的【设置前景色】图标，打开【拾色器】对话框，参照图3-105所示，单击对话框中的淡蓝色（R：225、G：230、B：230），单击【确定】，将该颜色设置为前景色，如图3-105所示。

35. 选择工具箱中的【画笔工具】，单击鼠标左键选择工具选项栏的【“画笔预设”选取器】图标，打开【“画笔预设”选取器】，设置【大小】为30像素，并在笔刷预览框内单击选中步骤32设置的笔刷，如图3-106所示。

36. 参照图3-107所示，单击选中【图层】面板中的“下层线”图层，按下键盘上的【Shift】键，在相应的位置按下鼠标左键拖拉绘制线条，效果如图3-107所示。

37. 确认“下层线”图层处于选中的状态下，单击【图层】面板下方的【添加图层样式】命令，在弹出的下拉菜单单击“斜面和浮雕”命令，在弹出的【图层样式】对话框设置【样式】为内斜面、【方法】为雕刻清晰、【深度】为52%、【方向】为上、【大小】为9像素、【软化】为2像素、【角度】为90°、单击【确定】，确认该图层的图层效果，如图3-108所示。

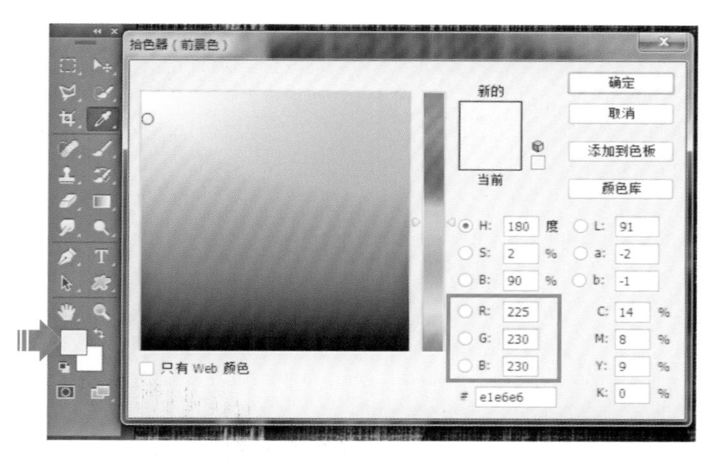

图3-105

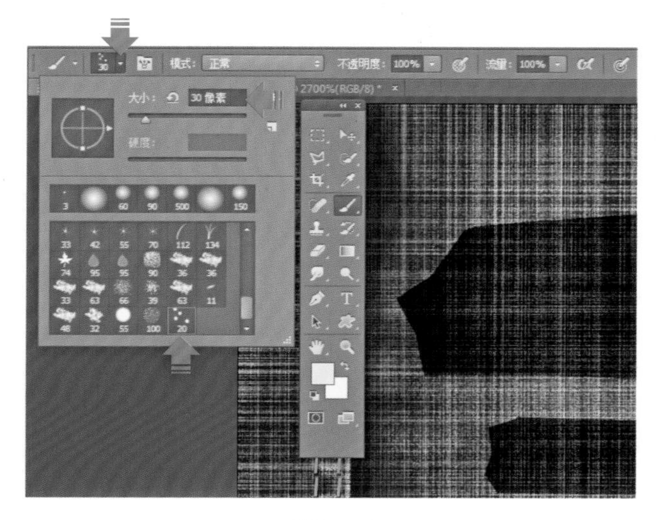

图3-106

图3-107

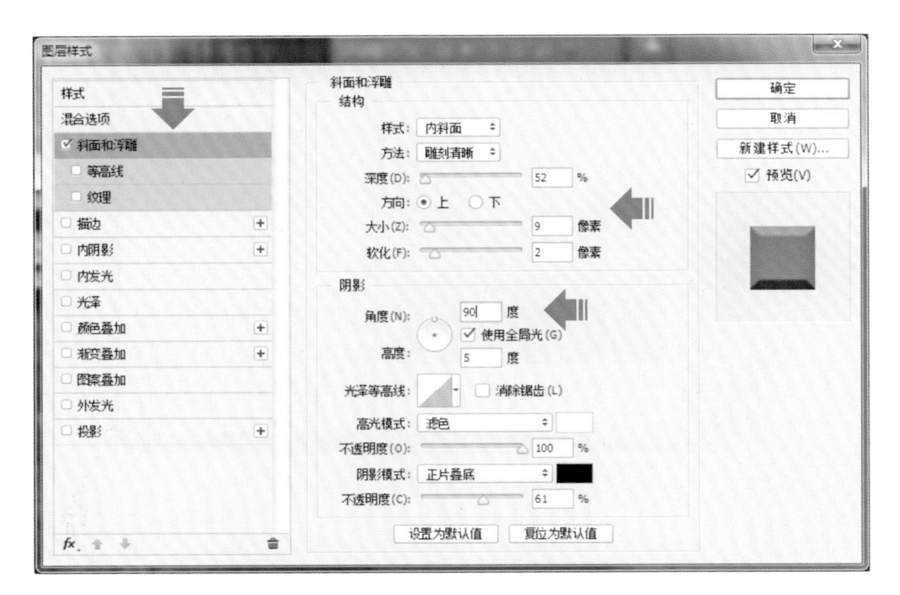

图3-108

38. 鼠标左键单击工具箱中的【设置前景色】图标，打开【拾色器】对话框，参照图3-109所示，单击对话框中的淡蓝色（R：158、G：183、B：213），单击【确定】，将该颜色设置为前景色；单击选中【图层】面板中的“上层线”图层，确认该图层处于选中的状态，如图3-109所示。

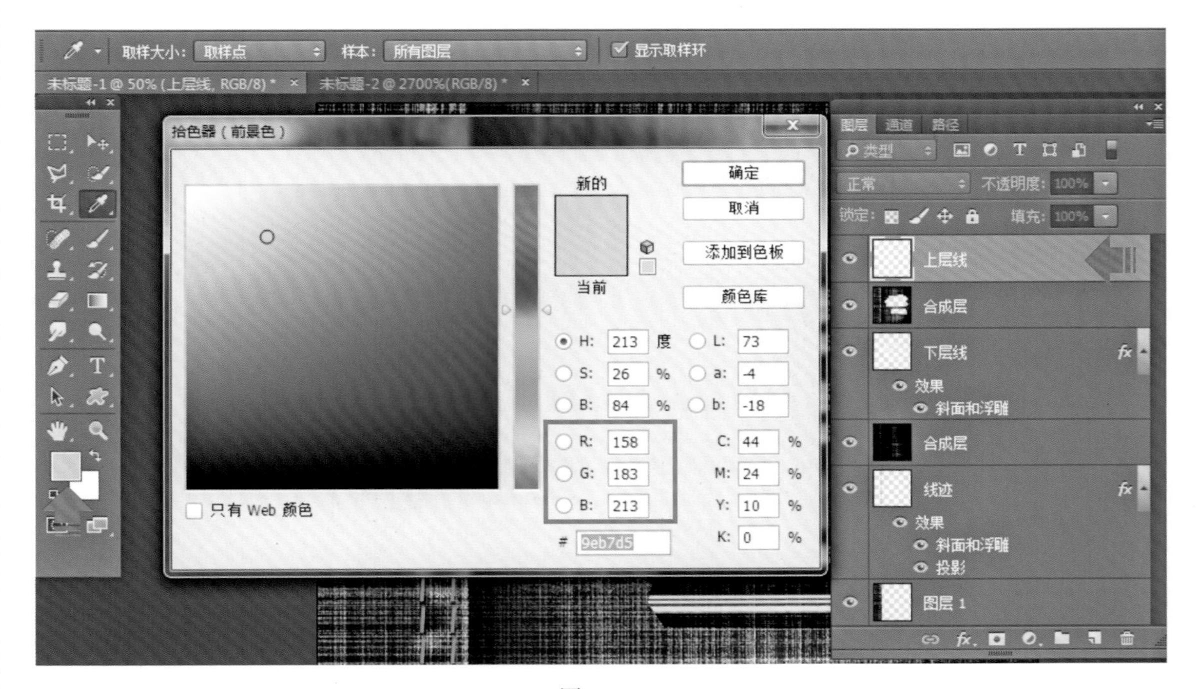

图3-109

39. 选择工具箱中的【画笔工具】，参照图3-110所示，在相应的位置拖拉绘制线迹图形，效果如图3-110所示。

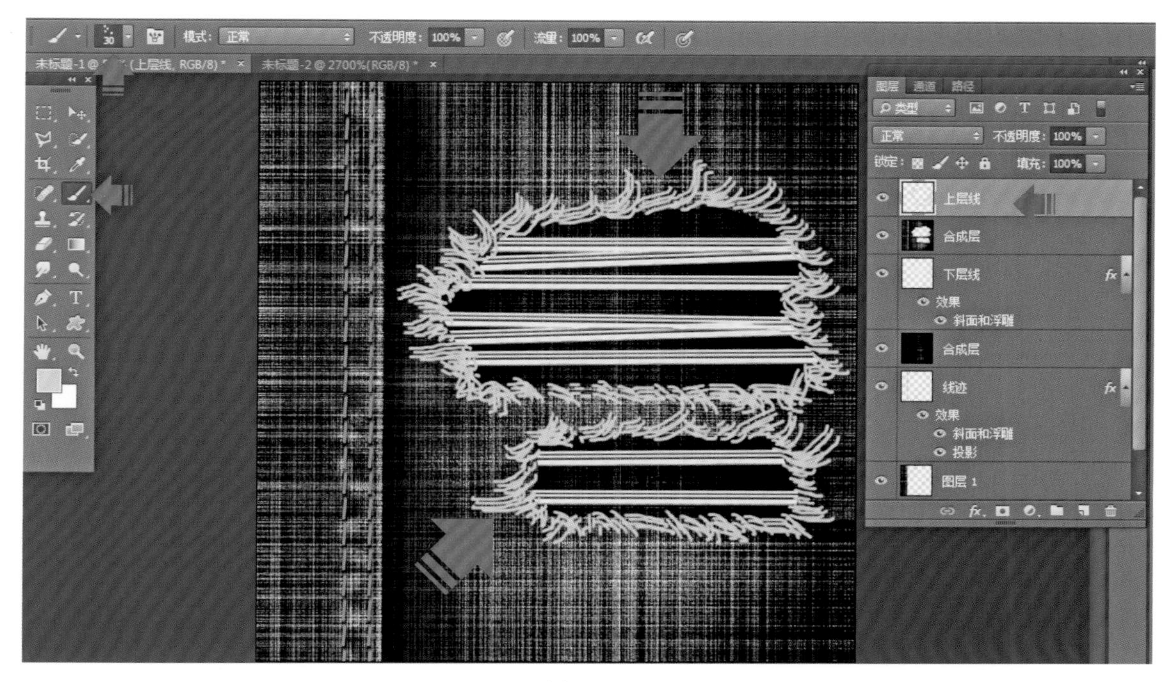

图3-110

40. 鼠标左键单击工具箱中的【设置前景色】图标，打开【拾色器】对话框，参照图3-111所示，单击对话框中的淡蓝色（R：89、G：113、B：143），单击【确定】，将该颜色设置为前景色，如图3-111所示。

图3-111

41. 选择工具箱中的【画笔工具】，参照图3-112所示，在相应的位置拖拉绘制线迹图形，效果如图3-112所示。

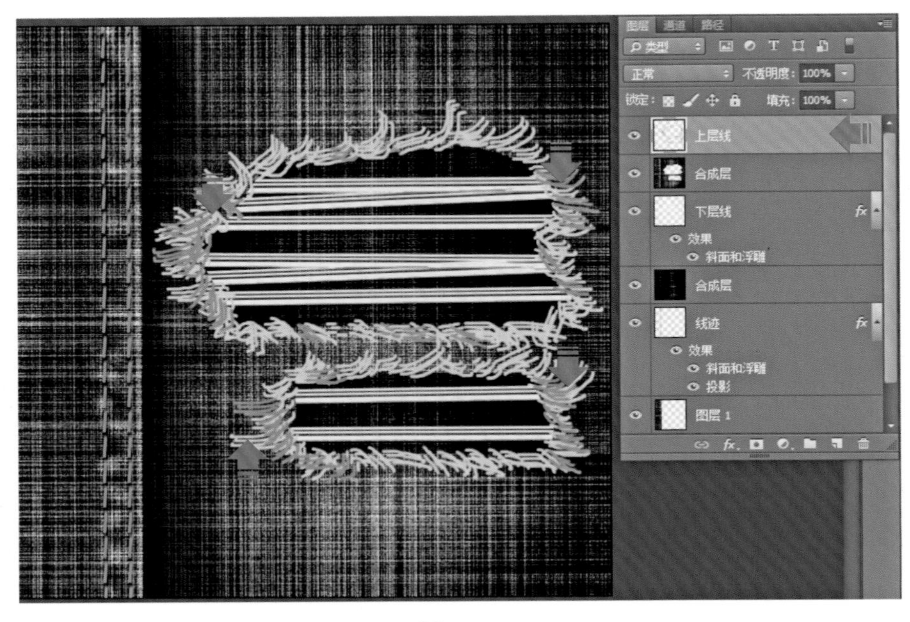

图3-112

42. 鼠标左键单击工具箱中的【设置前景色】图标，打开【拾色器】对话框，参照图3-113所示，单击对话框中的淡蓝色（R：238、G：243、B：248），单击【确定】，将该颜色设置为前景色，如图3-113所示。

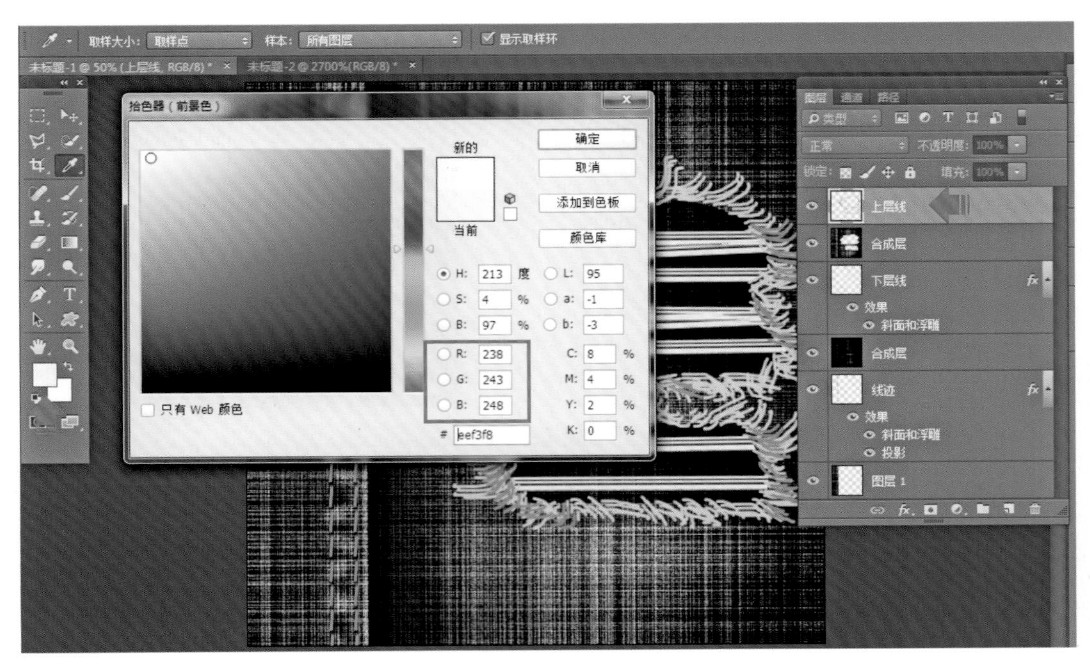

图3-113

43．选择工具箱中的【画笔工具】，参照图3-114所示，在相应的位置拖拉绘制线迹图形，效果如图3-114所示。

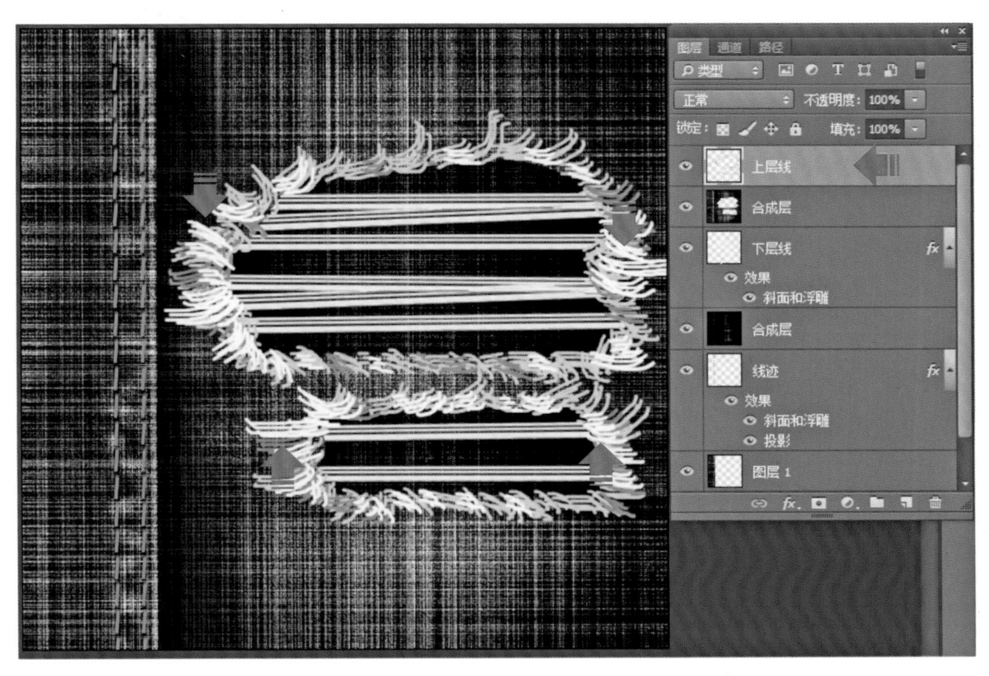

图3-114

44．确认“上层线”图层处于选中的状态下，单击【图层】面板下方的【添加图层样式】命令，在弹出的下拉菜单击“斜面和浮雕”命令，在弹出的【图层样式】对话框设置【样式】为内斜面、【方法】为雕刻清晰、【深度】为100%、【方向】为上、【大小】为6像素、【软化】为2像素、【角度】为90°，如图3-115所示。

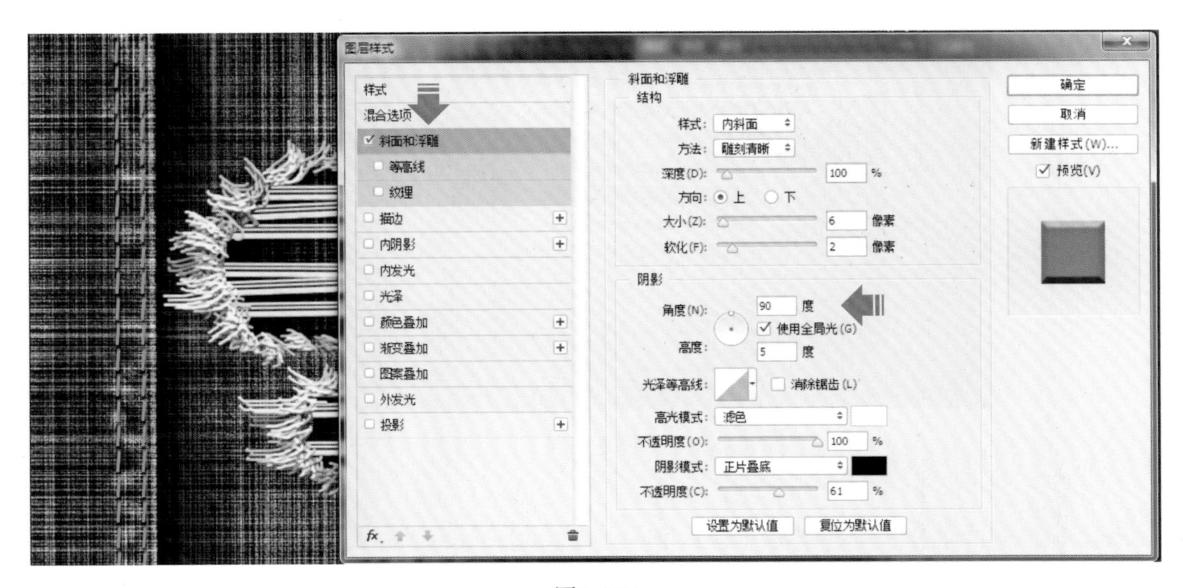

图3-115

45. 鼠标左键继续单击【图层样式】对话框的【投影】命令，设置【混合模式】为正片叠底、【不透明度】为50%、【角度】为90°、【距离】为10像素、【扩展】为20%、【大小】为10像素。单击【确定】，确认该图层的图层效果，完成牛仔面料的绘制。效果如图3–116和图3–117所示。

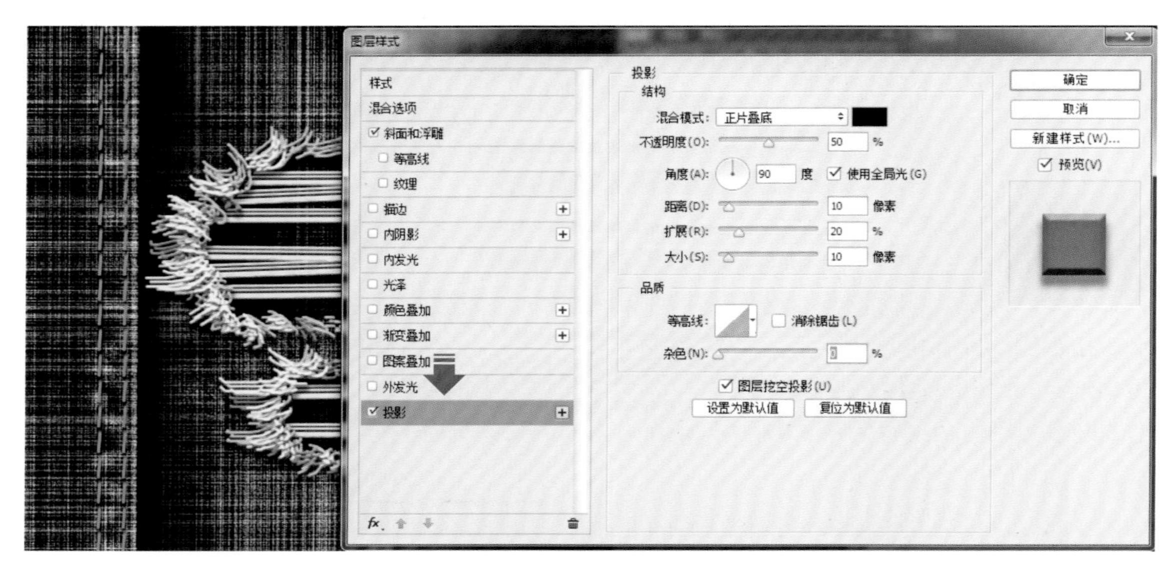

图3–116

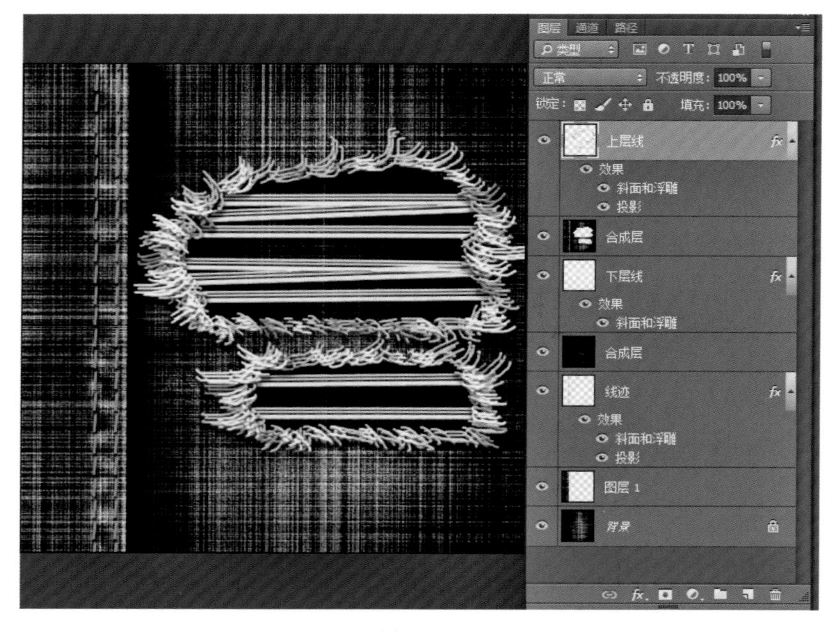

图3–117

第四章　服饰配件的绘制方法

第一节　树脂纽扣的绘制方法

树脂纽扣的最终绘制完成效果，如图4–1所示。

树脂纽扣的绘制方法如下：

1. 单击菜单栏上的【文件】/【新建】命令，打开【新建】对话框，设置【名称】为树脂纽扣实例【文档类型】的国际标准纸张【大小】为A4、【宽度】为210毫米、【高度】为297毫米、【分辨率】为300像素/英寸、【颜色模式】为RGB颜色、【背景内容】为白色，单击【确定】，确认设置操作，如图4–2所示。

图4–1

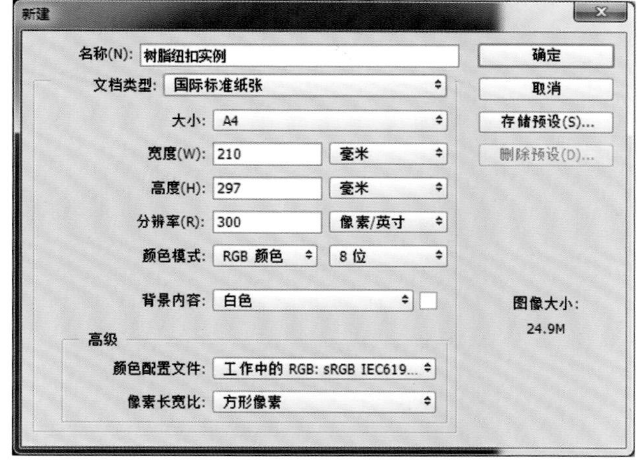

图4–2

2. 单击【图层】面板下方的【创建新图层】图标，创建"图层1"新图层，在该图层处于选中的状态下，选择工具箱中的【椭圆选框工具】，按下键盘上的【Shift】键，参照图4–3所示，在相应位置绘制正圆形选区。

3. 选择工具箱中的【渐变工具】，在工具选项栏前方的【点按可编辑渐变】的色彩渐变图标上单击，打开【渐变编辑器】面板，参照图4–4所示，设置一个从红色到白色的渐变色，单击【确定】，确认编辑；单击按下工具选项栏中的【径向渐变】图标，确认【图层】面板上"图层1"图层处于选中的状态下，在选区左上方按下鼠标左键向选区右下方拖拉，然后放开鼠标左键，为该图层添加渐变效果，完成效果如图4–4所示。

4. 确认【图层】面板上"图层1"图层处于选中的状态下，在该图层上按下鼠标左键不要松开，拖拉该图层到【图层】面板下方的【新建新图层】图标上，放开鼠标左键，这样就在图层面板上复制了一个与“图层1”图层完全相同的图层，它的名称也叫“图层1”。按下键盘上的【Ctrl】+【T】键，或者单击菜单栏上的【编辑】/【自由变换】命令，在上方的“图层1”图层图像内容周围会出现变换控件定界框。按住键盘上的【Shift】+【Ctrl】键，再用鼠标左键按住变形框角点向内推缩，等比例缩小该图层，效果如图4-5绿色箭头所指。

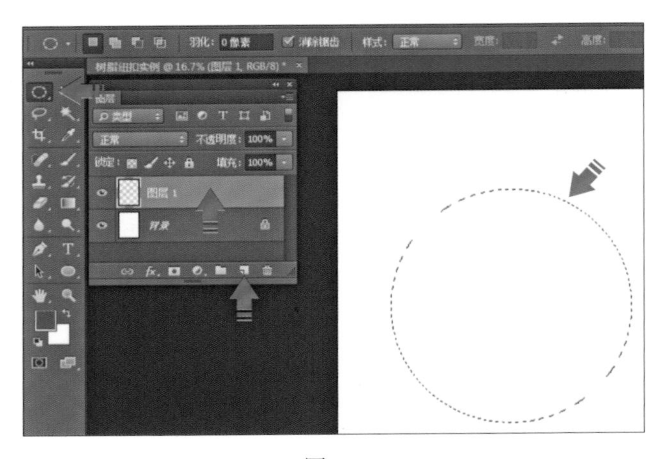

图4-3

图4-4

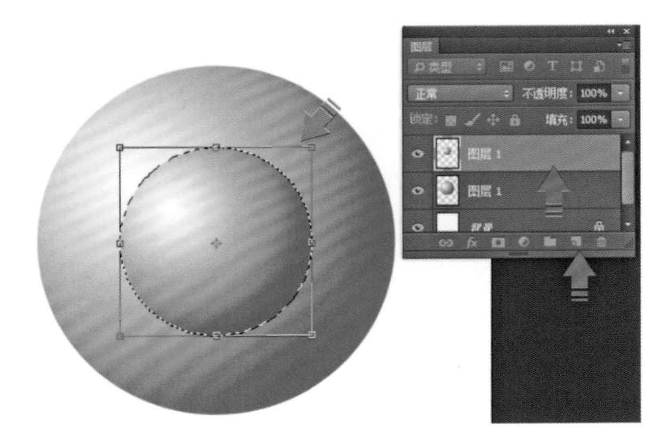

图4-5

5. 单击菜单栏上的【编辑】/【变换】/【水平翻转】命令，将缩放后的“图层1”进行水平翻转。按下键盘上的【Enter】键确认修改，效果如图4-6所示。

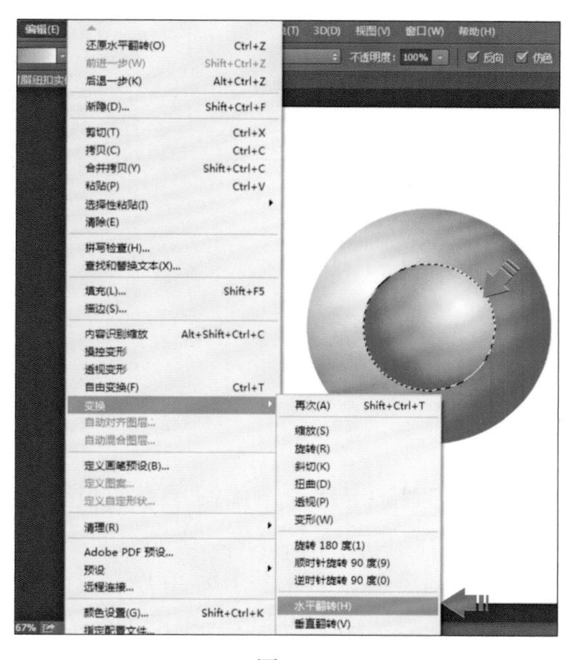

图4-6

6. 在“图层1”的选区处于显示的状态下，单击【路径】面板下方的【从选区新建路径】图标，将选区转换为路径；按下键盘上的【Ctrl】+【T】键，在“工作路径”周围会出现变换控件定界框。按住键盘上的【Shift】+【Alt】键，再用鼠标左键按住变形框角点向外拖拉，等比例放大该路径。按下键盘上的【Enter】键确认路径的修改，效果如图4-7所示。

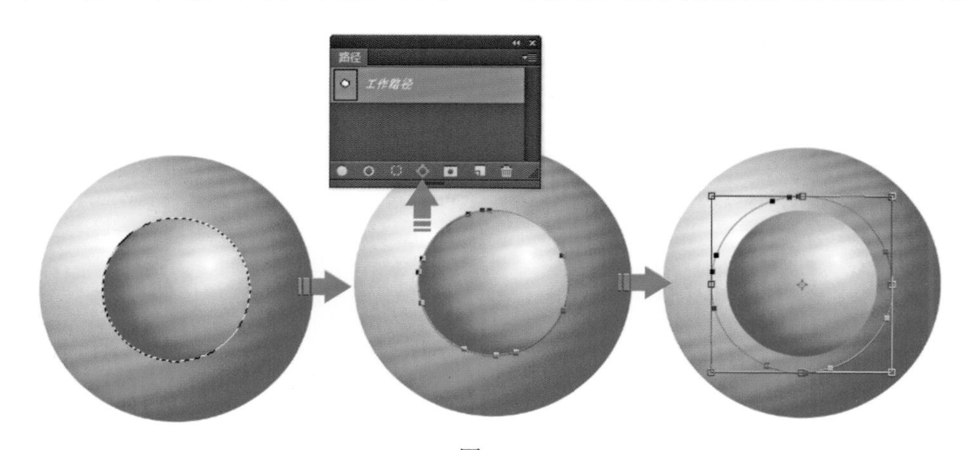

图4-7

7. 选择工具箱中的【横排文字工具】，鼠标左键在正圆形路径上单击，参照图4-8所示，在设置相应的字体、字号和颜色后，沿路径输入任意的大写英文字母，效果如图4-8所示。

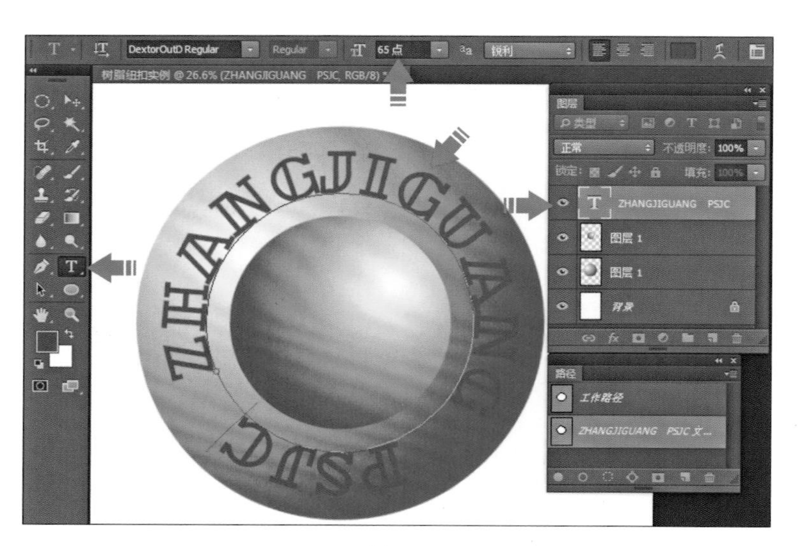

图4-8

8. 确认文字图层处于选中的状态下，单击【图层】面板下方的【添加图层样式】图标，在弹出的下拉菜单中选择【斜面和浮雕】命令，在弹出的【图层样式】面板中设置【样式】为枕状浮雕、【方法】为雕刻清晰、【深度】为200%、【大小】为30像素、阴影【角度】为160°、【高度】为5°、【不透明度】为50%。单击【确定】图标，确认设置操作，效果如图4-9所示。

图4-9

9. 按下键盘上的【Ctrl】键，连续单击鼠标左键加选选中【图层】面板中的文字图层及两个“图层1”图层，按下键盘上的【Ctrl】+【E】键，合并两个图层为一个新的图层，效果如图4-10所示。

10. 选择工具箱中的【椭圆工具】，设置工具选项栏中的【选择工具模式】为路径。按下键盘上的【Shift】键，参照图4-11所示，在画面上相应的位置绘制正圆形路径。

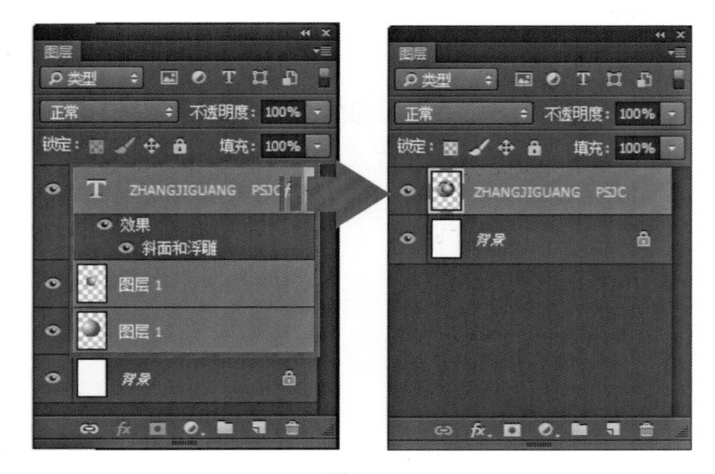

图4-10

11．选择工具箱中的【路径选择工具】，按住键盘上的【Alt】键，单击选中正圆形路径，按下鼠标左键拖拉，然后放开鼠标左键，再制正圆形路径，同上方法，如图4-12所示，再制另外两个正圆形路径。调整四个正圆形路径的位置。

图4-11

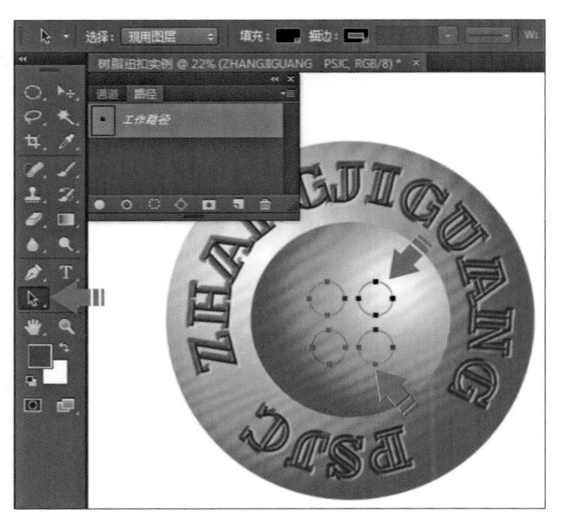

图4-12

12．按下键盘上的【Ctrl】+【Enter】键，将路径转换为选区。确认【图层】面板中的新图层，按下键盘上的【Delete】，删除选区内的像素，在纽扣图像上绘制扣眼图形；效果如图4-13所示，按下键盘上的【Ctrl】+【D】键，取消选区。

13．选择工具箱中的【移动工具】，按下键盘上的【Alt】键，按下鼠标左键选中纽扣图层，拖拉到合适的位置放开鼠标左键，复制该图层，效果如图4-14所示。

14．选中【图层】面板中复制的纽扣图形下方的纽扣图层。单击菜单栏上的【图像】/【修改】/【色相/饱和度】命令，打开【色相/饱和度】面板，参照图4-15所示，设置【色相】为0、【饱和度】为+100、【明度】为-70，单击【确定】按钮，确认调整该图层的明度及饱和度。

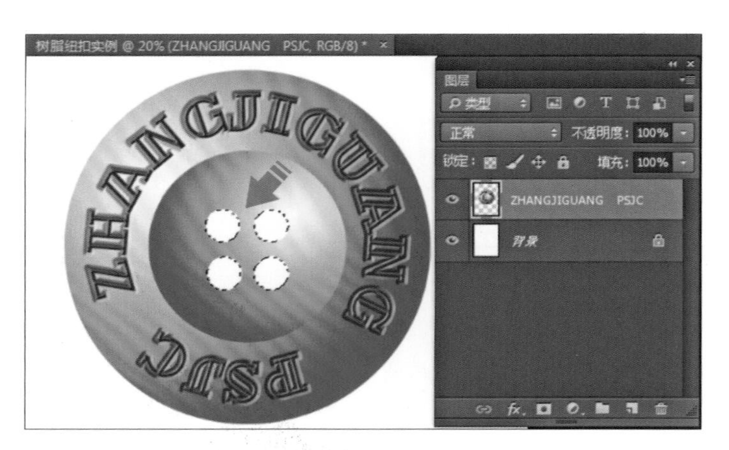

图4-13

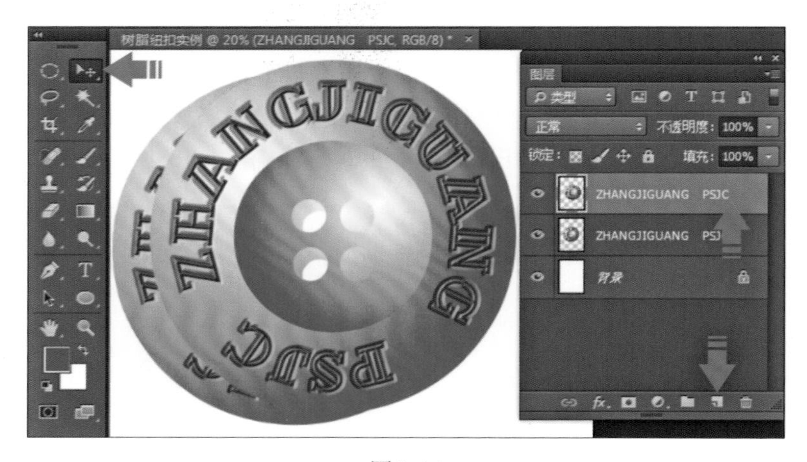

图4-14

图4-15

15. 选中工具箱中的【移动工具】，选中【图层】面板中的再制的纽扣图形下方的纽扣图层；利用键盘上的方向键，将该图层移动到合适的位置，效果如图4-16所示。

16. 按住键盘上的【Ctrl】键，连续单击鼠标左键加选，选中【图层】面板中的上下两个纽扣图层，按下键盘上的【Ctrl】+【E】键，合并两个图层为一个新的图层，如图4-17的

图4-16

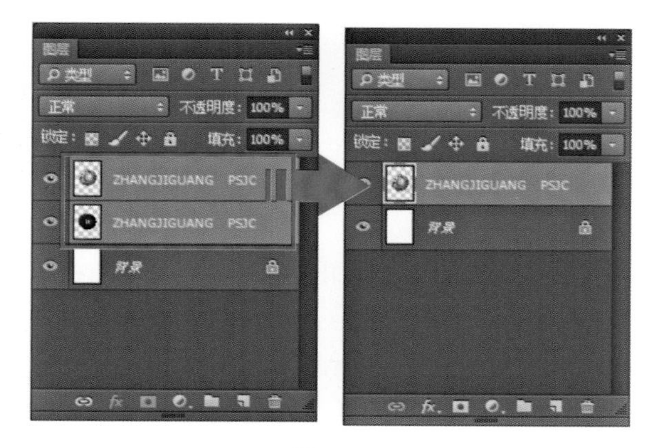

图4-17

红色大箭头所示。

17. 确认纽扣图层处于选中的状态下，单击【图层】面板下方的【添加图层样式】图标，在弹出的下拉菜单中选择【投影】命令，在弹出的【图层样式】面板中设置【混合模式】为正片叠底、【不透明度】为80%、【距离】为80像素、【扩展】为0、【大小】为80像素。单击【确定】，确认设置操作，效果如图4-18所示。

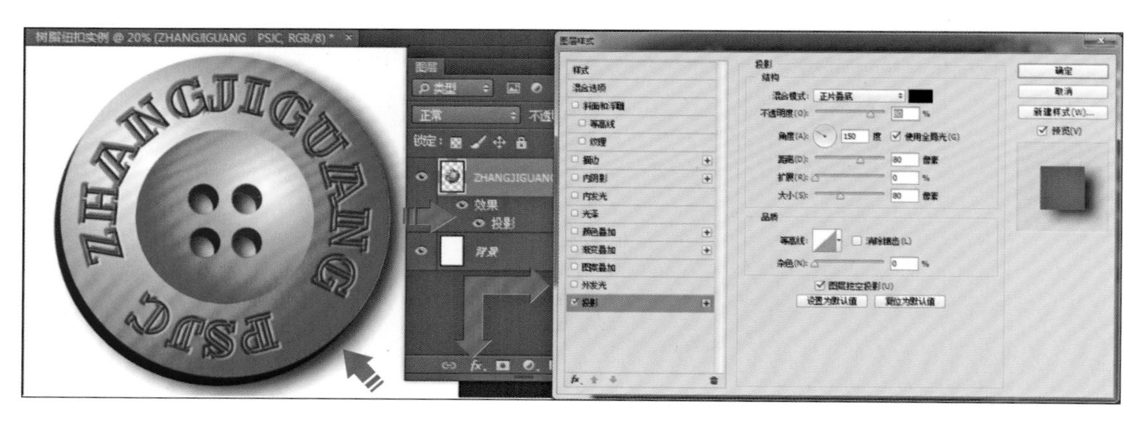

图4-18

18．确认纽扣图层处于选中的状态下，按下键盘上的【Ctrl】+【T】键，在纽扣图层周围出现变换控件定界框，如图4–19所示。按住键盘上的【Ctrl】键，再用鼠标左键按住变形框角点拖拉，调整该图层。按下键盘上的【Enter】键确认路径的修改。

图4–19

19．鼠标单击选中【图层】面板中的纽扣图层，在该图层上按下鼠标左键不要松开，拖拉该图层到【图层】面板下方的【新建新图层】图标上，放开鼠标左键，在图层面板复制一个与纽扣图层完全相同的图层。参照图4–20所示，选中工具箱中的【移动工具】，确认下方纽扣图层处于选中的状态下，按下键盘上的【Ctrl】+【T】键，在纽扣图层周围会出现变换控件定界框，参照图所示，调整该图层大小。按下键盘上的【Enter】键确认路径的修改，完成树脂纽扣实例的绘制，效果如图4–20所示。

图4–20

第二节　服装带扣的绘制方法

服装带扣的最终绘制完成效果，如图4–21所示。

服装带扣的绘制方法如下：

1. 单击菜单栏上的【文件】/【新建】命令，打开【新建】对话框，设置文件【名称】为服装带扣实例、【文档类型】为国际标准纸张、【大小】为A4、【宽度】为210毫米、【高度】为297毫米、【分辨率】为300像素/英寸、【颜色模式】为RGB颜色、【背景内容】为白色，单击【确定】按钮确认设置操作，如图4–22所示。

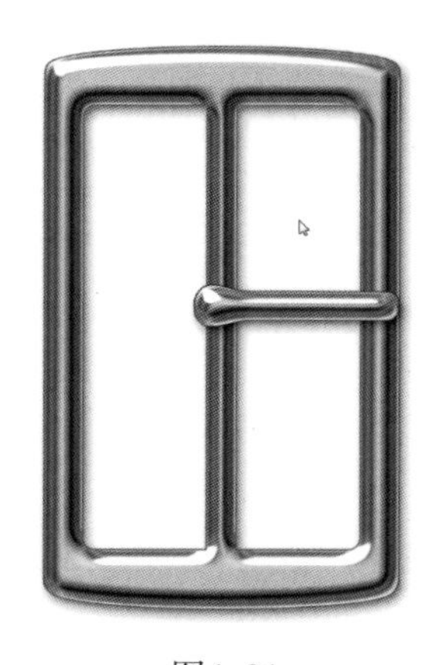

图4–21

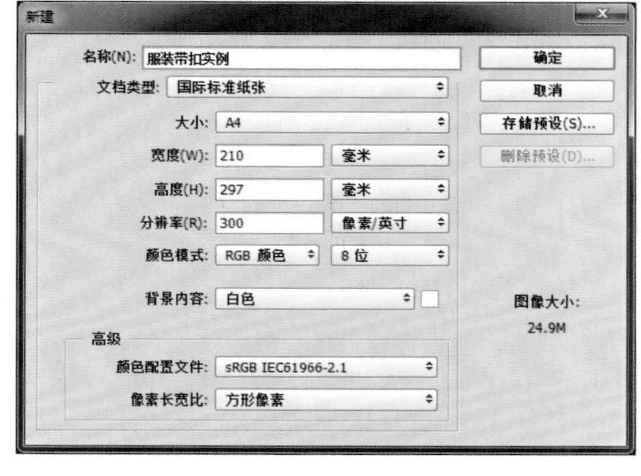

图4–22

2. 选择工具箱中的【圆角矩形工具】，设置工具选项栏中的【选择工具模式】为路径、【半径】为40像素。参照图4–23所示，按下鼠标左键拖拉绘制一个圆角矩形。

图4–23

3. 选择工具箱中的【椭圆工具】，设置工具选项栏中的【选择工具模式】为路径。参照图4-24所示，在相应位置按下鼠标左键拖拉绘制一个椭圆形。

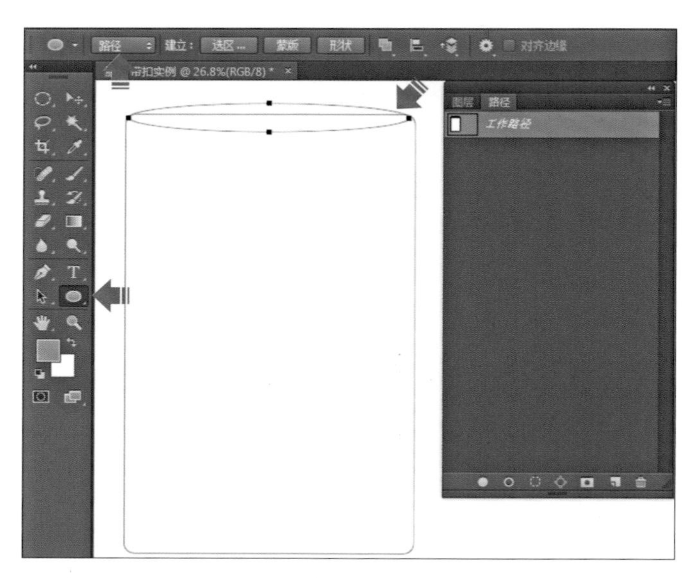

图4-24

4. 选择工具箱中的【路径选择工具】，参照图4-25所示，拖拉鼠标左键选中前两步绘制的圆角矩形和椭圆形，单击工具选项栏上的【路径对齐方式】图标，在下拉菜单中选择【水平居中】命令，在水平的位置上对齐两个路径对象。

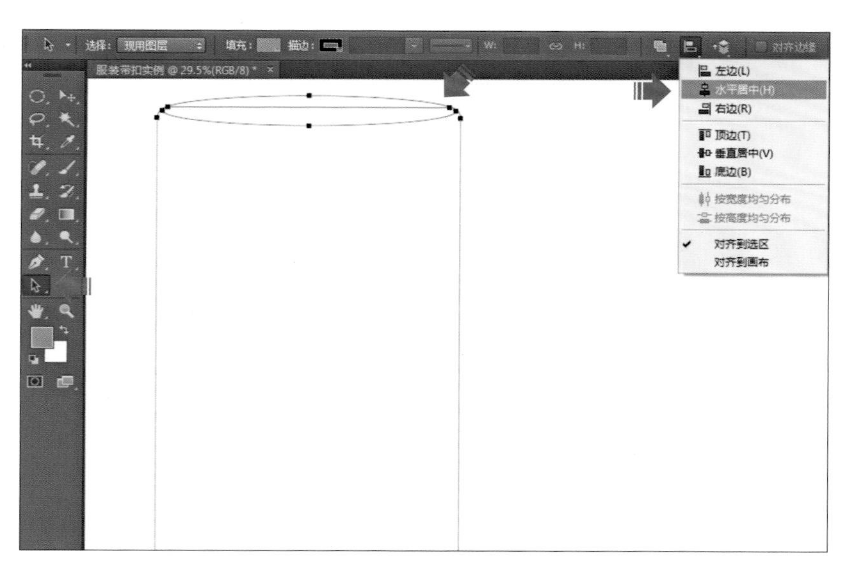

图4-25

5. 选择工具箱中的【路径选择工具】，参照图4-26红箭头指示，选中上一步绘制的椭圆形路径，按住键盘上的【Shift】+【Alt】键，再用鼠标左键按住向下拖拉，在圆角矩形路径下方再制一个与上一步完全相同的椭圆形路径，效果如图4-26所示。

6．选择工具箱中的【路径选择工具】，参照图4-27所示，拖拉鼠标左键框选，选中圆角矩形和两个椭圆形路径。单击工具选项栏上的【路径操作】图标，在下拉菜单中选择【合并形状】和【合并形状组件】命令，合并这三个路径对象，效果如图4-27红箭头所指。

7．选择工具箱中的【圆角矩形工具】，设置工具选项栏中的【选择工具模式】为路径、【半径】为40像素。参照图4-28所示，在相应的位置按下鼠标左键拖拉绘制一个圆角矩形；选择工具箱中的【路径选择工具】，拖拉鼠标左键选中前两个路径对象；单击工具选项栏上的【路径对齐方式】图标，在下拉菜单中选择【水平居中】和【垂直居中】命令，在水平和垂直的位置上对齐两个路径对象，效果如图4-28所示。

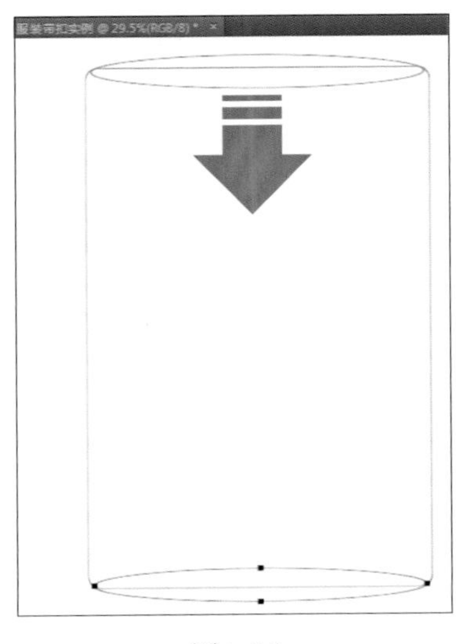
图4-26

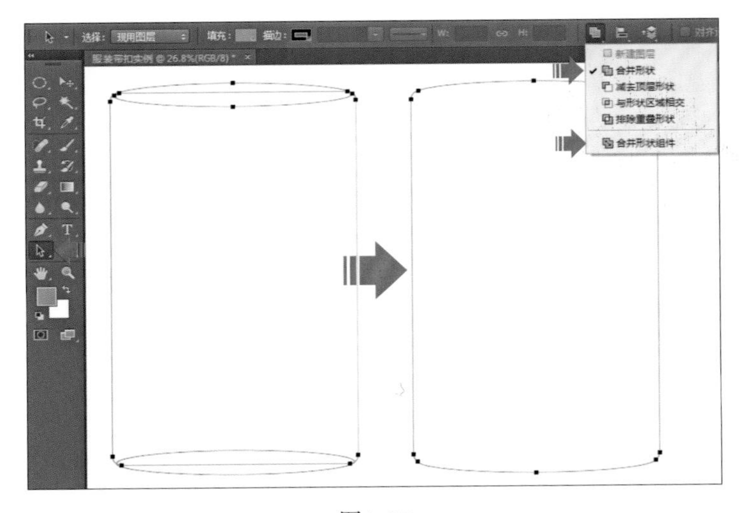

图4-27

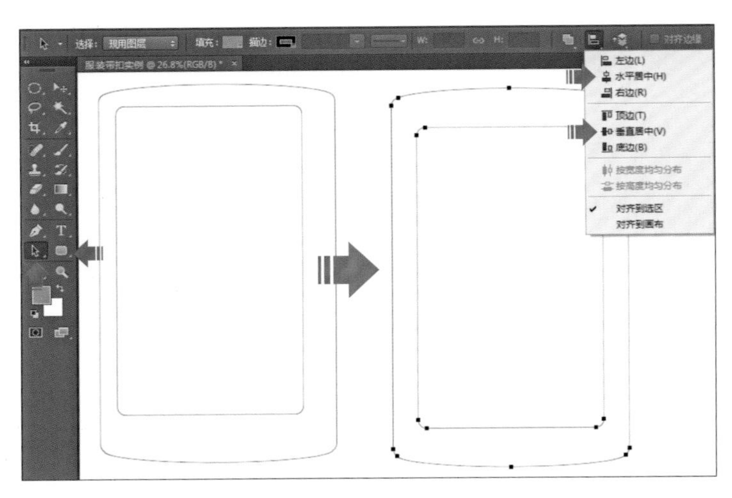

图4-28

8. 选择工具箱中的【路径选择工具】，参照图4-29所示，拖拉鼠标左键选中两个路径对象。单击工具选项栏上的【路径操作】图标，在下拉菜单中选择【排除重叠形状】和【合并形状组件】命令，使两个路径对象产生剪切效果，效果如图4-29所示。

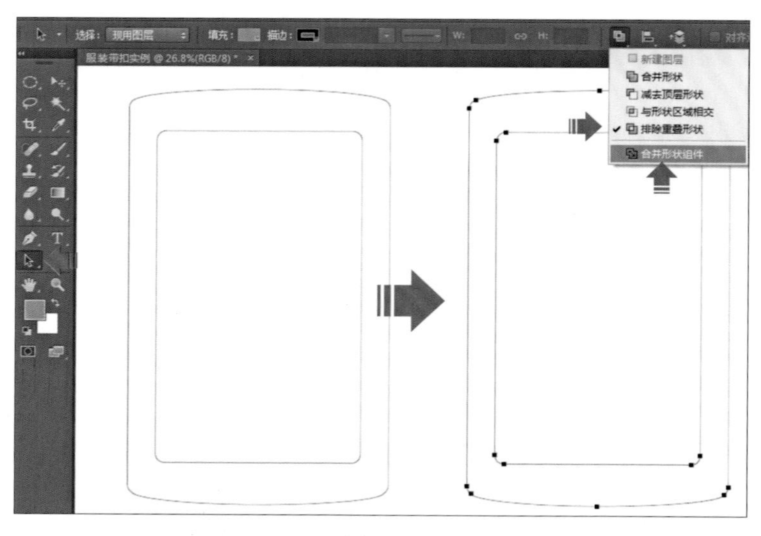

图4-29

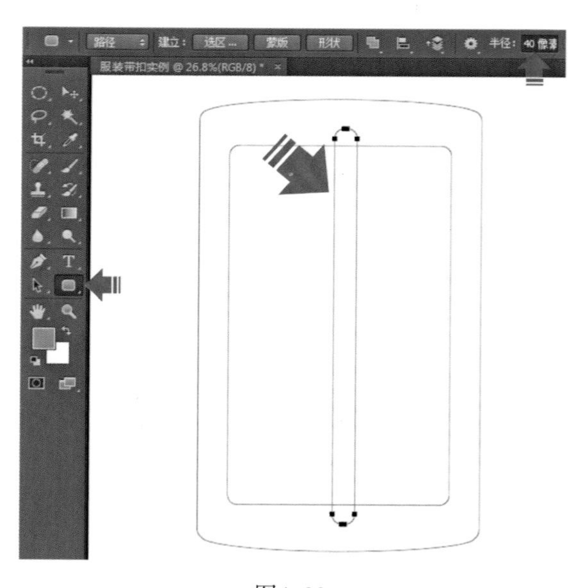

图4-30

9. 选择工具箱中的【圆角矩形工具】，设置工具选项栏中的【选择工具模式】为路径、【半径】为40像素。参照图4-30所示，在相应的位置按下鼠标左键拖拉绘制一个圆角矩形。选择工具箱中的【路径选择工具】，参照图4-31所示，拖拉鼠标左键选中前两个路径对象，单击工具选项栏上的【路径对齐方式】图标，在下拉菜单中选择【水平居中】和【垂直居中】命令，在水平和垂直的位置上对齐两个路径对象，效果如图4-30和图4-31所示。

10. 选择工具箱中的【路径选择工具】，参照图4-32小红箭头所示，拖拉鼠标左键选中两个路径对象。单击工具选项栏上的【路径操作】图标，在下拉菜单中选择【合并形状】和【合并形状组件】命令，合并两个路径对象，效果如图4-32所示。

11. 按下键盘上的【Ctrl】+【Enter】键，将路径转换为选区。单击【图层】面板下方的【新建新图层】命令，新建新图层为“图层1”，效果如图4-33所示。

12. 单击选择【色板】面板中的“65%灰色”使该颜色成为前景色。确认【色板】面板中“图层1”处于选中的状态下，按下键盘上的【Alt】+【Delete】键，将该前景色填入该图层的选区内，效果如图4-34所示。按下键盘上的【Ctrl】+【D】键，取消选区。

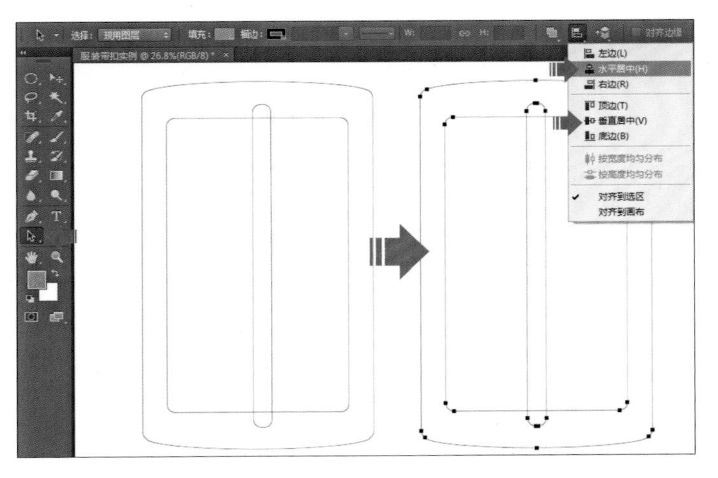

图4-31

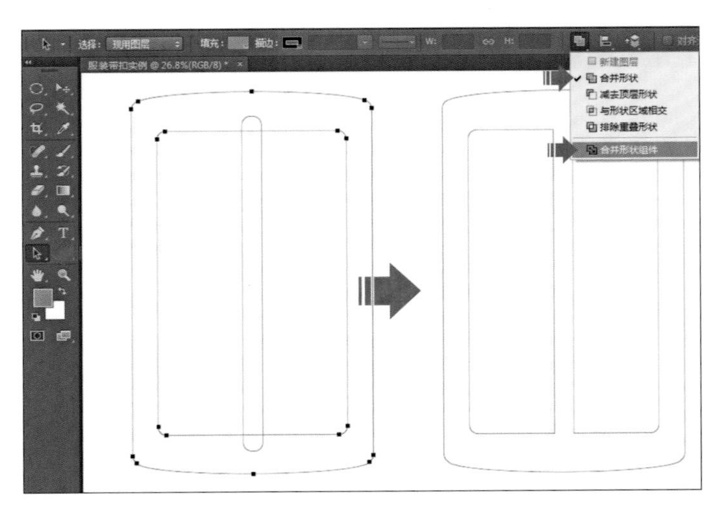

图4-32

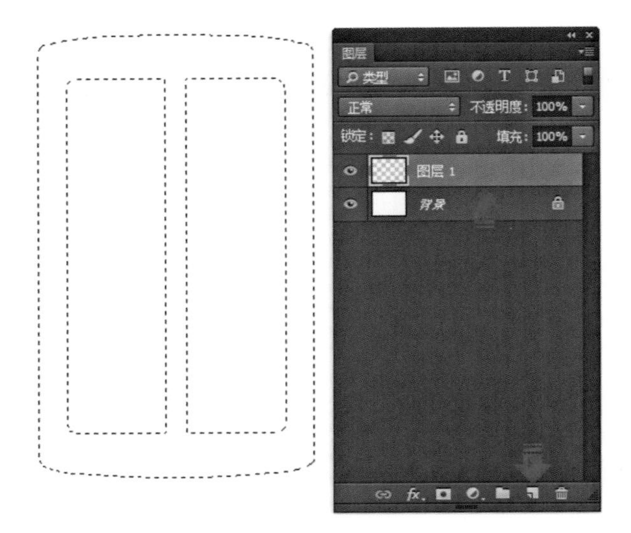

图4-33

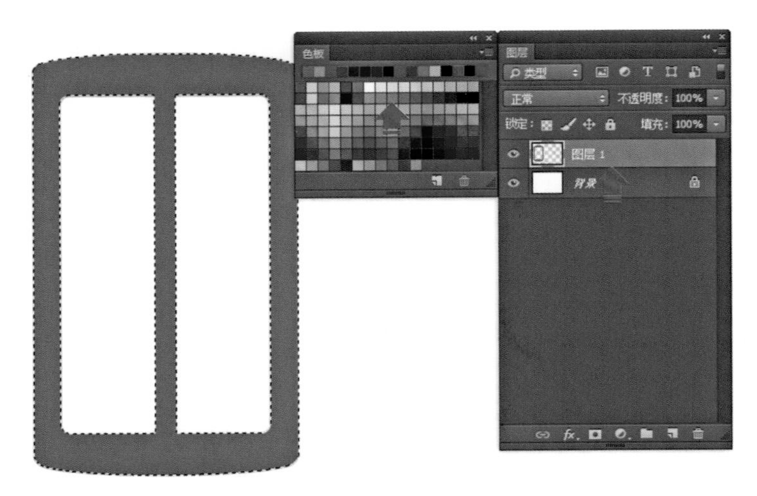

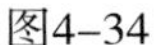

图4-34

13．选择工具箱中的【圆角矩形工具】，设置工具选项栏中的【选择工具模式】为路径、【半径】为40像素。如图4-35所示，在相应的位置按住鼠标左键拖拉绘制一个圆角矩形。

图4-35

14．按下键盘上的【Ctrl】+【Enter】键，将路径转换为选区，单击【图层】面板下方的【新建新图层】命令，新建新图层为“图层2”。单击选择【色板】面板中的“75%灰色”使该颜色成为前景色。确认【色板】面板中 “图层2”处于选中的状态下，按下键盘上的【Alt】+【Delete】键，将该前景色填入该图层的选区内，效果如图4-36所示。按下键盘上的【Ctrl】+【D】键，取消选区。

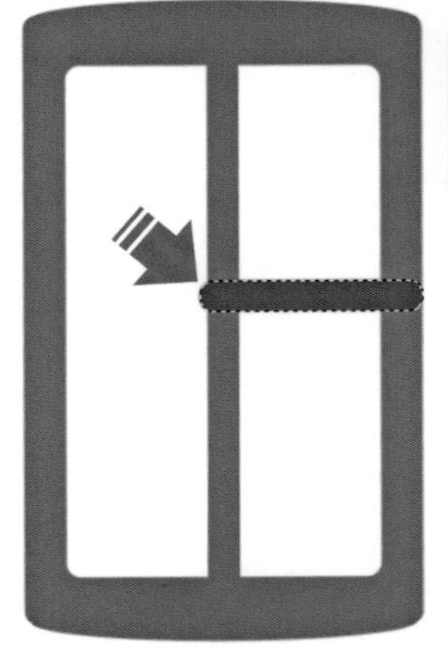

图4-36

15. 确认【图层】面板中“图层2”处于选中的状态下，单击菜单栏上的【滤镜】/【液化】命令，打开【液化】面板。设置【画笔工具选项】/【大小】为300，单击选中面板中的【膨胀工具】，在如图4–37红箭头所示位置，按下鼠标左键，膨胀放大至图所示大小，单击【确定】，确认操作，效果如图4–37所示。

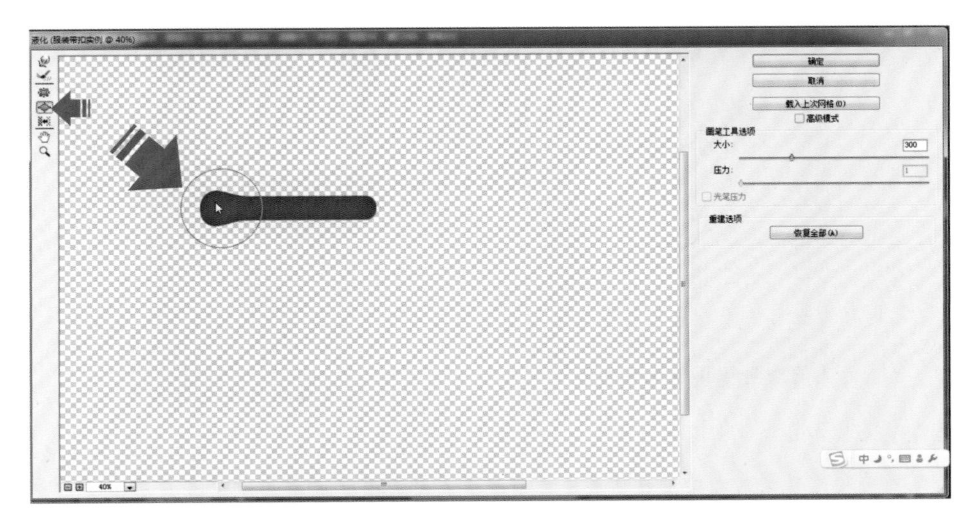

图4–37

16. 单击【样式】面板上方的向下倒三角图标，在弹出的下拉菜单内选择【Web样式】命令，如图4–38所示。

17. 确认【图层】面板中的“图层1”图层处于选中的状态下，单击【样式】面板中的【水银】图标，为“图层1”图层添加图层样式，效果如图4–39所示。

图4–38

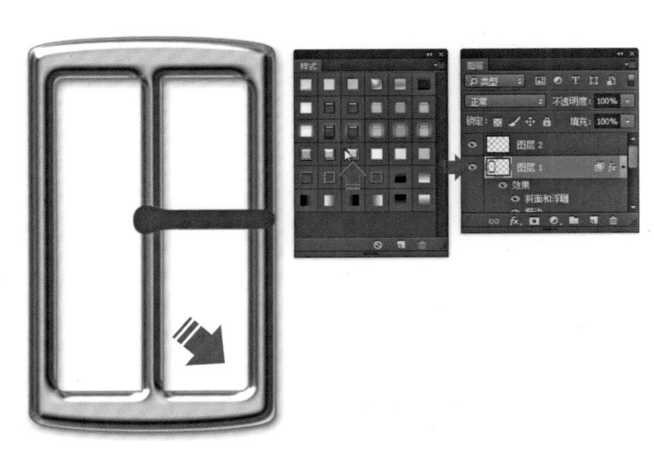

图4–39

18. 同上方法为“图层2”添加图层样式，完成服装带扣案例绘制，效果如图4-40所示。

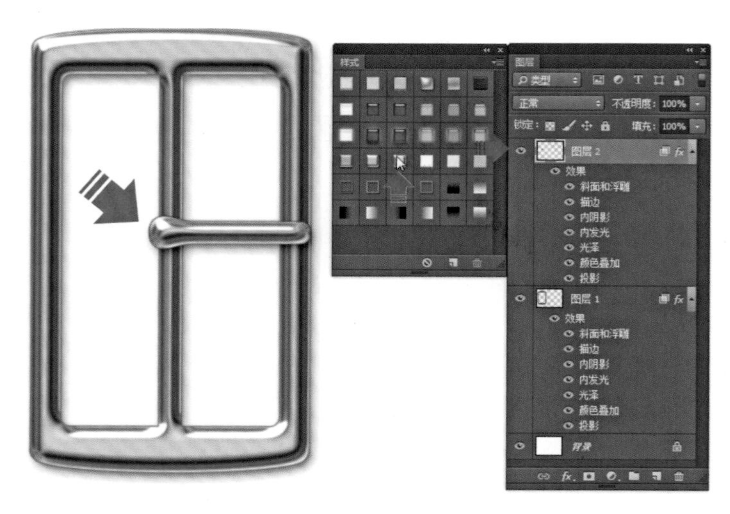

图4-40

第三节　金属拉链的绘制方法

金属拉链的最终绘制完成效果，如图4-41所示。

金属拉链的绘制方法如下：

1. 单击菜单栏上的【文件】/【新建】命令，打开【新建】对话框，设置【名称】为金属拉链实例、【文档类型】为国际标准纸张、【大小】为A4、【宽度】为210毫米、【高度】为297毫米、【分辨率】为300像素/英寸、【颜色模式】为RGB颜色、【背景内容】为白色，单击【确定】按钮，确认设置操作，如图4-42所示。

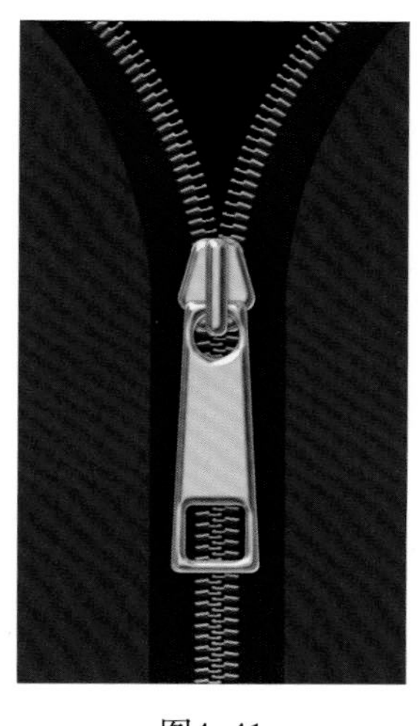

图4-41

图4-42

2．绘制拉链头图形之一。

（1）选择工具箱中的【圆角矩形工具】，设置工具选项栏中的【选择工具模式】为路径、【半径】为100像素。参照图4–43中“A”所示，按住键盘上的【Shift】键，再按下鼠标左键拖拉绘制一个正圆角矩形路径。

（2）选择工具箱中的【直接选择工具】，按住鼠标左键拖拉选中正圆角矩形路径左上方的两个节点，参照图4–43中“B”所示，利用键盘上的向右方向键，在水平的位置上移动两个节点位置。

（3）同上方法在水平的位置上调整正圆角矩形路径右上方两个节点的位置，效果如图4–43中“C”所示。

（4）单击【图层】面板下方的【新建新图层】命令，新建新图层为“图层1”，效果如图4–43所示。

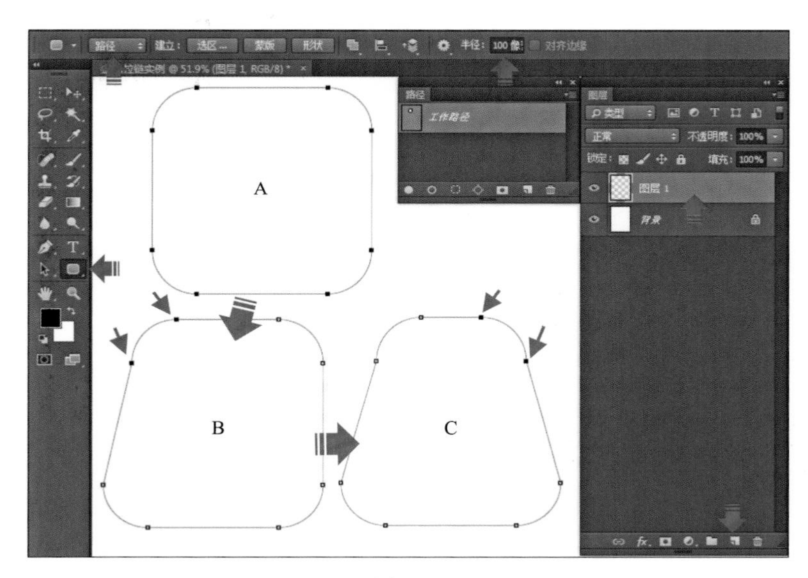

图4–43

3．绘制拉链头图形之二。

（1）选择工具箱中的【圆角矩形工具】，设置工具选项栏中的【选择工具模式】为路径、【半径】为50像素。参照图4–44中“A”所示，先按住键盘上的【Shift】键，再按下鼠标左键拖拉绘制一个正圆角矩形路径。

（2）选择工具箱中的【路径选择工具】，参照图4–44中“B”所示，拖拉鼠标左键选中前两个路径对象。单击工具选项栏上的【路径对齐方式】图标，在下拉菜单中选择【水平居中】命令，在水平的位置上对齐两个路径对象。

（3）选择工具箱中的【路径选择工具】，参照图4–44中“C”所示，拖拉鼠标左键选中前两个路径对象。单击工具选项栏上的【路径操作】图标，在下拉菜单中选择【合并形状】和【合并形状组件】命令，合并两个路径对象，效果如图4–44中“C”所示。

4．绘制拉链头图形之三。

确认【图层】面板中的“图层1”图层处于选中的状态下，按下键盘上的【Ctrl】+

【Enter】键，将路径转换为选区，单击选择【色板】面板中“60%灰色”，使该颜色成为前景色；按下键盘上的【Alt】+【Delete】键，将该前景色填入该图层的选区内，如图4-45所示。按下键盘上的【Ctrl】+【D】键，取消选区。

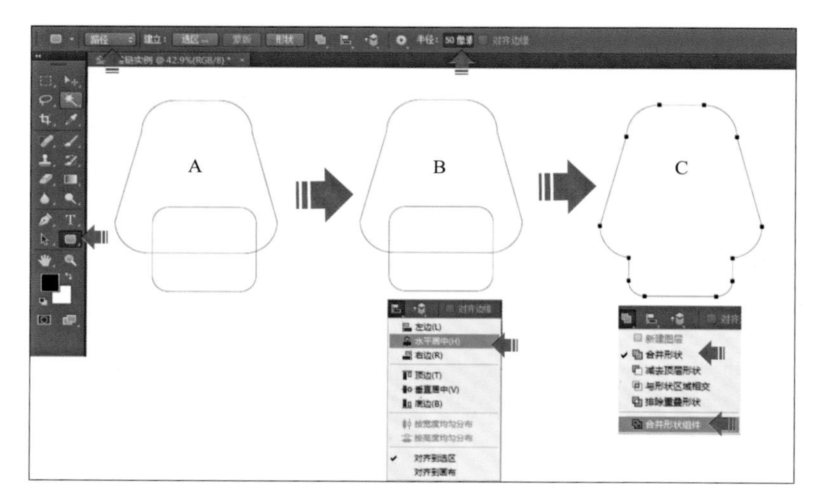

图4-44

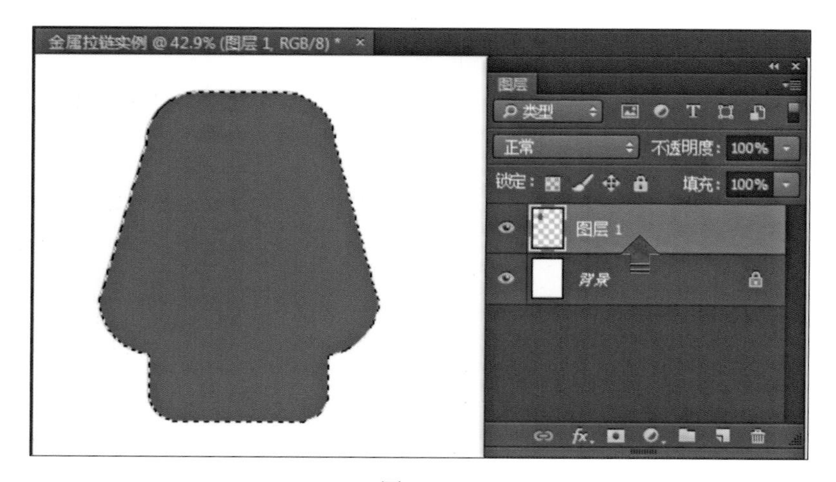

图4-45

5. 绘制拉链头图形之四。

单击【样式】面板上方的向下倒三角图标，在弹出的下拉菜单内选择【Web样式】命令，确认【图层】面板中的“图层1”图层处于选中的状态下，单击【样式】面板中的【水银】图标，为“图层1”图层添加图层样式，效果如图4-46所示。

6. 绘制拉链头图形之五。

（1）单击【图层】面板下方的【新建新图层】命令，新建新图层为“图层2”。

（2）选择工具箱中的【圆角矩形工具】，设置工具选项栏中的【选择工具模式】为路径，【半径】为50像素。参照图4-47中画面上红色箭头所示，按下鼠标左键拖拉绘制一个圆角矩形路径，效果如图4-47中“A”所示。

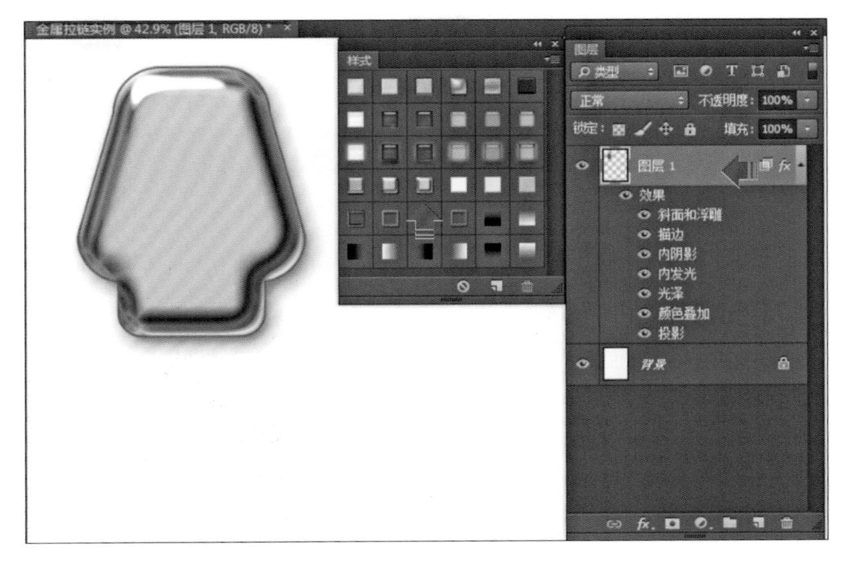

图4-46

（3）确认【图层】面板中的“图层2”图层处于选中的状态下，按下键盘上的【Ctrl】+【Enter】键，将路径转换为选区。单击选择【色板】面板中“60%灰色”，使该颜色成为前景色。按下键盘上的【Alt】+【Delete】键，将前景色填入该图层的选区内，效果如图4-47中“B”所示。

（4）单击【样式】面板中的【水银】图标，为“图层2”图层添加图层样式，效果如图4-47中“C”所示。按下键盘上的【Ctrl】+【D】键，取消选区。

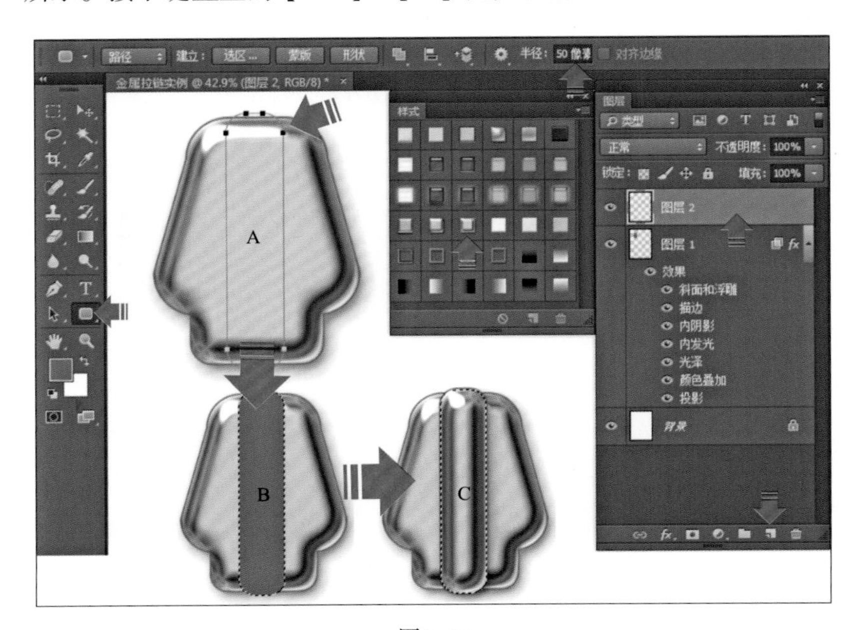

图4-47

7. 绘制拉链头图形之六。

选择工具箱中的【圆角矩形工具】，设置工具选项栏中的【选择工具模式】为路径、

【半径】为50像素。参照图4-48所示，按下鼠标左键拖拉绘制一个圆角矩形；单击【图层】面板下方的【新建新图层】命令，新建新图层为“图层3”，效果如图4-48所示。

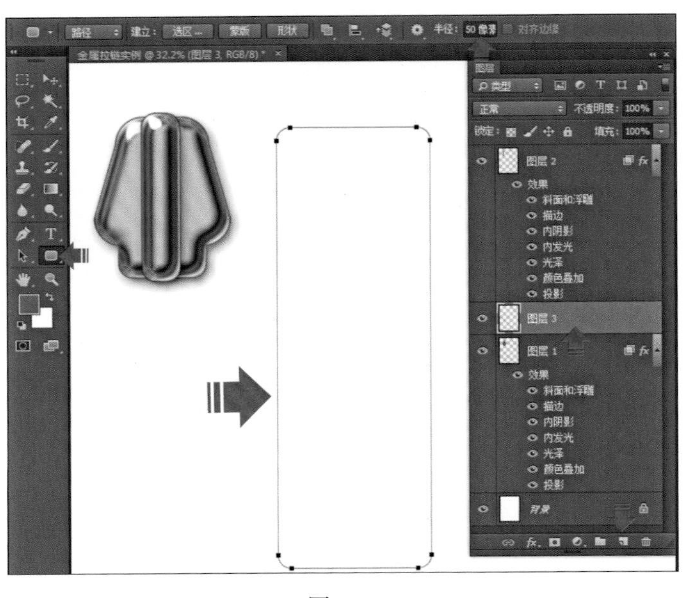

图4-48

8. 绘制拉链头图形之七。

（1）参照图4-49所示，选择工具箱中的【直接选择工具】，按住鼠标左键拖拉选中正圆角矩形路径左上方的两个节点，参照图4-49中“A”所示，利用键盘上的向右方向键，在水平的位置上移动两个节点位置，效果如图4-49中“A”所示。

（2）同上方法在水平的位置上调整正圆角矩形路径右上方两个节点的位置，效果如图4-49中“B”所示。

（3）分别选择工具箱中的【椭圆工具】和【圆角矩形工具】，参照图4-49中“C”所示，在相应的位置，按住键盘上的【Shift】键，分别拖拉鼠标左键绘制一个正圆形路径和正圆角矩形路径，效果如图4-49中“C”所示。

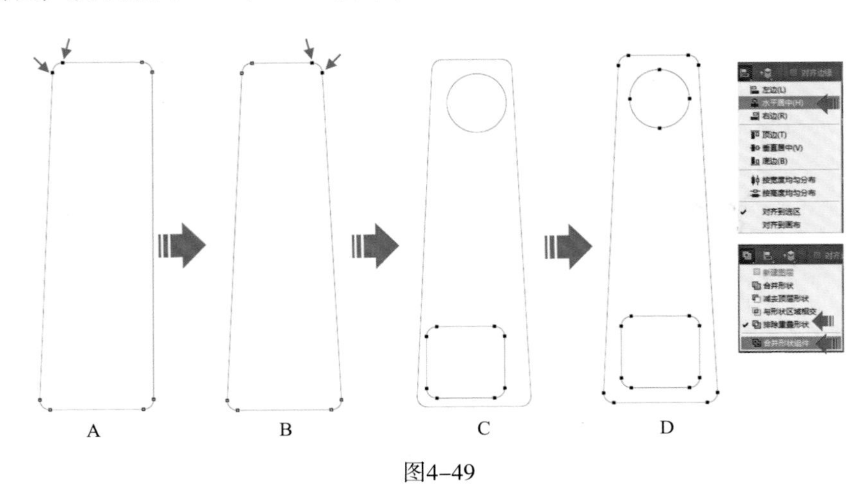

图4-49

（4）选择工具箱中的【路径选择工具】，参照图4–49中“D”所示，拖拉鼠标左键选中前三个路径对象。单击工具选项栏上的【路径对齐方式】图标，在下拉菜单中选择【水平居中】命令，在垂直的位置上对齐两个路径对象，效果如图4–49中“D”所示。

（5）选择工具箱中的【路径选择工具】，参照图4–49所示，拖拉鼠标左键选中前三个路径对象，单击工具选项栏上的【路径对齐方式】图标，单击工具选项栏上的【路径操作】图标，在下拉菜单中选择【排除重叠形状】和【合并形状组件】命令，修剪三个路径对象，如图4–49所示。

9. 绘制拉链头图形之八。

参照图4–50所示，确认【图层】面板中的“图层2”图层处于选中的状态下，按下键盘上的【Ctrl】+【Enter】键，将路径转换为选区；单击选择【色板】面板中的“60%灰色”，使该颜色成为前景色。按下键盘上的【Alt】+【Delete】键，将该前景色填入该图层的选区内，效果如图4–50所示。

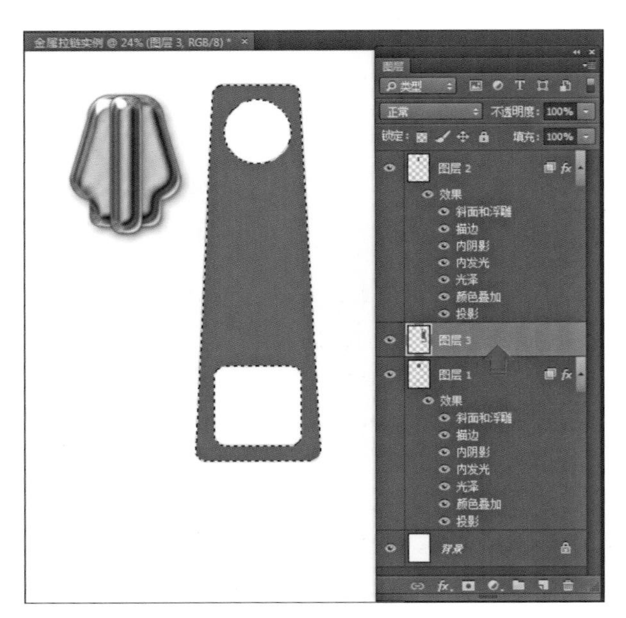

图4–50

10. 绘制拉链头图形之九。

单击【样式】面板中的【水银】图标，为“图层3”图层添加图层样式。按下键盘上的【Ctrl】+【D】键，取消选区，效果如图4–51所示。

11. 绘制拉链头图形之十。

选择工具箱中的【移动工具】，参照图4–52所示，单击选中“图层3”，按下鼠标左键，拖拉移动该图层到相应的位置，效果如图4–52所示。

12. 绘制拉链头图形之十一。

按住键盘上的【Ctrl】键，连续单击加选，选中【图层】面板中的“图层1”“图层2”“图层3”图层，按下键盘上的【Ctrl】+【E】键，合并三个图层为新的图层。在新图层的名称上双击，修改名称为“拉链头”，如图4–53所示。

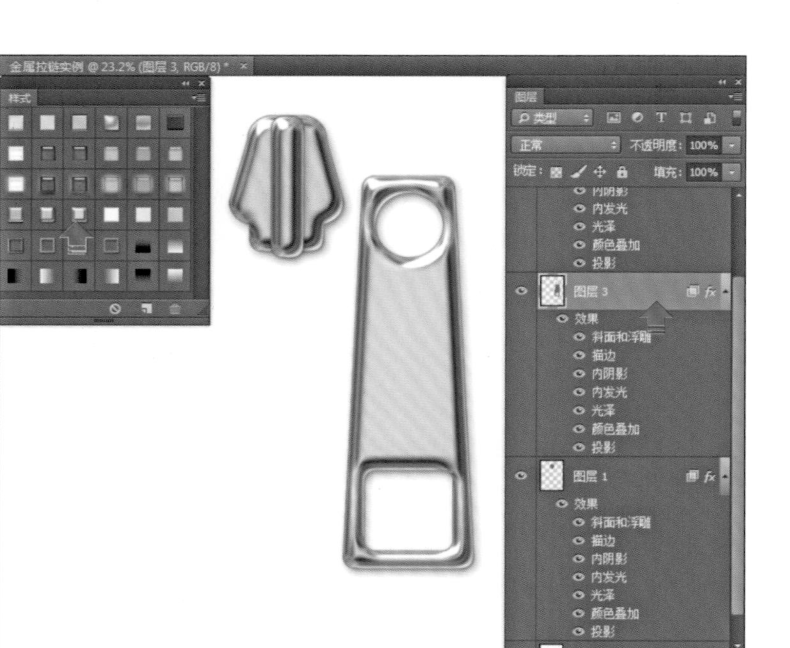

图4–51

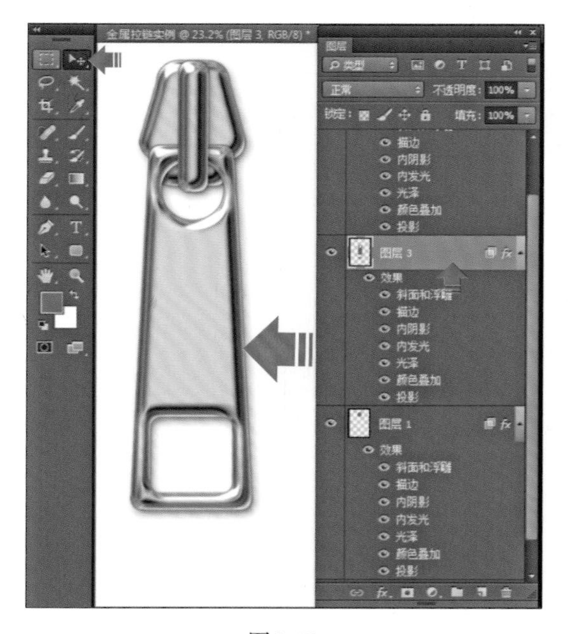

图4–52

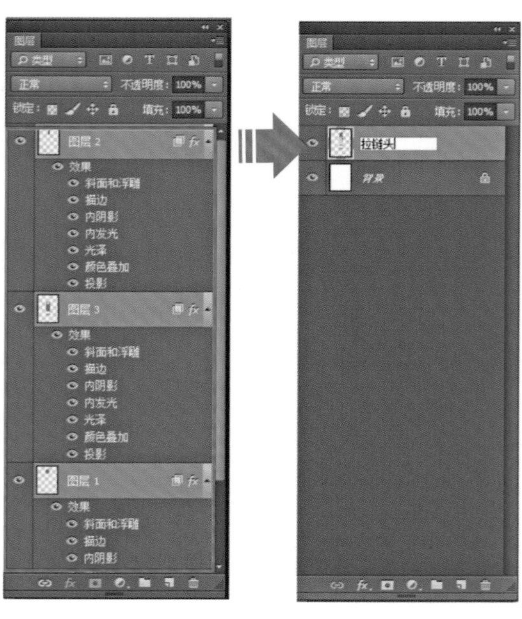

图4–53

13．绘制拉链头图形之十二。

确认【图层】面板中的“拉链头”图层处于选中的状态下。单击菜单栏上的【图像】/【修改】/【色相/饱和度】命令，打开【色相/饱和度】面板。设置【色相】为20、【饱和度】为50、【明度】为0，并在【着色】和【预览】前方的方框内勾选，单击【确定】，确认该图层色彩调整操作，效果如图4–54所示。

14. 绘制拉链头图形之十三。

确认【图层】面板中的“拉链头”图层处于选中的状态下，按下键盘上的【Ctrl】+【T】键，在拉链头图层周围会出现变换控件定界框，参照图4–55所示，按住键盘上的【Shift】键，再用鼠标左键按住变形框角点向内推移，等比缩放该图层，效果如图4–55所示。按下键盘上的【Enter】键确认该图层修改。

图4–54

图4–55

15. 拉链齿的绘制之一。

（1）单击【图层】面板下方的【新建新图层】命令，新建新图层为“图层1”。鼠标左键在“图层1”名称双击，修改该图层名称为“拉链齿笔刷临时层”，如图4–56所示。

（2）选择工具箱中的【矩形工具】，参照图4–56所示，在相应的位置绘制两个矩形路径。

（3）选择工具箱中的【多边形工具】，设置工具选项栏上的【边】数为6，参照图示，在相应的位置绘制两个六边形路径。

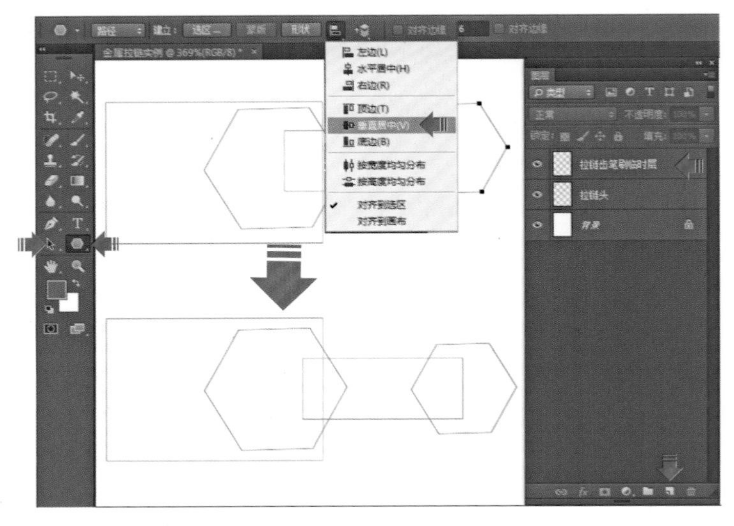

图4–56

（4）选择工具箱中的【路径选择工具】，参照图示，分别选中四个路径对象，调整其大小、方向和位置。

（5）选择工具箱中的【路径选择工具】，参照图示，拖拉鼠标左键选中前四个路径对象。单击工具选项栏上的【路径对齐方式】图标，在下拉菜单中选择【垂直居中】命令，在水平的位置上对齐四个路径对象，效果如图4–56所示。

16. 拉链齿的绘制之二。

（1）选择工具箱中的【路径选择工具】，参照图4–57所示，拖拉鼠标左键选中前四个路径对象；单击工具选项栏上的【路径操作】图标，在下拉菜单中选择【合并形状】和【合并形状组件】命令，合并四个路径对象。

（2）选择工具箱中的【直接选择工具】，单击鼠标左键选中该路径左上方的节点，参照图示，利用键盘上的向下方向键，垂直地移动该节点位置。

（3）同上方法，调整该路径左下角节点的位置后，获得拉链齿基本形的路径图形，效果如图4–57所示。

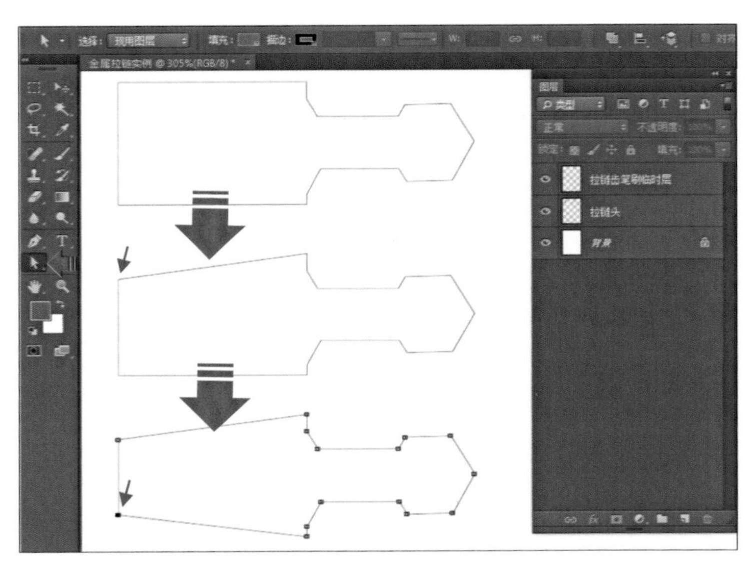

图4–57

17. 拉链齿的绘制之三。

（1）确认【图层】面板中的“拉链齿笔刷临时层”图层处于选中的状态下，按下键盘上的【Ctrl】+【Enter】键，将路径转换为选区；单击选择【色板】面板中的“黑色”，使该颜色成为前景色。按下键盘上的【Alt】+【Delete】键，将该前景色填入该图层的选区内，效果如图4–58所示。

（2）单击菜单栏上的【编辑】/【定义画笔预设】命令，打开【画笔名称】对话框，设置【名称】为样本画笔3，单击【确定】，确认操作。按下键盘上的【Ctrl】+【D】键，取消选区。

（3）鼠标左键按下【图层】面板“拉链齿笔刷临时层”，拖拉该图层到【图层】面板下方的【删除图层】命令，删除该图层。

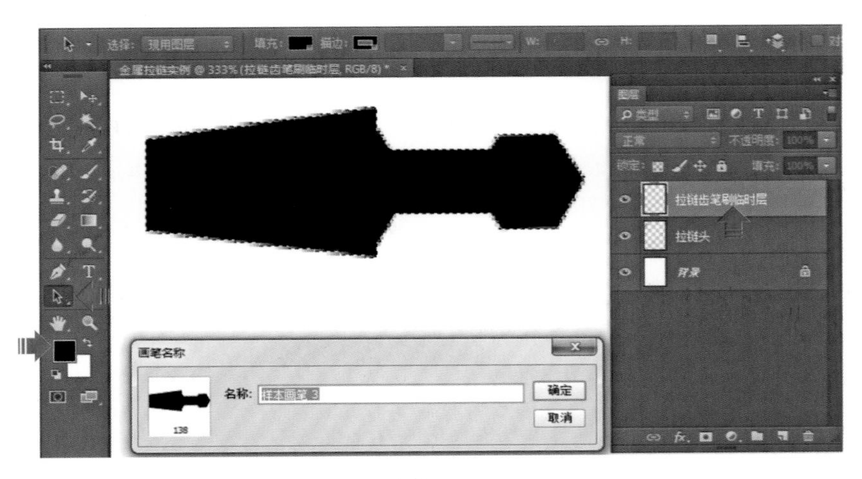

图4-58

18. 连续单击【图层】面板下方的【创建新图层】图标，创建“图层1”“图层2”和“图层3”新图层，分别在路径名称上双击修改名称为“面料”“布带”及“拉链齿”，如图4-59所示。

图4-59

19. 单击【路径】面板下方的【新建新路径】命令，新建新路径为“路径1”。选择工具箱中的【钢笔工具】，参照图4-60所示，连续单击拖拉，绘制如图所示的路径，效果如图4-60所示。

20. 单击选中【路径】面板中的“路径1”。按下鼠标左键拖拉至【路径】面板下方的【新建新路径】图标上，放开鼠标左键，再制路径，名称为“路径1拷贝”。选择工具箱中的【直接选择工具】，参照图4-61所示，单击或者拖拉选中图所示的节点，按下键盘上的【Delete】键，修改该路径的形状，效果如图4-61所示。

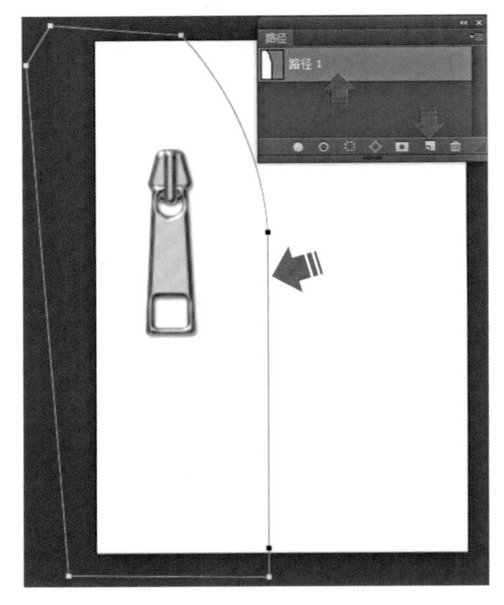

图4-60

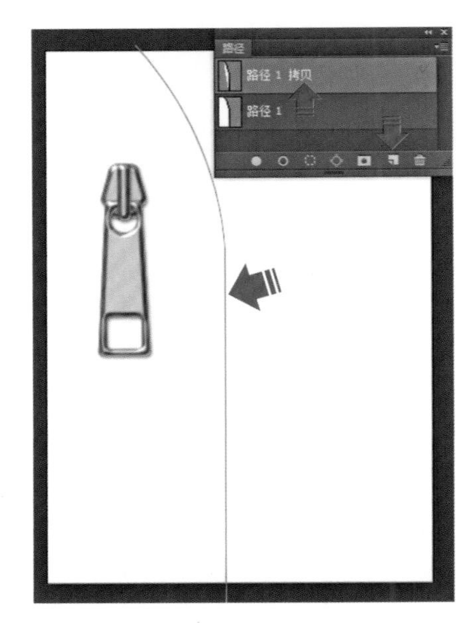

图4-61

21. 单击【路径】面板中的“路径1”，使该路径处于显示状态。确认【图层】面板中的“面料”图层处于选中的状态下，按下键盘上的【Ctrl】+【Enter】键。将路径转换为选区，单击选择【色板】面板中的“黑蓝”，使该颜色成为前景色，按下键盘上的【Alt】+【Delete】键，将该前景色填入该图层的选区内。按下鼠标左键选中图层“拉链头”图层，将该图层拖拉至最顶层，效果如图4-62示。

22. 按下鼠标左键选中图层“布带”图层，将该图层拖拉至“面料”图层的下方，参照图4-63小红箭头所示；在【颜色】面板中选择深蓝色，使该颜色成为前景色，按下键盘上的【Alt】+【Delete】键，将该前景色填入该图层的选区内；选择工具箱中的【移动工具】，将该图层移动至合适位置，按下键盘上的【Ctrl】+【D】键，取消选区，效果如图4-63所示。

图4-62

图4-63

23. 选择工具箱中的【画笔工具】，单击工具选项栏上的【切换画笔面板】，打开【画笔】面板，单击【画笔】面板中的【画笔笔尖形状】命令，设置画笔【大小】为138像素、【角度】为90°、【圆度】为100%、【间距】为110%。单击【画笔】面板中的【动态形状】命令，设置画笔【角度抖动】/【控制】为“方向”，效果如图4-64所示。

24. 选择工具箱中的【画笔工具】，鼠标左键单击【路径】面板中的“路径1拷贝”路径，使该路径处于显示状态，确认【图层】面板中的“拉链齿”图层处于选中的状态下。在【颜色】面板中选择深咖啡色，使该颜色成为前景色，单击【路径】面板下方的【用画笔描边路径】图标，用画笔笔刷描边路径，单击【路径】面板下方的空白处，隐藏路径的显示，效果如图4-65所示。

25. 确认【图层】面板中的“拉链齿”图层处于选中的状态下，单击【图层】面板下方的【添加图层样式】图标，在弹出的下拉菜单中选择【斜面和浮雕】命令，打开【图层样式】对话框，设置【结构】/【样式】为内斜面、【方法】为平滑、【深度】为384%、【方向】为上、【大小】为10像素、【软化】为0像素，单击【确定】，图标确认操作，效果如图4-66所示。

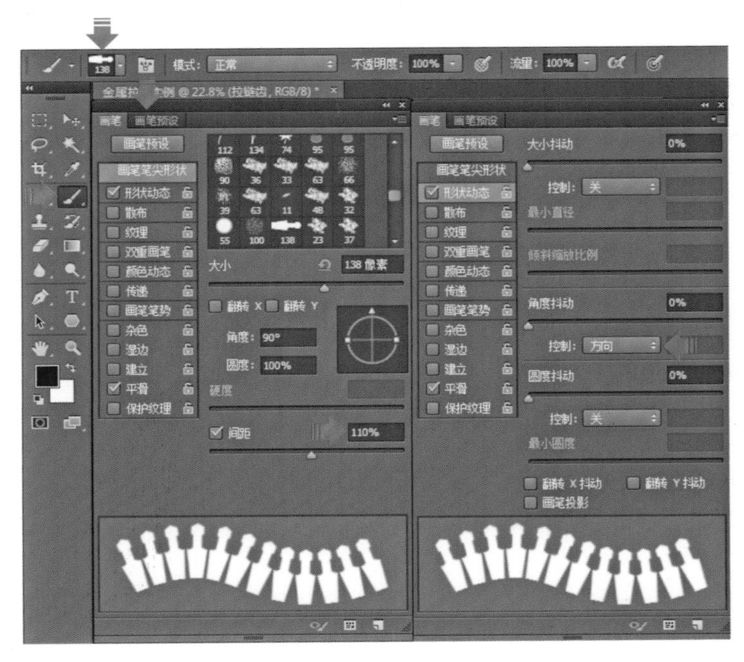

图4-64

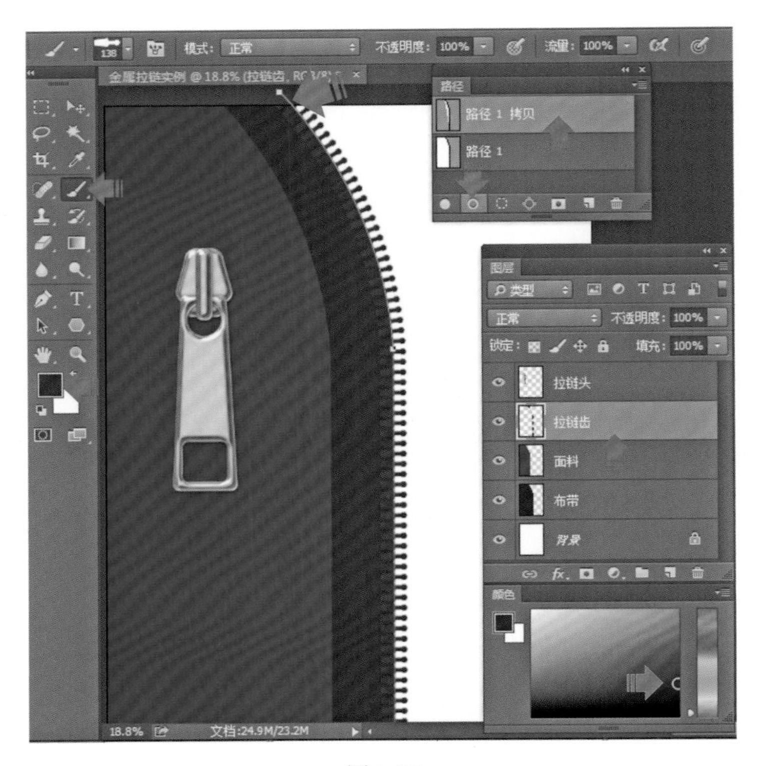

图4-65

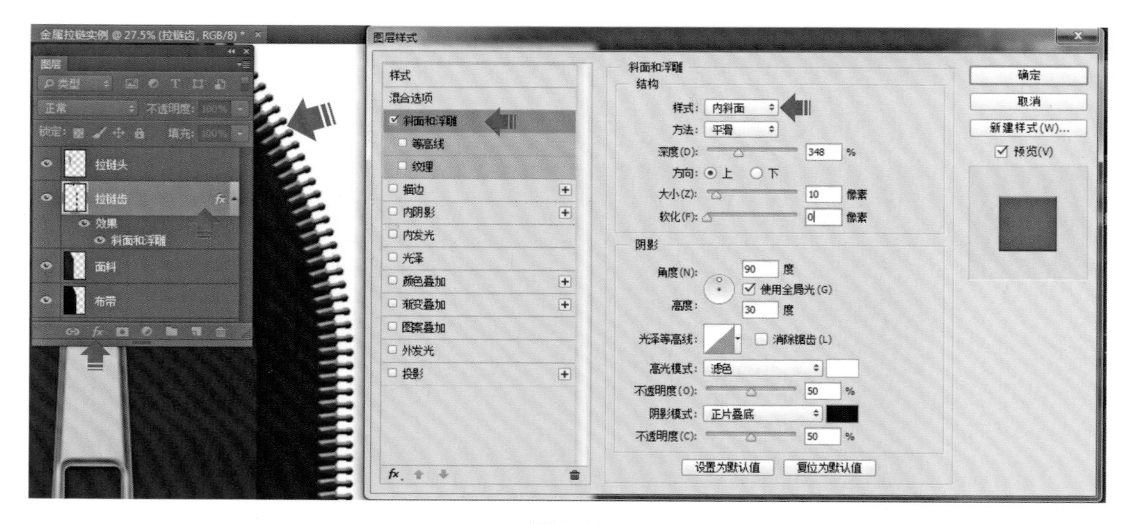

图4-66

26. 按下键盘上的【Ctrl】键，连续单击加选，选中【图层】面板中的“拉链齿”“面料”“布带”图层，按下鼠标左键拖拉至【图层】面板下方的【创建新组】图标上，创建新的图层组名称为“组1”。在新图层组的名称上双击，修改名称为“拉链齿及面料”，效果如图4-67所示。

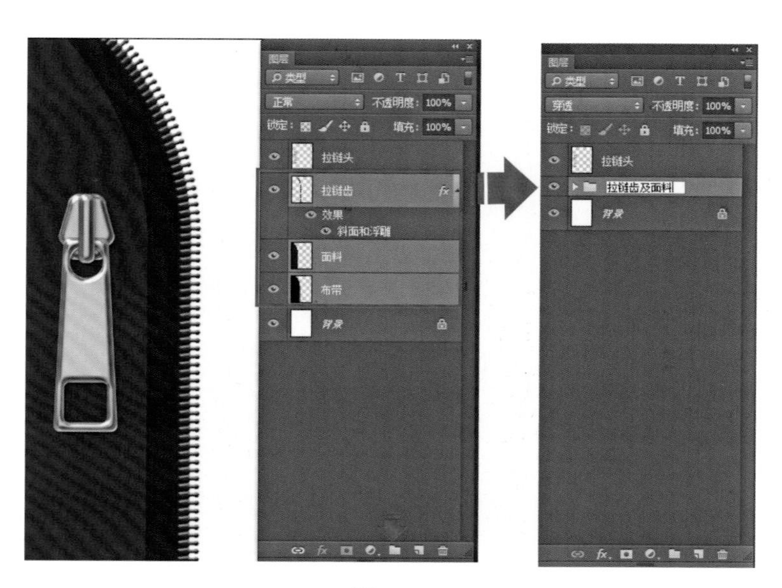

图4-67

27. 选择工具箱中的【移动工具】，在工具选项栏的【自动选择】前方的方框内勾选，鼠标左键在【选择组或图层】命令上按下，在弹出的下拉菜单中选择“组”。鼠标单击选中【图层】面板中的“拉链齿及面料”图层组，在该图层上按住鼠标左键不要松开，拖拉该图层到【图层】面板下方的【新建新图层】图标上，放开鼠标左键，这样就在图层面板复制了一个与“拉链齿及面料”图层组完全相同的图层组，它的名称也叫“拉链齿及面料”，在该图层组名称上双击改名为“拉链齿及面料2”，效果如图4-68所示。

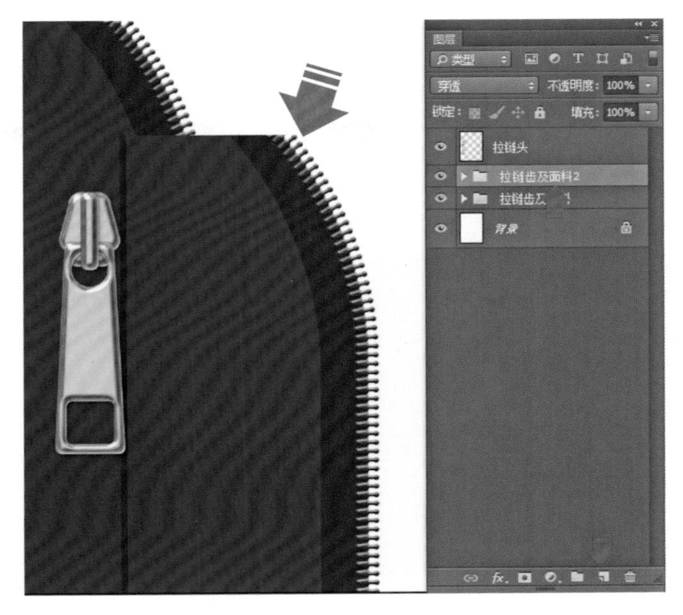

图4-68

28．单击菜单栏上的【编辑】/【变换】/【水平翻转】命令，将新复制的“拉链齿及面料2”图层组水平翻转，选择工具箱中的【移动工具】，参照图4-69所示，调整该图层到合适位置，效果如图4-69所示。

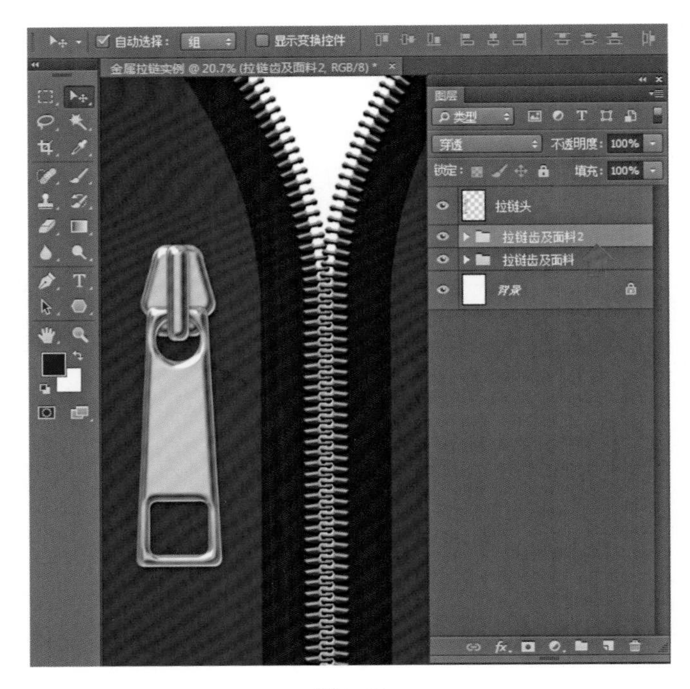

图4-69

29．确认【图层】面板中的“背景”图层处于选中的状态下，单击选择【色板】面板中的“黑色”，使该颜色成为前景色。按下键盘上的【Alt】+【Delete】键，将前景色填入该图层内，效果如图4-70所示。

30. 确认【图层】面板中的“拉链头”图层处于选中的状态下，选择工具箱中的【移动工具】，在工具选项栏的【自动选择】前方的方框内勾选，鼠标左键在【选择组或图层】命令上按下，在弹出的下拉菜单中选择“图层”。参照图4-71所示，将拉链头图形移动到合适的位置。

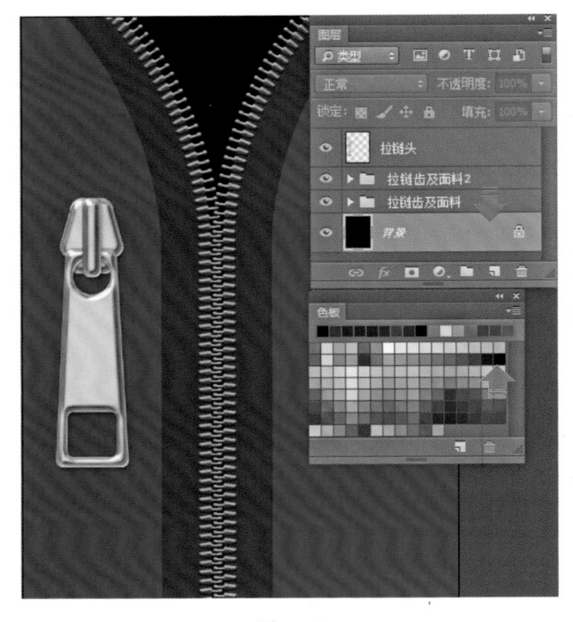

图4-70

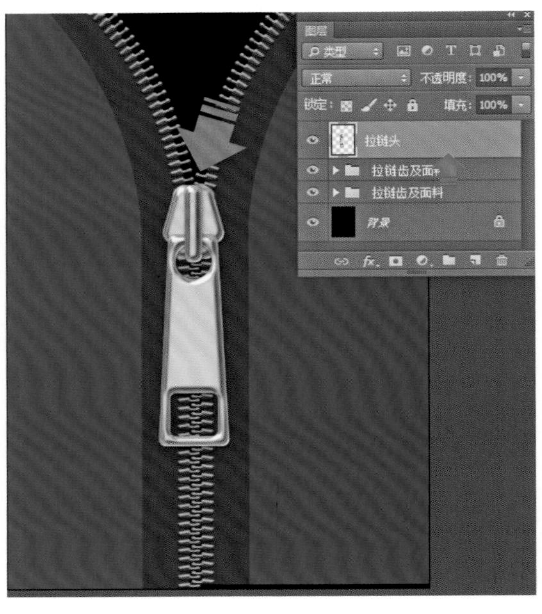

图4-71

31. 选择工具箱中的【裁切工具】，参照图4-72所示，在相应位置拖拉鼠标绘制合适的大小，确定裁切范围，然后在裁切区域的中心双击确定裁切，完成金属拉链实例的绘制。最后效果如图4-73所示。

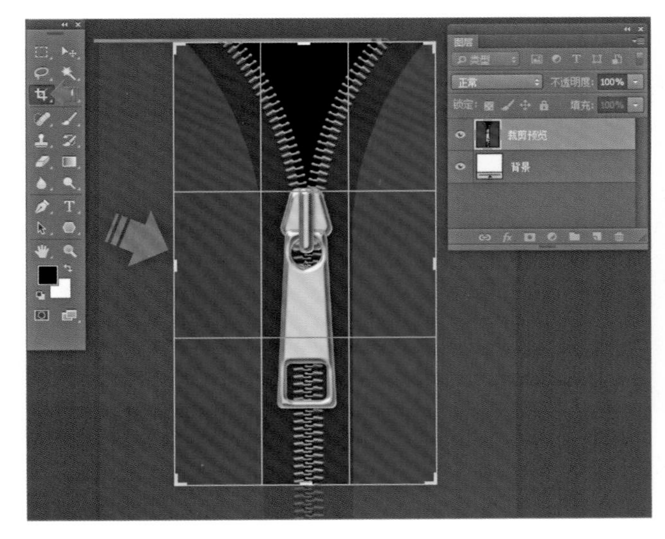

图4-72

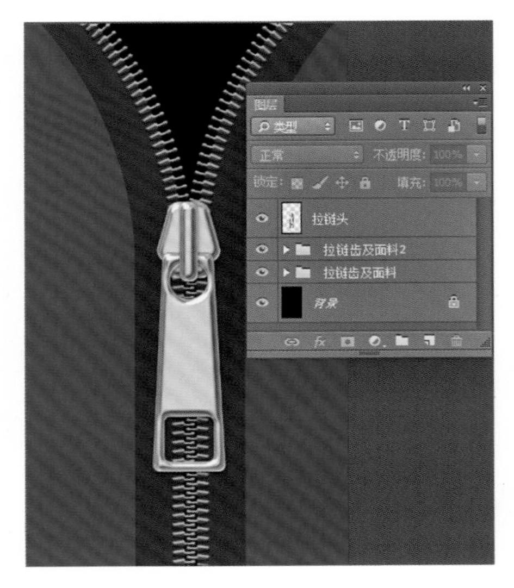

图4-73

第四节　女士马丁靴的绘制方法

女士马丁靴的最终绘制完成效果，如图4–74所示。

女士马丁靴的绘制方法如下：

1. 单击菜单栏上的【文件】/【新建】命令，打开【新建】对话框，设置【名称】为女士马丁靴实例、【文档类型】为自定、【宽度】为210毫米、【高度】为297毫米、【分辨率】为300像素/英寸、【颜色模式】为RGB颜色、【背景内容】为白色，单击【确定】按钮，确认操作，如图4–75所示。

图4–74

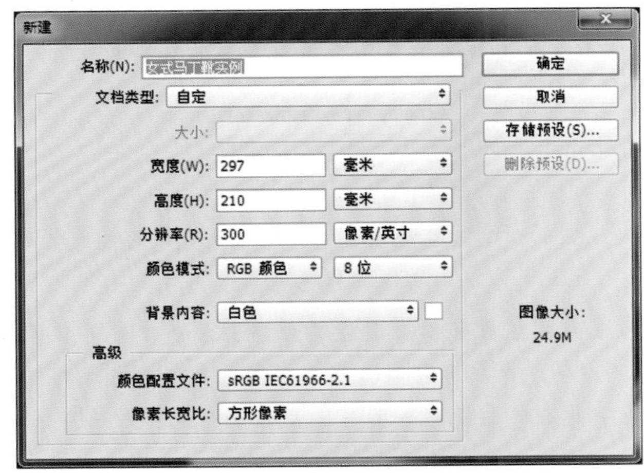

图4–75

2. 女士马丁靴的绘制方法第一步是耐心绘制该形象的路径。

马丁靴形象路径的绘制：

（1）鼠标左键单击【路径】面板下方的【创建新路径】命令，创建新的路径层——“路径1”，鼠标左键在该路径层的名称上双击，修改其名称为“全部路径”，参照图4–76所示。

（2）同上方法分别另外新建8个路径层，按照路径层的上下关系自上到下分别命名为“鞋面左”“鞋面右”“松紧”“鞋面明线”“鞋底上”“彩条”“鞋底”和“鞋底后”8个路径层。

（3）选择工具箱中的【钢笔工具】，设置工具选项栏上的【工具模式】为路径。参照图4–76所示，用钢笔工具绘制路径，然后选择工具箱中的【直接选择工具】，对用【钢笔工具】绘制的路径进行修改。用该方法分别绘制“鞋面左”“鞋面右”“松紧”3个路径层，效果如图4–76所示。

关于路径绘制方法的说明，路径的绘制方法有两种，第一种是先用手绘的方法绘制该形象的草图，拍照或者扫描后将该草图的电子稿放置于画面中（或者直接使用该形象的照片也可），然后参照该草图用【钢笔工具】绘制该形象的路径，并利用工具箱中的【直接选择工具】、【路径选择工具】、【添加锚点工具】、【删除锚点工具】以及【转换点工具】对绘制的路径进行耐心的修改；第二种方法是直接进行路径的绘制。但是不管是哪一种方法，都要求在绘制过程中要有足够的耐心，且要有一定的美术基础，因为路径的绘制要为下一步形象的填充上色等操作提供精确的形象基础，所以在路径的绘制和修改过程中，尤其是在路径的修改环节，一定要戒骄戒躁。本书中形象较复杂实例的路径绘制均使用上述两种方法。

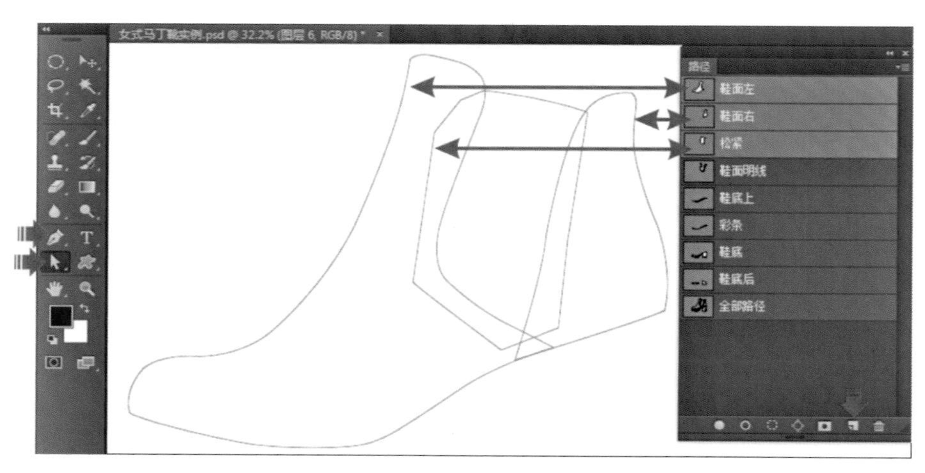

图4–76

需要说明的是，路径的绘制是为后期对形象进行色彩填充、描边等绘制操作奠定基础的，所以路径的绘制过程一定要注意：如果绘制的路径将来是为了填充色彩的话，则要将路径绘制成闭合路径；如果是为了描边使用，则可以将路径绘制成开放路径或者闭合路径。

另外，由于路径的绘制目的是为了便于最后的使用，所以为了方便观察绘制过程中路径与路径之间的位置关系，可以采取先将所有路径绘制在一个路径层内，然后再利用工具箱中的【路径选择工具】逐一选中单独的路径，通过复制该单独路径，在创建的新路径层上粘贴于该路径层用不同命名的方法将这些单独路径逐一分开，就可方便后期对路径的使用。

3. 同上方法分别绘制“鞋面明线”“鞋底上”两个路径层，效果如图4–77所示。

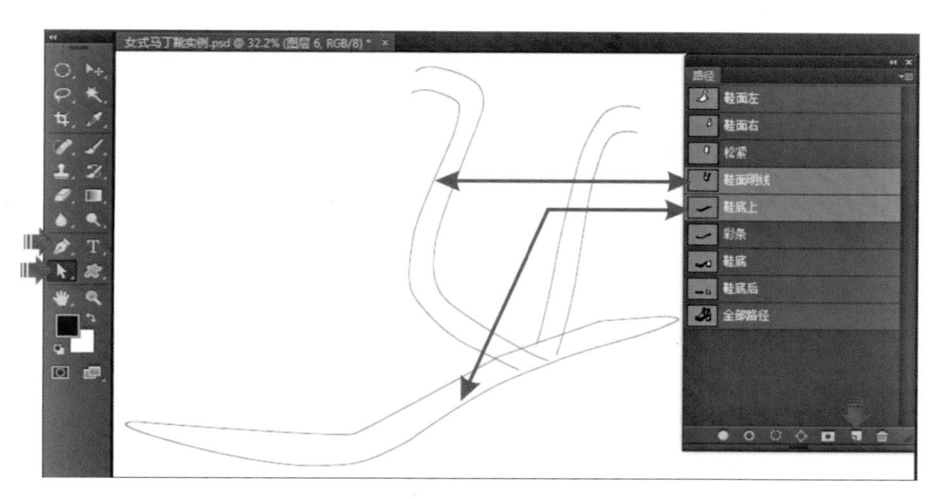

图4–77

4．用同样方法分别绘制“彩条”“鞋底”“鞋底后”3个路径层，效果如图4–78所示。

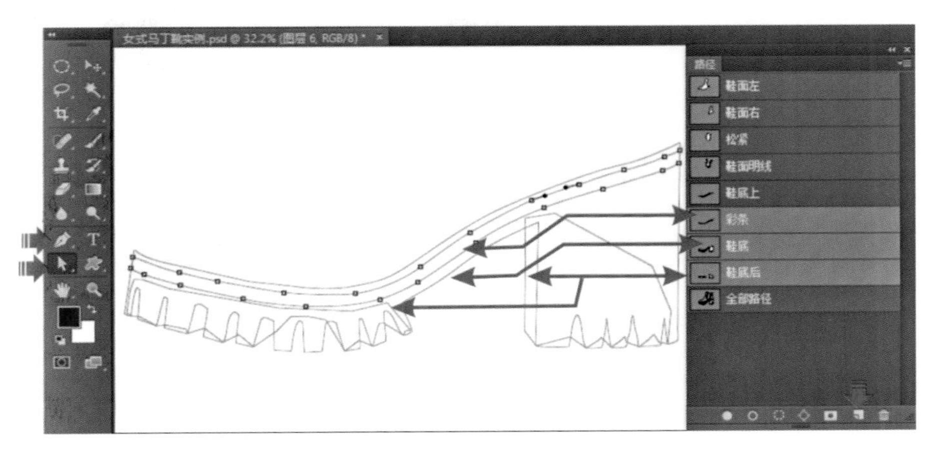

图4–78

5．参照图4–79所示，鼠标左键连续八次单击【路径】面板下方的【创建新图层】命令，分别新建8个空白图层（“图层1”到“图层8”），鼠标左键在这8个图层的名称上双击，自上到下分别修改名称为“鞋面明线”“鞋面左”“鞋面右”“松紧”“鞋底上”“彩条”“鞋底”“鞋底后”8个图层。鼠标左键单击选中【路径】面板中的“鞋面左”路径层，使该路径处于显示状态；单击【图层】面板中的“鞋面左”图层，使该图层处于选中状态。在【色板】面板中选择相应的颜色（咖啡色），使其成为前景色；单击【路径】面板下方的【用前景色填充路径】命令，用前景色填充路径。鼠标左键在【色板】面板下方的空白处单击，取消路径的显示，效果如图4–79所示。

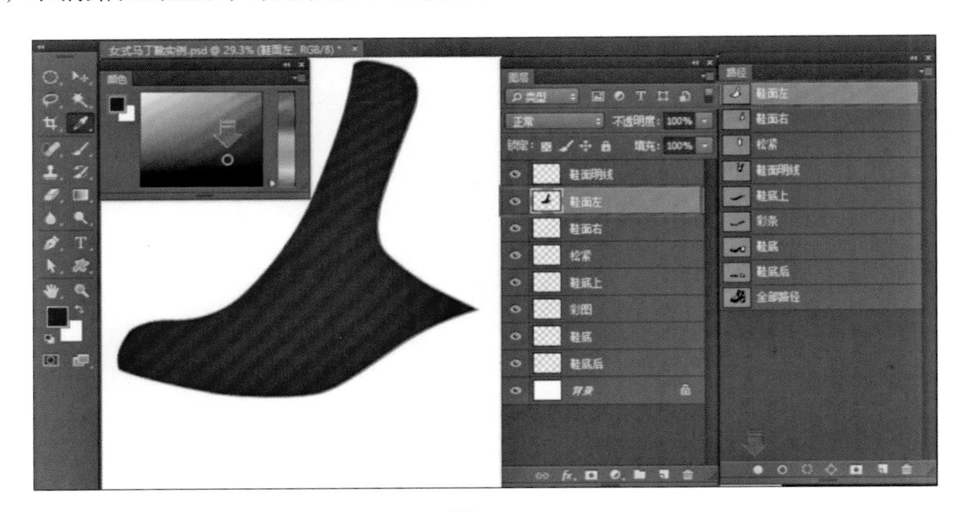

图4–79

6．同上方法继续用前景色填充“鞋面右”图层，效果如图4–80所示。

7．用同上方法，在【色板】面板中选择较深的咖啡色，将该颜色填充到“松紧”图层内，效果如图4–81所示。

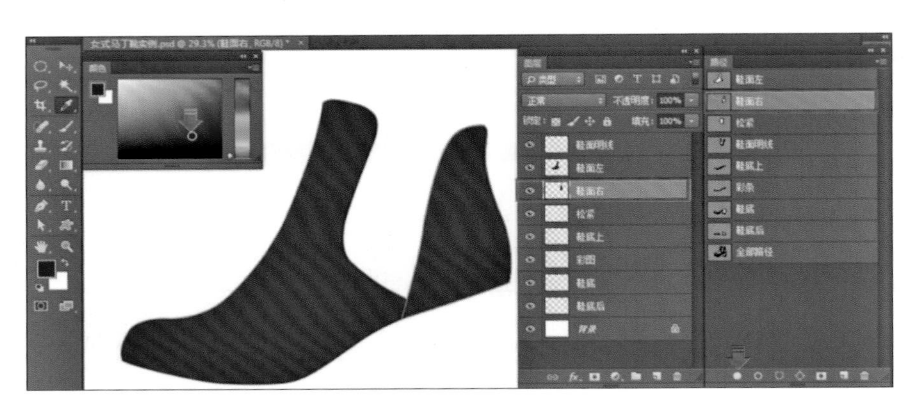

图4–80

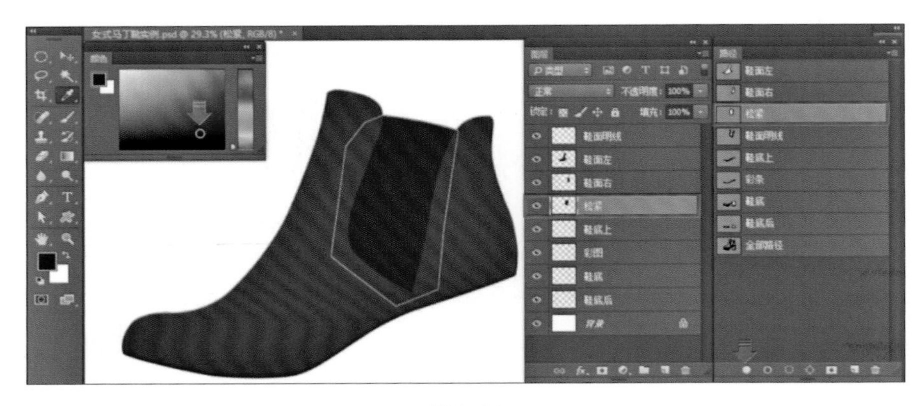

图4–81

8．同上方法，在【色板】面板中选择“黑色”，将该颜色填充到“鞋底上”图层内，效果如图4–82所示。

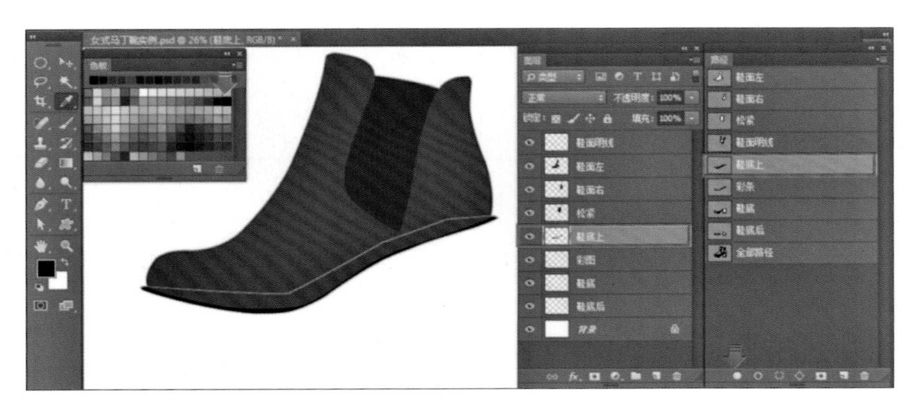

图4–82

9．同上方法，在【色板】面板中选择“90%黑色”，将该颜色填充到“鞋底上”图层内，效果如图4–83所示。

10．同上方法，在【色板】面板中选择浅咖啡色，将该颜色填充到“彩条”图层内，效果如图4–84所示。

图4-83

图4-84

11. 同上方法，在【色板】面板中选择“黑色”，将该颜色填充到“鞋底后”图层内，效果如图4-85所示。

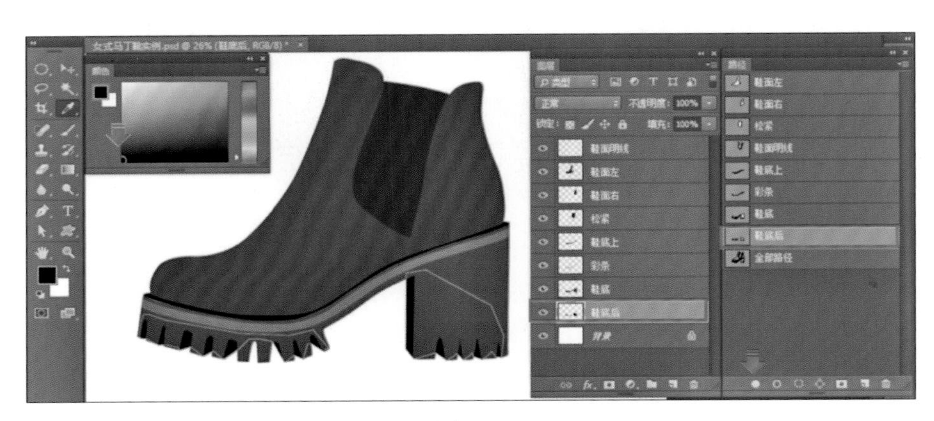

图4-85

12. 参照图4-86所示，鼠标左键单击选中【图层】面板中的“背景”图层，在【色板】面板中选择一个浅蓝色作为前景色，按下键盘上的【Alt】+【Delete】键，将该颜色填充到“背景”图层内，效果如图4-86所示。

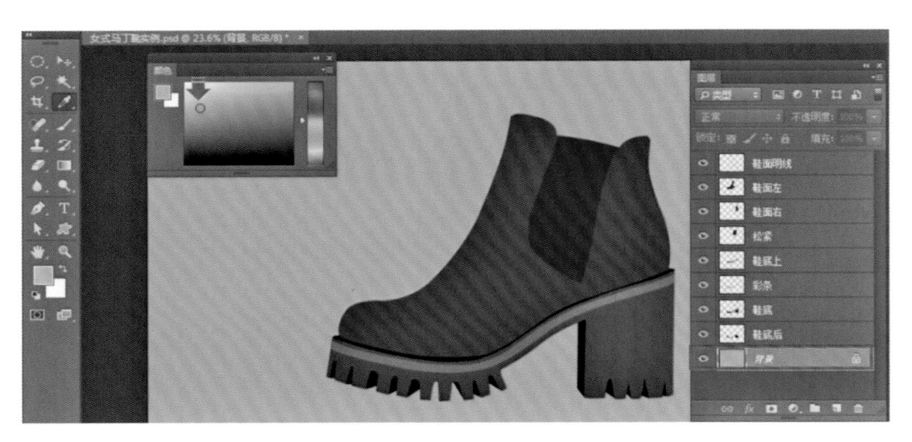

图4-86

13. 选择工具箱中的【加深工具】，设置工具选项栏内的【范围】为中间调，设置【曝光度】为66%，结合键盘上的【[】（缩小画笔）和【]】（放大画笔）键，调整画笔到合适的大小，单击选中【图层】面板中的“鞋面左”图层，参照图4-87所示，在合适的位置按下鼠标左键不要松开，拖拉绘制该图像上的明暗效果如图所示。

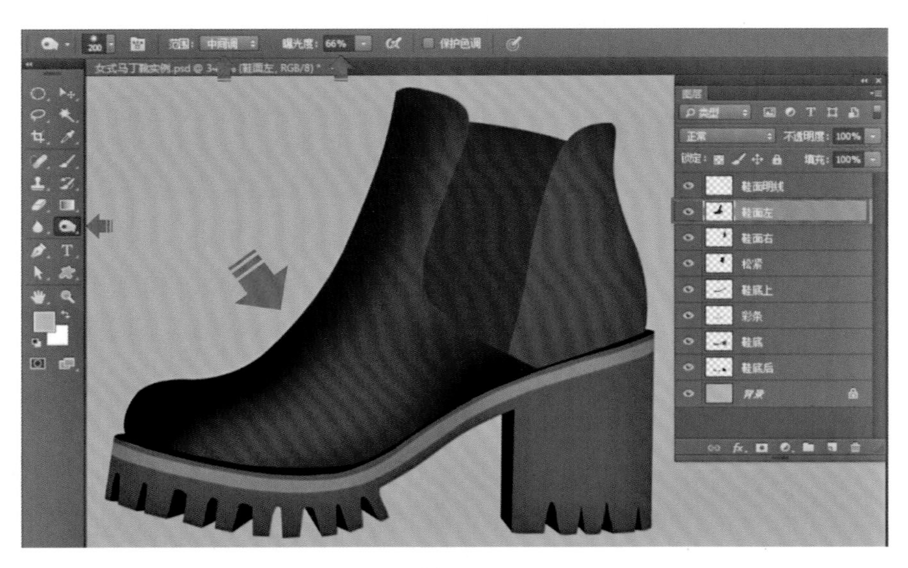

图4-87

14. 同上方法，绘制“鞋面右”图层的明暗效果，如图4-88所示。

15. 选择工具箱中的【减淡工具】，设置工具选项栏内的【范围】为阴影、【曝光度】为50%，结合键盘上的【[】（缩小画笔）和【]】（放大画笔）键，调整画笔到合适的大小，单击选中【图层】面板中的“鞋面左”图层，参照图4-89所示，在合适的位置按住鼠标左键不要松开，拖拉绘制该图像上的明暗效果，如图4-89所示。

16. 同上方法，绘制“鞋面右”图层的明暗效果，如图4-90所示。

17. 确认【图层】面板中的“鞋面右”图层处于选中状态下，单击菜单【滤镜】/【杂色】/【添加杂色】命令，打开【添加杂色】对话框，设置【数量】为8%，点选【分布】命

图4-88

图4-89

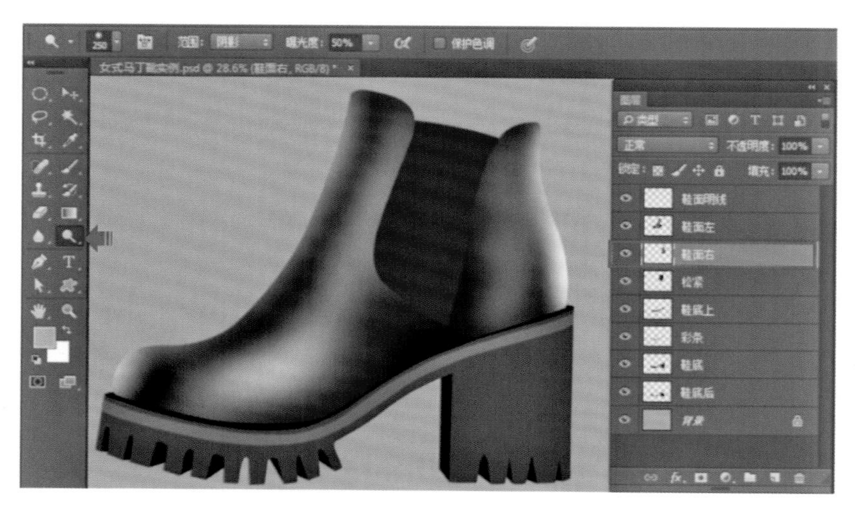

图4-90

令栏中的【平均分布】命令，在【单色】命令前方的方框内勾选，单击【确定】并确认背景图层的添加杂色的滤镜效果，如图4–91所示。

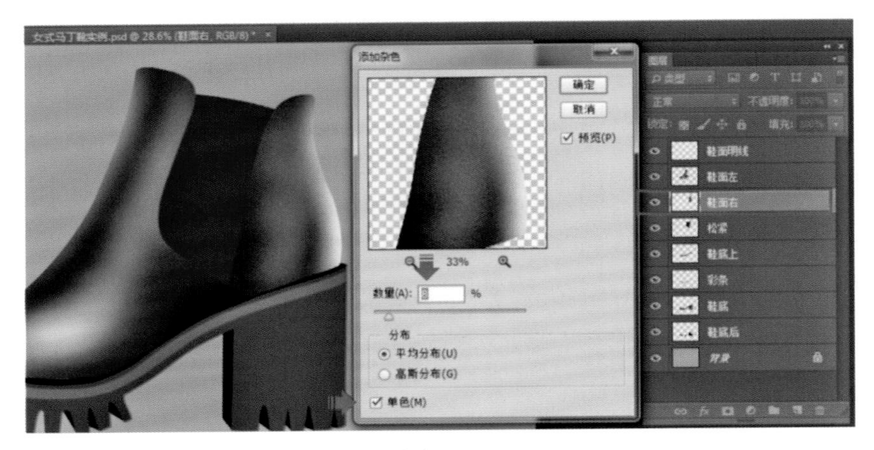

图4–91

18. 确认【图层】面板中的“鞋面左”图层处于选中状态下，同上方法，为该图层添加杂色的滤镜效果。单击【图层】面板下方的【添加图层样式】命令，在弹出的下拉菜单击“斜面和浮雕”命令，在弹出的【图层样式】对话框设置【样式】为内斜面、【方法】为雕刻清晰、【深度】为100%、【方向】为上、【大小】为8像素、【软化】为0像素、【角度】为130°。单击【确定】后确认该图层的图层效果，如图4–92所示。

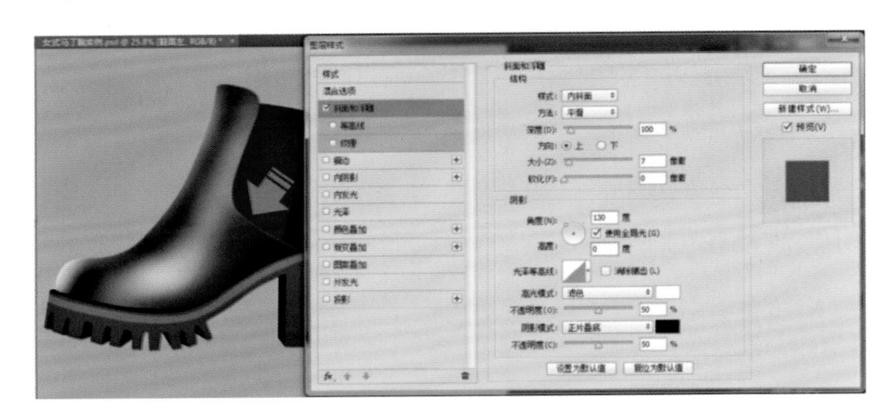

图4–92

19. 同上方法，确认【图层】面板中的“鞋面右”图层处于选中状态下，设置该图层的“鞋面和浮雕”图层效果，如图4–93所示。

20. 选择工具箱中的【减淡工具】，设置工具选项栏内的【范围】为阴影，设置【曝光度】为50%，结合键盘上的【[】（缩小画笔）和【]】（放大画笔）键，调整画笔到合适的大小，单击选中【图层】面板中的“鞋底上”图层，参照图4–94所示，在合适的位置按下鼠标左键不要松开，拖拉绘制该图像上的明暗效果，如图4–94所示。

21. 同上方法，确认【图层】面板中的“鞋底后”图层处于选中状态下，参照图4–95所示，绘制该图层的明暗效果，效果如图4–95所示。

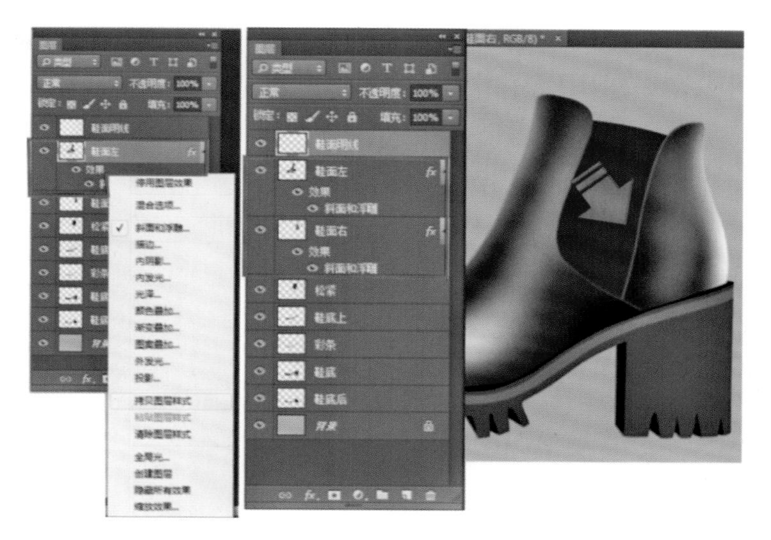

图4-93

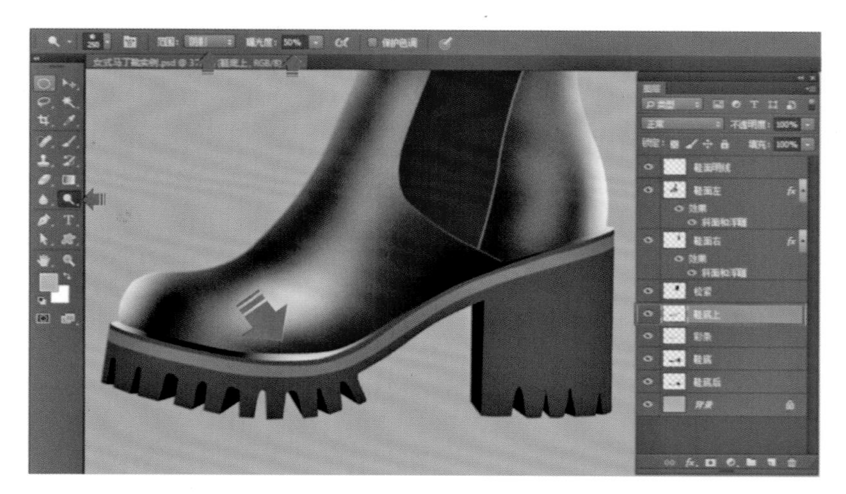

图4-94

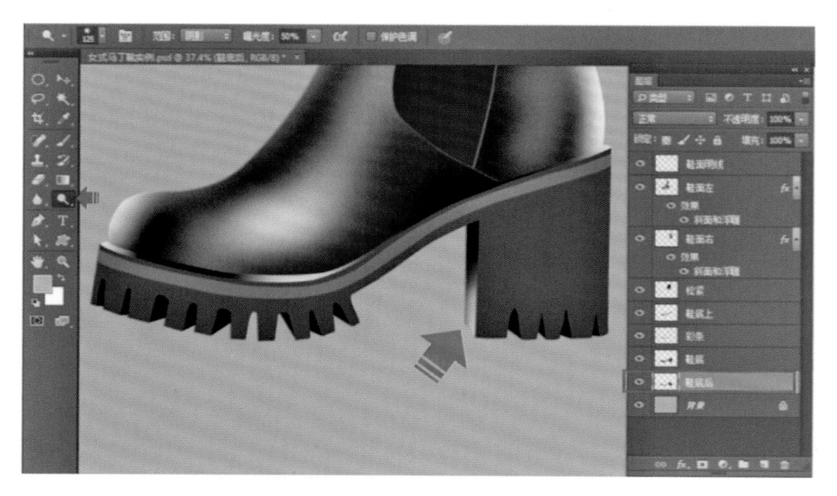

图4-95

22．确认【图层】面板中的“鞋底后”图层处于选中状态下，单击菜单【滤镜】/【杂色】/【添加杂色】命令，打开【添加杂色】对话框，设置【数量】为12%。点选【分布】命令栏中的【平均分布】命令，在【单色】命令前方的方框内勾选，单击【确定】，确认“鞋底后”图层的添加杂色的滤镜效果，如图4-96所示。

图4-96

23．确认【图层】面板中的“松紧”图层处于选中状态下，单击菜单【滤镜】/【滤镜库】命令，打开【滤镜库】对话框，选择【纹理】/【拼缀图】图标，设置【方形大小】为8、【凸现】为24，单击【确定】，确认为“松紧”图层添加的滤镜效果，如图4-97所示。

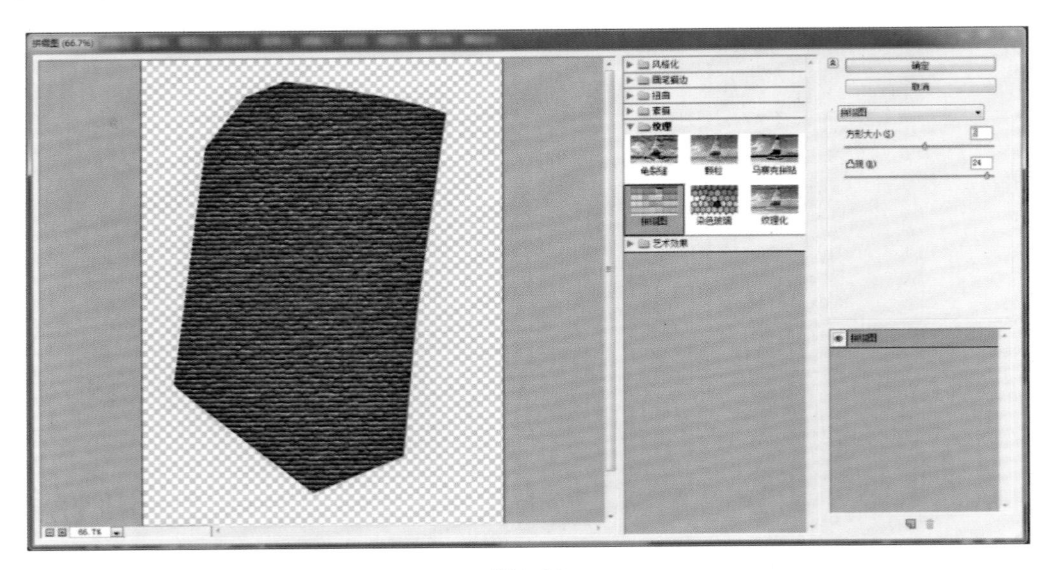

图4-97

24．确认【图层】面板中的“鞋面明线”图层处于选中状态下，单击【路径】面板中的“鞋面明线”路径层，使该路径层也处于显示状态。选择工具箱中的【画笔工具】，单击工具选项栏上的【画笔预设】命令，打开【画笔预设】面板，设置【大小】为8像素、【硬度】为100%，单击【切换画笔面板】命令，打开【画笔】面板，单击【画笔笔尖形状】命令，设置【大小】为45像素、【角度】为0°、【圆度】为16%、【硬度】为100%、【间距】为738%。单击【形状动态】命令，设置【角度抖动】下方的【控制】为方向，效果如图4–98所示。

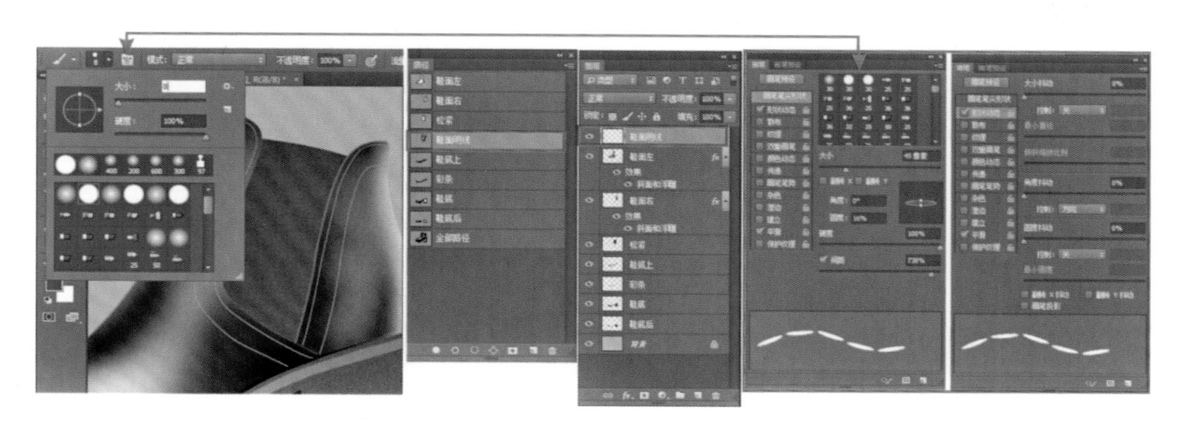

图4–98

25．参照图4–99所示，单击工具箱中的【设置前景色】图标，打开【拾色器】面板，将前景色设置为咖啡色，单击【路径】面板下方的【用画笔描边路径】命令，用画笔在“鞋面明线”图层上为路径描边，效果如图4–99所示。

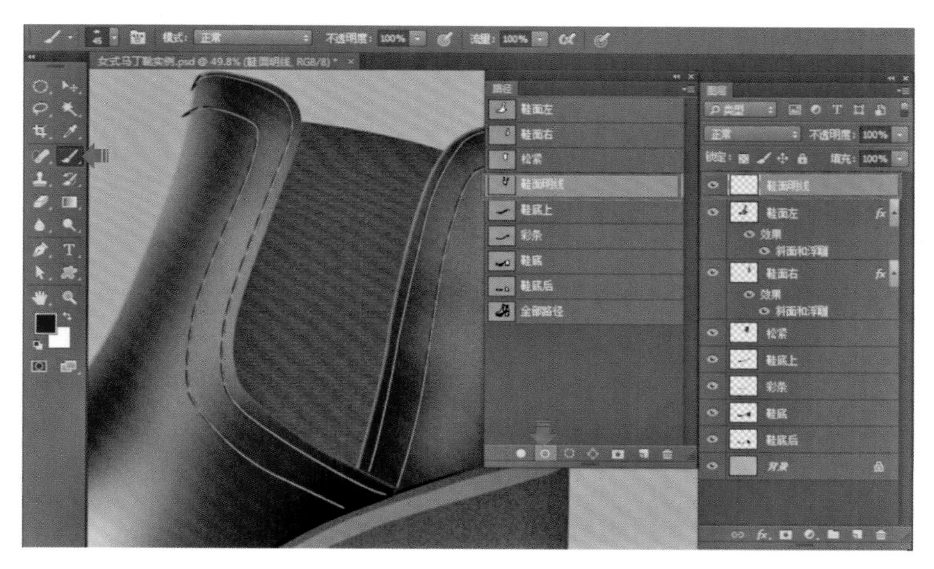

图4–99

26．确认【图层】面板中的“鞋面明线”图层处于选中的状态下，单击【图层】面板下方的【添加图层样式】命令，在弹出的下拉菜单击“斜面和浮雕”命令，在弹出的【图层样式】对话框设置【样式】为内斜面、【方法】为平滑、【深度】为100%、【方向】为上、【大小】为2像素、【软化】为0像素、【角度】为130°。单击【确定】，确认设置操作，如

图4-100所示。

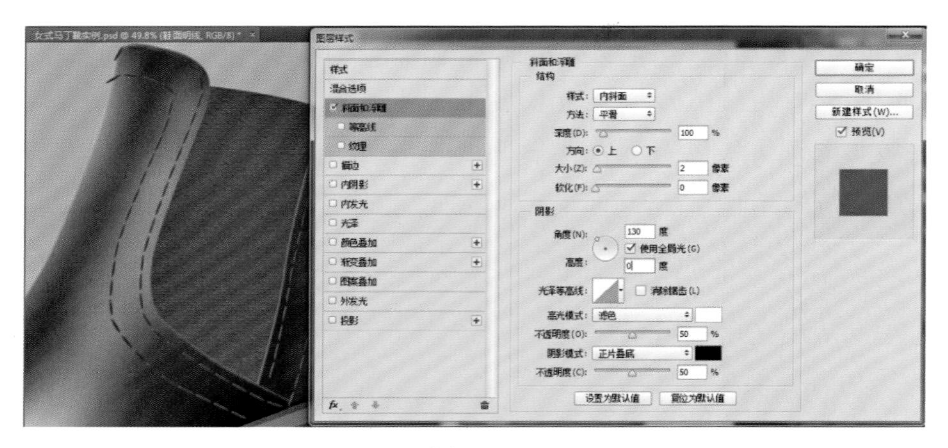

图4-100

27．鼠标左键继续单击【图层样式】对话框的【投影】命令，设置【混合模式】为正片叠底，设置【不透明度】为87%、【角度】为130°、【距离】为2像素、【扩展】为15%、【大小】为2像素。单击【确定】，确认该图层的图层效果，如图4-101所示。

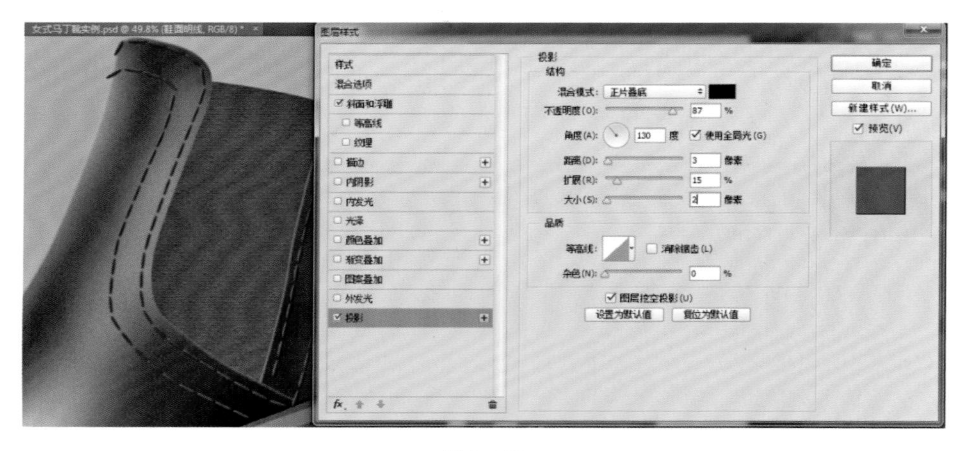

图4-101

28．按下键盘上的【Shift】+【Ctrl】+【Alt】+【E】键，盖印所有可见图层（即将下面所有图层合并，但各自原图层仍保留），名称为“图层1”，单击【图层】面板中的“背景”图层前方的【指示图层可见性】的眼睛图标，隐藏该图层显示，效果如图4-102所示。

29．确认“图层1”处于选中的状态下，按下键盘上的【Ctrl】+【T】键，使该图层处于自由变换状态，参照图4-103所示，拖拉鼠标将该图层调整为如图所示的状态。

30．设置【图层】面板上方的【不透明度】为30%，单击【图层】面板下方的【添加矢量蒙版】命令，在“图层1”图层后方添加一个矢量面板图层，鼠标左键单击该矢量面板图层，使该矢量面板图层处于选中状态。单击工具箱中的【默认前景色和背景色】命令，将前景色设置为黑色，选择工具箱中的【画笔工具】，参照图4-104所示，按下鼠标左键在合适的位置绘制该图层的透明效果；单击【图层】面板中的“背景”图层前方的【指示图层可见性】的眼睛图标，让该图层处于显示状态，如图4-104所示。

图4-102

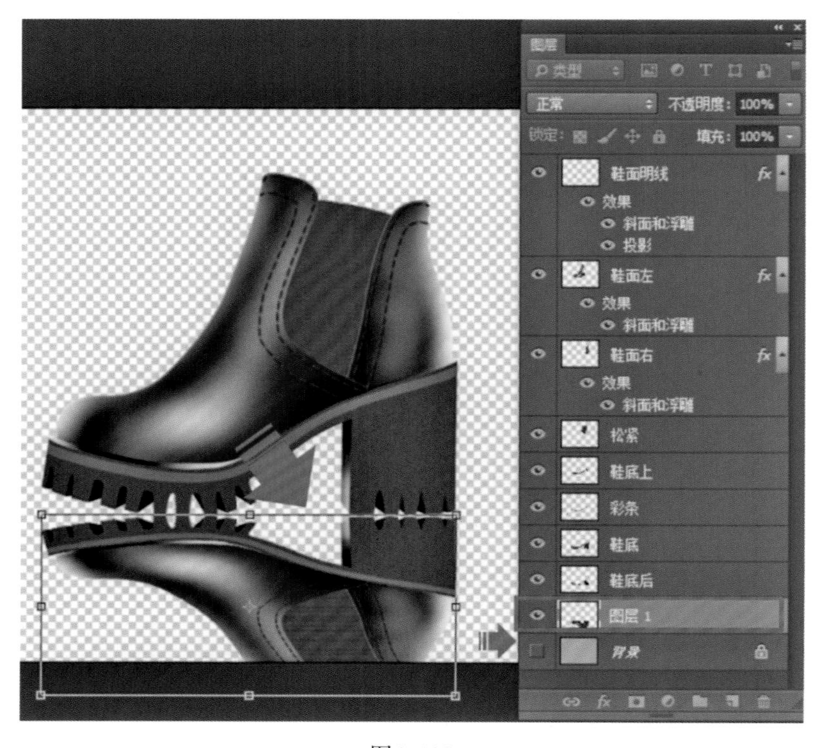

图4-103

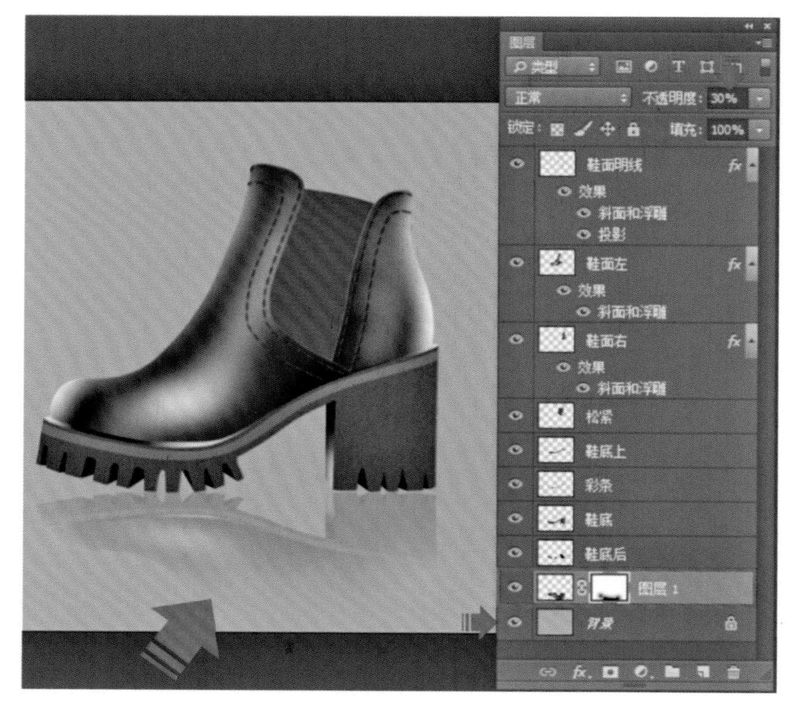

图4-104

31．单击【图层】面板下方的【创建新图层】命令，在“图层1”上方新建图层“图层2”，双击该图层名称修改名称为“阴影”。选择工具箱中的【多边形套索工具】，设置工具状态栏的【羽化】为30像素，参照图4-105所示，在合适的位置绘制选区，按下键盘上的【Alt】+【Delete】键，将黑色填充到选区内，完成该实例的绘制，效果如图4-105所示。

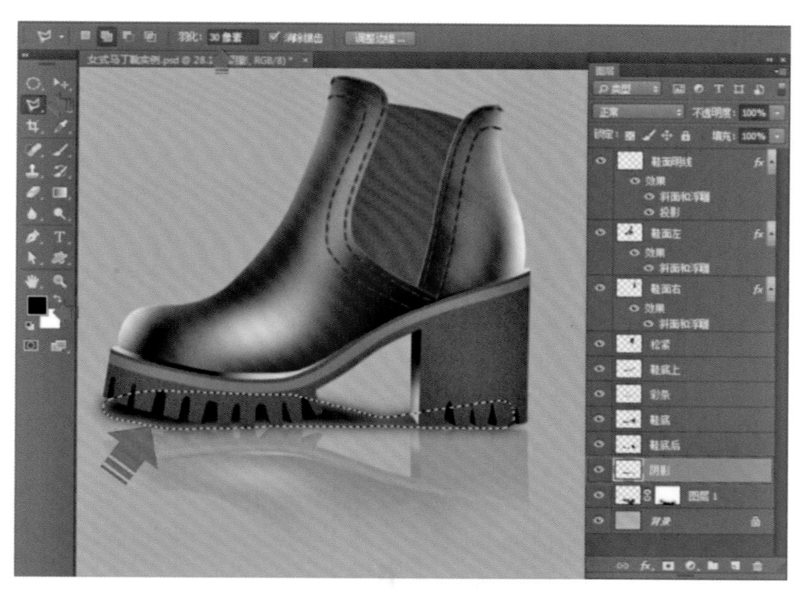

图4-105

第五章　服装款式图的绘制方法

第一节　女式T恤款式图的绘制方法

女式T恤款式图的绘制最终完成效果，如图5–1所示。

女式T恤款式图的绘制方法如下：

1. 单击菜单栏上的【文件】/【新建】命令，打开【新建】对话框，设置【名称】为女式T恤实例、【文档类型】为自定、【宽度】为297毫米、【高度】为210毫米、【分辨率】为300像素/英寸、【颜色模式】为RGB颜色、【背景内容】为白色，单击【确定】，确认新文件设置操作，如图5–2所示。

图5–1

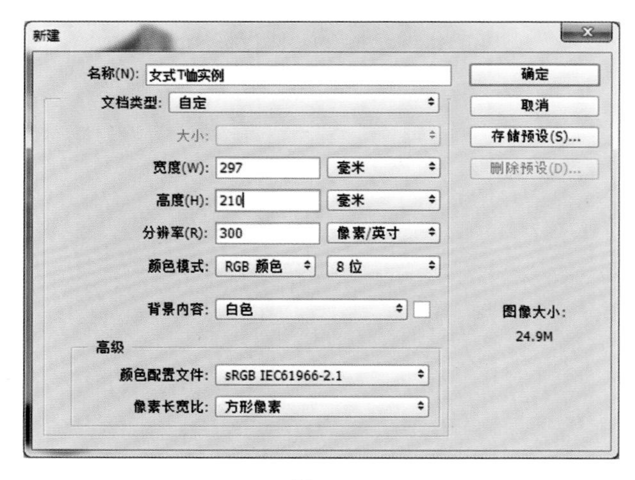

图5–2

2. 打开网络教学资源文件中的“款式图用女人台”素材，选择该文件，按下鼠标左键，直接拖拉到“女式T恤实例”文件画面中，放开鼠标，该文件在“女式T恤实例”中自动形成了“款式图用女人台”图层，效果如图5–3所示。

3. 绘制女式T恤款式图的轮廓及结构线路径。

（1）参照图5–4所示、选择工具箱中的【钢笔工具】，设置工具选项栏中的【选择工具模式】为路径。

（2）单击【路径】面板下方的【创建新路径】图标，创建新路径“路径1”，在“路径1”的名称上双击，输入名称为“款式图轮廓及结构线”。

（3）选择工具箱中的【钢笔工具】，结合键盘上的【Ctrl】键和【Alt】键，绘制款式图路径。然后选择工具箱中的【直接选择工具】，对绘制好的路径进行调整及修改，效果如

图5-4所示。

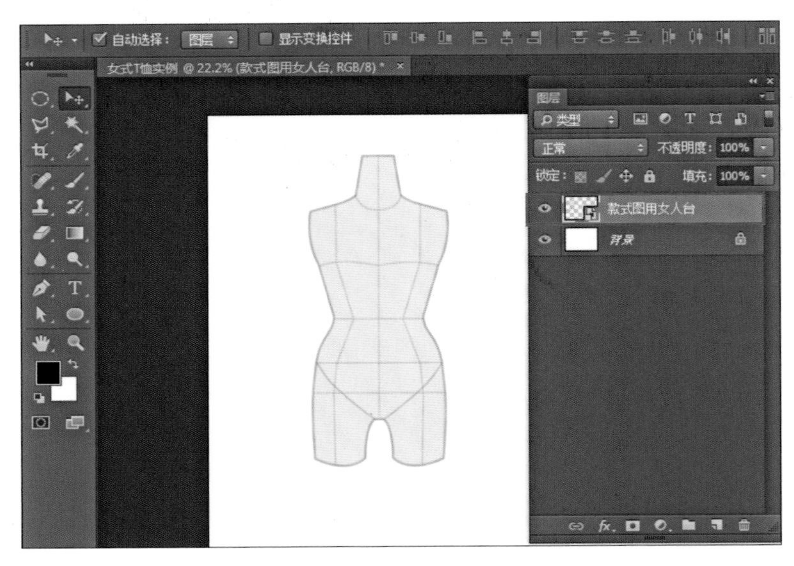

图5-3

4. 为款式图轮廓及结构线路径描边。

（1）参照图5-5所示，选择工具箱中的【画笔工具】，在绘制路径的过程中，单击打开【工具选项栏】中的【“画笔预设”选取器】面板，选择【硬边圆】画笔，设置画笔【大小】为5像素、工具选项栏上的【不透明度】为100%、【流量】为100%。

（2）单击工具箱中的【默认前景色和背景色】图标，设置前景色为黑色、背景色为白色。

（3）选择【图层】面板，单击【图层】面板下方的【创建新图层】图标，创建“图层1”新图层，在“图层1”的名称上双击，修改名称为“款式图线稿”。

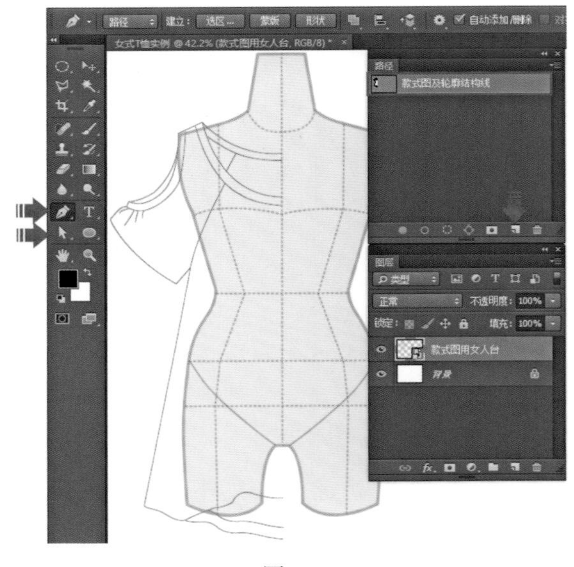

图5-4

（4）在“款式图线稿”图层处于选中的状态下，选择【路径】面板中“款式图轮廓及结构线”路径，单击【路径】面板下方的【用画笔描边路径】图标，为“款式图轮廓及结构线”描边，效果如图5-5所示。

5. 单击【路径】面板下方的【创建新路径】图标，创建新路径“路径1”，在“路径1”的名称上双击，输入名称为“明线”。选择工具箱中的【钢笔工具】，结合键盘上的【Ctrl】键和【Alt】键，耐心绘制款式图路径。然后选择工具箱中的【直接选择工具】，对绘制好的路径进行调整及修改，效果如图5-6所示。

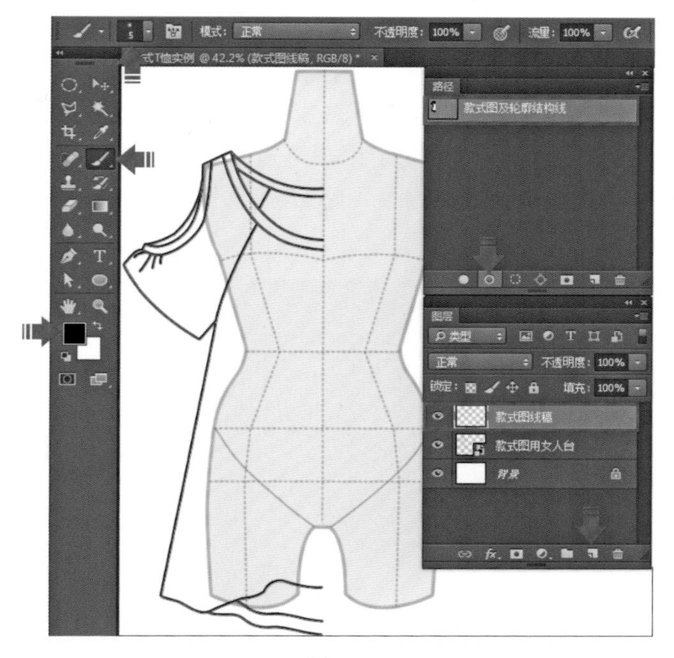

图5-5

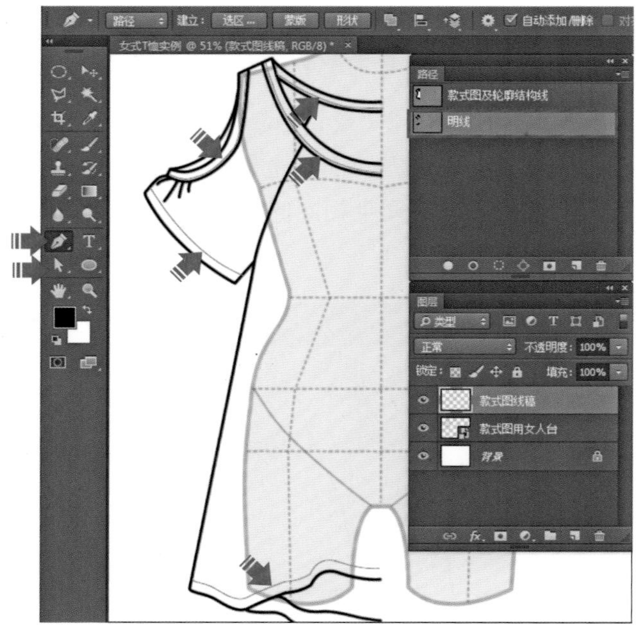

图5-6

6. 为款式图“明线”路径描边。

（1）参照图5-7所示，选择工具箱中的【画笔工具】，在绘制路径的过程中，单击【工具选项栏】中的【切换画笔面板】，打开【画笔】面板，单击【画笔】面板中的【画笔笔尖形状】命令，设置画笔【大小】为8像素、【角度】为0°、【圆度】为2%，【硬度】为100%、【间距】为1000%。

（2）单击【画笔】面板中的【动态形状】命令，设置画笔【角度抖动】/【控制】为方向。

（3）单击工具箱中的【默认前景色和背景色】图标，设置前景色为黑色、背景色为白色。

（4）确认【图层】面板“款式图线稿”图层处于选中的状态下，选择【路径】面板中“明线”路径，单击【路径】面板下方的【用画笔描边路径】图标，为“明线”路径描边为虚线效果。单击【路径】面板下方的空白处，隐藏路径的显示，效果如图5-7所示。

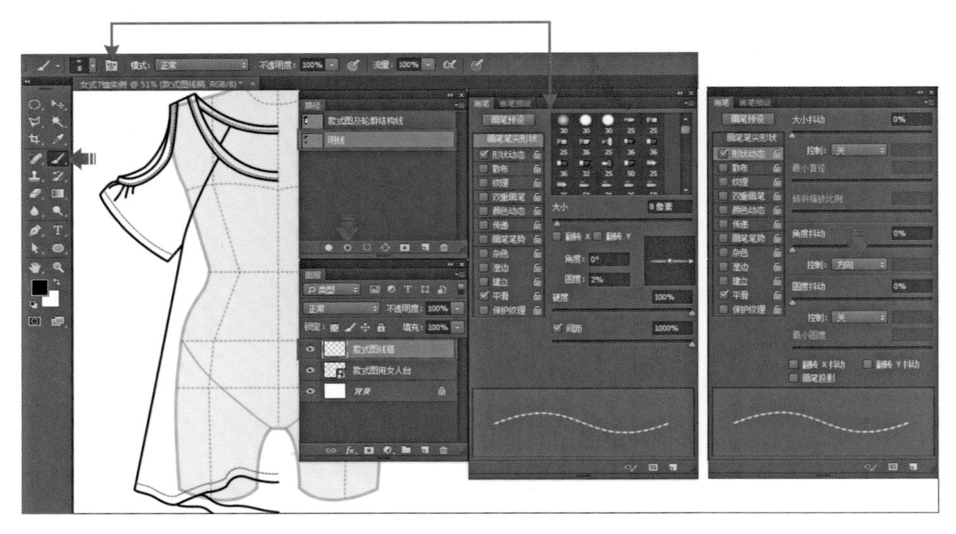

图5-7

7. 鼠标单击选中【图层】面板中的“款式图线稿”图层，在该图层上按下鼠标左键不要松开，拖拉该图层到【图层】面板下方的【新建新图层】图标上，放开鼠标左键，在图层面板上复制一个与“款式图线稿”图层完全相同的图层，它的名称也叫“款式图线稿”，效果如图5-8所示。

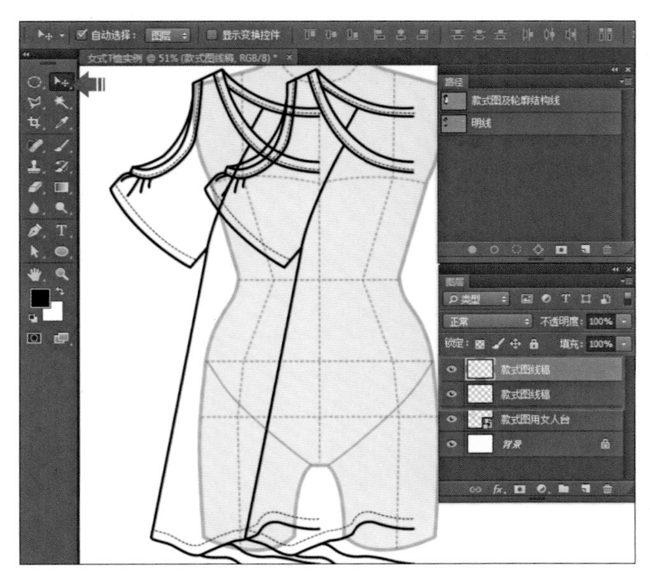

图5-8

8．选择工具箱中的【移动工具】，在工具选项栏的【自动选择】前方的方框内点击勾选，鼠标左键在【选择组或图层】命令上按下，在弹出的下拉菜单中选择“图层”。单击菜单栏上的【编辑】/【变换】/【水平翻转】命令，将新复制的“款式图线稿”图层做水平翻转，然后再用键盘上的【向左方向键】或者【向右方向键】，参照图5-9所示，调整该图层到合适位置；按住键盘上的【Ctrl】键，连续单击鼠标左键加选，选中【图层】面板中的两个“款式图线稿”图层，按下键盘上的【Ctrl】+【E】键，合并两个图层为一个新的图层，即“款式图线稿”图层，效果如图5-9所示。

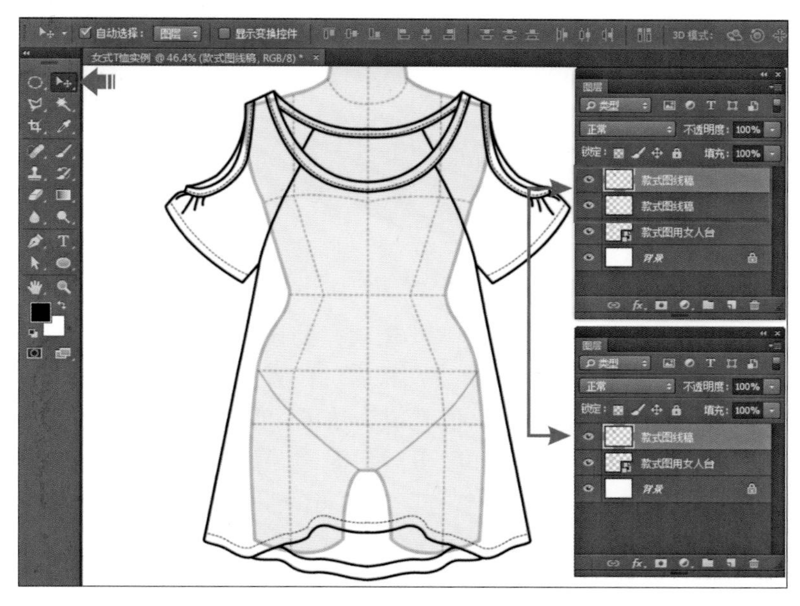

图5-9

9．为服装款式图上色。

（1）参照图5-10所示，单击【图层】面板中“款式图用女人台”图层前方的眼睛图标，隐藏该图层。效果如图。

（2）单击【图层】面板下方的【新建新图层】图标，新建图层“图层1”，在该图层名称上双击改名为“颜色层”。

（3）选中工具箱中的【魔棒工具】，单击工具选项栏上的【添加到选区】图标，设置【容差】为32，并分别在【消除锯齿】、【连续】、【对所有图层取样】命令前方的方框内单击勾选。

（4）鼠标左键在“女式T恤实例”文件页面的款式图线稿外围的空白处单击，选中页面的款式图线稿外围的空白处使其成为选区；按下键盘上的【Shift】+【Ctrl】+【I】键，或者单击菜单栏上的【选择】/【反选】命令，将选区的选择转换为选择款式图内部。效果如图5-10所示。

（5）单击选择【色板】面板中的“55%灰色”使该颜色成为前景色。确认【色板】面板中“颜色层”处于选中的状态下，按下键盘上的【Alt】+【Delete】键，将前景色填入该图层的选区内，效果如图5-10所示。按下键盘上的【Ctrl】+【D】键，取消选区。

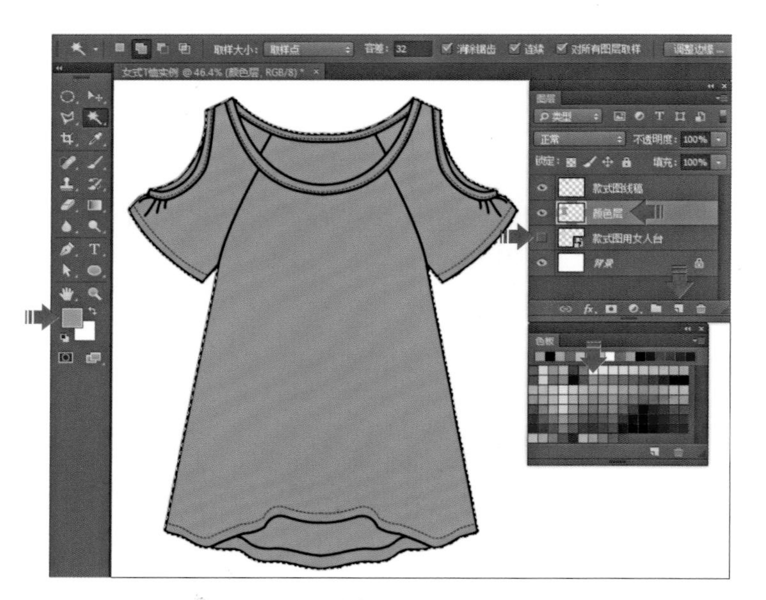

图5-10

10. 选择工具箱中的【魔棒工具】，工具选项栏的设置同上，在【图层】面板中“颜色层”处于选中的状态下，参照图5-11所示，在相应的位置连续单击鼠标左键，选择服装款式图后身衣领、后身下摆以及插肩袖后部，使其成为选区。单击菜单栏上的【图像】/【修改】/【色相/饱和度】命令，打开【色相/饱和度】对话框，设置【色相】为0、【饱和度】为0、【明度】为-50，单击【确定】，确认调整选区内色彩的明度，效果如图5-11所示。

图5-11

11. 选择工具箱中的【加深工具】，设置工具选项栏中【“画笔预设”选取器】中画笔样式为柔边圆、【范围】为中间调、【曝光度】为70%。配合键盘上的【[】键和【]】键缩小或者放大画笔，按下鼠标左键，参照图5-12所示，在相应的位置拖拉，在上一步选区内绘制款式图的阴影渐变效果，如图5-12所示。

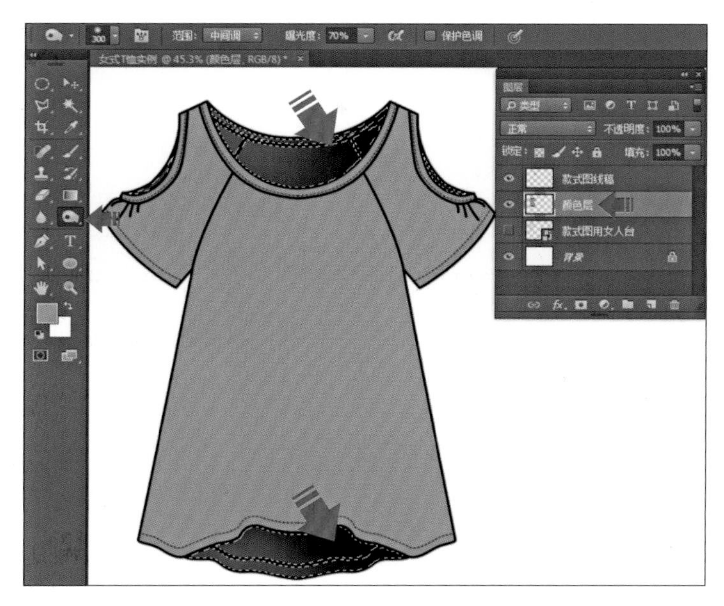

图5–12

12．按下键盘上的【Shift】+【Ctrl】+【I】键，或者单击菜单栏上的【选择】/【反选】命令，将选区反向选择；选择工具箱中的【加深工具】，工具选项栏的设置不变，用同上的方法绘制服装款式图的光影立体效果，如图5–13所示。

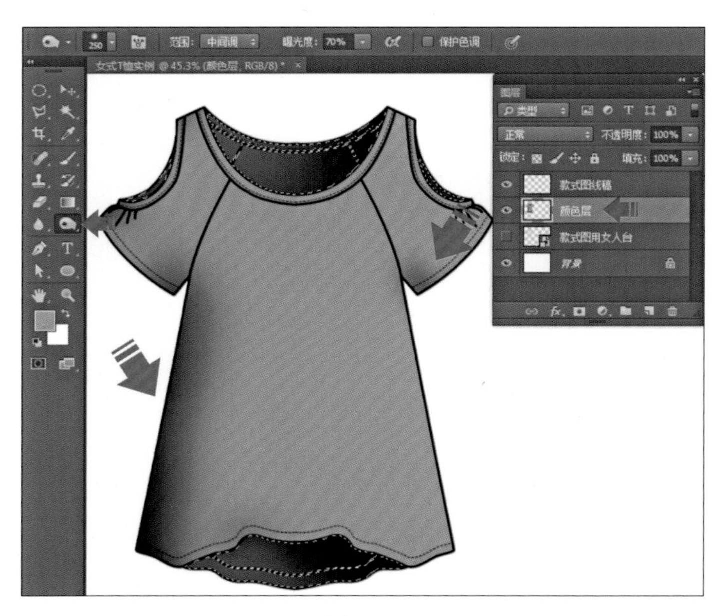

图5–13

13．选择工具箱中的【减淡工具】，设置工具选项栏的【范围】为阴影、【曝光度】为63%。确认【图层】面板中“颜色层”图层处于选中的状态下，配合键盘上的【[】键和【]】键缩小或者放大画笔，按下鼠标左键，在相应的位置拖拉，绘制款式图的立体光影效果，如图5–14所示。按下键盘上的【Ctrl】+【D】键，取消选区。

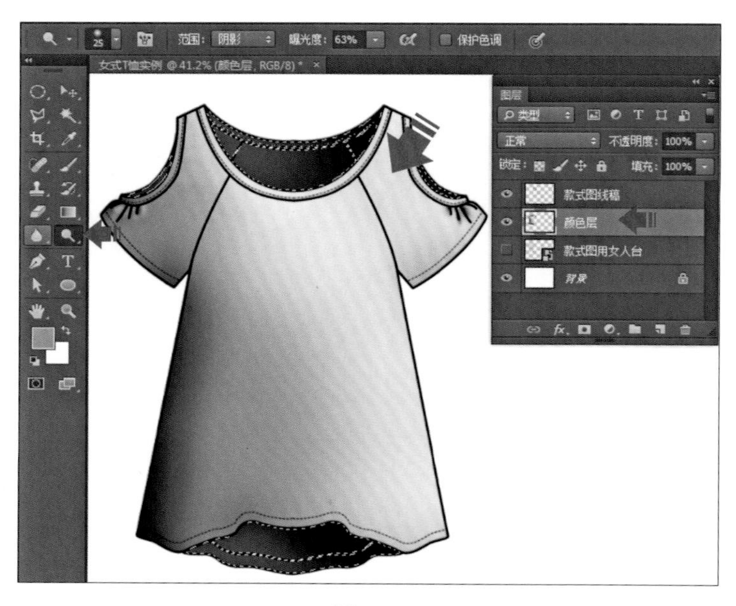

图5-14

14. 确认【图层】面板中“颜色层”图层处于选中的状态下，单击菜单栏上的【滤镜】/【杂色】/【添加杂色】命令，打开【添加杂色】面板，设置【数量】为15%。单击鼠标左键在【单色】命令前方的方框内勾选，单击【确定】，确认该图层的滤镜处理效果，如图5-15所示。

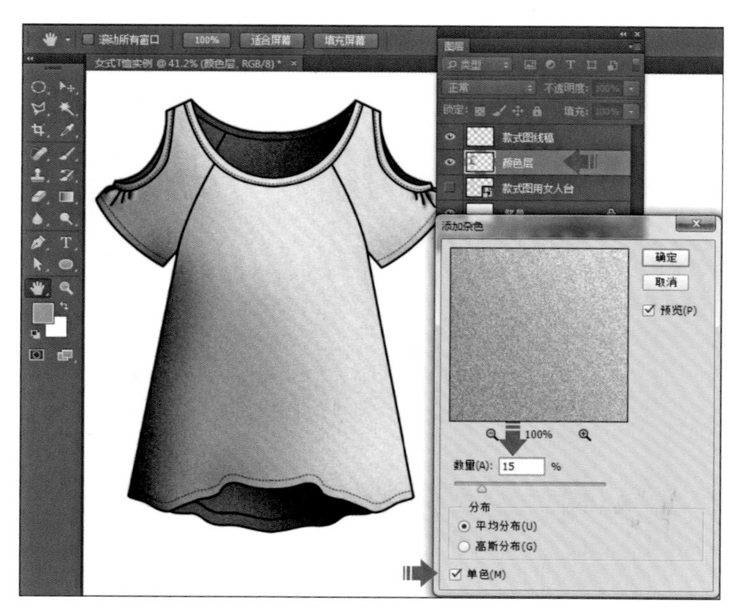

图5-15

15. 选择网络教学资源文件中的“印花图案1”素材文件，按下鼠标左键不要松开，拖拉到“女式T恤实例”文件画面中放开鼠标左键，这样该素材会在【图层】面板中形成一个名为“印花图案1”的智能文件图层，效果如图5-16所示。

图5-16

16. 继续按住键盘上的【Shift】键，选中图像四个边角控制点的任意一个控制点，按下鼠标左键向内进行推移，等比缩放该智能对象，移动该对象到合适位置，效果如图5-17所示。按下键盘上的【Enter】键确认对该智能对象的调整。

图5-17

17. 在【图层】面板中“印花图案1”图层处于选中的状态下，鼠标左键单击【图层】面板上方的【设置图层混合模式】命令，在弹出的下拉菜单中选择“正片叠底”，设置该图层的混合效果。完成女式T恤款式图的绘制，效果如图5-18所示。

图5-18

第二节　文胸款式图的绘制方法

文胸款式图的最终绘制完成效果，如图5-19所示。

文胸款式图的绘制方法如下：

1. 单击菜单栏上的【文件】/【新建】命令，打开【新建】对话框，设置【名称】为女式文胸实例、【文档类型】为自定、【宽度】为297毫米、【高度】为210毫米、【分辨率】为300像素/英寸、【颜色模式】为RGB颜色、【背景内容】为白色，单击【确定】，确认新建文件的设置操作，如图5-20所示。

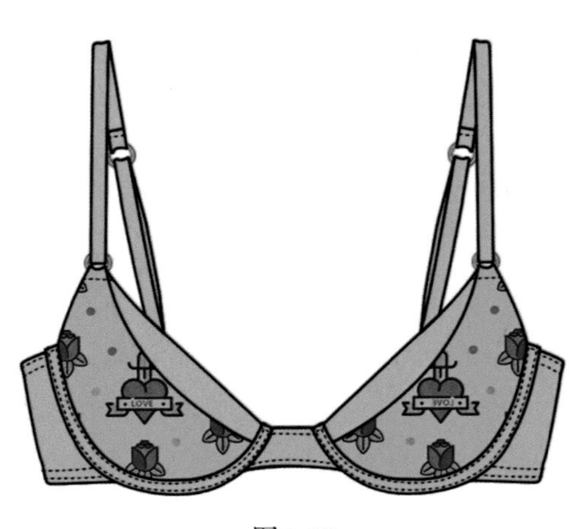

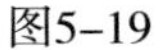

图5-19

图5-20

2. 打开网络教学资源文件中的“款式图用女人台”素材，选择该文件，按下鼠标左键，直接拖拉到“女式文胸实例”文件画面中，放开鼠标，按下键盘上的【Enter】键，确认该智能对象的导入，该文件在“女式文胸实例”中自动生成名为“款式图用女人台”的智能图层。单击鼠标左键选中该智能对象，效果如图5–21所示。

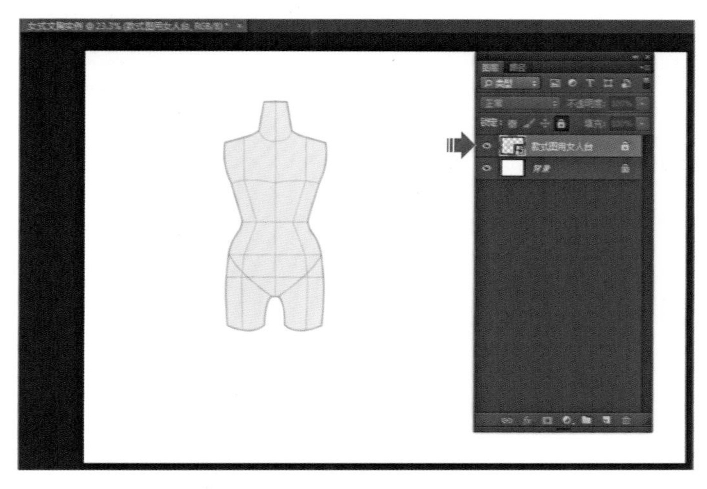

图5–21

3. 绘制文胸款式图的轮廓及结构线路径。

（1）参照图5–22所示，选择工具箱中的【钢笔工具】，设置工具选项栏中的【选择工具模式】为路径。

（2）单击【路径】面板下方的【创建新路径】图标，创建新路径“路径1”图层，在图层“路径1”的名称上双击，改名称为“款式图实线”。

（3）选择工具箱中的【钢笔工具】，结合键盘上的【Ctrl】键和【Alt】键，绘制款式图路径。然后选择工具箱中的【直接选择工具】，对绘制好的路径进行调整及修改，效果如图5–22所示。

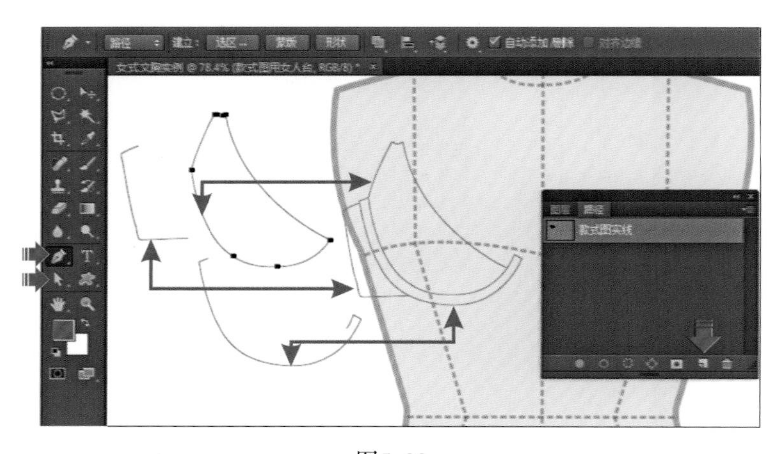

图5–22

4. 参照图5–23所示，继续绘制“女式文胸实例”的“款式图实线”路径。

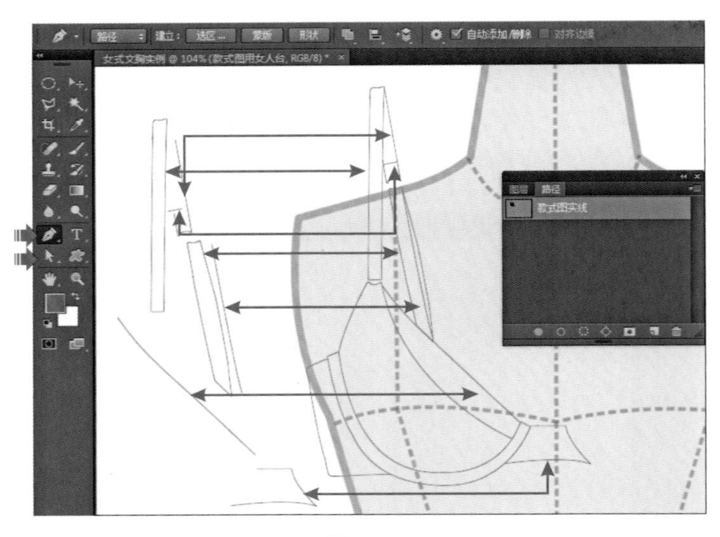

图5-23

5．为“款式图实线”路径描边。

（1）参照图5-24所示，选择工具箱中的【画笔工具】，在绘制路径的过程中，单击【工具选项栏】中的【“画笔预设”选取器】，打开【“画笔预设”选取器】面板，选择【硬边圆】画笔，设置画笔【大小】为3像素、工具选项栏上的【不透明度】为100%、【流量】为100%。

（2）单击工具箱中的【默认前景色和背景色】图标，设置前景色为黑色、背景色为白色。

（3）选择【图层】面板，单击【图层】面板下方的【创建新图层】图标，创建“图层1”新图层，在“图层1”的名称上双击，输入名称为“款式图线稿”。

（4）在“款式图线稿”图层处于选中的状态下，选择【路径】面板中“款式图实线”路径，单击【路径】面板下方的【用画笔描边路径】图标，为“款式图效果”描边，效果如图5-24所示。

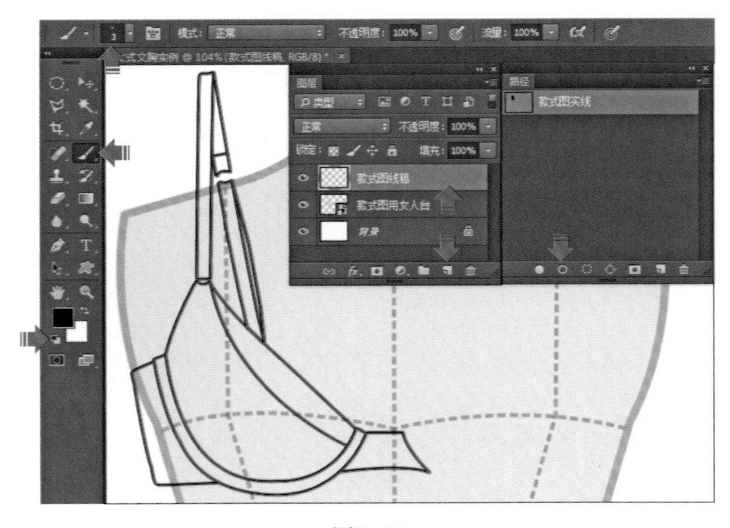

图5-24

6. 单击【路径】面板下方的【创建新路径】图标，创建新路径“路径1”，在“路径1”的名称上双击，输入名称为“款式图明线”。选择工具箱中的【钢笔工具】，结合键盘上的【Ctrl】键和【Alt】键，绘制款式图路径。然后选择工具箱中的【直接选择工具】，对绘制好的路径进行调整及修改，效果如图5-25所示。

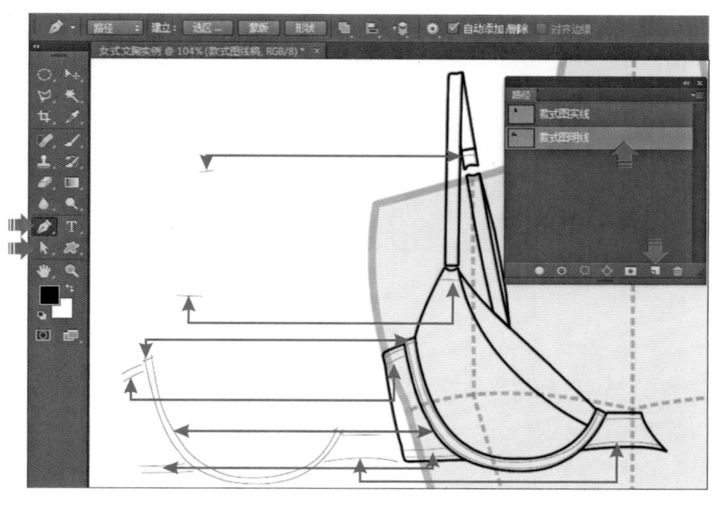

图5-25

7. 为“款式图明线”路径描边。

（1）参照图5-26所示，选择工具箱中的【画笔工具】，在绘制路径的过程中，单击【工具选项栏】中的【切换画笔面板】，打开【画笔】面板，单击【画笔】面板中的【画笔笔尖形状】命令，设置画笔【大小】为4像素、【角度】为0°、【圆度】为4%、【硬度】为100%、【间距】为690%。

（2）单击【画笔】面板中的【动态形状】命令，设置画笔【角度抖动】/【控制】为方向。

（3）单击工具箱中的【默认前景色和背景色】图标，设置前景色为黑色、背景色为白色。

（4）确认【图层】面板“款式图线稿”图层处于选中的状态下，选择【路径】面板中“明线”路径，单击【路径】面板下方的【用画笔描边路径】图标，为“款式图明线”路径描边为虚线效果，效果如图5-26所示。单击【路径】面板下方的空白处，隐藏路径的显示。

8. 为文胸款式图上色。

（1）参照图5-27所示，单击【图层】面板中“款式图用女人台”图层前方的眼睛图标，隐藏该图层。效果如图所示，连续两次单击【图层】面板下方的【新建新图层】图标，新建图层“图层1”和“图层2”，分别在两个图层名称上双击改名为“单色面料”和“配件”。

（2）选中工具箱中的【魔棒工具】，单击工具选项栏上的【添加到选区】图标，设置【容差】为32，并分别在【消除锯齿】、【连续】和【对所有图层取样】命令前方的方框内单击勾选。

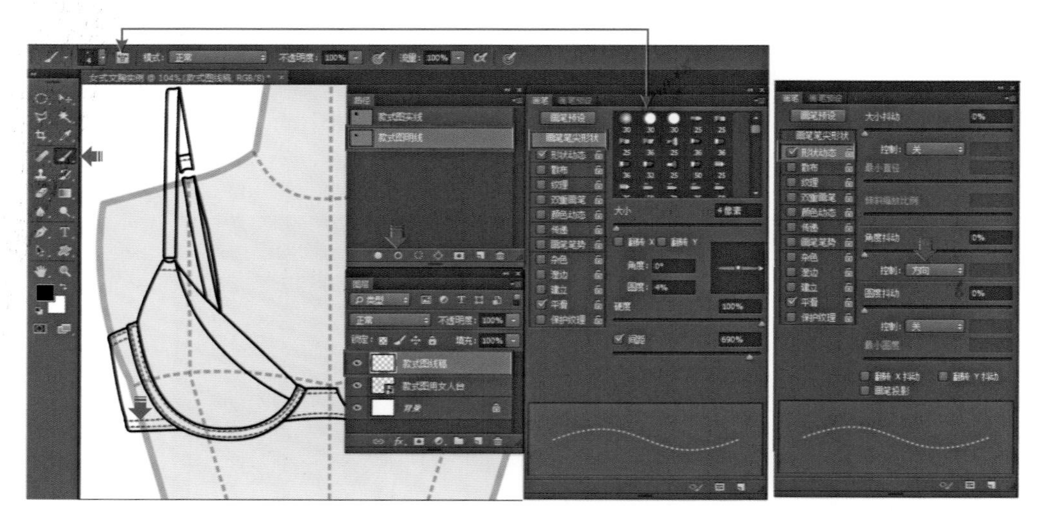

图5-26

（3）鼠标左键在“女式文胸实例”文件页面的款式图线稿外围的空白处单击，选中页面的款式图线稿外围的空白处使其成为选区，按下键盘上的【Shift】+【Ctrl】+【I】键，或者单击菜单栏上的【选择】/【反选】命令，将选区的选择转换为选择款式图内部，效果如图5-27所示。

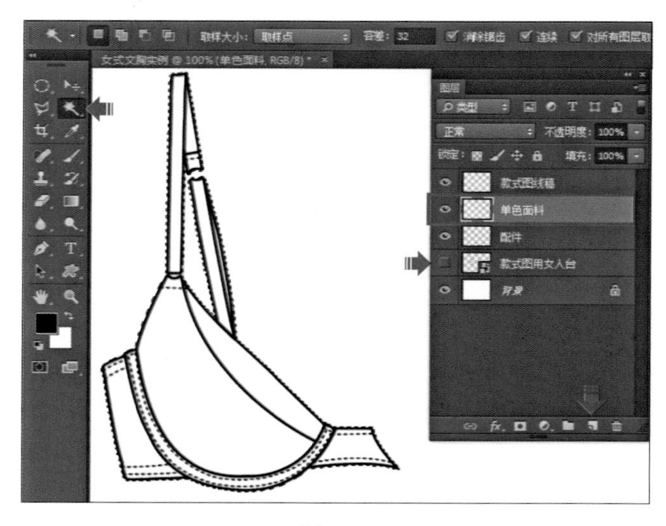

图5-27

9. 在【图层】面板中的“单色面料”图层处于选中的状态下，单击选择【色板】面板中的“蜡笔洋红”，使该颜色成为前景色。按下键盘上的【Alt】+【Delete】键，将前景色填入该图层的选区内，效果如图5-28所示。按下键盘上的【Ctrl】+【D】键，取消选区。

10. 打开网络教学资源文件中的“花色面料素材1”，按住鼠标左键不要松开，拖拉到“女式文胸实例”文件画面中，放开鼠标左键，这样该素材会在【图层】面板中形成一个名为“花色面料素材1”的智能文件图层，效果如图5-29所示。

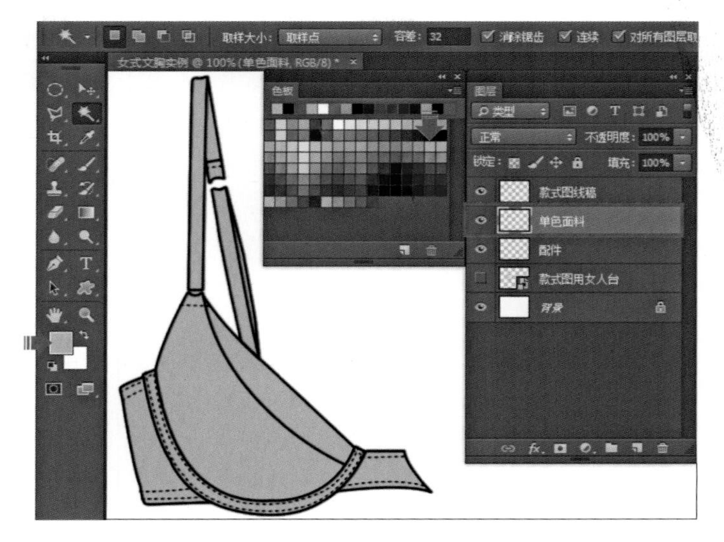

图5-28

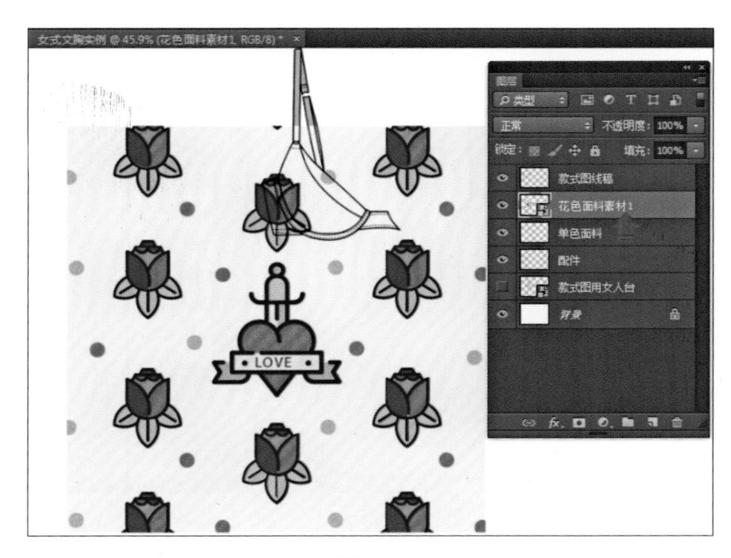

图5-29

11．确认【图层】面板“花色面料素材1”的智能文件图层处于选中的状态下，参照图5-30所示，调整该图层的大小，按下键盘上的【Enter】键，确认调整；在该图层上按下鼠标右键，在弹出的下拉菜单上选择【栅格化图层】命令，将该图层由智能图层转换为普通图层，效果如图5-30所示。

12．单击【图层】面板中“花色面料素材1”图层前方的眼睛图标，隐藏该图层。选中工具箱中的【魔棒工具】，单击工具选项栏上的【新选区】图标，设置【容差】为32，并分别在【消除锯齿】、【连续】和【对所有图层取样】命令前方的方框内单击勾选。单击选择【图层】面板中的“单色面料”图层，参照图5-31所示，单击鼠标左键选中文胸罩杯左部分使其成为选区。按下键盘上的【Shift】+【Ctrl】+【I】键，或者单击菜单栏上的【选择】/【反选】命令，将选区的选择转换为选择文胸罩杯左部以外的区域，效果如图5-31所示。

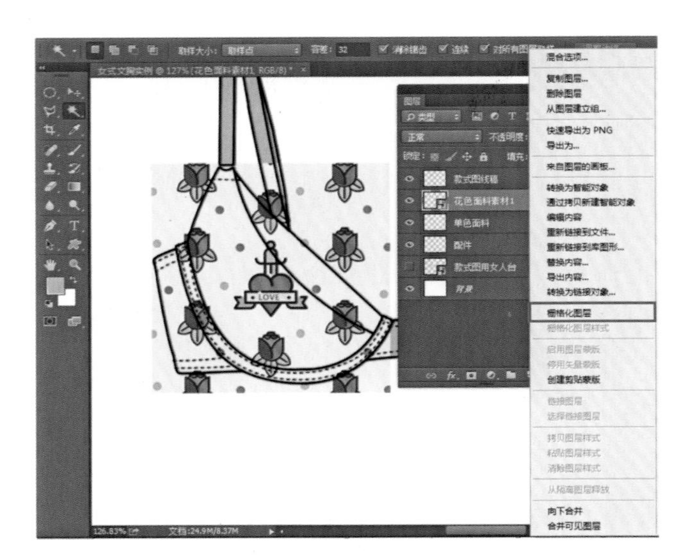

图5-30

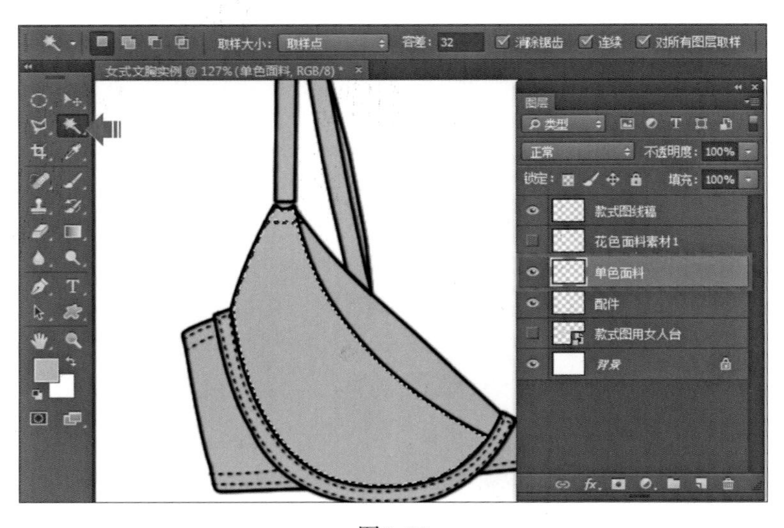

图5-31

13．单击【图层】面板中“花色面料素材1”图层前方的眼睛图标，取消隐藏该图层。选中该图层，按下键盘上的【Delete】键，将“花色面料素材1”图层上多余的像素删除掉。按下键盘上的【Ctrl】+【D】键，取消选区，效果如图5-32所示。

14．选择工具箱中的【椭圆工具】，设置工具选项栏中的【选择工具模式】为路径，单击【路径】面板下方的【创建新路径】图标，创建新路径“路径1”，在“路径1”的名称上双击，输入名称为“配件”。按住键盘上的【Shift】键，按下鼠标左键不要松开，拖拉绘制正圆形路径，同上方法继续绘制一个略小的正圆形路径，选择工具箱中的【路径选择工具】，分别选中两个正圆形路径，调整其位置，效果如图5-33所示。

15．选择工具箱中的【路径选择工具】，框选两个正圆形路径，单击工具选项栏上的【路径操作】图标，在弹出的下拉菜单中两次单击选择【排除重叠形状】和【合并形状组件】命令，用小的正圆形路径修剪下方的大的正圆形路径，如图5-34所示。

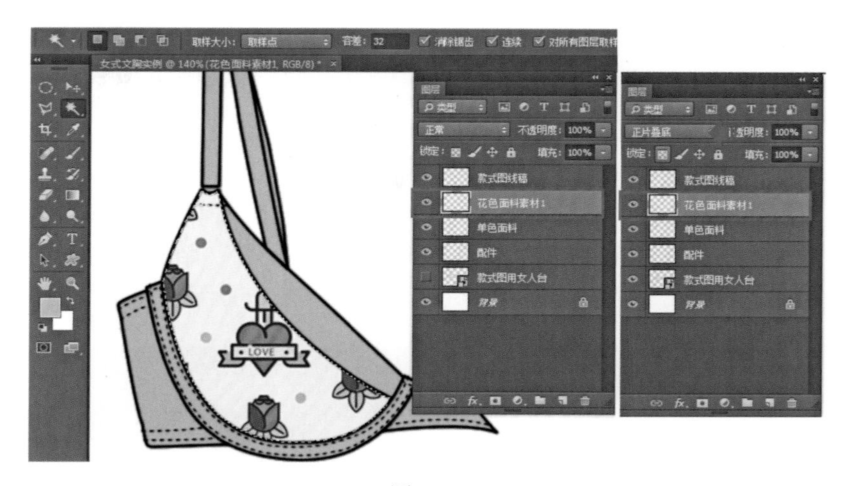

图5-32

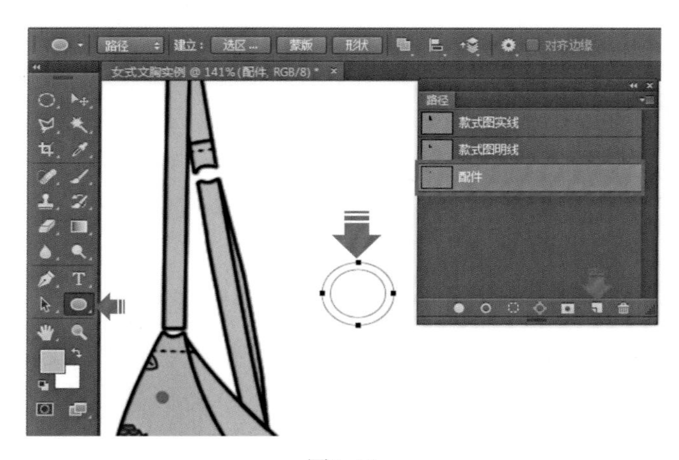

图5-33

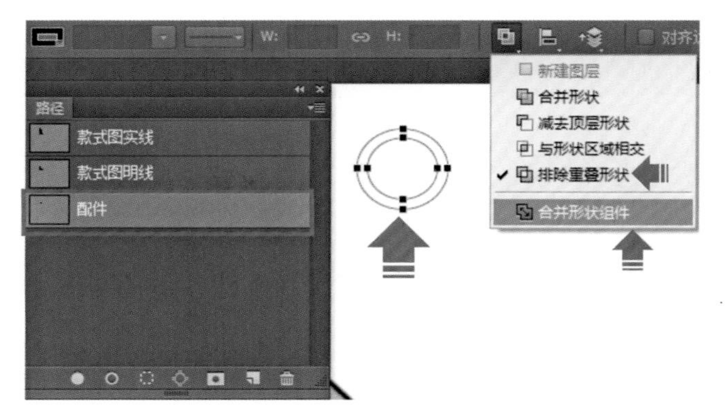

图5-34

16．为“配件”路径描边。

（1）参照图5–35所示，选择工具箱中的【画笔工具】，在绘制路径的过程中，单击【工具选项栏】打开其中的【“画笔预设”选取器】面板，选择【硬边圆】画笔，设置画笔【大小】为2像素、工具选项栏上的【不透明度】为100%、【流量】为100%，效果如图5–35

所示。

（2）单击工具箱中的【默认前景色和背景色】图标，设置前景色为黑色、背景色为白色。

（3）选择【图层】面板，单击【图层】面板下方的【创建新图层】图标，创建“图层1”新图层，在“图层1”的名称上双击，修改名称为“配件”。

（4）在“配件”图层处于选中的状态下，选择【路径】面板中“款式图实线”路径，单击【路径】面板下方的【用画笔描边路径】图标，为“配件”路径描边。鼠标左键在【路径】面板下方的空白处单击，取消路径的显示，效果如图5-35所示。

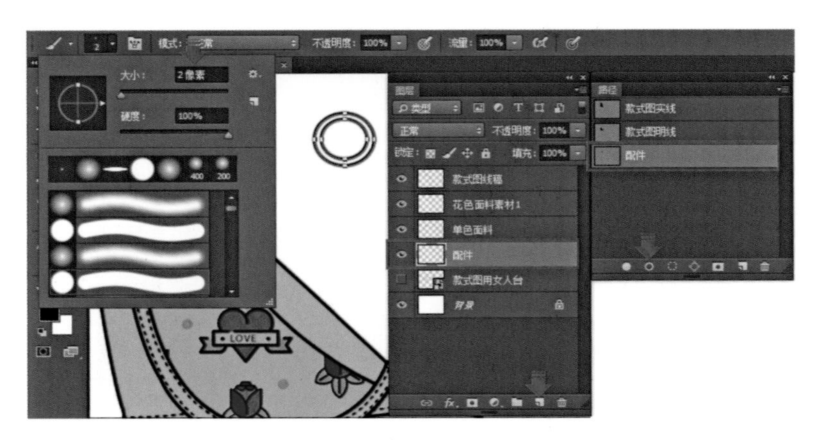

图5-35

17. 选择工具箱中的【魔棒工具】，工具选项栏的设置同上，在【图层】面板中“配件”图层处于选中的状态下，参照图5-36所示，在相应的位置单击鼠标左键，选择环状图形内部使其成为选区。单击【色板】面板中的“蜡笔洋红”使其成为前景色，使该颜色成为前景色。按下键盘上的【Alt】+【Delete】键，将前景色填入该图层的选区内。效果如图5-36所示。按下键盘上的【Ctrl】+【D】键，取消选区。

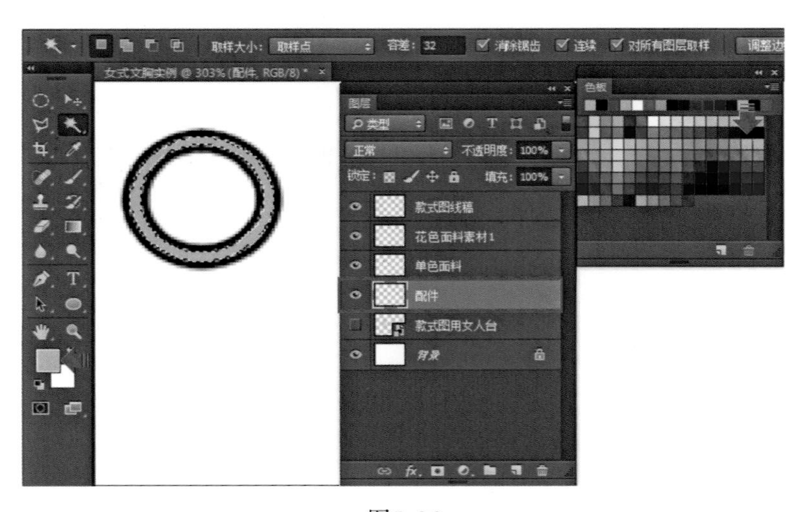

图5-36

18. 选择工具箱中的【移动工具】，在工具选项栏的【自动选择】前方的方框内勾选，鼠标左键在【选择组或图层】命令上按下，在弹出的下拉菜单中选择“图层”。按住键盘上的【Alt】键，在页面上单击选中环状配件，按住鼠标左键拖拉，然后放开鼠标左键，复制环状配件。这样就在图层面板中再制了一个与“配件”图层完全相同的图层，它的名称也叫“配件”。确认“配件”图层处于选中的状态下，按下键盘的【Ctrl】+【T】键，或者单击菜单栏中的【编辑】/【自由变换】命令，按住键盘上的【Shift】键，鼠标光标选中“配件”图层对象的变换控件界定框的四个边角控制点中的任意一个控制点，按住鼠标左键，向内进行拖拉推移，等比调整该图层对象到合适的大小，按下键盘上的【Enter】键，确认修改。参照图5-37所示，将调整好的环状配件放置于合适位置；同上方法，继续调整另外一个环状配件，效果如图5-37所示。

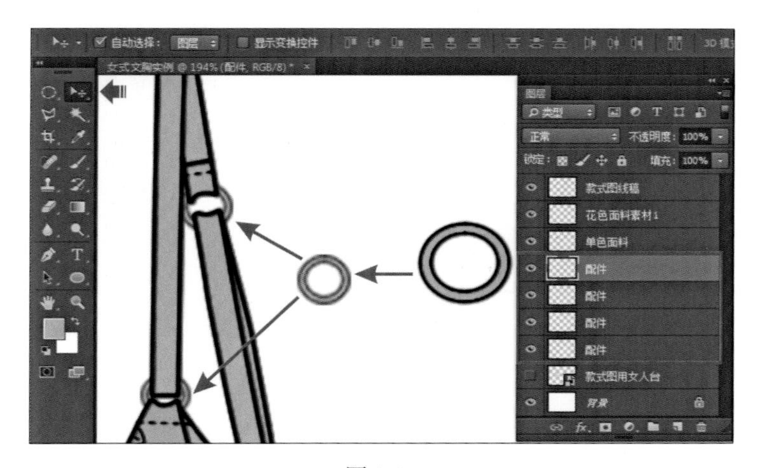

图5-37

19．按住键盘上的【Ctrl】键，连续单击选中“款式图线稿”、“花色面料素材1”“单色面料”“配件”“配件”图层，按下键盘上的【Ctrl】+【E】键，合并这些图层形成新的图层名称为“款式图线稿”。在“款式图线稿”图层的名称上双击，修改名称为“款式图左”，效果如图5-38所示。

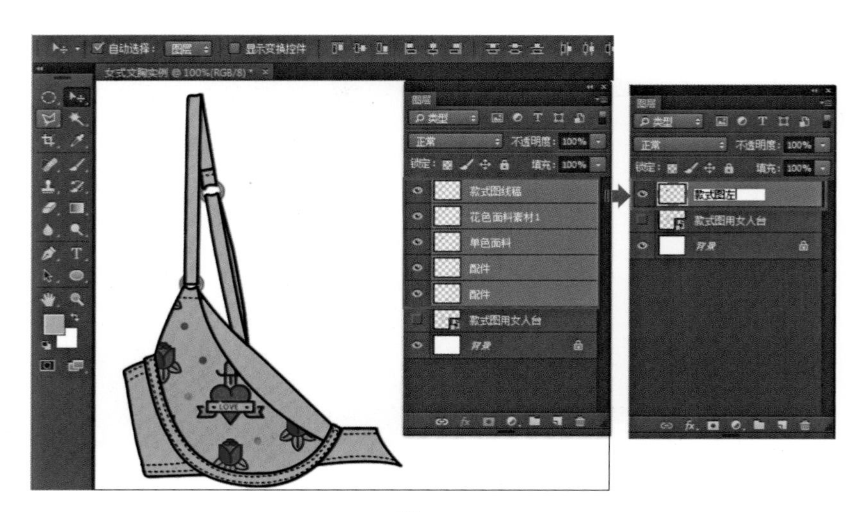

图5-38

20．选择工具箱中的【移动工具】，在工具选项栏的【自动选择】前方的方框内勾选，鼠标左键在【选择组或图层】命令上按下，在弹出的下拉菜单中选择“图层”。按住键盘上的【Alt】键，在页面上单击选中“款式图左”图层，按下鼠标左键拖拉，然后放开鼠标左键，再制环状配件，在图层面板再制了一个与“款式图左”图层完全相同的图层，它的名称也叫“款式图左”。在“款式图左”图层的名称上双击，修改名称为“款式图右”，效果如图5-39所示。

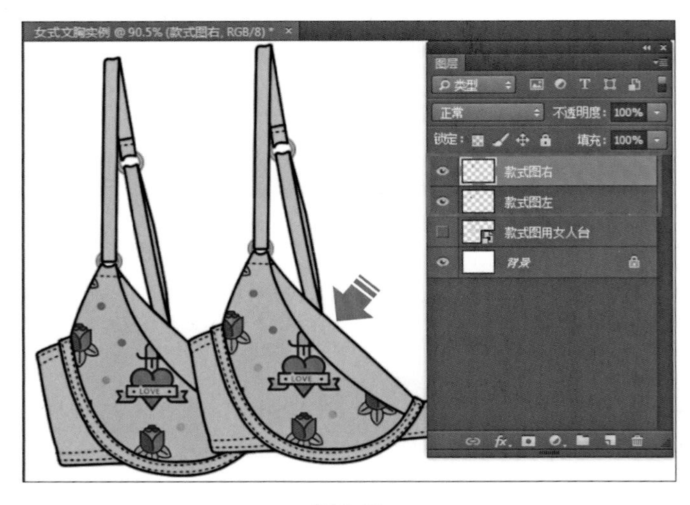

图5-39

21．选择工具箱中的【移动工具】，确认【图层】面板中 “款式图右”图层处于选中的状态下，单击菜单栏上的【编辑】/【变换】/【水平翻转】命令，将新复制的“款式图右”图层水平翻转，然后再用键盘上的方向键调整该图层到合适位置；按住键盘上的【Ctrl】键，连续单击鼠标左键加选选中【图层】面板中的“款式图右”和“款式图左”图层，按下键盘上的【Ctrl】+【E】键，合并两个图层为一个新的图层，即“款式图右”图层。在“款式图右”图层的名称上双击，修改名称为“女式文胸款式图”。完成文胸款式图的绘制，效果如图5-40所示。

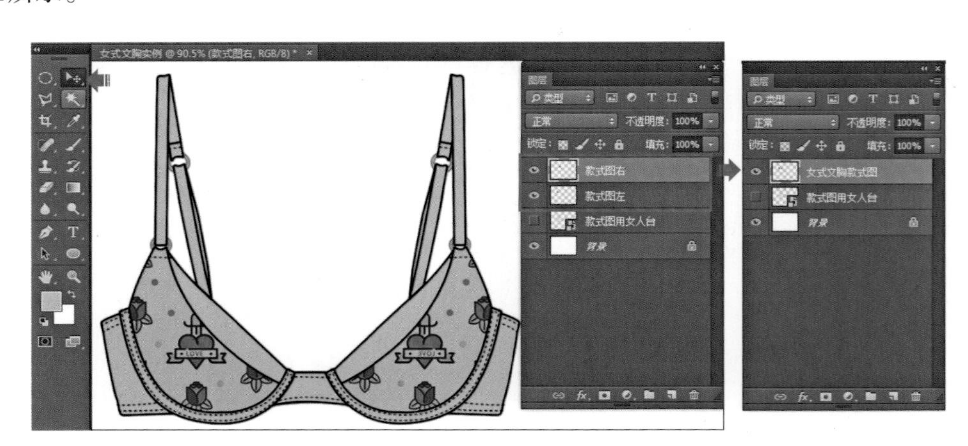

图5-40

第三节　男式哈伦裤款式图的绘制方法

男式哈伦裤款式图的最终绘制完成效果，如图5-41所示。

男式哈伦裤款式图的绘制方法如下：

1. 单击菜单栏上的【文件】/【新建】命令，打开【新建】对话框，设置【名称】为男式哈伦裤实例、【文档类型】为国际标准纸张、【大小】为A4、【宽度】为210毫米、【高度】为297毫米，【分辨率】为300像素/英寸、【颜色模式】为RGB颜色、【背景内容】为白色，单击【确定】按钮，确认操作，如图5-42所示。

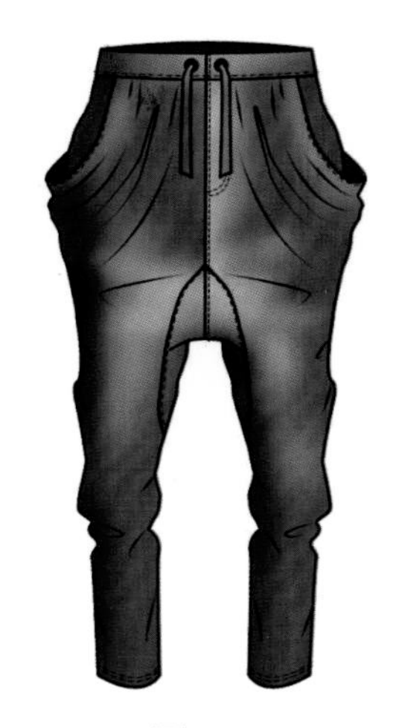

图5-41

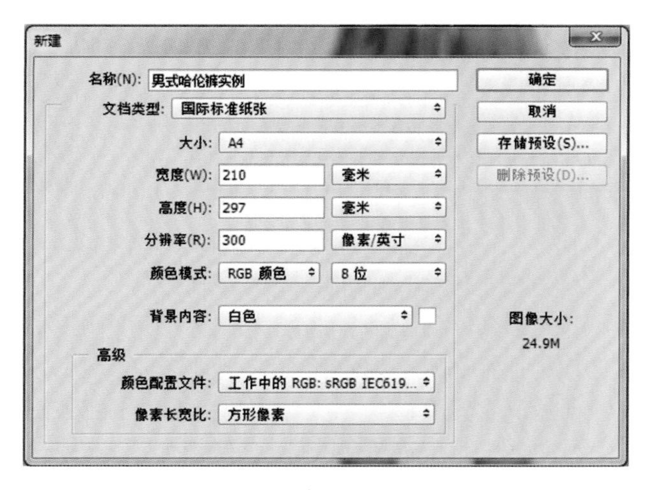

图5-42

2. 打开网络教学资源文件中的“款式图用男人台”素材，选择该文件，按下鼠标左键，直接拖拉到“女式文胸实例”文件画面中，放开鼠标，该文件在“男式哈伦裤实例”中自动形成名为“款式图用男人台”的智能图层；按下键盘上的【Enter】键确认该智能对象的选取。单击菜单栏上的【视图】/【标尺】命令，或者按下键盘上的【Ctrl】+【R】键，使标尺处于显示状态，在文档窗口左侧按下鼠标左键向右拖拉出一条参考线，参照图5-43所示，拖拉该参考线到“款式图用男人台”的中心，然后再次按下键盘上的【Ctrl】+【R】键，取消标尺的显示状态，效果如图5-43所示。

3. 绘制男式哈伦裤款式图的轮廓及结构线路径。

（1）参照图5-44所示，选择工具箱中的【钢笔工具】，设置工具选项栏中的【选择工具模式】为路径。

（2）单击【路径】面板下方的【创建新路径】图标，创建新路径“路径1”，在“路径1”的名称上双击，输入名称为“款式图轮廓及结构线”。

（3）选择工具箱中的【钢笔工具】，结合键盘上的【Ctrl】键和【Alt】键，耐心绘制款式图路径。然后选择工具箱中的【直接选择工具】，对绘制好的路径进行调整及修改，如图5-44所示。

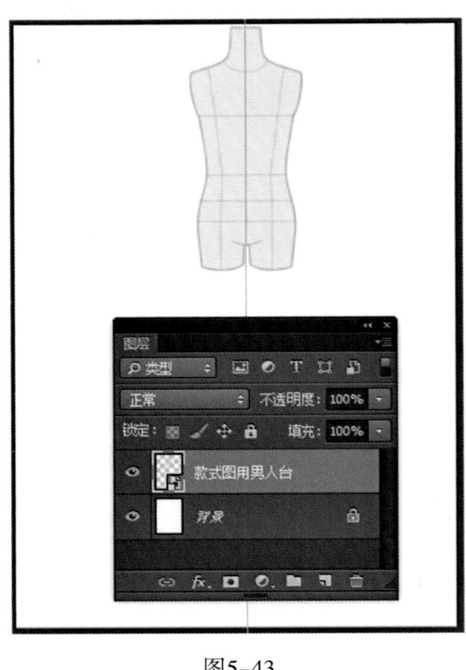

图5-43

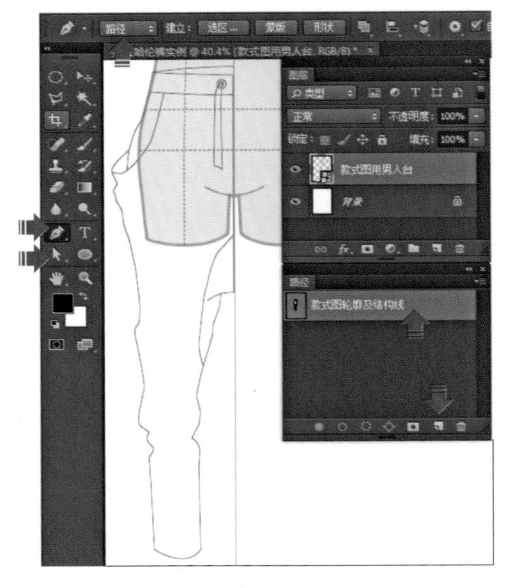

图5-44

4．为“款式图轮廓及结构线”路径描边。

（1）参照图5-45所示，选择工具箱中的【画笔工具】，在绘制路径的过程中，单击【工具选项栏】中的【“画笔预设”选取器】，打开【“画笔预设”选取器】面板，选择【硬边圆】画笔，设置画笔【大小】为3像素、【硬度】为100%；设置工具选项栏上的【不透明度】为100%、【流量】为100%，效果如图5-45所示。

（2）单击工具箱中的【默认前景色和背景色】图标，设置前景色为黑色、背景色为白色。

（3）选择【图层】面板，单击【图层】面板下方的【创建新图层】图标，创建“图层1”新图层，在“图层1”的名称上双击，输入名称为“款式图线稿”。

（4）在“款式图线稿”图层处于选中的状态下，选择【路径】面板中“款式图轮廓及结构线”路径，单击【路径】面板下方的【用画笔描边路径】图标，为“款式图效果”描边，效果如图5-45所示。

5．绘制男式哈伦裤款式图的明线并为其描边。

（1）单击【路径】面板下方的【创建新路径】图标，创建新路径“路径1”；在“路径1”的名称上双击，输入名称为“明线”。选择工具箱中的【钢笔工具】，结合键盘上的【Ctrl】键和【Alt】键，参照图5-46所示，绘制款式图路径。然后选择工具箱中的【直接选择工具】，对绘制好的路径进行调整及修改，效果如图5-46所示。

（2）选择工具箱中的【画笔工具】，在绘制路径的过程中，单击【工具选项栏】中的【切换画笔面板】，打开【画笔】面板，单击【画笔】面板中的【画笔笔尖形状】命令，设置画笔【大小】为15像素、【角度】为0°、【圆度】为12%、【硬度】为100%、【间距】为980%。

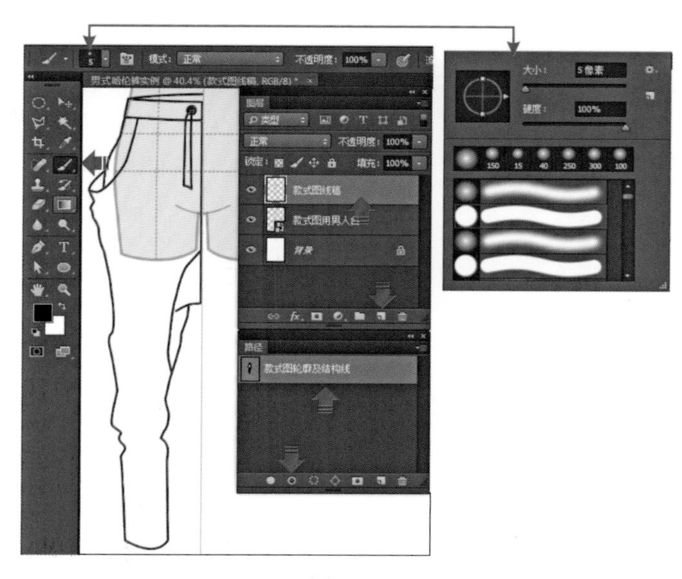

图5-45

（3）单击【画笔】面板中的【动态形状】命令，设置画笔【角度抖动】/【控制】为方向。

（4）单击工具箱中的【默认前景色和背景色】图标，设置前景色为黑色、背景色为白色。

（5）确认【图层】面板 “款式图线稿”图层处于选中的状态下，选择【路径】面板中“明线”路径，单击【路径】面板下方的【用画笔描边路径】图标，为“款式图明线”路径描边为虚线效果。单击【路径】面板下方的空白处，隐藏路径的显示，效果如图5-46所示。

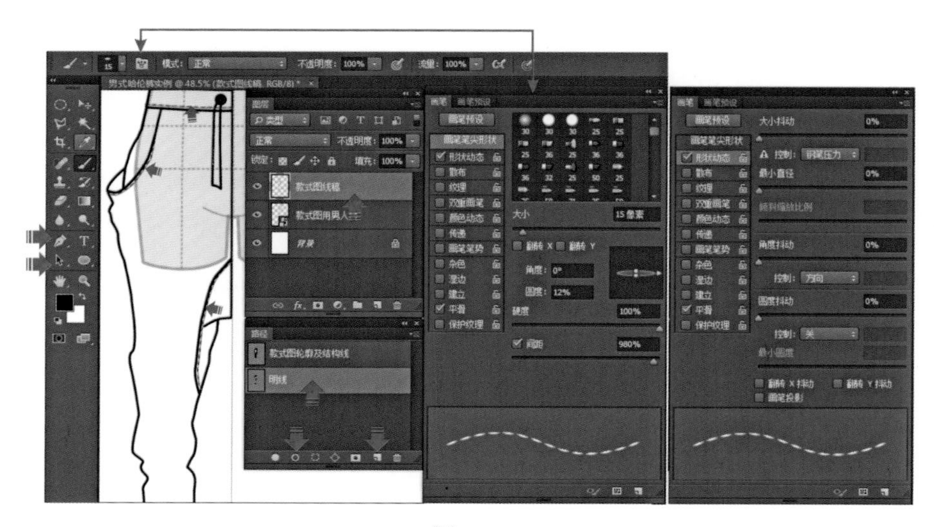

图5-46

6. 单击【路径】面板下方的【创建新路径】图标，创建新路径“路径1”，在“路径1”的名称上双击，输入名称为“衣褶线”。选择工具箱中的【钢笔工具】，结合键盘上的【Ctrl】键和【Alt】键，参照图5-47所示，绘制款式图中的衣褶线路径。然后选择工具箱中

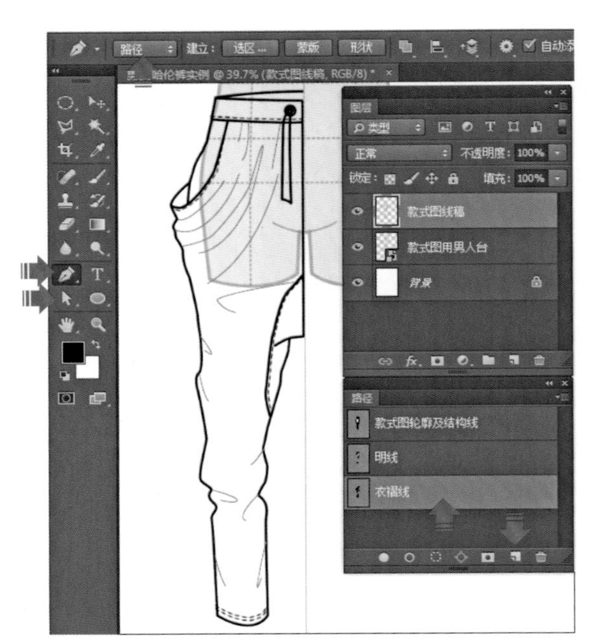

图5–47

的【直接选择工具】，对绘制好的路径进行调整及修改，效果如图5–47所示。

7. 为“衣褶线”路径描边。

（1）参照图5–48中的各图所示，选择工具箱中的【画笔工具】，在绘制路径的过程中，单击【工具选项栏】中的【“画笔预设”管理器】，在弹出的面板中设置画笔【大小】为5像素、画笔【硬度】为100%。

（2）单击工具箱中的【默认前景色和背景色】图标，设置前景色为黑色、背景色为白色。

（3）确认【图层】面板“款式图线稿”图层处于选中的状态下，选择【路径】面板中“衣褶线”路径，鼠标右键在该路径名称上单击，在弹出下拉菜单中选择【描边路径】命令，在弹出【描边路径】面板中设置【工具】为画笔，在【模拟压力】命令前方的方框处单击勾选，单击【确定】，为该路径描边。单击【路径】面板下方的空白处，隐藏路径的显示，效果如图5–48所示。

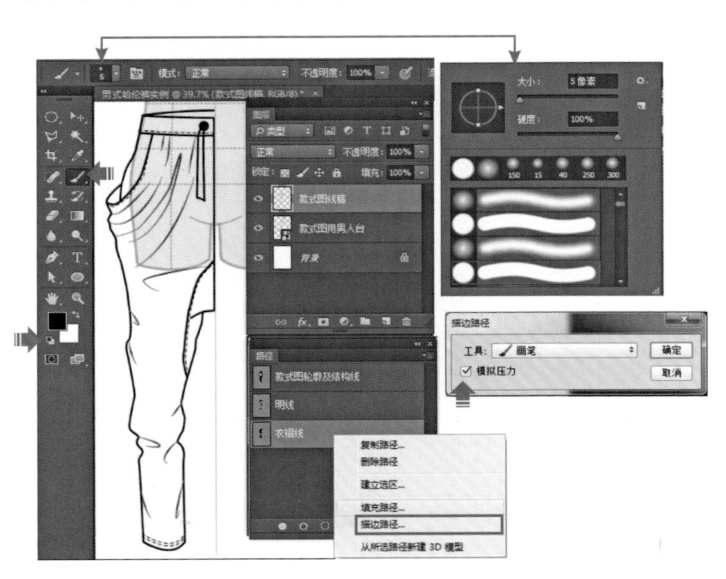

图5–48

8. 男式哈伦裤款式图“款式图线稿”图层。

（1）参照图5–49和图5–50所示，单击【图层】面板中“款式图用男人台”图层前方的眼睛图标，隐藏该图层。

（2）选择工具箱中的【橡皮擦工具】，单击【工具选项栏】中的【“画笔预设”管理

器】，在弹出的面板中设置画笔【大小】为7像素、画笔的【硬度】为100%；设置工具选项栏上的【不透明度】为100%、设置【流量】为100%，效果如图5-49所示。

（3）确认【图层】面板中的“款式图线稿”图层处于选中的状态下，按下鼠标左键在如图所示的位置拖拉，擦除男式哈伦裤款式图腰头气眼处多余的黑色线条后，效果如图5-50所示。

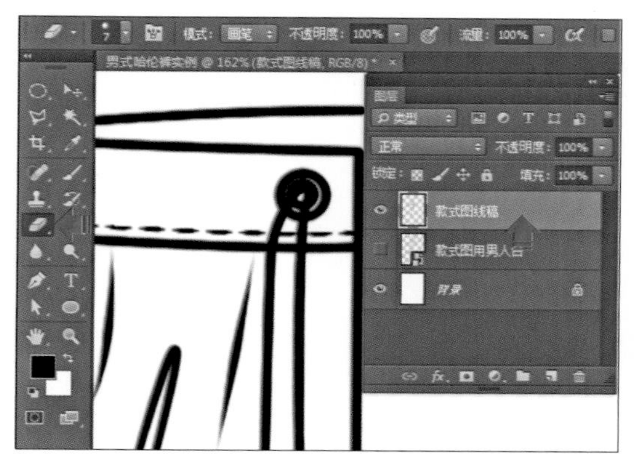

图5-49

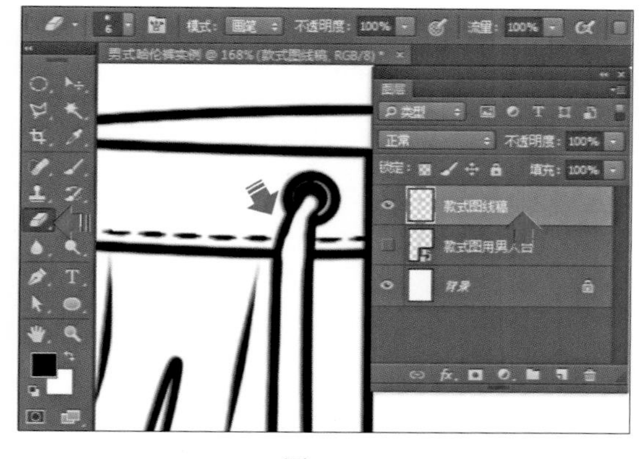

图5-50

9. 鼠标单击选中【图层】面板中的“款式图线稿”图层，在该图层上按下鼠标左键不要松开，拖拉该图层到【图层】面板下方的【新建新图层】图标上，放开鼠标左键，这样就在图层面板复制了一个与“款式图线稿”图层完全相同的图层，它的名称也叫“款式图线稿”，如图5-51所示。

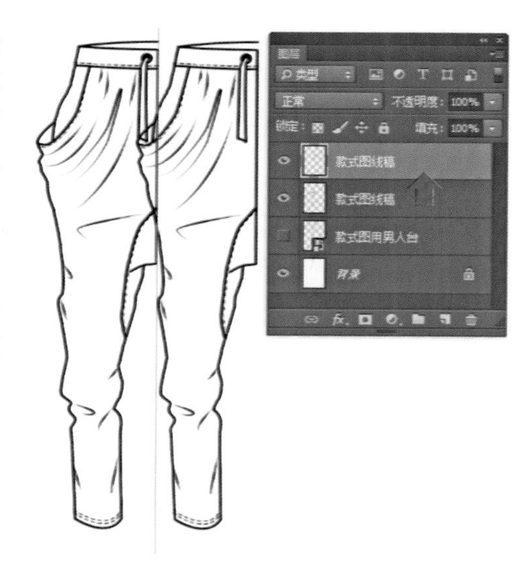

图5-51

10. 选择工具箱中的【移动工具】，在工具选项栏的【自动选择】前方的方框内勾选，鼠标左键在【选择组或图层】命令上按下，在弹出的下拉菜单中选择“图层”，单击菜单栏上的【编辑】/【变换】/【水平翻转】命令，将新复制的“款式图线稿”图层水平翻转，然后再用键盘上的【向左方向键】或者【向右方向键】，参照图5-52所示，调整该图层到合适位置；按住键盘上的【Ctrl】键，连续单击鼠标左键加选选中【图层】面板中的两个“款式图线稿”图层，按下键盘上的【Ctrl】+【E】键，合并两个图层为一个新的图层，即“款式图线稿”图层，效果如图5-52所示。

11. 单击【路径】面板下方的【创建新路径】图标，创建新路径“路径1”，在“路径1”的名称上双击，输入名称为“门襟明线”。选择工具箱中的【钢笔工具】，结合键盘上的【Ctrl】键和【Alt】键，参照图5-53所示，绘制款式图门襟部位的明线路径，然后选择工具箱中的【直接选择工具】，对绘制好的路径进行调整及修改。

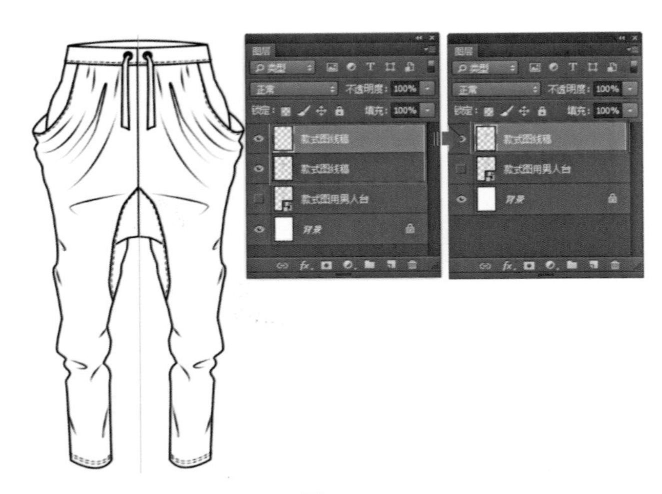

图5-52

12．参照本节步骤5的方法，为“门襟明线”路径在“款式图线稿”图层上进行虚线描边，效果如图5-54所示。

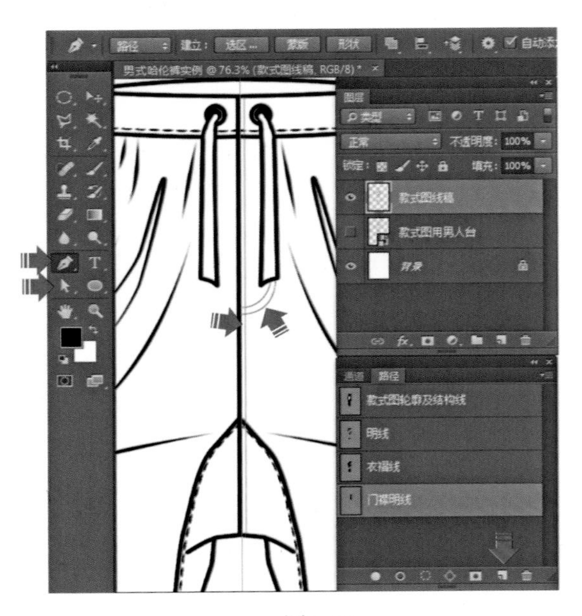

图5-53

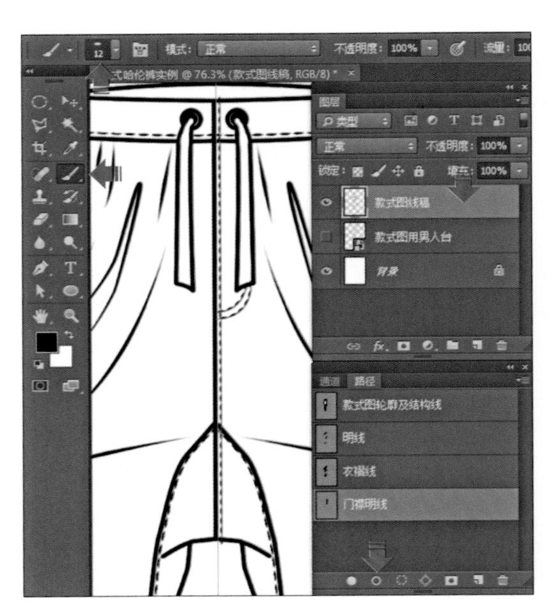

图5-54

13．为男式哈伦裤款式图确定上色选区。

（1）参照图5-55所示，单击【图层】面板下方的【新建新图层】图标，新建图层“图层1”，在图层名称上双击改名为“颜色层”。

（2）选中工具箱中的【魔棒工具】，单击工具选项栏上的【添加到选区】图标，设置【容差】为32，并分别在【消除锯齿】、【连续】、【对所有图层取样】命令前方的方框内单击勾选。

（3）鼠标左键在“男式哈伦裤实例”文件页面的款式图线稿外围的空白处单击，选中页面的款式图线稿外围的空白处使其成为选区，效果如图5-55所示。

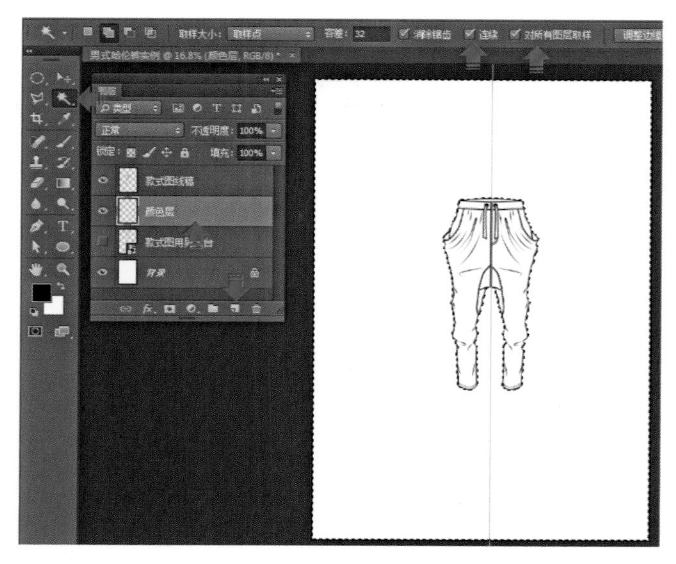

图5-55

14. 为男式哈伦裤款式图上色。

按下键盘上的【Shift】+【Ctrl】+【I】键，或者单击菜单栏上的【选择】/【反选】命令，将选区转换为选择款式图内部。在【图层】面板中的“颜色层”图层处于选中的状态下，单击选择【色板】面板中的任意色，使该颜色成为前景色。按下键盘上的【Alt】+【Delete】键，将前景色填入该图层的选区内，效果如图5-56所示。按下键盘上的【Ctrl】+【D】键，取消选区。

15. 单击【图层】面板下方的【新建新图层】图标，新建图层“图层1”，在该图层名称上双击改名为“面料肌理层”。单击选择【色板】面板中的“深黑蓝”使该颜色成为前景色。确认【色板】面板中 “面料肌理层”处于选中的状态下，按下键盘上的【Alt】+【Delete】键，将前景色填入该图层的选区内，效果如图5-57所示。

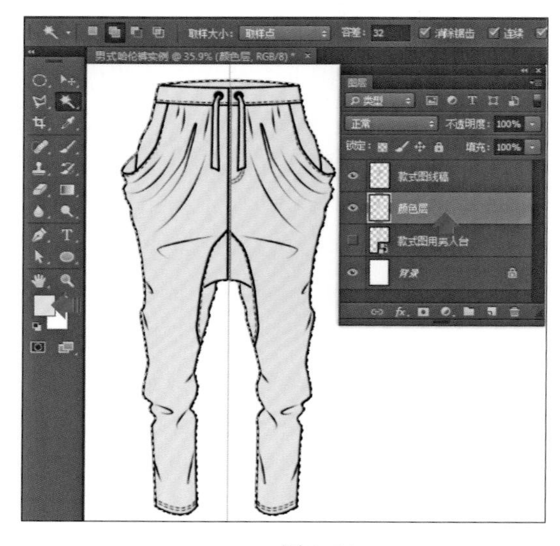

图5-56

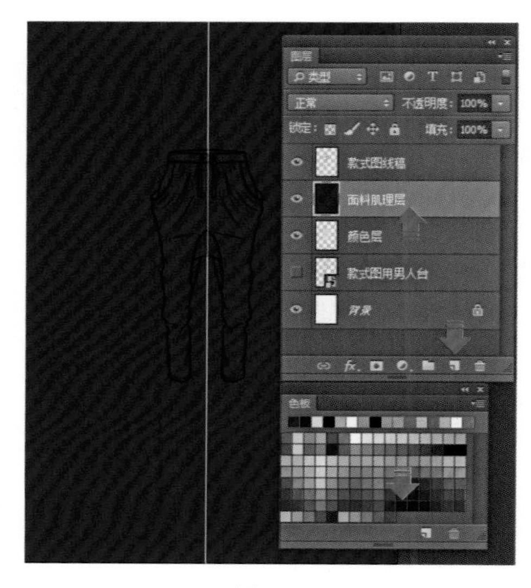

图5-57

16. 确认【色板】面板中“面料肌理层”处于选中的状态下，单击菜单栏上的【滤镜】/【杂色】/【添加杂色】命令，打开【添加杂色】面板，设置【数量】为50%，在【单色】命令前方的方框内勾选，单击【确定】，确认滤镜效果，如图5-58所示。

17. 单击菜单栏上的【滤镜】/【模糊】/【动感模糊】命令，打开【动感模糊】面板，设置【角度】为0°、【距离】为100像素，单击【确定】，确认滤镜效果，如图5-59所示。

图5-58

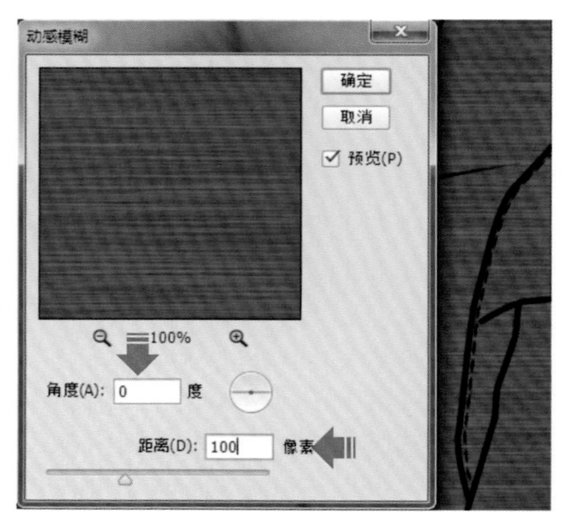

图5-59

18. 选择【图层】面板上“面料肌理层”，在该图层上按下鼠标左键，拖拉至【图层】面板下方的【新建新图层】图标上，放开鼠标左键，这样就在图层面板上再制了一个与“面料肌理层”图层完全相同的图层，它的名称也叫“面料肌理层”。确认“配件”图层处于选中的状态下，按下键盘上的【Ctrl】+【T】键，或者单击菜单栏中的【编辑】/【自由变换】命令，然后再单击菜单栏【编辑】/【变换】/【顺时针旋转90°】命令，将该图层进行旋转，按下键盘上的【Enter】键，确认修改。设置【图层】面板上方的【不透明度】为50%，效果如图5-60所示。

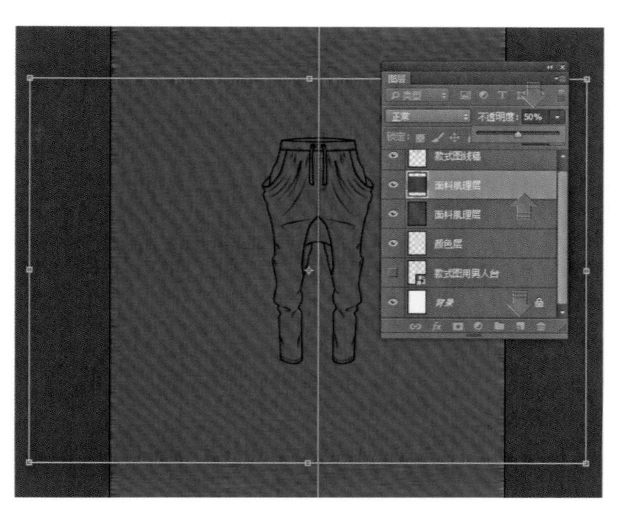

图5-60

19. 按下键盘上的【Ctrl】键，连续两次单击加选选中【图层】面板中上下两个“面料肌理层”图层，按下键盘上的【Ctrl】+【E】键，合并两个图层。鼠标右键在合并后形成的新的“面料肌理层”上单击，在弹出的下拉菜单中选择【建立剪贴蒙版】命令，使该图层建立针对下方的“颜色层”图层的剪切效果。按住键盘上的【Ctrl】键，连续两次单击加选选中【图层】面板中的“面料肌理层”和“颜色层”图层，按下键盘上的【Ctrl】+【E】键，合并两个图层形成名称为“面料肌理层”的新图层，如图5-61和图5-62所示。

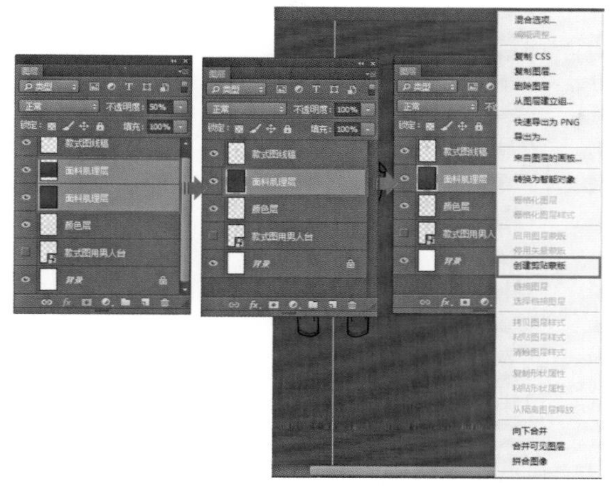

图5-61

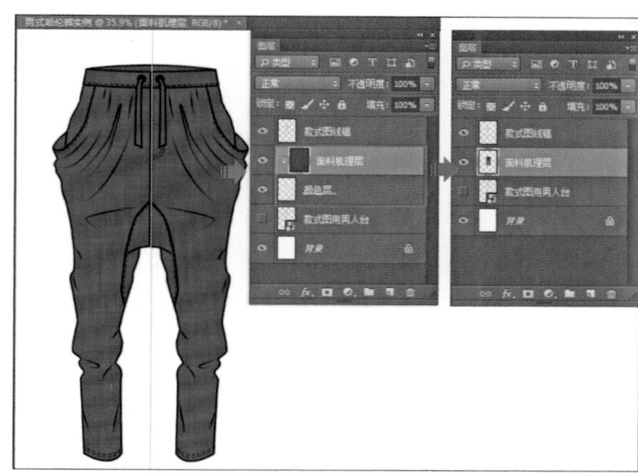

图5-62

20. 选中工具箱中的【魔棒工具】，单击工具选项栏上的【添加到选区】图标，设置【容差】为32，并分别在【消除锯齿】、【连续】、【对所有图层取样】命令前方的方框内单击勾选；确认【图层】面板中的“面料肌理层”处于选中的状态下，连续单击鼠标左键选择如图所示的位置，使直线位置被选中成为选区。按下键盘上的【Ctrl】+【U】键，或者单击菜单栏上的【图像】/【修改】/【色相/饱和度】命令，打开【色相/饱和度】对话框，设置【明度】为-50，单击【确定】，确认选区内色彩明度的调整，效果如图5-63所示；按下键盘上的【Ctrl】+【D】键，取消选区。

21. 选择工具箱中的【减淡工具】和【加深工具】，设置工具选项栏的【范围】为中间调、【曝光度】为70%，配合键盘上的【[】键和【]】键缩小或者放大画笔，选中【图层】面板中“面料肌理层”图层，参照图5-64所示在相应位置涂抹提高或者降低相应位置的明度，

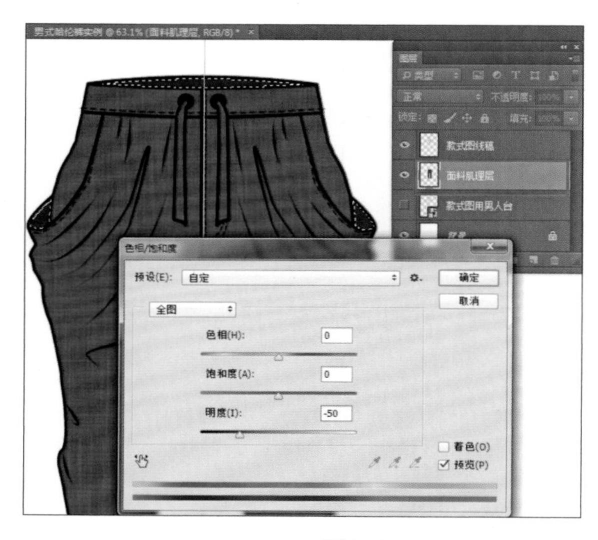

图5-63

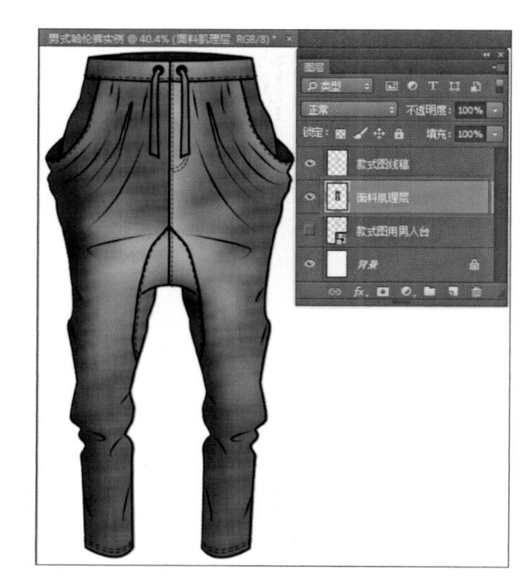

图5-64

绘制“面料肌理层”图层的光影和水洗效果，完成男式哈伦裤款式图的绘制，效果如图5-64所示。

第四节　女式羊绒大衣款式图的绘制方法

女式羊绒大衣款式图的最终绘制完成效果，如图5-65所示。

女式羊绒大衣款式图的绘制方法如下：

1. 单击菜单栏上的【文件】/【新建】命令，打开【新建】对话框，设置【名称】为女式羊绒大衣款式实例、【文档类型】为自定、【宽度】为297毫米、【高度】为210毫米、【分辨率】为300像素/英寸、【颜色模式】为RGB颜色、【背景内容】为白色，单击【确定】图标确认操作，效果如图5-66所示。

图5-65

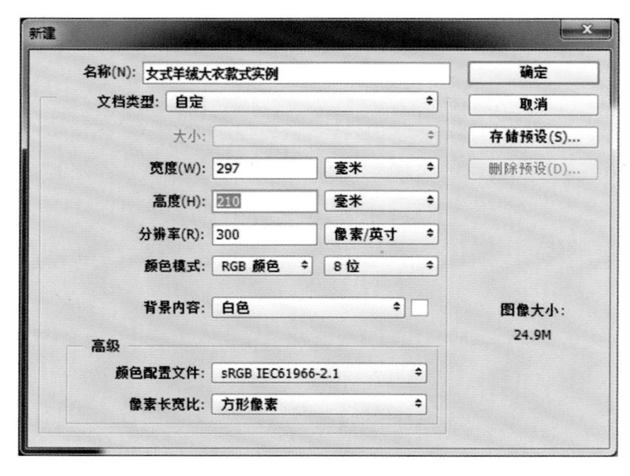

图5-66

2. 打开网络教学资源文件中的“款式图用女人台”素材，选择该文件，按下鼠标左键，直接拖拉到“女式羊绒大衣款式实例”文件画面中，放开鼠标，该文件在“女式羊绒大衣款式实例”中自动形成名为“款式图用女人台”的智能图层。按下键盘上的【Enter】键确认该智能对象的选取，效果如图5-67所示。

3. 绘制女式羊绒大衣款式图的轮廓及结构线路径。

（1）参照图5-68所示，选择工具箱中的【钢笔工具】，设置工具选项栏中的【选择工具模式】为路径。

（2）单击【路径】面板下方的【创建新路径】图标，创建新路径“路径1”，在“路径1”的名称上双击，输入名称为“款式轮廓及结构线”。

（3）选择工具箱中的【钢笔工具】，结合键盘上的【Ctrl】键和【Alt】键，绘制款式图路径，然后选择工具箱中的【直接选择工具】，对绘制好的路径进行调整及修改，效果如图5-68所示。

4. 为“款式图轮廓及结构线”路径描边。

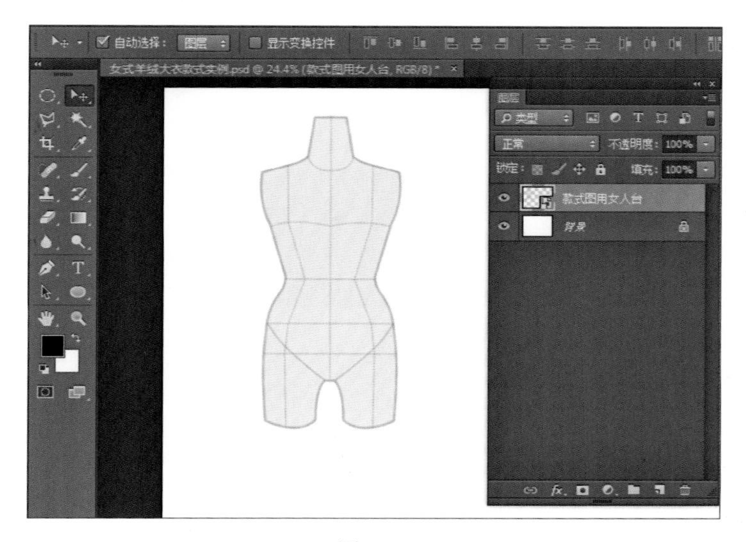

图5-67

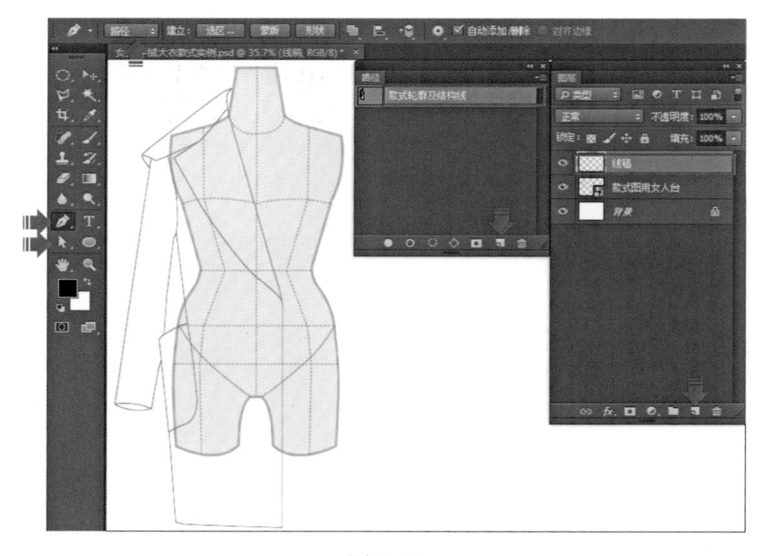

图5-68

（1）参照图5-69所示，选择工具箱中的【画笔工具】，在绘制路径的过程中，单击【工具选项栏】中的【“画笔预设”选取器】，打开其面板后，选择【硬边圆】画笔，设置画笔【大小】为6像素、工具选项栏上的【不透明度】为100%、【流量】为100%，效果如图5-69所示。

（2）单击工具箱中的【默认前景色和背景色】图标，设置前景色为黑色、背景色为白色。

（3）选择【图层】面板，单击【图层】面板下方的【创建新图层】图标，创建“图层1”新图层，在“图层1”的名称上双击，输入名称为“线稿”。

（4）在“款式图线稿”图层处于选中的状态下，选择【路径】面板中“款式图轮廓及结构线”路径，单击【路径】面板下方的【用画笔描边路径】图标，为“款式图轮廓及结构线”路径描边，效果如图5-69所示。

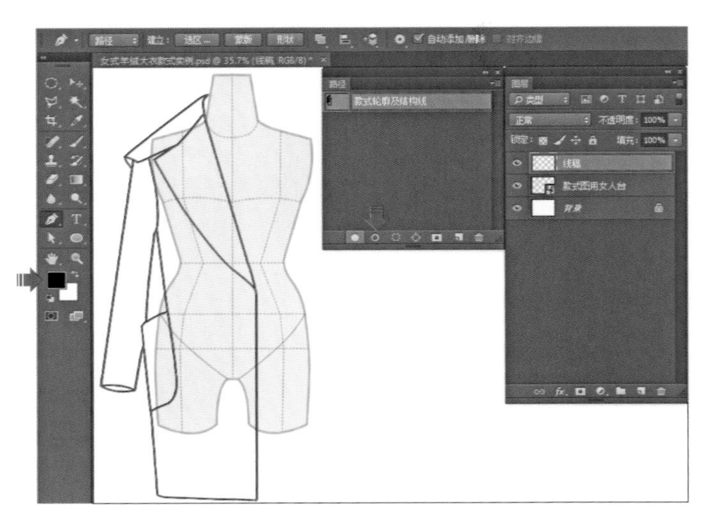

图5-69

5. 单击【路径】面板下方的【创建新路径】图标，创建新路径“路径1”，在“路径1”的名称上双击，输入名称为“明线”。选择工具箱中的【钢笔工具】，结合键盘上的【Ctrl】键和【Alt】键，绘制款式图路径，然后选择工具箱中的【直接选择工具】，对绘制好的路径进行调整及修改，效果如图5-70所示。

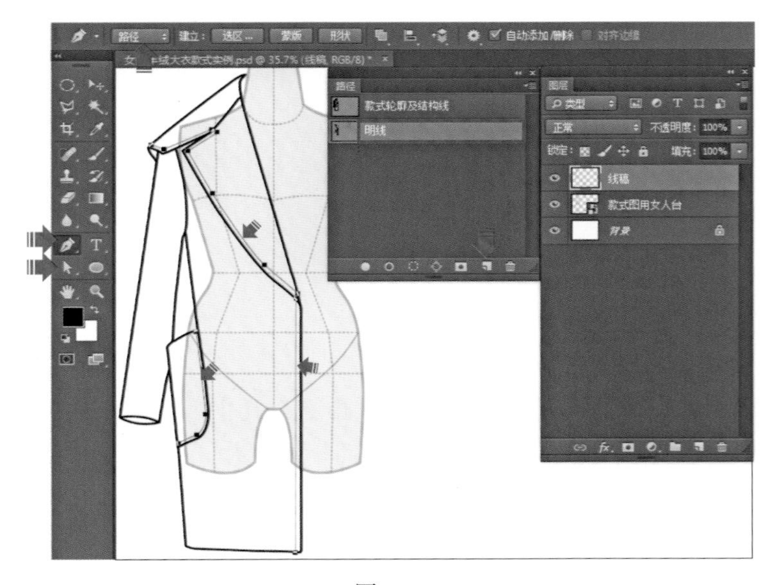

图5-70

6. 为“明线”路径描边。

（1）参照图5-71所示，选择工具箱中的【画笔工具】，在绘制路径的过程中，单击【工具选项栏】中的【切换画笔面板】，打开【画笔】面板，单击【画笔】面板中的【画笔笔尖形状】命令，设置画笔【大小】为15像素、【角度】为0°，【圆度】为10%、【硬度】

为100%、【间距】为1000%。

（2）单击【画笔】面板中的【动态形状】命令，设置画笔【角度抖动】/【控制】为方向。

（3）单击工具箱中的【默认前景色和背景色】图标，设置前景色为黑色、背景色为白色。

（4）确认【图层】面板“线稿”图层处于选中的状态下，选择【路径】面板中“明线”路径，单击【路径】面板下方的【用画笔描边路径】图标，为“明线”路径描边为虚线效果，效果如图5-71所示。单击【路径】面板下方的空白处，隐藏路径的显示。

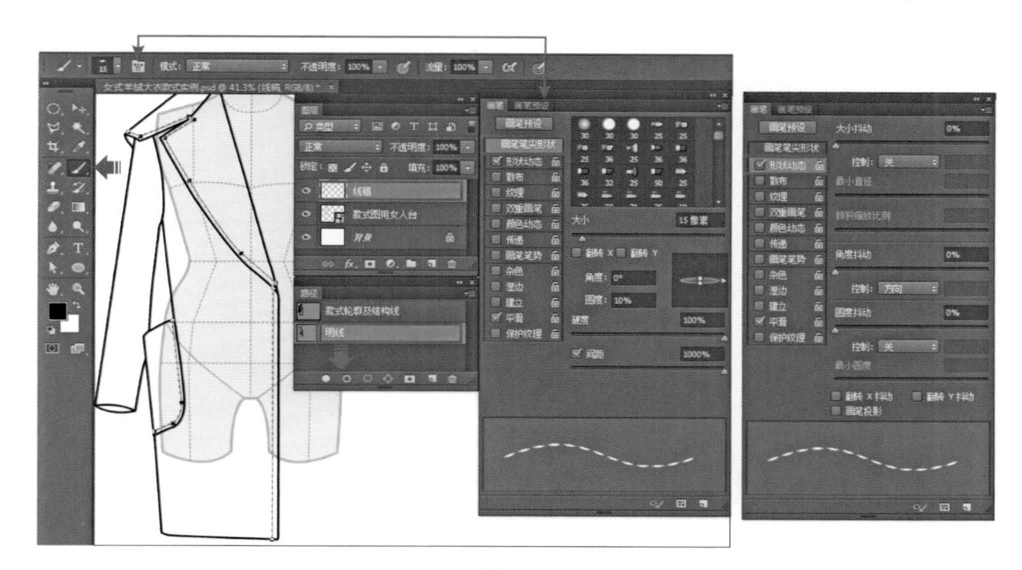

图5-71

7．为服装款式图的上色确定选区。

（1）参照图5-72所示，单击【图层】面板中“款式图用女人台”图层前方的眼睛图标，隐藏该图层。

（2）单击【图层】面板下方的【新建新图层】图标，新建图层“图层1”，在图层名称上双击改名为“颜色层”。

（3）选中工具箱中的【魔棒工具】，单击工具选项栏上的【添加到选区】图标，设置【容差】为32，并分别在【消除锯齿】、【连续】和【对所有图层取样】命令前方的方框内单击勾选。

（4）鼠标左键在“女式羊绒大衣款式实例”文件页面的款式图线稿外围的空白处单击，选中页面的款式图线稿外围的空白处使其成为选区；按下键盘上的【Shift】+【Ctrl】+【I】键，或者单击菜单栏上的【选择】/【反选】命令，将选区的选择转换为选择款式图内部，效果如图5-72所示。

8．在【图层】面板中的“颜色层”图层处于选中的状态下，单击选择【色板】面板中的“浅暖褐”色，使该颜色成为前景色。按下键盘上的【Alt】+【Delete】键，将该前景色填入该图层的选区内，对已绘制的款式图部分上色。按下键盘上的【Ctrl】+【D】键，取消选区，效果如图5-73所示。

图5-72

9．绘制女式羊绒大衣款式图衣领部位的光影效果。

（1）参照图5-74所示，选择工具箱中的【魔棒工具】，确认【图层】面板中的“颜色层”图层处于选中的状态下，在“颜色层”衣领内部两次单击选中图所示位置，使该位置成为选区。

（2）选择工具箱中的【减淡工具】和【加深工具】，设置工具选项栏的【范围】为中间调、【曝光度】为70%，配合键盘上的【[】键和【]】键缩小或者放大画笔，选中【图层】面板中“颜色层”图层，在如图所示相应位置涂抹提高或者降低相应位置的明度，绘制“颜色层”图层衣领部位的光影效果，如图5-74所示。

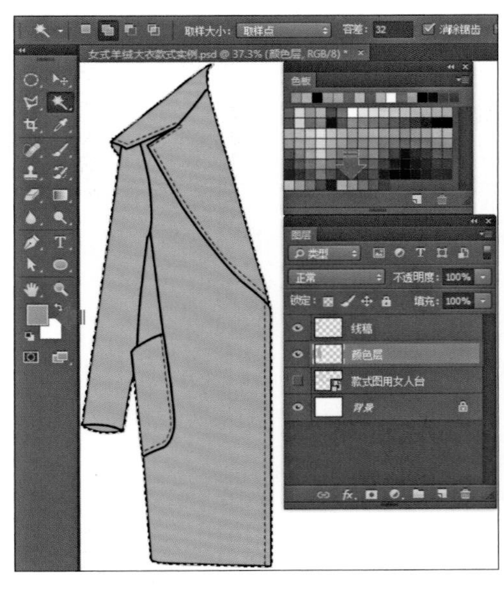

图5-73

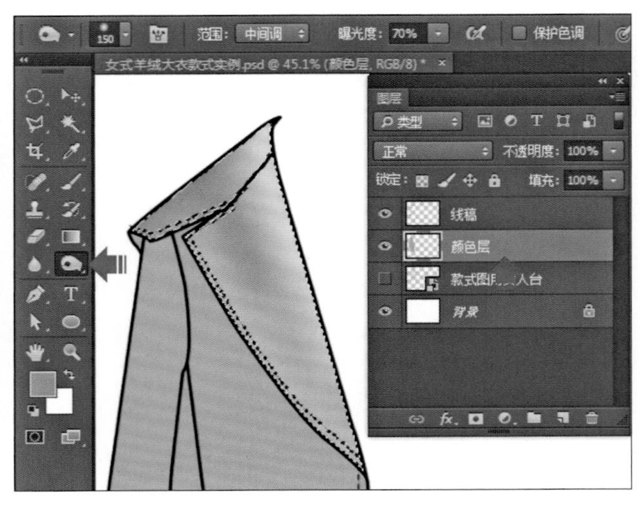

图5-74

10．绘制女式羊绒大衣款式图衣身部位的光影效果。

（1）参照图5-75所示，按下键盘上的【Shift】+【Ctrl】+【I】键，或者单击菜单栏上的【选择】/【反选】命令，将选区的选择转换为选取除衣领以外的部位。

（2）选择工具箱中的【减淡工具】和【加深工具】，设置工具选项栏的【范围】为中间调、【曝光度】为70%，配合键盘上的【[】键和【]】键缩小或者放大画笔，选中【图层】面板中“颜色层”图层，在如图所示相应位置涂抹提高或者降低相应位置的明度，绘制“颜色层”图层衣身部位的光影效果，如图5-75所示。

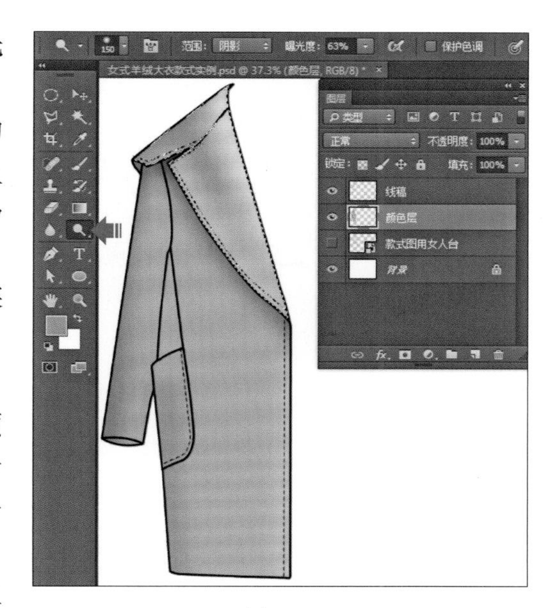

图5-75

11．同上方法，使用工具箱中的【加深工具】、【减淡工具】，结合【魔棒工具】选择相应的选区，羊绒大衣衣袋部位继续绘制衣身部位的光影效果，如图5-76所示。

12．同上方法，使用工具箱中的【加深工具】、【减淡工具】，结合【魔棒工具】选择相应的选区，羊绒大衣衣袋上一步、衣身侧面继续绘制衣身部位的光影效果，如图5-77所示。

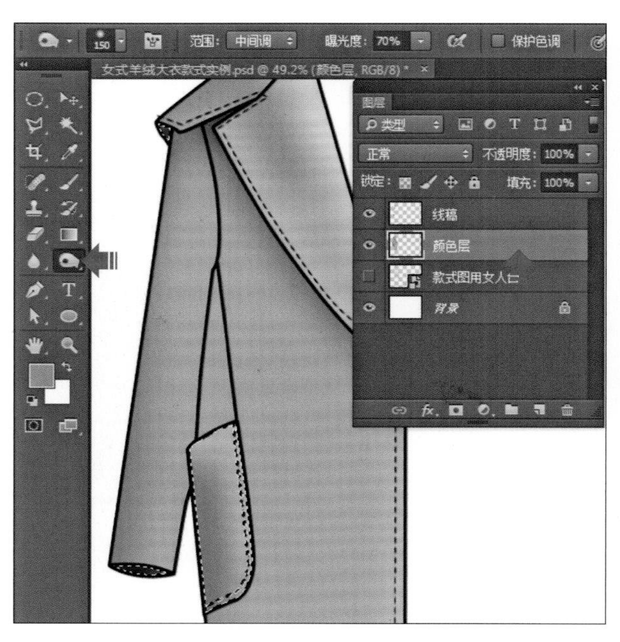

图5-76

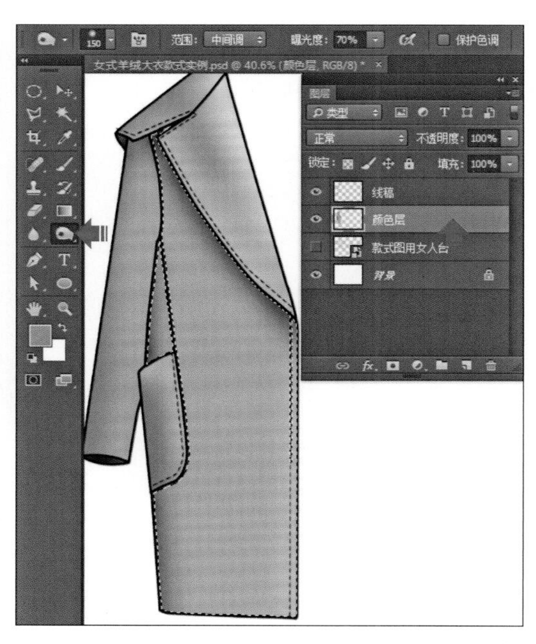

图5-77

13．按住键盘上的【Ctrl】键，连续单击选中“线稿”、“颜色层”图层，拖拉到【图层】面板下方的【创建新组】图标，将以上图层创建为“组1”，在“组1”名称上双击，修改名称为“款式图左”，如图5-78所示。

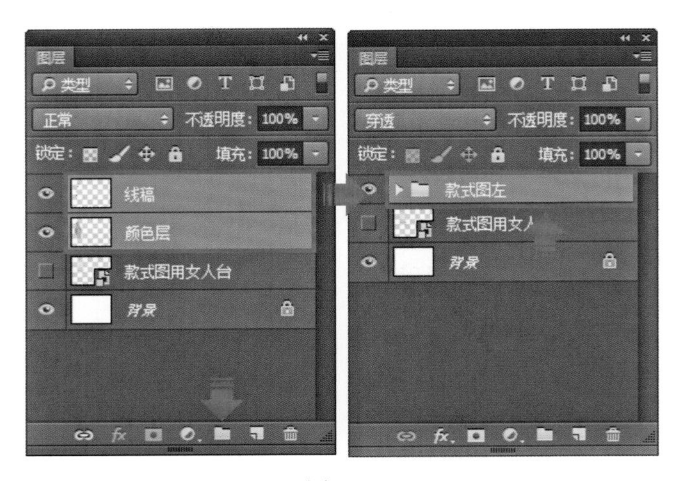

图5-78

14．选择工具箱中的【移动工具】，在工具选项栏的【自动选择】前方的方框内勾选，鼠标左键在【选择组或图层】命令上按下，在弹出的下拉菜单中选择“组”。

鼠标单击选中【图层】面板中的“款式图左”图层，在该图层上按下鼠标左键不要松开，拖拉该图层到【图层】面板下方的【新建新图层】图标上，放开鼠标左键，这样就在图层面板上复制了一个与“款式图左”图层完全相同的图层组，它的名称也叫“款式图左”，在该图层组名称上双击改名为“款式图右”，如图5-79所示。

15．单击菜单栏上的【编辑】/【变换】/【水平翻转】命令，将新复制的“款式图右”图层组水平翻转，然后再用键盘上的【向左方向键】或者【向右方向键】，参照图5-80和图5-81所示，调整该图层到合适位置。

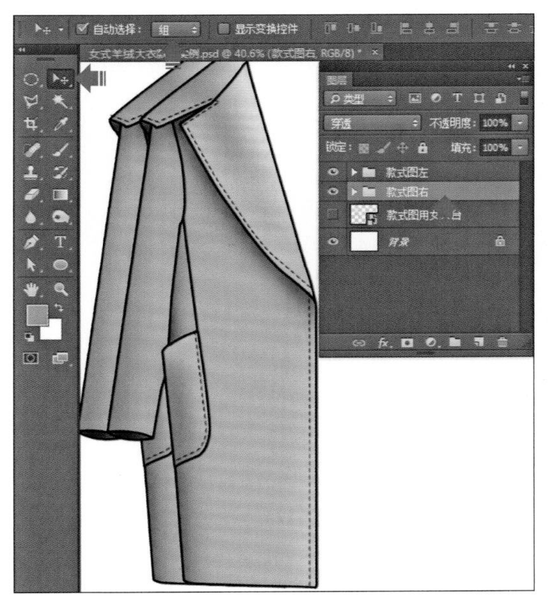

图5-79

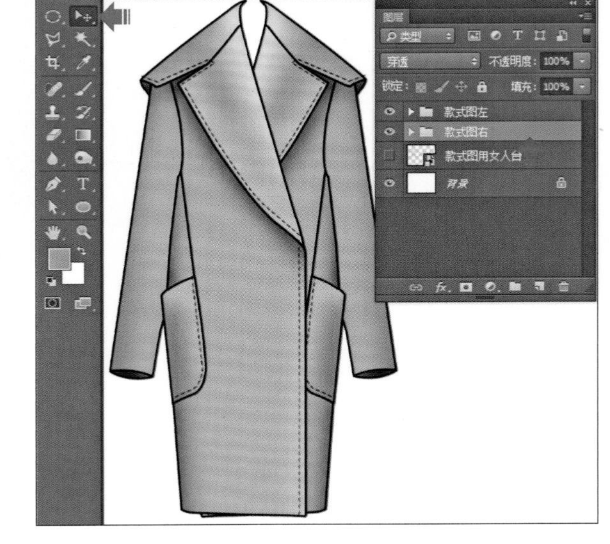

图5-80

16．绘制“女式羊绒大衣款式实例”款式图后部的轮廓及结构线路径。

（1）参照图5-82所示，选择工具箱中的【钢笔工具】，设置工具选项栏中的【选择工具模式】为路径。

（2）单击【路径】面板下方的【创建新路径】图标，创建新路径“路径1”，在“路径1”的名称上双击，输入名称为“款式图后”。

（3）选择工具箱中的【钢笔工具】，结合键盘上的【Ctrl】键和【Alt】键，绘制“款式图后”路径，然后选择工具箱中的【直接选择工具】，对绘制好的路径进行调整及修改，效果如图5-82所示。

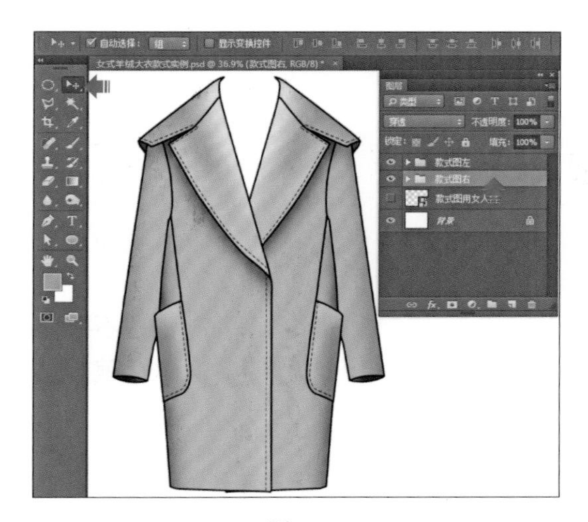

图5-81

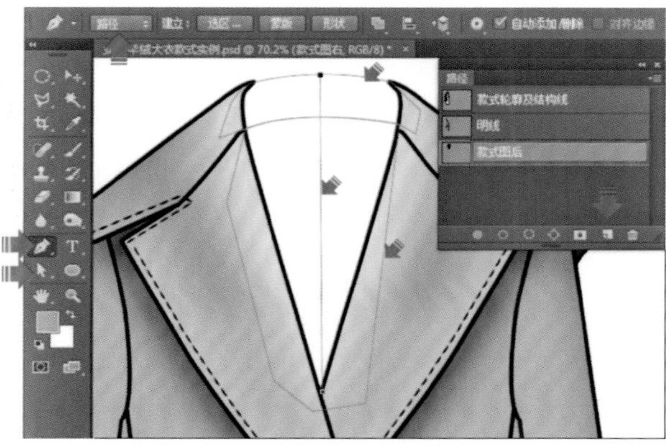

图5-82

17. 为“款式图后”路径描边。

（1）参照图5-83所示，选择工具箱中的【画笔工具】，在绘制路径的过程中，单击【工具选项栏】中的【“画笔预设”选取器】，打开其面板，选择【硬边圆】画笔，设置画笔【大小】为5像素、【硬度】为100%；设置工具选项栏上的【不透明度】为100%、【流量】为100%，效果如图5-83所示。

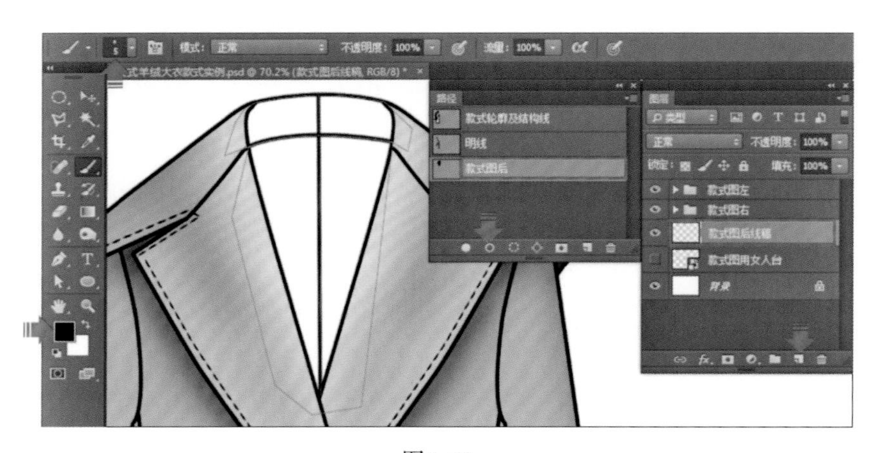

图5-83

（2）单击工具箱中的【默认前景色和背景色】图标，设置前景色为黑色、背景色为白色。

（3）选择【图层】面板，单击【图层】面板下方的【创建新图层】图标，创建“图层1”新图层，在“图层1”的名称上双击，输入名称为“款式图后线稿”。

（4）在“款式图后线稿”图层处于选中的状态下，选择【路径】面板中“款式图后”路径，单击【路径】面板下方的【用画笔描边路径】图标，为“款式图效果”描边，效果如图5-83所示。

18．为“女式羊绒大衣款式实例”款式图后部上色。

（1）参照图5-84所示，单击【图层】面板下方的【新建新图层】图标，新建图层“图层1”，在图层名称上双击改名为“款式图后颜色层”。

（2）选中工具箱中的【魔棒工具】，单击工具选项栏上的【添加到选区】图标，设置【容差】为32，并分别在【消除锯齿】、【连续】和【对所有图层取样】命令前方的方框内单击勾选。

（3）确认【图层】面板中“款式图后颜色层”处于选中的状态下，参照图所示，连续单击鼠标左键在“款式图后颜色层”线稿内部的空白处单击，选中款式图线稿内部的空白处使其成为选区。

（4）在【图层】面板中的“款式图后颜色层”图层处于选中的状态下，单击选择【色板】面板中的“浅暖褐”色，使该颜色成为前景色。按下键盘上的【Alt】+【Delete】键，将前景色填入该图层的选区内，为款式图后部上色，效果如图5-84所示。

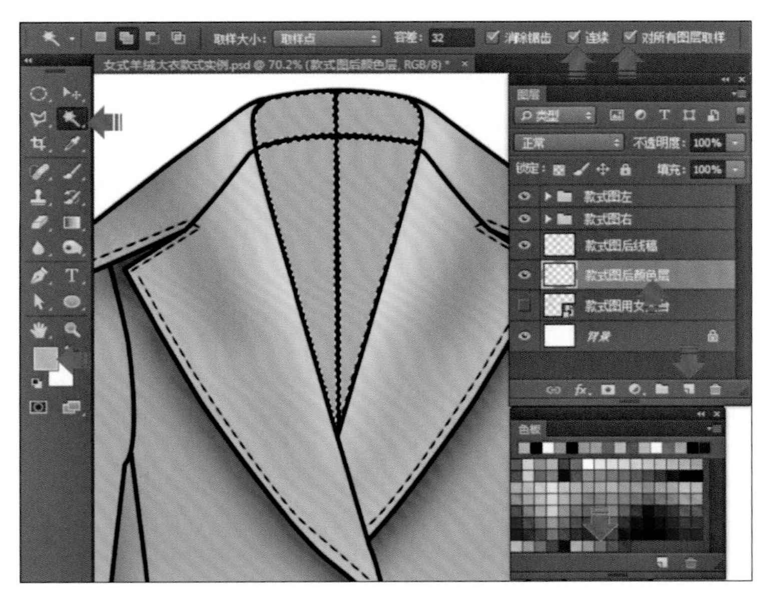

图5-84

19．绘制女式羊绒大衣款式图后部部位的光影效果。

参照图示，选择工具箱中的【减淡工具】和【加深工具】，设置工具选项栏的【范围】为中间调、【曝光度】为70%，配合键盘上的【[】键和【]】键缩小或者放大画笔，选中【图层】面板中“款式图后颜色层”图层，参照图所示在相应位置涂抹提高或者降低相应位置的明度，绘制“款式图后颜色层”图层衣领部位的光影效果，如图5-85和图5-86所示。

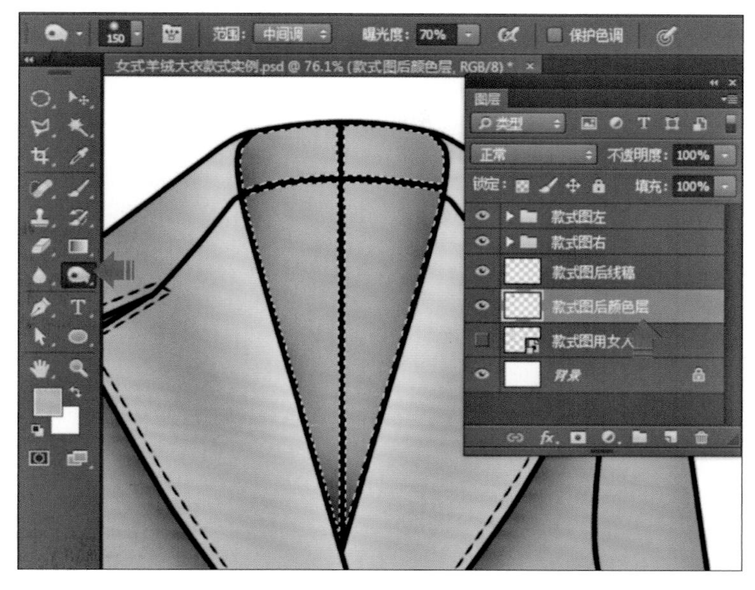

图5-85

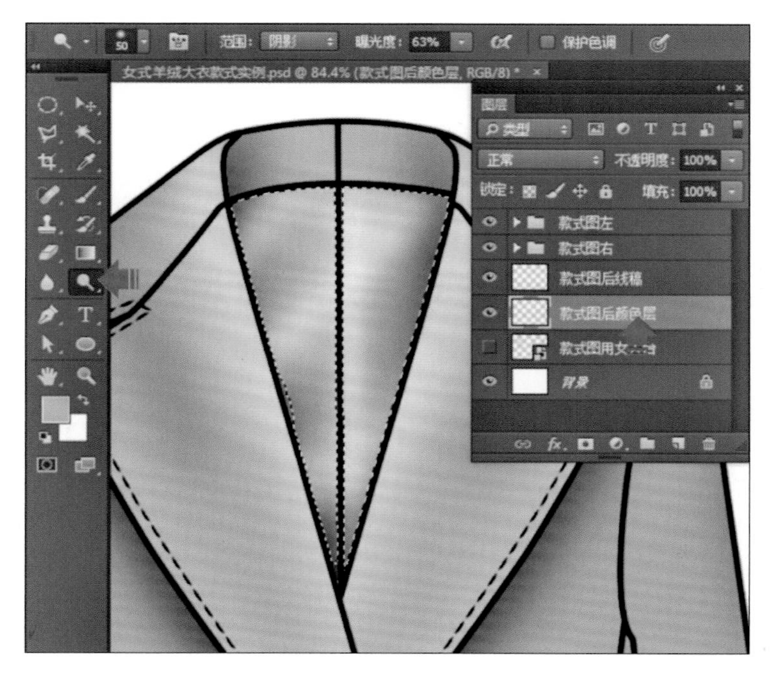

图5-86

20. 单击菜单栏上的【图像】/【调整】/【色相/饱和度】命令，打开【色相/饱和度】对话框，参照图5-87所示设置【色相】为0、【饱和度】为0、【明度】为50，单击【确定】，确认调整“款式图后颜色层”图层中的衣领下方的色彩明度，效果如图5-87所示。按下键盘上的【Ctrl】+【D】键，取消选区。

21. 单击【图层】面板下方的【创建新图层】图标，创建“图层1”新图层，在“图层1”的名称上双击，输入名称为“扣子”。在该图层处于选中的状态下，选择工具箱中的

【椭圆形选框工具】，按下键盘上的【Shift】键，参照图5-88所示，在相应位置绘制正圆形选区，效果如图5-88所示。

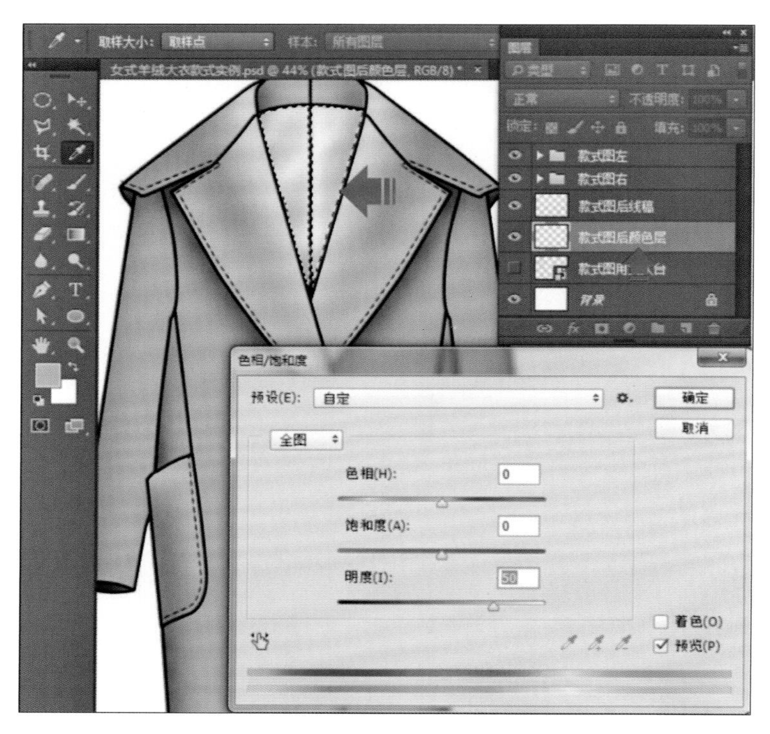

图5-87

图5-88

22. 选择工具箱中的【渐变工具】，在工具选项栏前方的【点按可编辑渐变】的色彩渐变图标上单击，打开【渐变编辑器】面板，参照图5-89所示设置一个从“浅暖褐”色到白色的渐变色，单击【确定】确认编辑，效果如图5-89所示。

图5-89

23. 绘制“女式羊绒大衣款式实例”款式图的扣子。

（1）参照图5-90中所示各图，确认【图层】面板中“扣子”图层处于选中的状态下，选中工具箱中的【渐变工具】，单击按下工具选项栏上的【径向渐变】图标，在选区左上方按住鼠标左键向选区右下方拖拉，然后放开鼠标左键，为该图层添加渐变效果，按下键盘上的【Ctrl】+【D】键，取消选区。

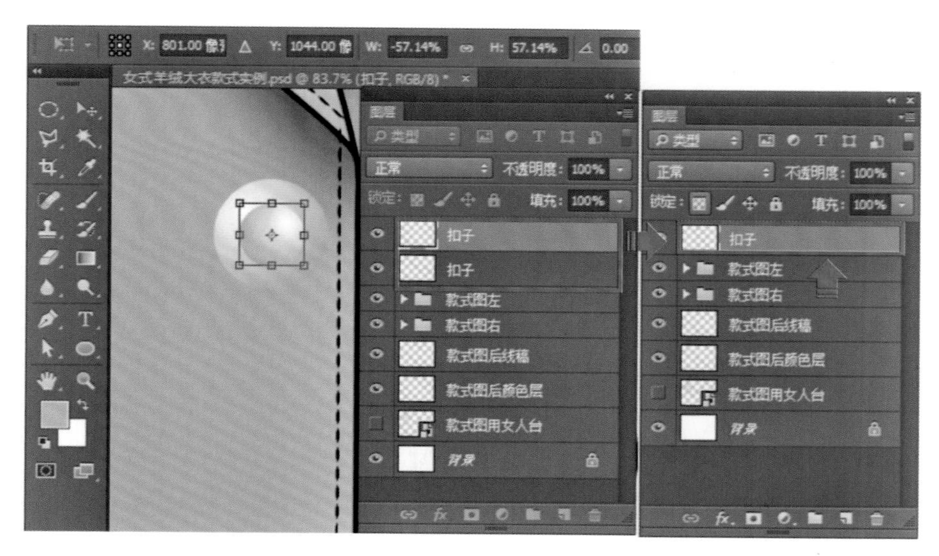

图5-90

（2）鼠标单击选中【图层】面板中的“扣子”图层，在该图层上按下鼠标左键不要松开，拖拉该图层到【图层】面板下方的【新建新图层】图标上，放开鼠标左键，这样就在图层面板上复制了一个与“扣子”图层完全相同的图层，它的名称也叫“扣子”。

（3）按下键盘上的【Ctrl】+【T】键，或者单击菜单栏上的【编辑】/【自由变换】命令，在上方的“扣子”图层图像内容周围会出现变换控件定界框。按住键盘上的【Shift】+【Ctrl】键，再用鼠标左键按住变形框角点向内拖拉推移，等比例缩小“扣子”图层；参照图

5-90所示调整该图层的位置，按下键盘上的【Enter】，确认上方“扣子”图层的缩放。

（4）按住键盘上的【Ctrl】键，连续单击加选选中【图层】面板中的“扣子”图层，按下键盘上的【Ctrl】+【E】键，合并两个图层为新的图层，效果如图5-90所示。

24．确认【图层】面板中“扣子”图层处于选中的状态下，单击【图层】面板下方的【添加图层样式】图标，在弹出的下拉菜单中选择【描边】命令，打开【图层样式】面板，设置【大小】为5像素、【位置】为居中、【混合模式】为正常、【不透明度】为100%、【填充模式】为颜色；单击【颜色】命令后方的颜色框，在弹出的【拾色器】面板中选择黑色。单击【确定】，确认“扣子”图层的描边效果，如图5-91所示。

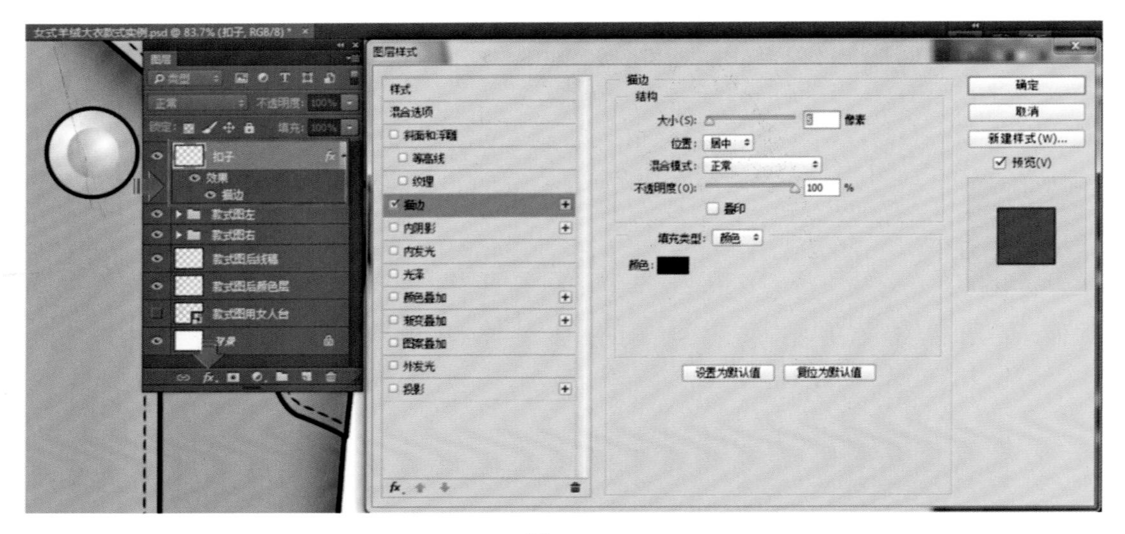

图5-91

25．继续绘制“女式羊绒大衣款式实例”款式图的扣子。

（1）参照图5-92所示，确认“扣子”图层处于选中的状态下，按下键盘上的【Ctrl】+【T】键，或者单击菜单栏中的【编辑】/【自由变换】命令，按下键盘上的【Shift】键，鼠标光标选中“扣子”图层对象的变换控件界定框的四个边角控制点中的任意一个控制点，按下鼠标左键，向内进行拖移，等比调整该图层对象的大小到合适状态，按下键盘上的【Enter】键，确认修改。

（2）选择工具箱中的【移动工具】，在工具选项栏的【自动选择】前方的方框内勾选，鼠标左键在【选择组或图层】命令上按下，在弹出的下拉菜单中选择“图层”。按下键盘上的【Alt】键，在页面上单击选中环状配件，按下鼠标左键拖拉，然后放开鼠标左键，再制“扣子”图层。这样就在图层面板中再制了一个与“扣子”图层完全相同的图层，它的名称也叫“扣子”。如图所示，将调整好的“扣子”图层放置于合适位置。同上方法，继续绘制另外的扣子图形，效果如图5-92所示。

（3）按住键盘上的【Ctrl】键，连续单击加选选中【图层】面板中的所有“扣子”图层，按下鼠标左键拖拉这四个图层到【图层】面板下方的【创建新组】图标上，放开鼠标左键，将以上图层创建为“组1”，在“组1”名称上双击，修改名称为“扣子”，完成款式图中扣子的造型绘制，效果如图5-92所示。

图5-92

26．完成女式羊绒大衣款式图的绘制，效果如图5-93所示。

图5-93

第六章　时装效果图的绘制方法

第一节　时装效果图（一）的绘制方法

时装效果图（一）的最终绘制完成效果，如图6–1所示。

时装效果图（一）的绘制方法如下：

1．单击菜单栏上的【文件】/【新建】命令，打开【新建】对话框，设置【名称】为时装人物实例、【文档类型】为国际标准纸张、【大小】为A4、【宽度】为210毫米、【高度】为297毫米、【分辨率】为300像素/英寸、【颜色模式】为RGB颜色、【背景内容】为白色，单击【确定】按钮确认操作，效果如图6–2所示。

图6–1

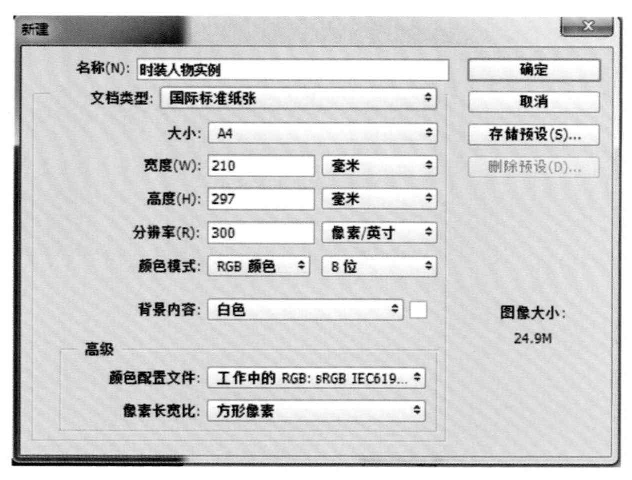

图6–2

2．绘制头部路径，参照图6–3所示。

（1）选择工具箱中的【钢笔工具】，设置工具选项栏中的【选择工具模式】为路径；单击【路径】面板下方的【创建新路径】图标，创建新路径“路径1”，在“路径1”的名称上双击，输入名称为“头部路径”。

（2）选择工具箱中的【钢笔工具】，结合键盘上的【Ctrl】键和【Alt】键，绘制头部路径。然后选择工具箱中的【直接选择工具】，对绘制好的路径进行修改。

3．路径绘制技巧。

（1）选择工具箱中的【钢笔工具】，在绘制路径的过程中，按住键盘上的【Ctrl】键不要松开，此时工具变成【直接选择工具】，当我们把需要调整的路径及锚点调整好效果后，松开键盘上的【Ctrl】键，此时可以重新绘制路径。

（2）选择工具箱中的【钢笔工具】，在绘制路径的过程中，按下键盘上的【Alt】键不要松开，此时工具变成【转换点工具】，当我们把需要调整的锚点转化为角点或者平滑点后，松开键盘上的【Alt】键，此时可以重新绘制路径。

（3）选择工具箱中的【钢笔工具】，在正常状态下，在绘制路径的过程中，如果想结束一条路径的绘制，必须在路径的起点处单击使路径的起点和结束点重合，绘制路径为闭合路径，才可以绘制新的路径；如果想绘制一条开放路径，我们可以在绘制路径的过程中，按住键盘上的【Ctrl】键，在画面上的任意位置单击，然后松开键盘上的【Ctrl】键，继续在画面上需要的单击开始绘制新的路径。

图6–3

4．为头部路径描边。

（1）参照图6–4所示，选择工具箱中的【画笔工具】，在绘制路径的过程中，单击【工具选项栏】中的【“画笔预设”选取器】，打开其面板，选择【硬边圆】画笔，设置画笔【大小】为5像素，设置工具选项栏上的【不透明度】为100%、【流量】为100%，效果如图6–4所示。

（2）单击工具箱中的【默认前景色和背景色】图标，设置前景色为黑色、背景色为白色。

（3）选择【图层】面板，单击【图层】面板下方的【创建新图层】图标，创建“图层1”新图层，在“图层1”的名称上双击，改名称为“线稿”。

（4）在“线稿”图层处于选中的状态下，选择【路径】面板中“头部路径”，单击【路径】面板下方的【用画笔描边路径】图标，为“头部路径”描边，效果如图6-4所示。

图6-4

5. 绘制身体路径，参照图6-5中各图所示。

（1）单击【路径】面板下方的【新建新路径】图标，创建新路径“路径1”，在“路径1”的名称上双击，输入名称为“身体路径”。

（2）选择工具箱中的【钢笔工具】，结合键盘上的【Ctrl】键和【Alt】键，耐心的逐条绘制时装效果图身体路径，然后选择工具箱中的【直接选择工具】，对绘制好的路径进行修改，效果如图6-5所示。

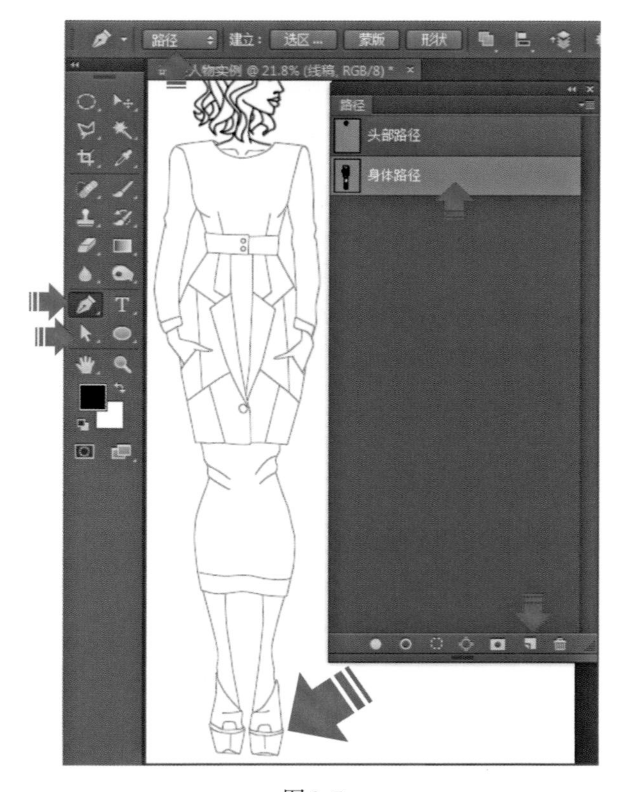

图6-5

6. 参照头部路径描边的方法，选择工具箱中的【画笔工具】，设置工具选项栏中的画笔【大小】为10像素。在选中【图层】面板中的“线稿”图层的状态下，选中【路径】中的“身体路径”，单击【路径】面板下方的【画笔描边路径】图标，为“身体路径”描边，效果如图6-6所示。

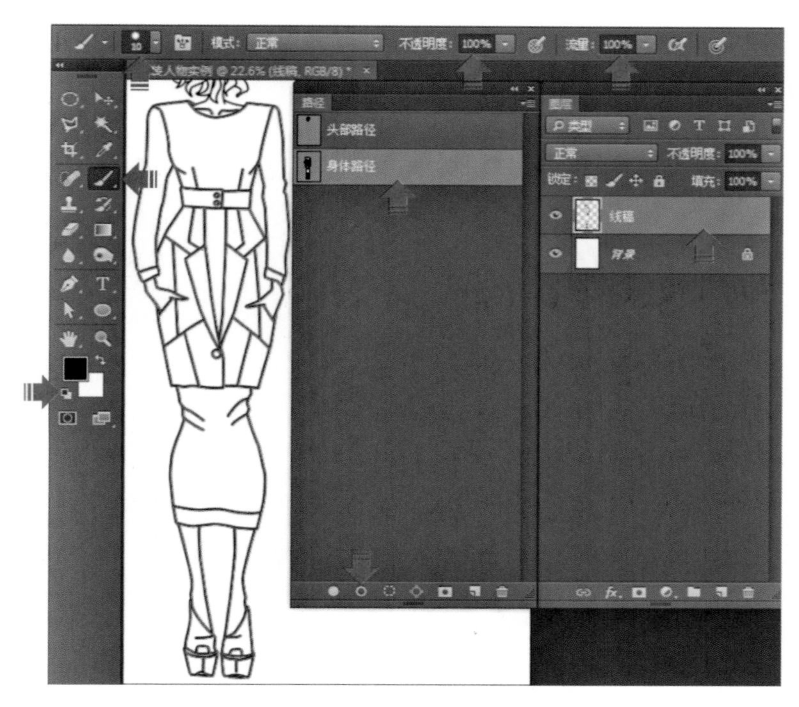

图6–6

7. 在【路径】面板中的空白处（图6–7中的红色箭头所指的位置）单击，取消“身体路径”的选择，效果如图6–7所示。

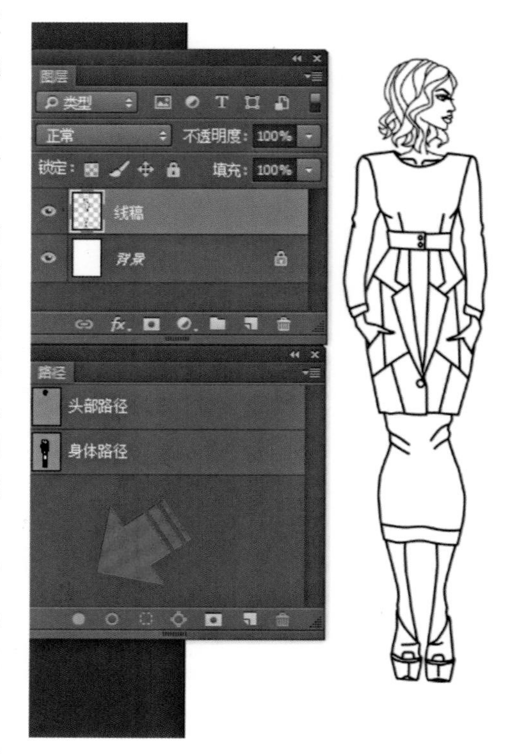

图6–7

8. 选择工具箱中的【魔棒工具】，单击按下工具选项栏中的【添加到选区】图标，设置【容差】为50，并在【连续】及【对所有图层取样】前面的方框处勾选。单击【图层】面板下方的【新建新图层】图标6次，新建6个新图层，分别双击6个图层名称后，自上而下修改名称为“头发上色”“皮肤上色”“单色面料上色”“花色面料上色”“单色针织上色”“鞋上色”。单击选中“头发上色”图层，按照如图所示连续单击鼠标左键选中头发轮廓线内部，建立头发选区，效果如图6–8所示。

9. 单击菜单栏中的【选择】/【修改】/【扩展】命令，打开【扩展选区】对话框，设置【扩展量】为2像素，单击确定把选区扩展2像素，效果如图6–9所示。

10. 单击工具箱中的前景色图标，打开【拾色器】对话框，设置前景色为R:87、G:50、B:25，单击【确定】确认前景色选取，在确认【图层】中的“头发上色”图层处于选中的状态下，按下键盘上的【Alt】+【Delete】键，把前景色填充到选区中，然后按下键盘上的【Ctrl】+【D】键，取消选区，效果如图6-10所示。

图6-8

图6-9

11. 用同上一步骤8的方法，单击选中【图层】面板中“皮肤上色”图层，选中工具箱中的【魔棒工具】。参照图6-11所示，多次单击选中效果图中皮肤部分。

图6–10

图6–11

12．单击工具箱中的前景色图标，打开【拾色器】对话框，设置前景色为R:249、G:186、B:100，单击【确定】确认前景色选取，确认【图层】中的“皮肤上色”图层处于选中的状态下，按下键盘上的【Alt】+【Delete】键，把前景色填充到选区中，即为画面中的人物皮肤上色，然后按下键盘上的【Ctrl】+【D】键，取消选区，效果如图6–12所示。

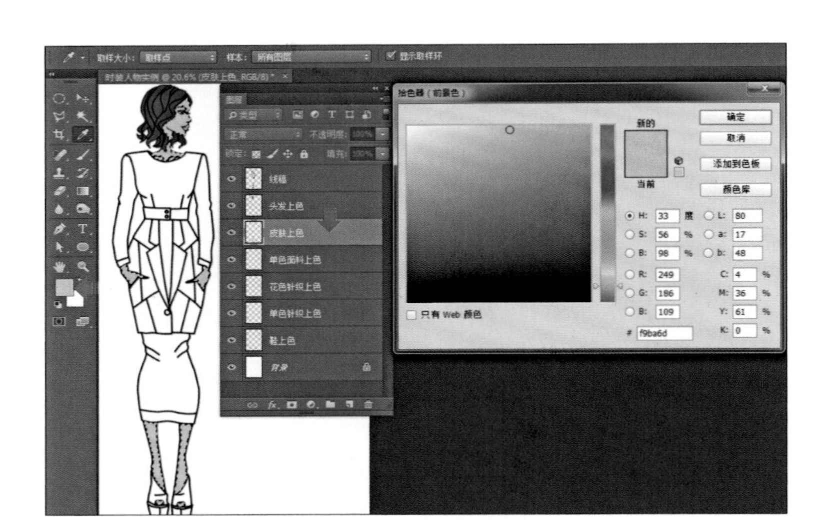

图6-12

13. 用同上方法填充“单色面料上色”图层，为该图层填充85%的灰色，效果如图6-13所示。

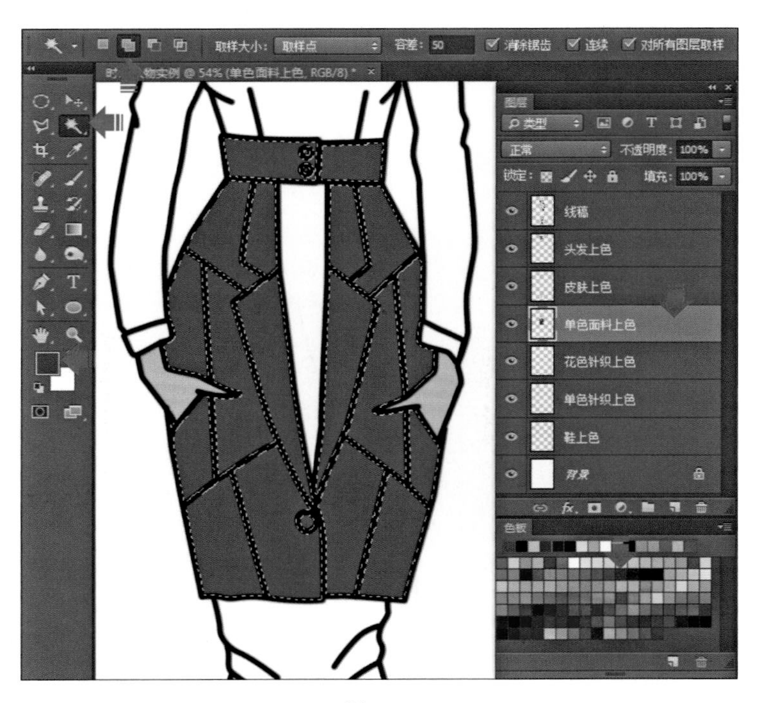

图6-13

14. 用同上方法填充“针织面料上色”图层，为该图层填充65%的灰色，效果如图6-14所示。

15. 用同上方法填充“鞋上色”图层，为该图层填充90%的灰色，效果如图6-15所示。

16. 用同上方法选中“花色面料上色”图层，为该图层填充任意色，效果如图6-16所示。

图6-14

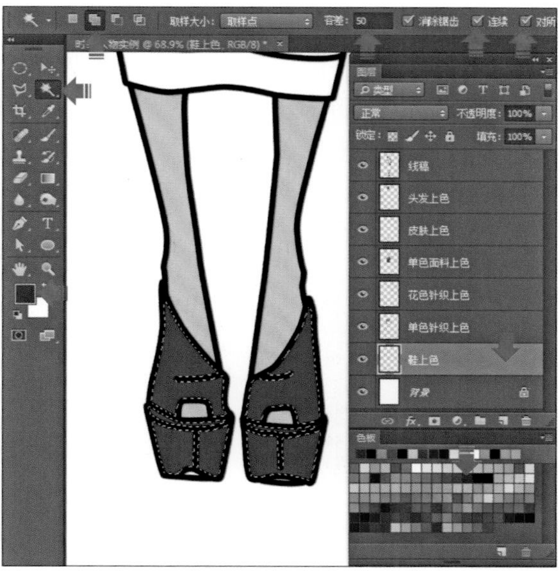

图6-15

17．打开网络教学资源文件中的“针织印花面料”素材文件，选择该文件，按下鼠标左键，直接将该素材拖拉到“时装人物实例”画面后，放开鼠标，该文件在“时装人物实例”中自动形成了“针织印花面料”图层，效果如图6-17所示。

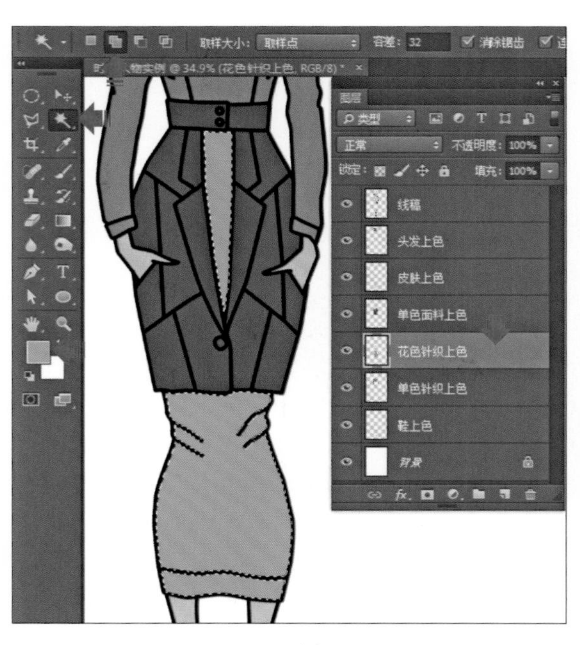

图6-16

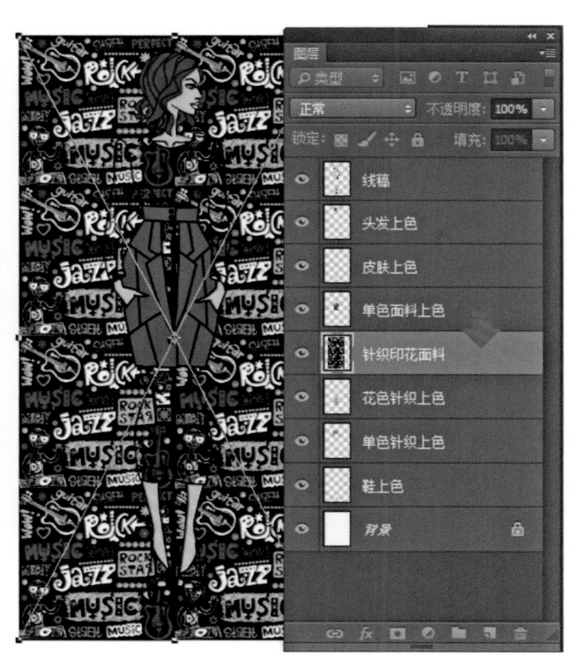

图6-17

18．在“针织印花面料”图层上单击鼠标右键，在弹出的下拉菜单中选择【栅格化图层】，将智能对象图层转换为普通图层，效果如图6-18所示。

19. 确认“针织印花面料”图层处于选中的状态下，按下键盘的【Ctrl】+【T】键，或者单击菜单栏中的【编辑】/【自由变换】命令，按下键盘上的【Shift】键，鼠标光标选中“针织印花面料”图层对象的变换控件界定框的四个边角控制点中的任意一个控制点，按下鼠标左键，向内进行拖移，等比调整该图层对象的大小到合适位置后，按下键盘上的【Enter】键，确认修改，效果如图6-19所示。

图6-18

图6-19

20. 单击选中“针织印花面料”图层，按下鼠标右键，在弹出的下拉菜单中单击单击【创建剪贴蒙版】命令，这样我们就将“针织印花面料”图层针对下方的“花色针织上色”层的形状进行了模拟裁切效果，如图6-20所示。

21. 按下键盘上的【Ctrl】键，两次单击加选选中【图层】面板中的“针织印花面料”和“花色针织上色”图层，按下键盘上的【Ctrl】+【E】键，把两个图层合并为一个图层为即“针织印花面料”图层，效果如图6-21所示。

22. 选择工具箱中的【减淡工具】，设置工具选项栏的【范围】为中间调、【曝光度】为70%，配合键盘上的【[】键和【]】键缩小或者放大画笔，选中【图层】面板中“皮肤上色”图层，参照图6-22所示在相应位置涂抹，提高相应位置的明度，为“皮肤上色”图层绘制光影效果。

23. 选择工具箱中的【魔棒工具】，确认【图层】面板中的“皮肤上色”图层处于选中的状态下，在时装人物头部的眼睛内部两次单击选中如图6-23红色箭头所示位置，使这两个位置成为选区；单击菜单栏上的【图像】/【调整】/【色相/饱和度】命令，打开【色相/饱和度】对话框，参照图6-23所示，设置相关参数，单击确定将选区色彩亮度提高，效果如图

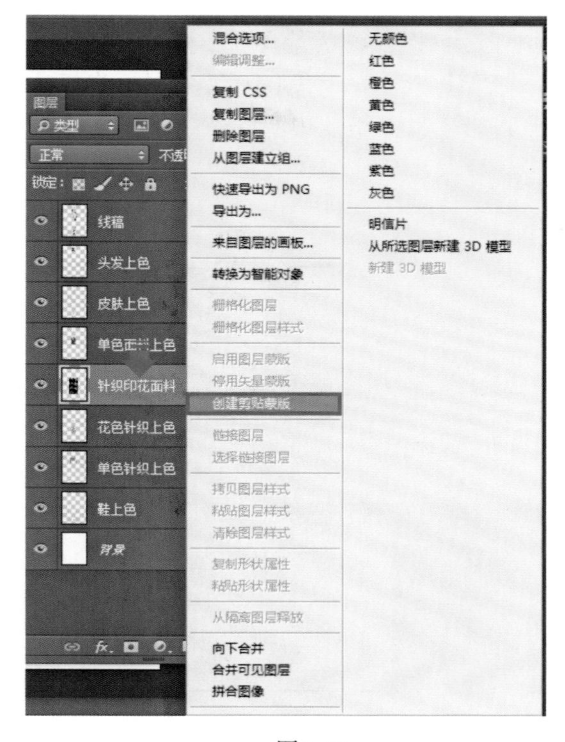

图6-20

图6-21

6-23所示。

24. 选择工具箱中的【魔棒工具】，确认【图层】面板中的“皮肤上色”图层处于选中的状态下，在时装人物头部的嘴巴内部两次单击选中图6-24所示唇部位置，使该两个位置成为选区；单击菜单栏上的【图像】/【调整】/【色相/饱和度】命令，打开如图6-24所示的【色相/饱和度】对话框，参照设置相关参数，在【着色】前方的方框处勾选，单击【确定】后将调整选区色彩的色相、饱和度、亮度，获得画面效果如图6-24所示。

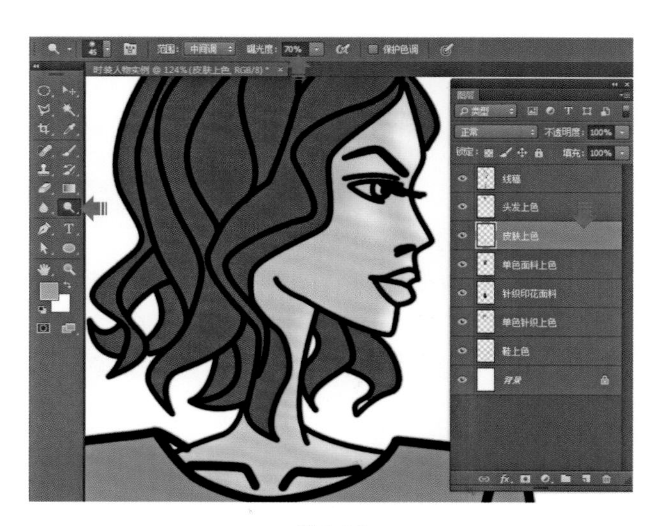

图6-22

25. 选择工具箱中的【减淡工具】，设置工具选项栏中的【曝光度】为70%，参照图6-25所示效果，按下鼠标左键，在相应的位置拖拉，绘制时装人物嘴唇部分的高光，效果如图所示，按下键盘上的【Ctrl】+【D】键，取消选区。

26. 选择工具箱中的【多边形选择工具】，单击选中【图层】面板中的“皮肤上色”图层，参照图6-26所示效果，在图层画面上连续单击鼠标左键绘制如图所示选区。

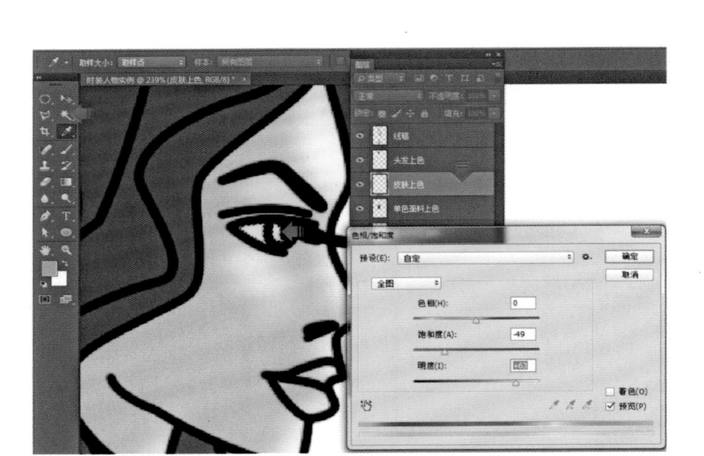

图6-23

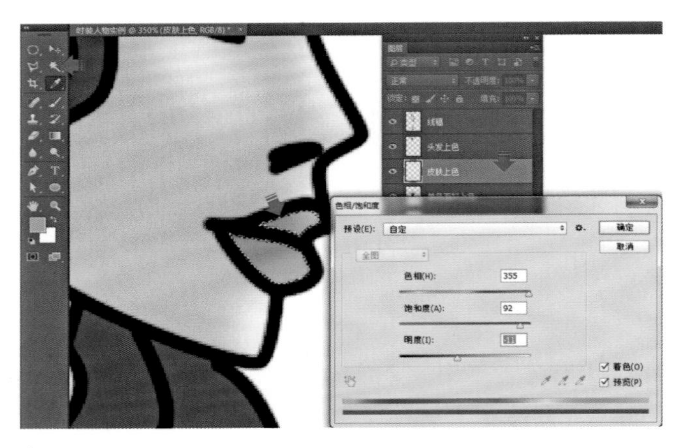

图6-24

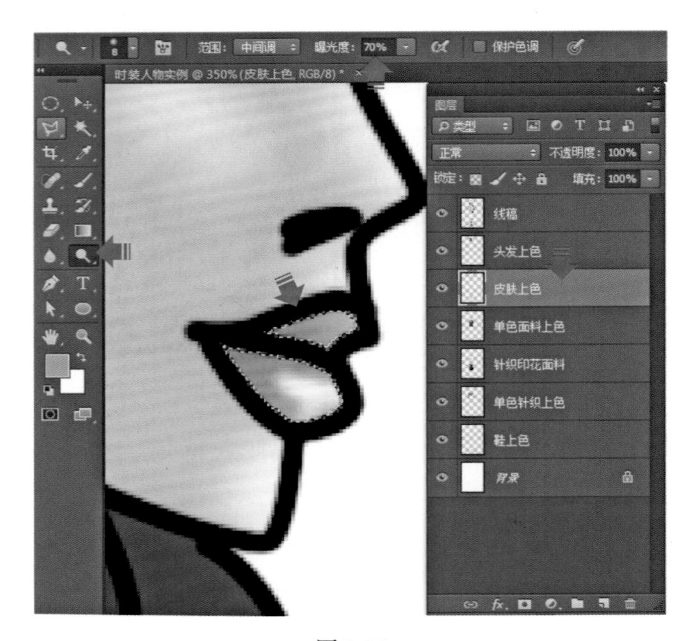

图6-25

图6-26

27. 选择工具箱中的【画笔工具】，设置工具选项栏中【“画笔预设”选取器】中【画笔样式】为柔边圆、画笔【大小】为40像素、工具选项栏上的【不透明度】为20%、【流量】为20%，按下【启用喷枪样式建立效果】图标，在【色板】面板中选择“纯洋红”色，参照图6-27所示效果，在图所示的相关位置按下鼠标左键拖拉绘制眼影效果，效果如图所示。按下键盘上的【Ctrl】+【D】键，取消选区。

图6-27

28. 选择工具箱中的【减淡工具】，设置工具选项栏的【范围】为中间调、【曝光度】为70%。配合键盘上的【[】键和【]】键缩小或者放大画笔，选中【图层】面板中“皮肤上色”图层，参照图6-28所示，在相应位置涂抹提高相应位置的明度，绘制“皮肤上色”图层中左手的光影效果，效果如图所示。

29. 用同上方法，绘制“皮肤上色”图层中的右手的光影效果，效果如图6-29所示。

30. 用同上方法，绘制“皮肤上色”图层中的小腿和脚部的光影效果，如图6-30所示。

图6-28

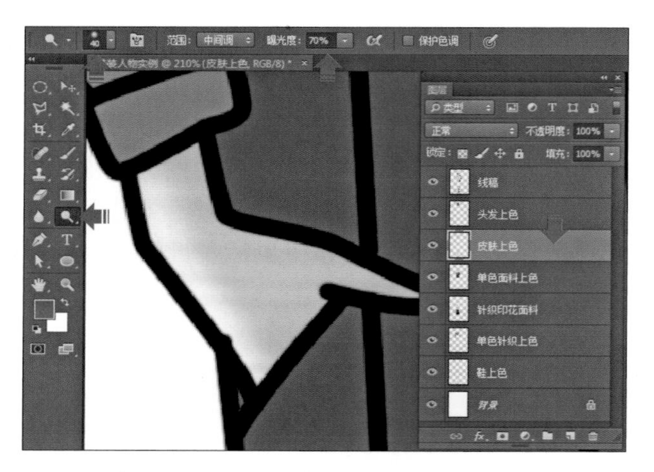

图6-29

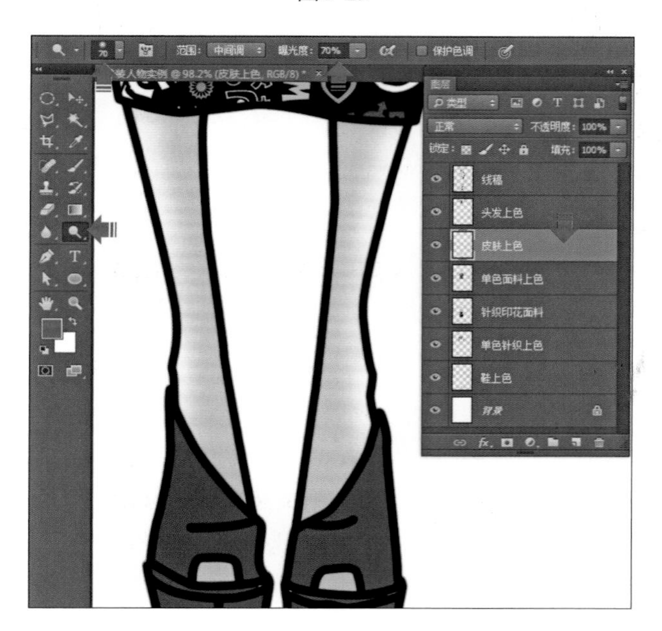

图6-30

31．用同上方法，选择工具箱中的【减淡工具】和【加深工具】，绘制“头发上色”图层中的光影效果，如图6–31所示。

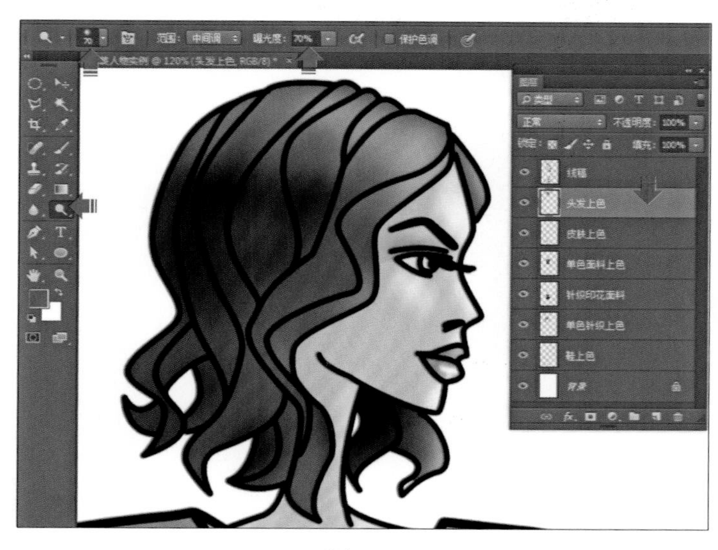

图6–31

32．用同上方法，选择工具箱中的【减淡工具】和【加深工具】，绘制“单色针织上色”图层中的光影效果，如图6–32所示。

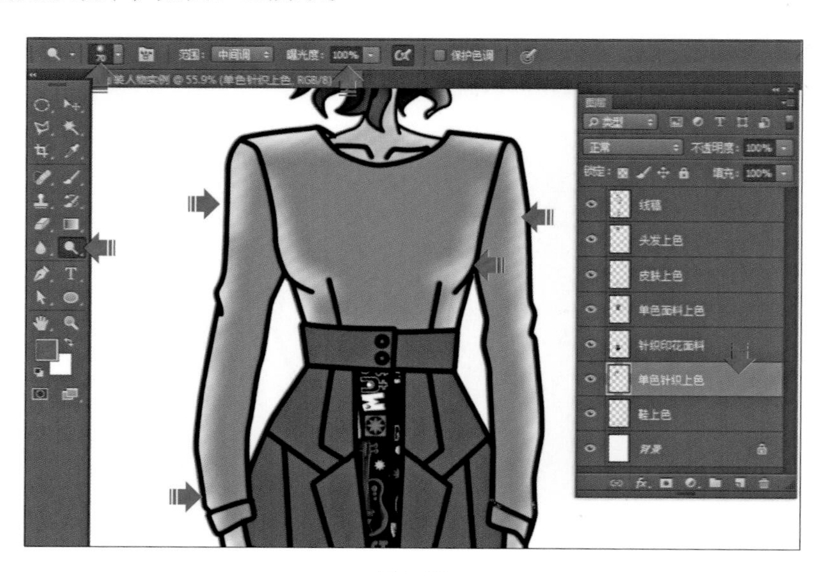

图6–32

33．确认“单色针织上色”图层处于选中的状态下，单击菜单栏上的【滤镜】/【滤镜库】/【纹理】/【纹理化】命令，打开【纹理化】对话框，设置【纹理】为画布、【缩放】为140%、【凸现】为10、【光照】为上，单击确定为“单色针织上色”图层添加肌理效果，如图6–33所示。

34．用同上方法，选择工具箱中的【魔棒工具】，单击选中相应的位置建立选区，选择工具箱中的【减淡工具】和【加深工具】，绘制“单色面料上色”图层中的光影效果，如图6–34所示。按下键盘上的【Ctrl】+【D】键，取消选区。

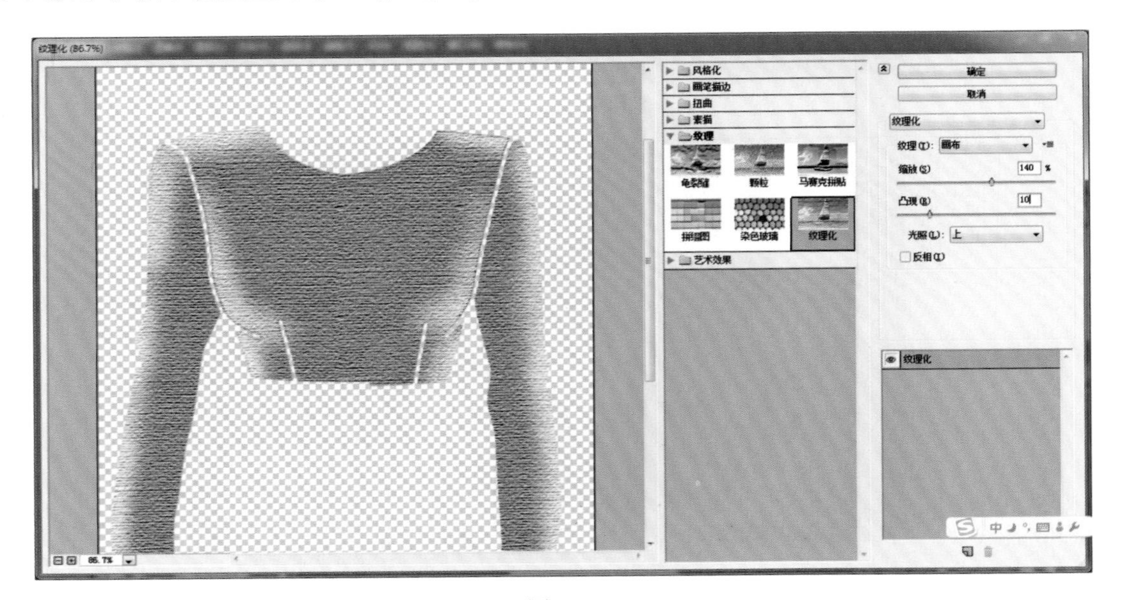

图6–33

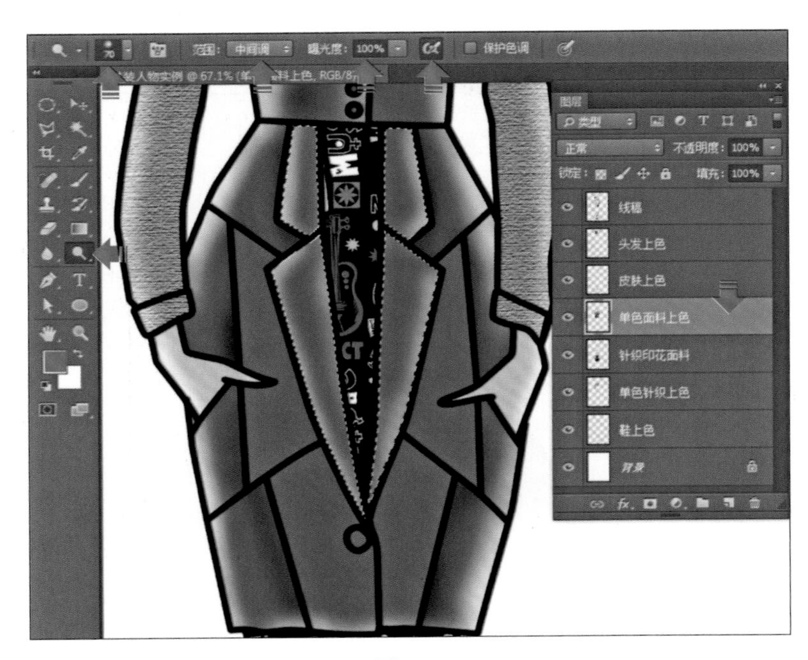

图6–34

35. 确认“单色面料上色”图层处于选中的状态下，单击菜单栏上的【滤镜】/【杂色】/【添加杂色】命令，打开【添加杂色】对话框，设置【数量】为50%，在【平均分布】前方的方框处勾选，在【单色】前方的方框处勾选，设置【光照】为上，单击【确定】为“单色面料上色”图层添加肌理，效果如图6–35所示。

图6–35

36．选择工具箱中的【减淡工具】，设置工具选项栏的【范围】为阴影、【曝光度】为100%，配合键盘上的【[】键和【]】键缩小或者放大画笔，按下【启用喷枪样式建立效果】图标。选中【图层】面板中“针织印花面料”图层，参照图6–36所示，在相应位置涂抹提高相应位置的明度，绘制“针织印花面料”图层的光影效果，如图6–36所示。

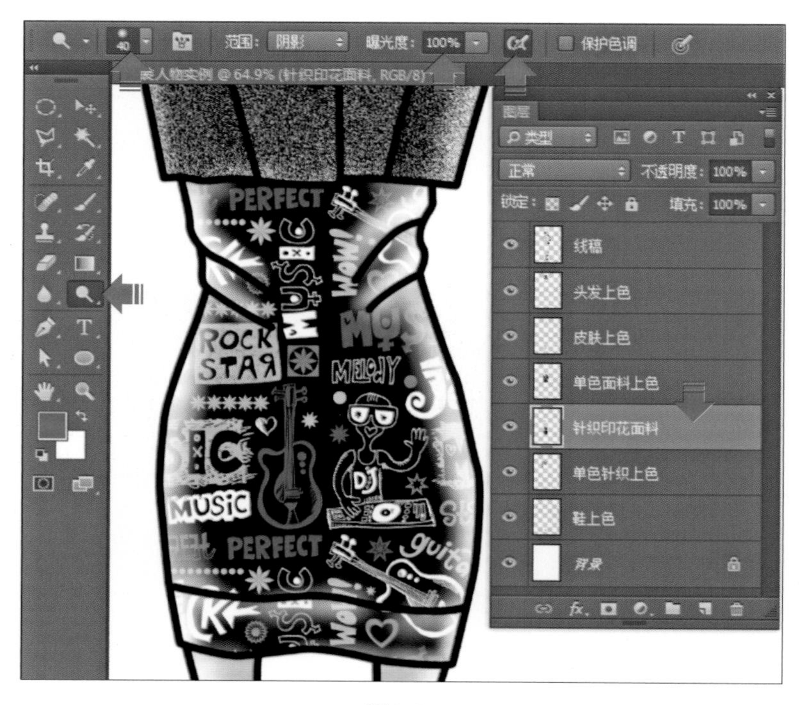

图6–36

37．用同上的方法，参照图6–37所示，在鞋相应位置涂抹提高相应的明度，绘制“鞋上色”图层中的光影效果，如图6–37所示。

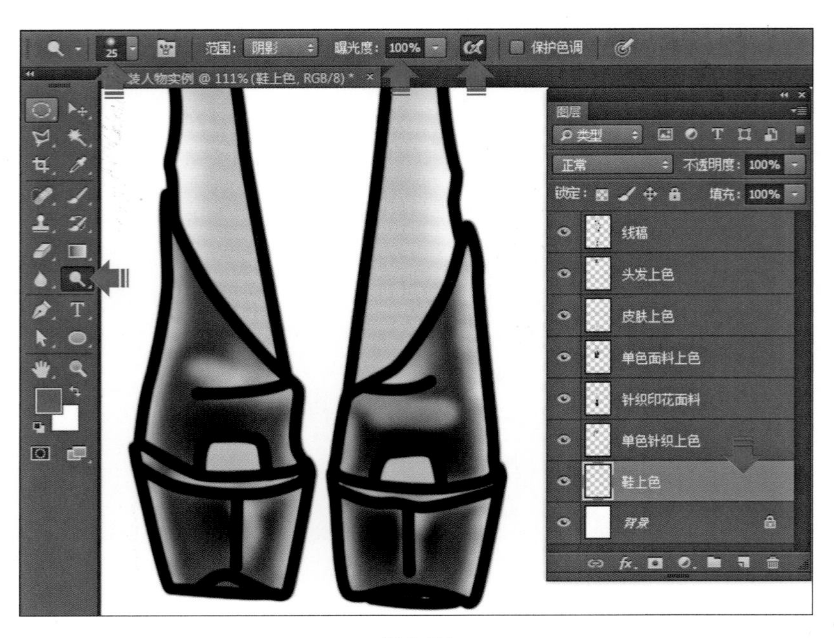

图6-37

38．按住键盘上的【Ctrl】键，连续单击选中“头发上色”“皮肤上色”“单色面料”“单色面料上色”“单色针织面料”“鞋上色”图层，拖拉到【图层】面板下方的【创建新组】图标，将以上图层创建为“组1”，在“组1”名称上双击，修改名称为“上色层”，同上方法创建“时装人物1”图层组。完成“时装效果图（一）”的绘制，效果如图6-38所示。

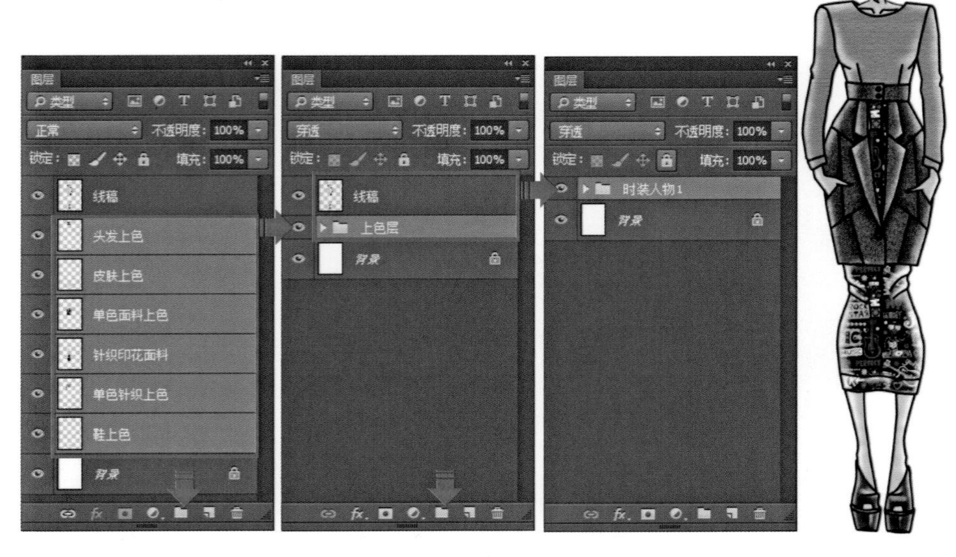

图6-38

第二节　时装效果图（二）的绘制方法

时装效果图（二）的最终绘制完成效果，如图6–39所示。

时装效果图（二）的绘制方法如下：

1. 打开网络教学资源文件中的“时装效果图线稿照片”素材文件，选择该文件，按住鼠标左键，直接拖拉到已经打开的Adobe Photoshop CC软件中，效果如图6–40所示。

图6–39

图6–40

2. 单击菜单栏中的【图像】/【调整】/【去色】命令，将该文件转换为纯黑白的画面效果，如图6–41所示。

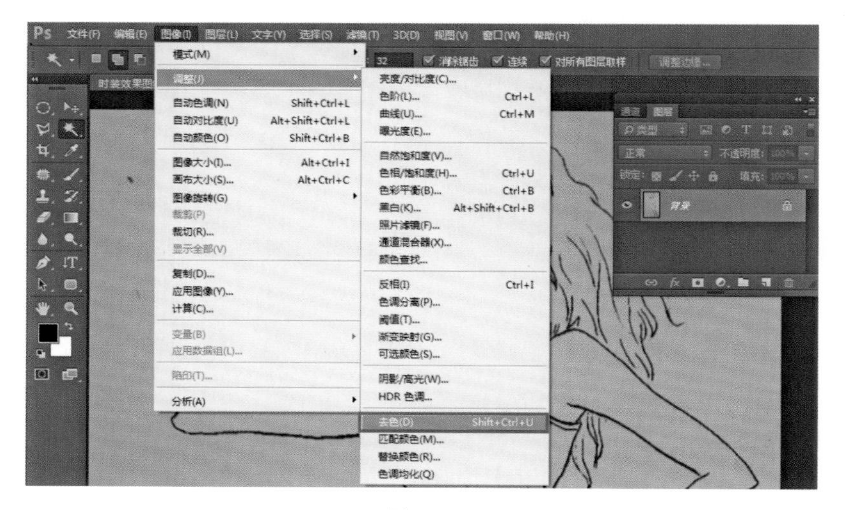

图6–41

3．单击菜单栏中的【图像】/【调整】/【曲线】命令，打开【曲线】对话框，分别按住鼠标左键，选中图6–42中两个红色箭头所示的位置，拖拉曲线至图中所示形状单击【确定】确认效果，调整该文件对比度，效果如图6–42所示。

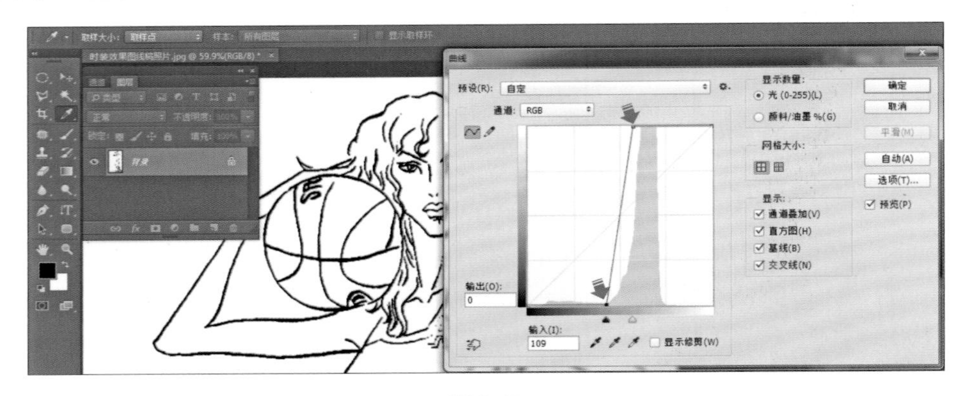

图6–42

4．选择工具箱中的【多边形选择工具】，参照图6–43所示效果，连续单击绘制如图所示选区。

5．单击工具箱中的【默认前景色和背景色】图标，把前景色设置为黑色、背景色设置为白色。按下键盘上的【Ctrl】+【Delete】键，用背景色白色填充选区。按下键盘上的【Ctrl】+【D】键，取消选区，效果如图6–44所示。

图6–43

图6–44

6．选择工具箱中的【矩形选框工具】，单击鼠标左键，参照图6–45所示，拖拉绘制矩形选区，效果如图所示。

7．单击菜单栏中的【图像】/【调整】/【亮度/对比度】命令，打开【亮度/对比度】对话框，设置【亮度】为150、【对比度】为100，单击【确定】，确认调整效果如图6–46所示。按下键盘上的【Ctrl】+【D】键，取消选区。

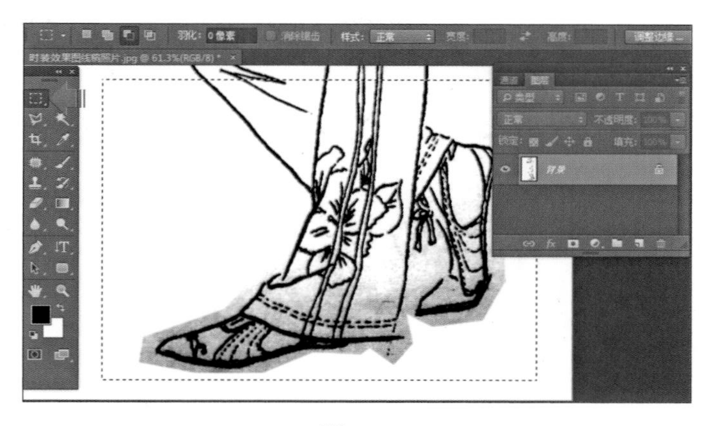

图6–45

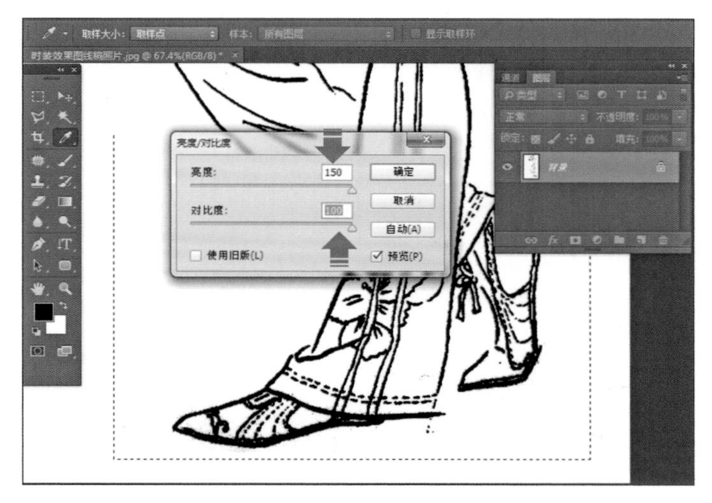

图6–46

8．单击工具箱中的【默认前景色和背景色】图标，把前景色设置为黑色、背景色设置为白色。选择工具箱中的【橡皮擦工具】，配合键盘上的【[】键和【]】键缩小或者放大画笔，参照图6–47中小红色箭头所示的相应位置进行涂抹，擦除多余的黑色像素。

图6–47

9．单击菜单栏中的【图像】/【调整】/【阈值】命令，打开【阈值】对话框，设置【阈值色阶】为200，单击【确定】，确认调整效果，如图6–48所示。

10．单击菜单栏中的【选择】/【色彩范围】命令，打开【色彩范围】对话框框，设置【颜色容差】为200，然后在画面上单击鼠标左键选中的黑色像素，单击【确定】确认选择，如图6–49所示。

图6–48

图6–49

11．所有线稿上的黑色线条（画面上的黑色像素）处于选中的效果，如图6–50所示。

12．按下键盘上的【Ctrl】+【C】键，然后再按下键盘上的【Ctrl】+【V】键，复制并粘贴被选中的线稿像素，双击【图层】面板上粘贴产生的图层“图层1”，改名为“线稿层”，效果如图6–51所示。

13．单击菜单栏上是【文件】/【新建】命令，打开【新建】对话框，设置【名称】为时装人物、【文档类型】为国际标准纸张、【大小】为A4、【宽度】为210毫米、【高度】为297毫米、【分辨率】为300像素/英寸、【颜色模式】为RGB颜色、【背景内容】为白色，单击【确定】图标确认操作，效果如图6–52所示。

图6–50

图6–51

14. 单击选中软件中的时装效果图线稿照片文件，在【图层】面板中选中“线稿层”，按下鼠标左键拖拉到时装人物文件画面中，如图6–53所示，关闭时装效果图线稿照片文件。

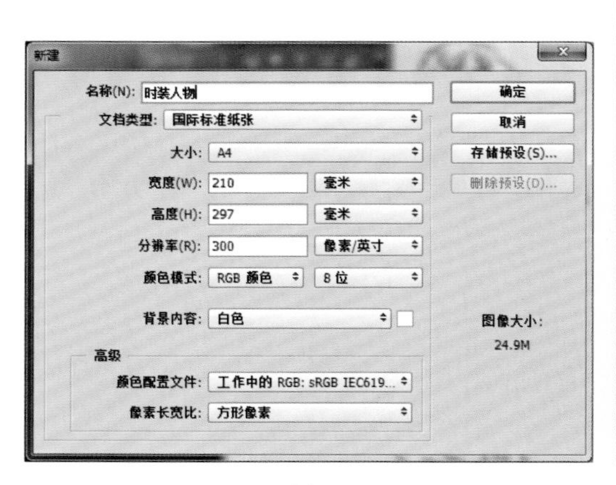

图6–52

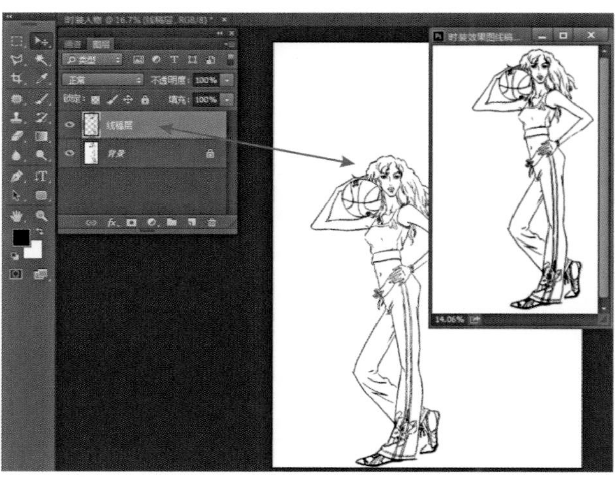

图6–53

15. 确认“线稿层”图层处于选中的状态下，按下键盘上的【Ctrl】+【T】键，或者单击菜单栏中的【编辑】/【自由变换】命令，按住键盘上的【Shift】键，鼠标光标选中“线稿层”图层对象的变换控件界定框的四个边角控制点中的任意一个控制点，按住鼠标左键，向外进行拖拉，等比调整该图层对象的大小，按下键盘上的【Enter】键，确认修改，效果如图6–54所示。

16. 确认【图层】面板中“线稿层”处于选中的状态下，设置【不透明度】为15%，效果如图6–55所示。

图6-54

图6-55

17．选择工具箱中的【钢笔工具】，连续单击【路径】面板下方的【新建新路径】图标，新建8个新路径，分别在新路径名称上双击修改名称为“头发”“皮肤”“篮球”“服装装饰线”“装饰字母上层”“装饰字母下层”“花图案”“服装”路径。选择工具箱中的【钢笔工具】，设置【工具选项栏】中的【选择工具模式】为路径。选中“头发”路径，配合键盘上的【Alt】和【Ctrl】键，绘制时装人物头发路径，效果如图6-56所示。

18．用同上方法绘制“皮肤”路径，效果如图6-57所示。

图6-56　　图6-57

19．用同上方法绘制“篮球”路径，效果如图6-58所示。

20．用同上方法绘制“服装装饰条”路径，效果如图6-59所示。

21．用同上方法绘制“装饰字母上层”路径，效果如图6-60所示。

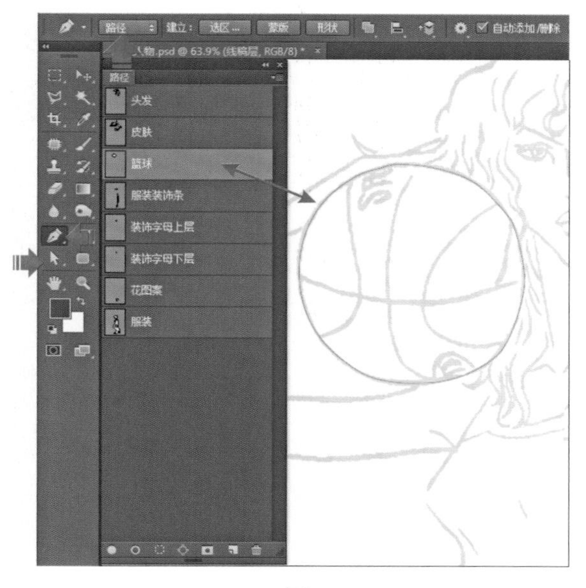

图6-58

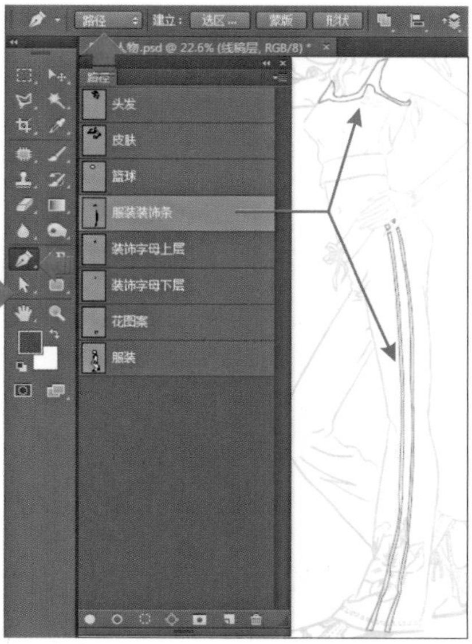

图6-59

22．用同上方法绘制“装饰字母下层”路径，效果如图6-61所示。

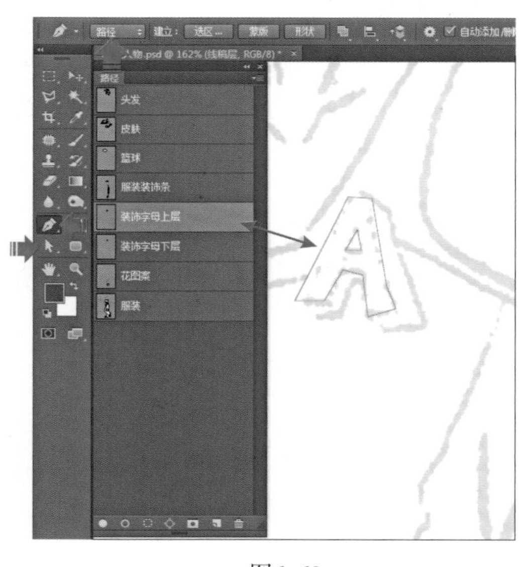

图6-60

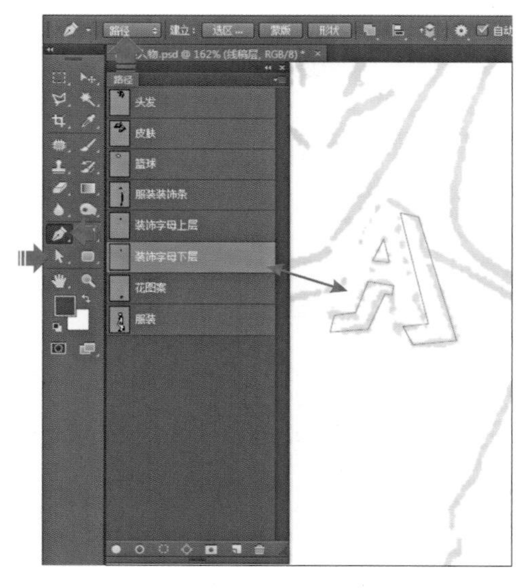

图6-61

23．用同上方法绘制“花图案”路径，效果如图6-62所示。

24．用同上方法绘制“服装”路径，效果如图6-63所示。

25．在【路径】面板下方空白处（红色箭头所示位置）单击，取消路径显示。选中【图层】面板中的“背景”图层，连续单击【图层】面板下方的【新建新图层】图标、新建8个新图层，分别在新图层名称上双击修改名称为“头发上色”“皮肤上色”“篮球上色”“服装装饰线上色”“装饰字母上层上色”“装饰字母下层上色”“花图案上色”“服装上色”图层。鼠标左键单击选中【图层】面板中“线稿层”图层，设置该图层的【不透明度】为

100%，效果如图6-64所示。

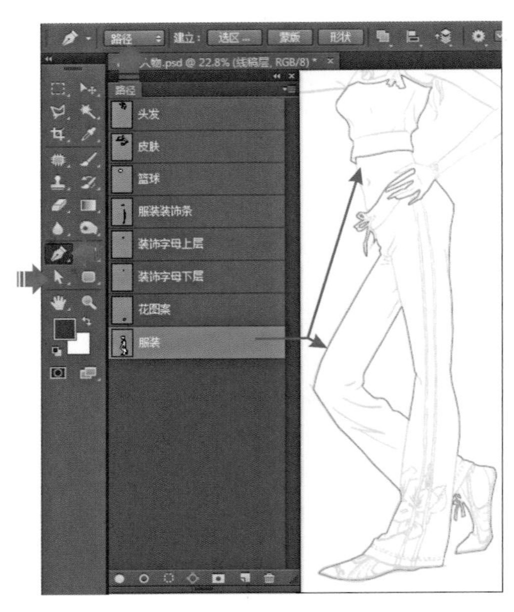

图6-62

图6-63

26．单击选中【图层】面板“背景”图层，单击选中【色板】面板中的“50%灰色”，按下键盘上的【Alt】+【Delete】键，用选中的前景色填充到“背景”图层，效果如图6-65所示。

图6-64

图6-65

27．单击选中【图层】面板中的“服装上色”图层，在【色板】面板中选择“白色”作为前景色，单击选中【路径】面板中的“服装”路径，使“服装”路径处于显示状态，单击【路径】面板下方的【用前景色填充路径】图标，将白色前景色填充到“服装上色”图层，效果如图6-66所示。

图6-66

28．用同上方法，在【色板】面板中选择【红色】，填充“花图案上色”图层，要特别注意的是，在填充路径时一定要确认把颜色填充到相应的图层上，效果如图6-67所示。

图6-67

29．用同上方法，在【色板】面板中选择【红色】，填充“装饰字母上层上色”图层，效果如图6-68所示。

30．用同上方法，在【色板】面板中选择【黑色】，填充“装饰字母下层上色”图层，效果如图6-69所示。

图6-68

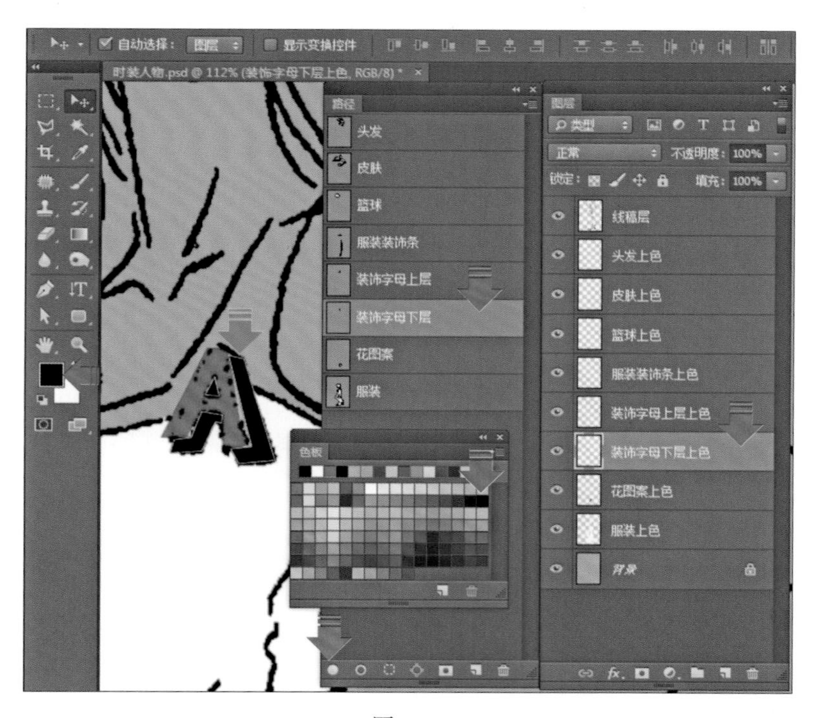

图6-69

31．用同上方法，在【色板】面板中选择【纯洋红色】，填充“服装装饰条上色”图层，效果如图6-70所示。

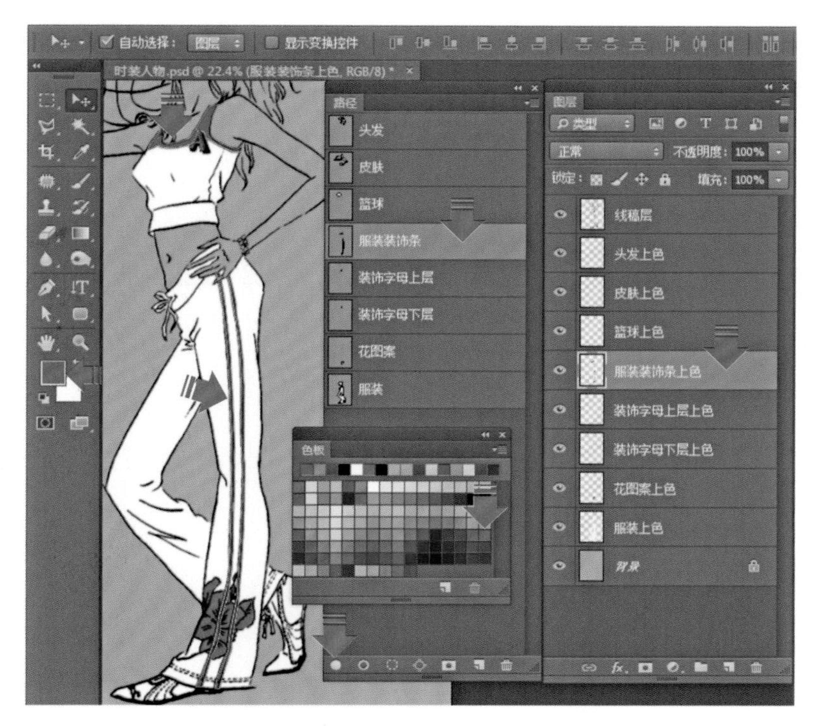

图6–70

32. 用同上方法，在【色板】面板中选择【深黑暖褐色】，填充“篮球上色”图层，效果如图6–71所示。

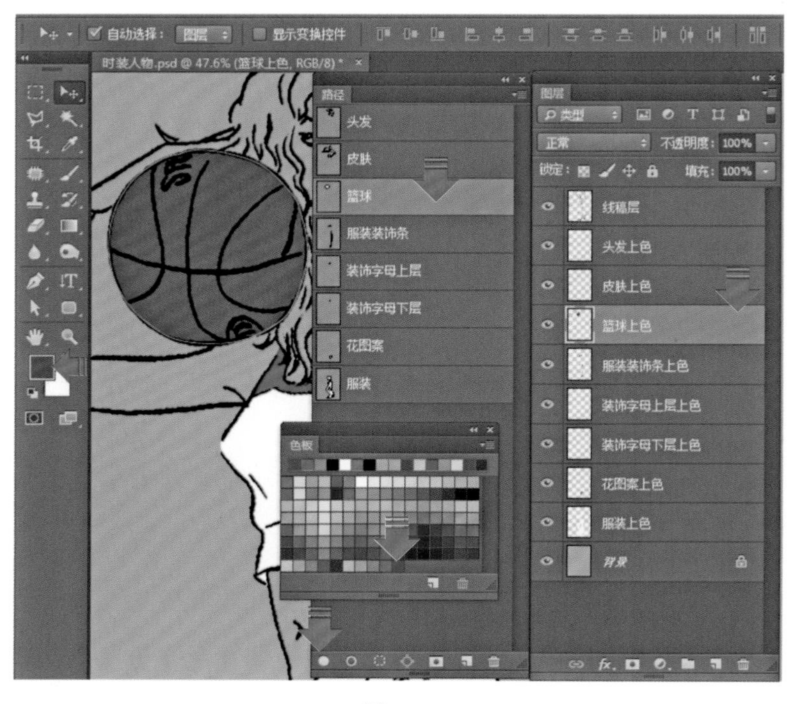

图6–71

33．用同上方法，在【色板】面板中选择【蜡笔黄橙色】，填充“皮肤上色”图层，效果如图6–72所示。

图6–72

34．用同上方法，单击工具箱中的前景色图标，打开【拾色器（前景色）】面板，选择前景色为R:74、G:37、B:1，单击【确定】确认色彩选择，填充“头发上色”图层，效果如图6–73所示。

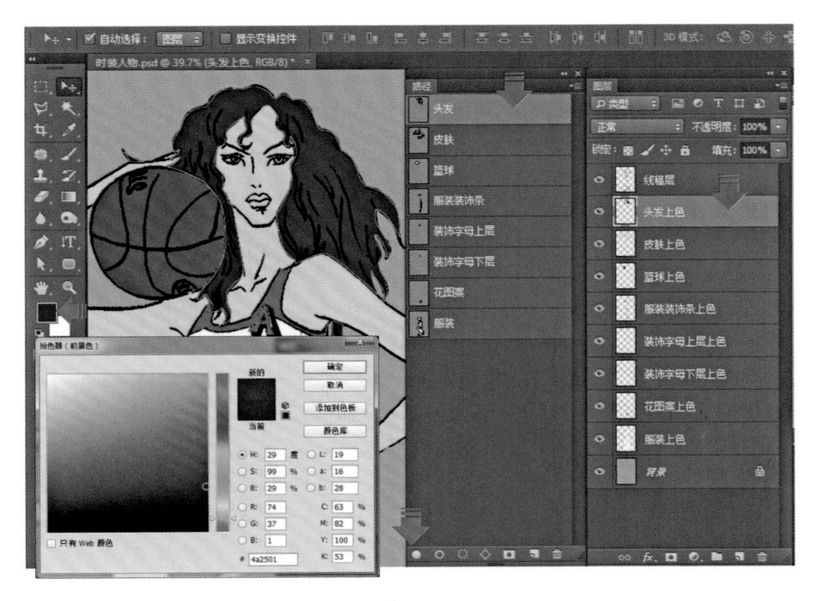

图6–73

35．按住键盘上的【Ctrl】键，连续单击选中“头发上色”“皮肤上色”“篮球上色”“服装装饰条上色”“服装装饰字母上层上色”“服装装饰字母下层上色”“花图案上色”“服装上色”图层，拖拉到【图层】面板下方的【创建新组】图标，将以上图层创建为“组1”，在“组1”名称上双击，修改名称为“上色组”，效果如图6–74所示。

图6–74

36. 选择工具箱中的【减淡工具】，设置工具选项栏的【范围】为中间调、【曝光度】为50%，按下【启用喷枪样式建立效果】图标，配合键盘上的【[】键和【]】键缩小或者放大画笔，选中【图层】面板中“皮肤上色”图层，参照图6–75所示，在相应位置涂抹提高相应造型位置的明度，绘制“皮肤上色”图层的光影效果如图6–75所示。

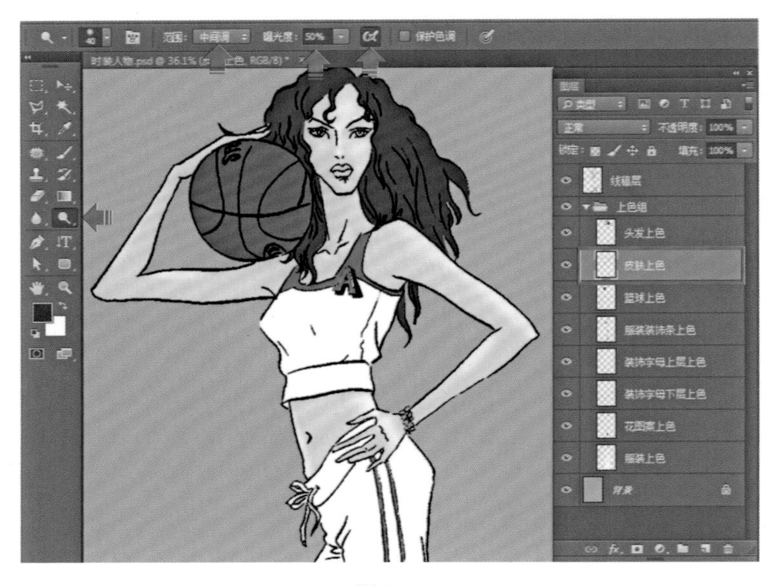

图6–75

37．选择工具箱中的【多边形选择工具】，确认【图层】面板中的“皮肤上色”图层处于选中的状态下，参照图6–76所示，在时装人物头部的嘴巴位置连续单击鼠标左键绘制嘴巴选区，在【色板】面板中选择【蜡笔洋红色】，按下键盘上的【Alt】+【Delete】键，用前景色填充“皮肤上色”图层上的嘴巴选区，效果如图6–76所示。

38．选择工具箱中的【减淡工具】，设置工具选项栏的【范围】为中间调、【曝光度】为100%，按下【启用喷枪样式建立效果】图标。配合键盘上的【[】键和【]】键缩小或者放大画笔，按下鼠标左键，在相应的画面位置拖拉，绘制时装人物嘴唇部分的高光效果如图6–77所示。按下键盘上的【Ctrl】+【D】键，取消选区。

图6–76

图6–77

39．选择工具箱中的【多边形选择工具】，单击选中【图层】面板中的“皮肤上色”图层，参照图6–78所示效果，连续单击绘制如图所示选区。选择工具箱中的【画笔工具】，设置工具选项栏中【“画笔预设”选取器】中画笔样式为柔边圆、【不透明度】为50%、【流量】为30%，按下【启用喷枪样式建立效果】图标。在【色板】面板中选择“蜡笔洋红色”，参照图6–78所示效果，在如图所示的画面位置按下鼠标左键拖拉绘制眼影效果，如图6–78所示。按下键盘上的【Ctrl】+【D】键，取消选区。

40．选择【图层】面板中的“头发上色”图层，选择工具箱中的【加深工具】，设置工具选项栏中的【曝光度】为50%，配合键盘上的【[】键和【]】键缩小或者放大画笔，按下鼠标左键，在相应的画面位置拖拉，绘制时装人物头发部分的阴影，效果如图6–79所示。

41．确认【图层】面板中“头发上色”图层处于选中的状态下，选择工具箱中的【减淡工具】，设置工具选项栏的【范围】为中间调、【曝光度】为100%，按下【启用喷枪样式建立效果】图标，配合键盘上的【[】键和【]】键缩小或者放大画笔，按下鼠标左键，在相应的位置拖拉，绘制时装人物头发的光影效果，如图6–80所示。

42．单击菜单栏上的【图像】/【调整】/【色相/饱和度】命令，打开【色相/饱和度】对话框，参照图6–81所示设置【色相】为0、【饱和度】为–50、【明度】为0，单击【确定】，确认调整时装人物头发上色的纯度，效果如图6-81所示。

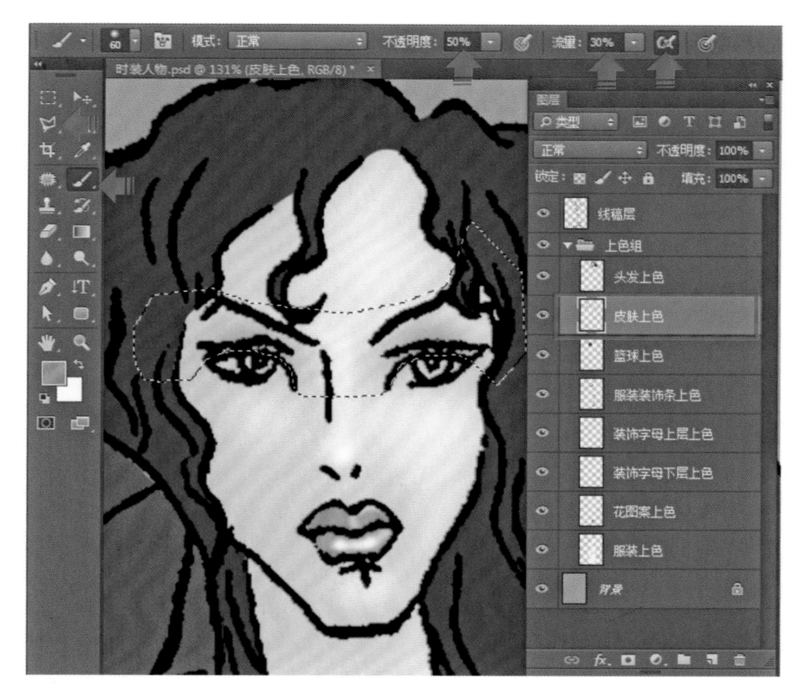

图6-78

图6-79

43. 确认【图层】面板中“头发上色”图层处于选中的状态下，单击菜单栏上的【滤镜】/【滤镜库】，打开【滤镜库】对话框，选择【艺术效果】/【木刻】效果，设置【色阶数】为7、【边缘简化度】为0，【边缘逼真度】为1，单击【确定】，确认“头发上色”图层的滤镜处理效果，如图6–82所示。

图6–80

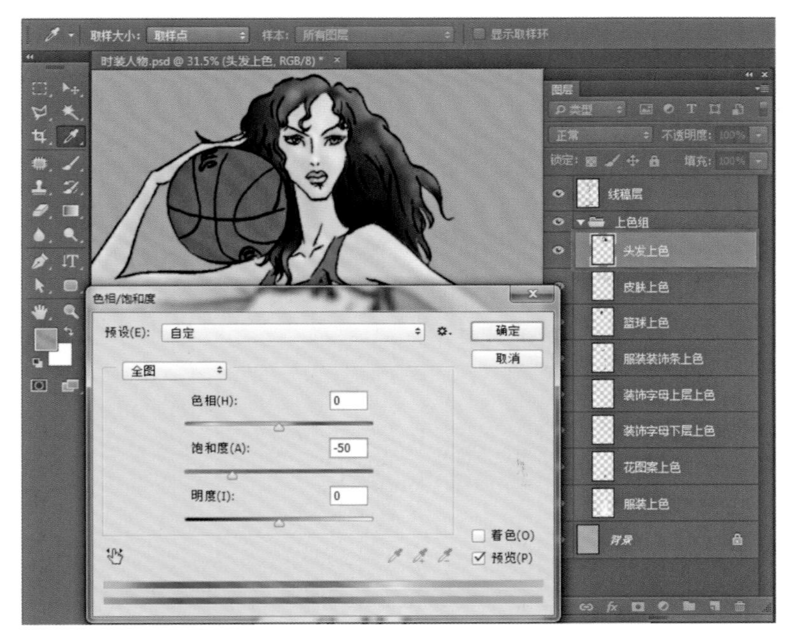

图6–81

44．单击选中【图层】面板中“篮球上色”图层，选择工具箱中的【减淡工具】，设置工具选项栏的【范围】为中间调、【曝光度】为100%，按下【启用喷枪样式建立效果】图标；配合键盘上的【[】键和【]】键缩小或者放大画笔，按住鼠标左键，参照图6–83所示，在相应的位置拖拉，绘制“篮球上色”图层的光影效果，如图6–83所示。

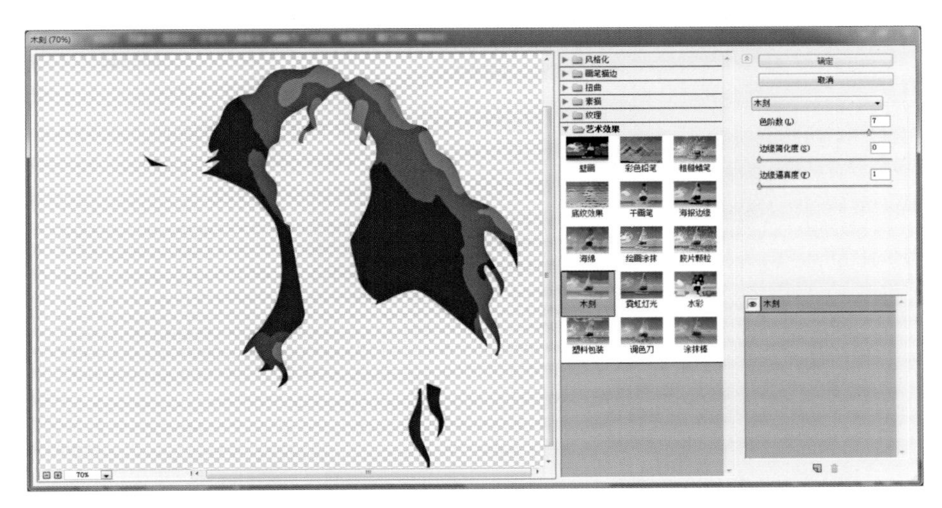

图6–82

图6–83

45．确认【图层】面板中“篮球上色”图层处于选中的状态下，单击菜单栏上的【滤镜】/【滤镜库】命令，打开【滤镜库】对话框，选择【纹理】/【拼缀图】效果，设置【方形大小】为5、【凸现】为7，单击【确定】，确认“篮球上色”图层的滤镜处理效果，如图6–84所示。

46．单击菜单栏上的【图像】/【调整】/【色相/饱和度】命令，打开【色相/饱和度】对话框，参照图6–85所示设置【色相】为0、【饱和度】为–20、【明度】为0，单击【确定】，确认调整“篮球上色”图层的色彩纯度，效果如图6–85所示。

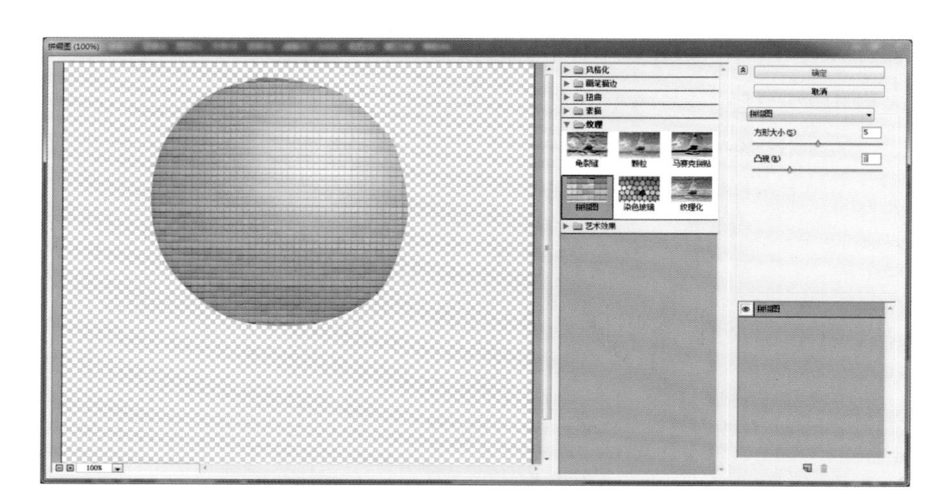

图6-84

图6-85

47. 单击【图层】面板中的“背景”图层前方的眼睛图标，暂时隐藏“背景”图层，同时按下键盘上的【Shift】+【Ctrl】+【Alt】键，盖印可见图层产生“图层1”，双击图层名称更改名称为“时装人物投影”，如图6-86所示。

48. 按住键盘上的【Ctrl】键，鼠标左键在【图层】面板中单击“时装人物投影”图层前方的缩略图，这样就在“时装人物投影”图层有效像素外围轮廓处产生了选区。选择【色板】面板中的“90%黑色”，按下键盘上的【Alt】+【Delete】键，用前景色填充“时装人物投影”图层选区，效果如图6-87所示；按下键盘上的【Ctrl】+【D】键，取消选区。

49. 确认【图层】面板中“时装人物投影”图层处于选中的状态下，按下键盘上的【Ctrl】+【T】键，或者单击菜单栏上的【编辑】/【自由变换】命令，按住键盘上的【Ctrl】键，参照图6-88所示，调整“时装人物投影”图层的形状，效果如图6-88所示。

50. 确认【图层】面板中“时装人物投影”图层处于选中的状态下，单击【图层】面板下方的【添加图层蒙版】图标，在“时装人物投影”图层建立图层蒙版。在【色板】面板中选择“90%黑色”，选择工具箱中的【画笔工具】，设置工具选项栏上的【“画笔预设”选取器】中画笔样式为柔边圆，设置画笔【大小】为1000、【不透明度】为50%、【流量】为50%，按下【启用喷枪样式建立效果】图标。参照图6-89所示，在图层蒙版上涂抹，绘制投影的渐变效果，如图6-89所示；单击【图层】面板中“背景”图层前方的眼睛图标，显示“背景”图层。

图6-86

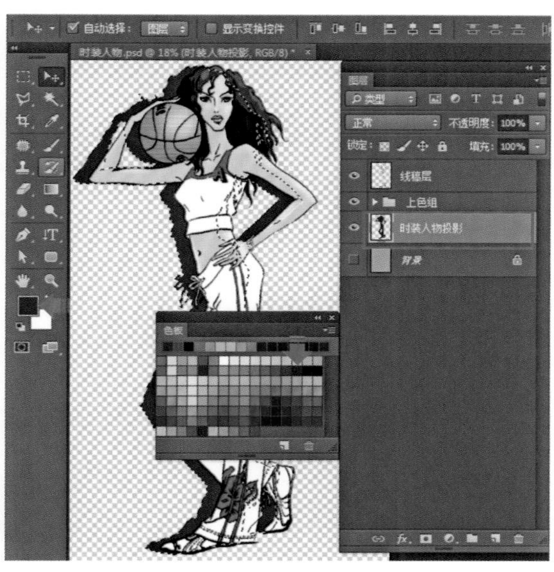

图6-87

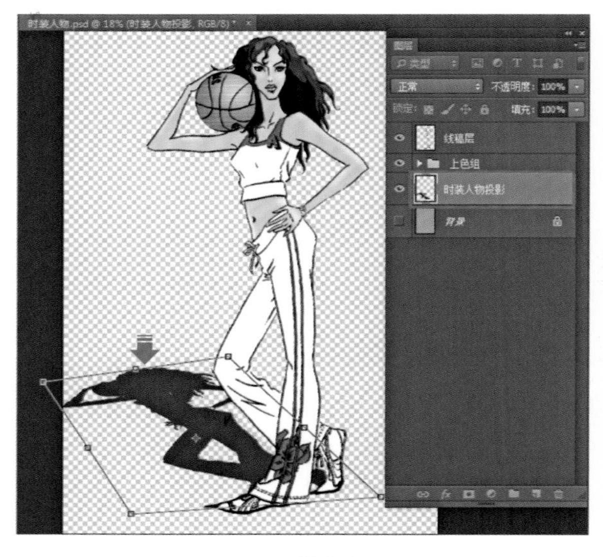

图6-88

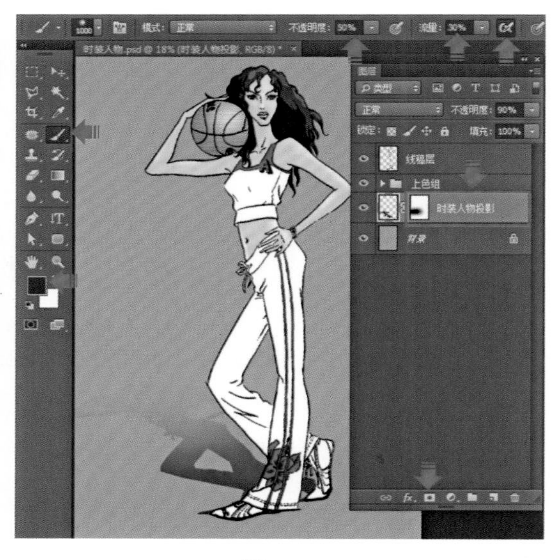

图6-89

51. 确认【图层】面板中“背景”图层处于选中的状态下，单击菜单栏上的【滤镜】/【滤镜库】命令，打开【滤镜库】对话框，选择【纹理】/【纹理化】效果，设置【纹理】为砂岩、【缩放】为200%、【凸现】为19，单击【确定】，确认为“背景”图层添加滤镜效果，如图6-90所示。

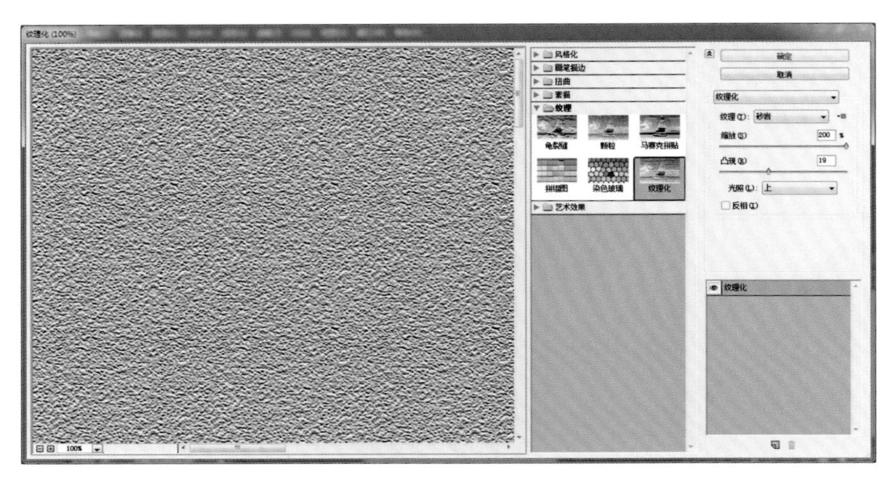

图6–90

52．时装效果图（二）的最终绘制完成效果，如图6–91所示。

图6–91

第三节　系列时装效果图（参赛时装效果图）的绘制方法

系列时装效果图（参赛时装效果图）的最终绘制完成效果，如图6–92所示。

系列时装效果图（参赛时装效果图）的绘制方法如下：

1．单击菜单栏上的【文件】/【新建】命令，打开【新建】对话框，设置【名称】为时装人物实例、【文档类型】为国际标准纸张、【大小】为自定、【宽度】为420毫米、【高度】为297毫米、【分辨率】为300像素/英寸、【颜色模式】为RGB颜色、【背景内容】为白色，单击【确定】图标确认操作，如图6–93所示。

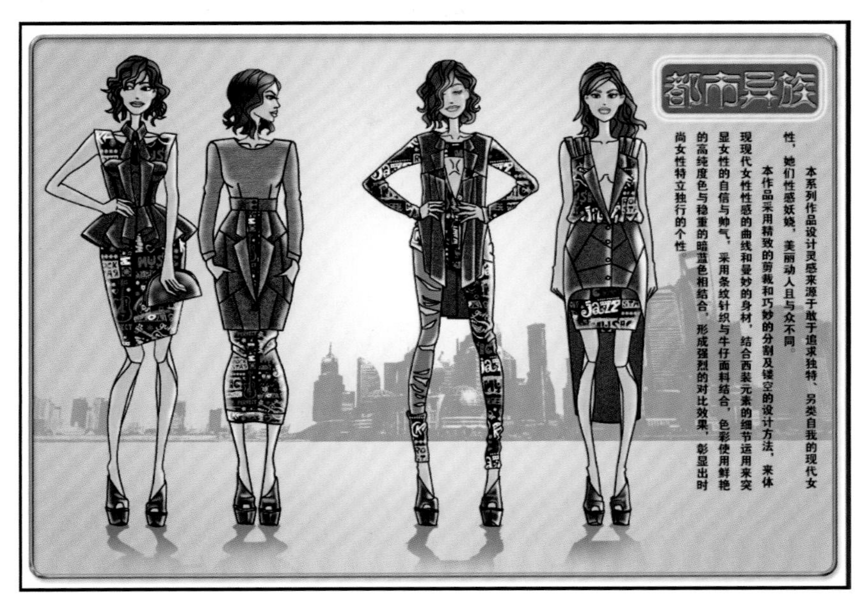

图6–92

2. 单击【图层】面板下方的【新建新路径】图标，新建图层“图层1”，在图层名称上双击改名为“背景肌理1”；选择工具箱中的【渐变工具】，在工具选项栏前方【点按可编辑渐变】的色彩渐变图标上单击，打开【渐变编辑器】面板，参照图6–94所示，设置一个从浅灰色到白色的渐变色，单击【确定】确认编辑，效果如图6–94所示。

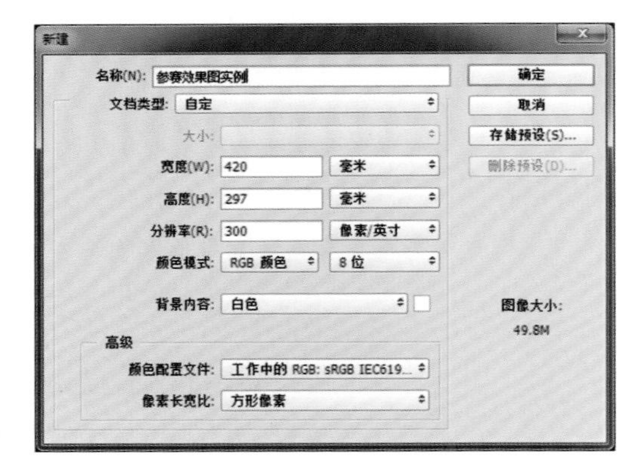

图6–93

3. 确认【图层】面板中“背景肌理1”图层处于选中的状态下，选中工具箱中的【渐变工具】，单击按下工具选项栏里的【径向渐变】图标，在画面中心按住鼠标左键向外拖拉，然后放开鼠标左键，为该图层添加渐变效果，效果如图6–95所示。

4. 打开网络教学资源文件中的“城市效果照片”素材，在该文件上按住鼠标左键不要松开，拖拉到软件的菜单栏或者工具选项栏上的空白处放开鼠标左键，打开该文件，效果如图6–96所示。

5. 单击菜单栏上的【图像】/【修改】/【阈值】命令，打开【阈值】面板，设置【阈值色阶】为120，单击【确定】，确认图像修改，效果如图6–97所示。

6. 单击菜单栏上的【选择】/【色彩范围】命令，打开【色彩范围】面板，此时鼠标光标会变为吸管的形状，鼠标左键在画面上的黑色处单击，设置面板上的【色彩容差】为200，单击【确定】，确认选中画面上的黑色像素部分，如图6–98所示。

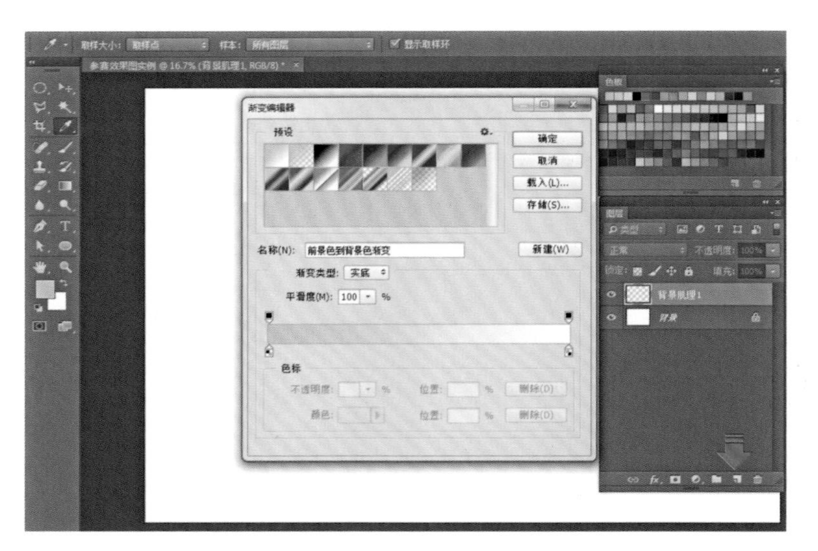

图6-94

图6-95

图6-96

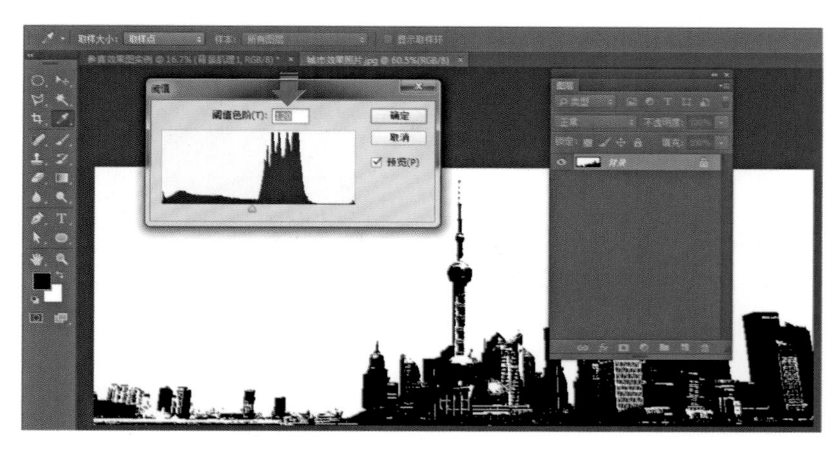

图6–97

图6–98

7. 按下键盘上的【Ctrl】+【C】键，再按下键盘上的【Ctrl】+【V】键，复制并粘贴背景图层上的黑色像素，并自动在【图层】面板中形成名称为“图层1”的新图层。然后鼠标左键在文档窗口上方的“城市效果照片”名称上按住，在不松开鼠标左键的状态下向下拖拉，放开鼠标左键，使该文件框处于悬浮状态；单击选中【图层】面板中的“图层1”图层，按下鼠标左键不要松开，拖拉至“参赛效果图实例”文件的页面上，效果如图6–99所示。关闭“城市效果照片”文件。

8. 确认【图层】面板上“图层1”图层处于选中的状态下，按下键盘上的【Ctrl】+【T】键，或者单击菜单栏上的【编辑】/【自由变换】命令，在“图层1”图层图像内容周围会出现变换控件定界框。按住键盘上的【Shift】键，在用鼠标左键按住变形框角点向外拖拉，等比例放大“图层1”，并参照图6–100所示调整该图层的位置，按下键盘上的【Enter】，确认“图层1”的图像缩放，效果如图所示。

9. 确认【图层】面板上“图层1”图层处于选中的状态下，单击菜单栏上的【图像】/【调整】/【色相/饱和度】命令，打开【色相/饱和度】对话框，设置【色相】为0、【饱和度】为0、【明度】为60，单击【确定】确认对该图层明度的调整。鼠标左键在“图层1”名称上双击改名称为“城市背景肌理”，效果如图6–101所示。

图6-99

图6-100

图6-101

10．分别在软件中打开网络教学资源文件中的“时装人物1”“时装人物2”“时装人物3”“时装人物4”素材，选择工具箱中的【移动工具】，在工具选项栏上的【自动选择】命令前的方框内勾选，在【自动选择组或图层】图标上按下鼠标左键，并在下拉菜单里选择【组】。分别选择四个时装人物素材，在【图层】面板中选择“时装人物”图层组，按住鼠标左键不要松开，拖拉至“参赛效果图实例”文件中，并分别关闭四个时装人物素材文件，效果如图6–102所示。

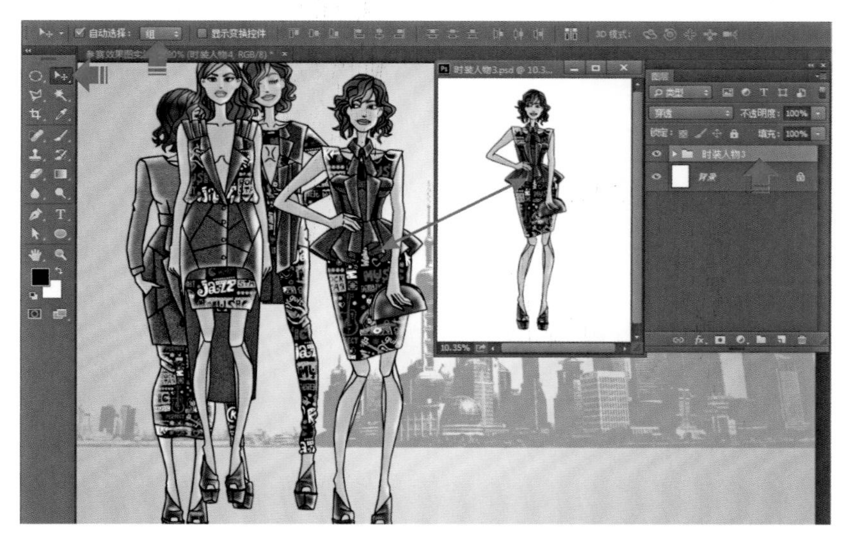

图6–102

11．参照图6–103所示，用工具箱中的【移动工具】，移动四个时装人物素材到合适位置。

图6–103

12．按住键盘上的【Ctrl】键，分别连续单击加选选中【图层】面板中的“时装人物1”“时装人物2”“时装人物3”“时装人物4”图层组，按下键盘上的【Ctrl】+【T】键，或者单击菜单栏上的【编辑】/【自由变换】命令，在四个图层图像周围会出现变换控件定界框。按下键盘上的【Shift】键，再用鼠标左键按住变形框角点向内拖拉，等比例缩小四个图层组素材，并参照图6-104所示调整该图层的位置，按下键盘上的【Enter】键，确认四个时装人物图层组的缩放。

图6-104

13. 鼠标左键分别在【图层】面板中的“城市背景肌理”“背景肌理1”“背景”图层前方的眼睛图标上单击，暂时隐藏这三个图层，效果如图6-105中红色箭头所指。

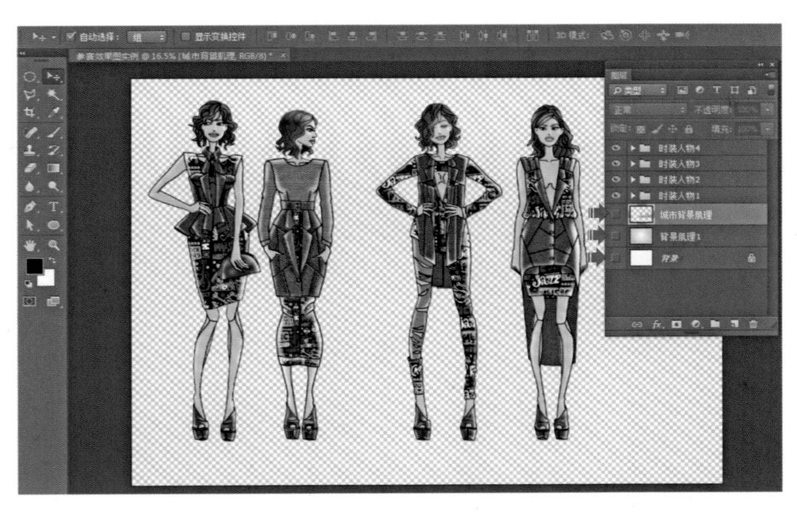

图6-105

14. 同时按下键盘上的【Shift】+【Ctrl】+【Alt】+【E】键，盖印可见图层产生“图层1”，双击图层名称更改名称为“倒影”。按下键盘上的【Ctrl】+【T】键，或者单击菜单栏上的【编辑】/【自由变换】命令，在“倒影”图层的图像周围会出现变换控件定界框，鼠标左键按下变换控件定界框上方的控制点向下进行拖拉到合适的位置，效果如图6-106所示；按下键盘上的【Enter】键，确认“倒影”图层的变换。

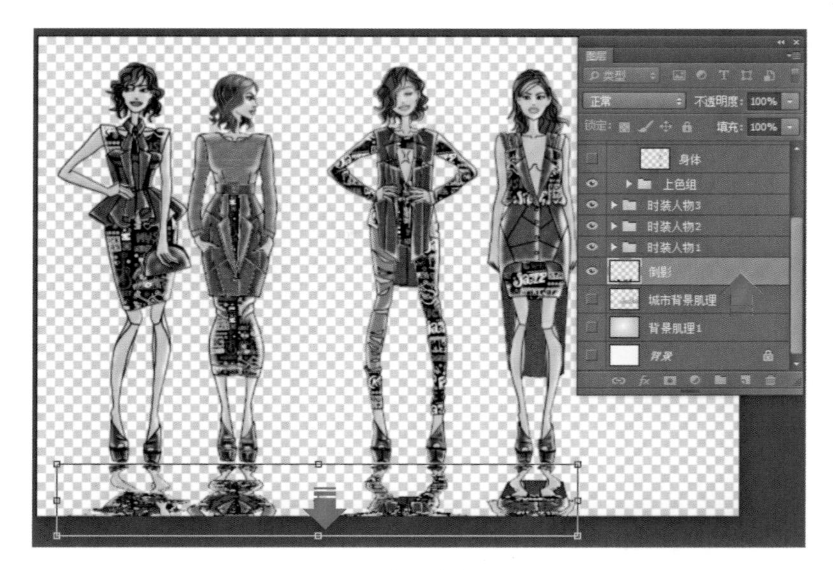

图6-106

15. 选择工具箱中的【渐变工具】，在工具选项栏前方的【点按可编辑渐变】的色彩渐变图标上单击，打开【渐变编辑器】面板，参照图6-107所示，设置一个从黑色到浅灰的渐变色，单击【确定】确认编辑；在确认【图层】面板中“倒影”图层处于选中的状态下，按住键盘上的【Ctrl】键，在【图层】面板中的“倒影”前方的缩略图上单击鼠标左键，这样就在“倒影”图层有效像素外围轮廓处产生了选区，效果如图6-107下方红箭头所示。

图6-107

16. 确认【图层】面板中“倒影”图层处于选中的状态下，在工具箱中的【渐变工具】，单击按下工具选项栏里的【线性渐变】图标，在画面中心按下鼠标左键向下拖拉，然后放开鼠标左键，为该图层添加渐变效果，如图6–108所示；按下键盘上的【Ctrl】+【D】键，取消选区。

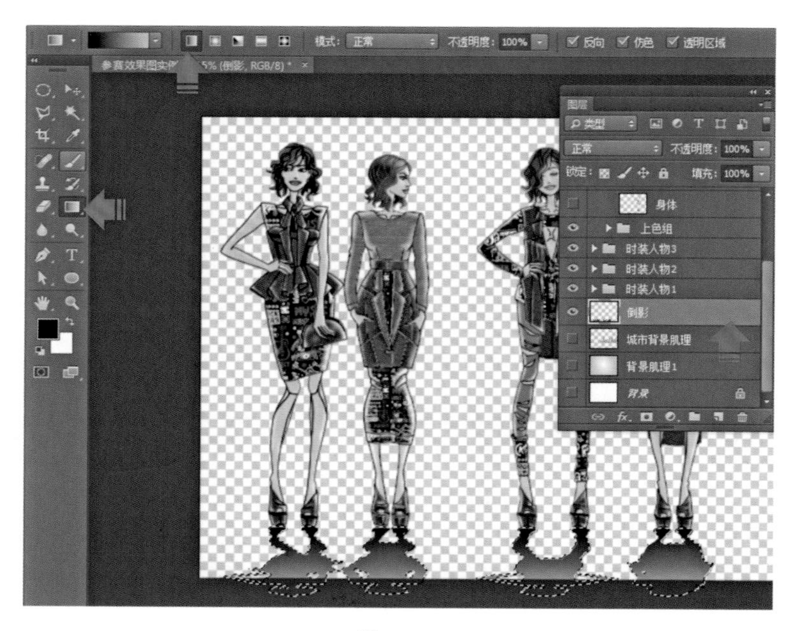

图6–108

17. 分别单击【图层】面板中的“城市背景肌理”“背景肌理1”“背景”图层前方的眼睛图标，分别取消隐藏这三个图层，选择【图层】面板中的“倒影”图层，设置【图层】面板上方的【不透明度】为50%，效果如图6–109所示。

图6–109

18. 确认【图层】面板中“倒影”图层处于选中的状态下，单击【图层】面板下方的【添加图层蒙版】图标，在“倒影”图层建立图层蒙版。单击工具箱中的【默认前景色和背景色】图标，设置前景色为黑色，选择工具箱中的【画笔工具】，设置工具选项栏上的【“画笔预设”选取器】中【画笔样式】为柔边圆、画笔【大小】为400、【不透明度】为100%、【流量】为50%，参照图6-110所示，按下鼠标左键在该图层相应位置上涂抹，绘制“倒影”图层的透明渐变效果；按住键盘上的【Ctrl】键，连续单击加选选中【图层】面板中的“倒影”“城市背景肌理”“背景肌理1”图层，拖拉到【图层】面板下方的【创建新组】图标，将以上图层创建为“组1”，在“组1”名称上双击，修改名称为“背景组”，效果如图6-110所示。

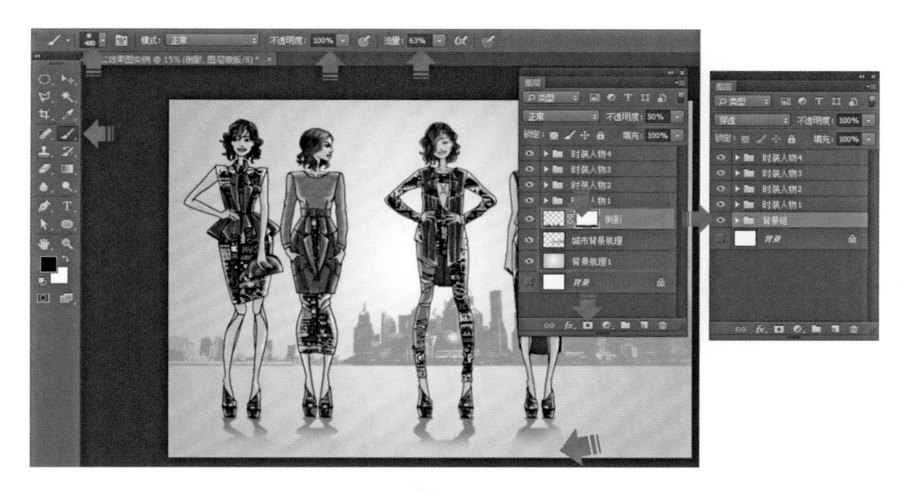

图6-110

19. 单击【图层】面板下方的【新建新图层】图标，新建名为“图层8”的新图层，确认该图层处于选中的状态下，选择工具箱中的【圆角矩形工具】，设置工具选项栏上的【选择工具模式】为路径、【半径】为50，参照如图6-111所示，在画面上按住鼠标左键，拖拉绘制圆角矩形，效果如图所示。

图6-111

20. 确认【图层】面板中的“图层8”处于选中的状态下，单击【色板】面板中的“70%灰色”，单击【路径】面板下方的【用前景色填充路径】图标，用该颜色填充路径，效果如图6–112所示。

图6–112

21. 确认【图层】面板中的“图层8”处于选中的状态下，单击【样式】面板上方的向下倒三角图标，在弹出的下拉菜单内选择【复位样式】命令，单击【样式】面板中的【双环发光（按钮）】图标，为“图层8”添加图层样式，效果如图6–113所示。

图6–113

22. 选择工具箱中的【横排文字工具】，设置工具选项栏上的【字号】为55点。参照图

6–114所示，在相应的位置输入文字“都市异族”，效果如图6–114所示。

图6–114

23．选择工具箱中的【横排文字工具】，在“都市异族”文字上单击拖拉选中文字，设置工具选项栏上的【字体】为“迷你细珊瑚”，效果如图6–115所示。

图6–115

24．确认【图层】面板中的“都市异族”图层处于选中的状态下，单击【样式】面板上方的向下倒三角图标，在弹出的下拉菜单内选择【Web样式】命令，单击【样式】面板中的【高光拉丝金属】图标，为“都市异族”图层添加图层样式，效果如图6–116所示。

图6-116

25．选择工具箱中的【直排文字工具】，设置工具选项栏上的【字号】为18点。参照图6-117所示的位置，按住鼠标左键拖拉文本框，输入该系列时装的设计说明文字内容，效果如图6-117所示。

图6-117

26．选择工具箱中的【直排文字工具】，在设计说明文字上单击拖拉选中文字，设置工具选项栏上的【字体】为“方正大黑简体”，单击工具箱中的【默认前景色和背景色】图标，把前景色设置为黑色，如图6–118所示。

图6–118

27．按住键盘上的【Ctrl】键，连续单击加选选中【图层】面板中的 “设计说明”文字层、“都市异族”文字层、“图层8”图层，拖拉到【图层】面板下方的【创建新组】图标，将以上图层创建为“组1”，在“组1”名称上双击，修改名称为“文字组”，效果如图6–119所示。

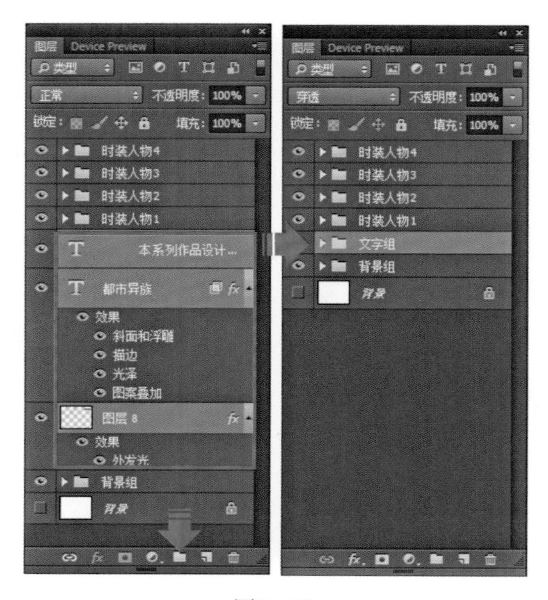

图6–119

28．单击【图层】面板下方的【新建新图层】图标，新建名为“图层9”的新图层，双击图层名称为“边缘”，确认该图层处于选中的状态下，选择工具箱中的【圆角矩形工具】，设置工具选项栏上的【选择工具模式】为路径、【半径】为50，参照图6–120所示，在画面上按住鼠标左键，拖拉绘制圆角矩形，效果如图6–120所示。

图6–120

29．按下键盘上的【Ctrl】+【Enter】键，将圆角矩形路径转换为选区，再次按下键盘上的【Shift】+【Ctrl】+【I】键，或者单击菜单栏上的【选择】/【反选】命令，分别单击选择【图层】面板中的“背景组”内的“倒影”“城市背景肌理”及“背景肌理1”图层，并分别按下键盘上的【Delete】键，删除这三个图层上的选区内的像素内容，效果如图6–121所示。

图6–121

30．确认【图层】面板中的“边缘”图层处于选中的状态下，按下键盘上的【Shift】+【Ctrl】+【I】键，或者单击菜单栏上的【选择】/【反选】命令，单击菜单栏上的【编辑】/

【描边】命令，打开【描边】面板，设置【宽度】为20像素、【颜色】为黑色，单击【确定】确认选区描边，效果如图6–122所示；按下键盘上的【Ctrl】+【D】键，取消选区。

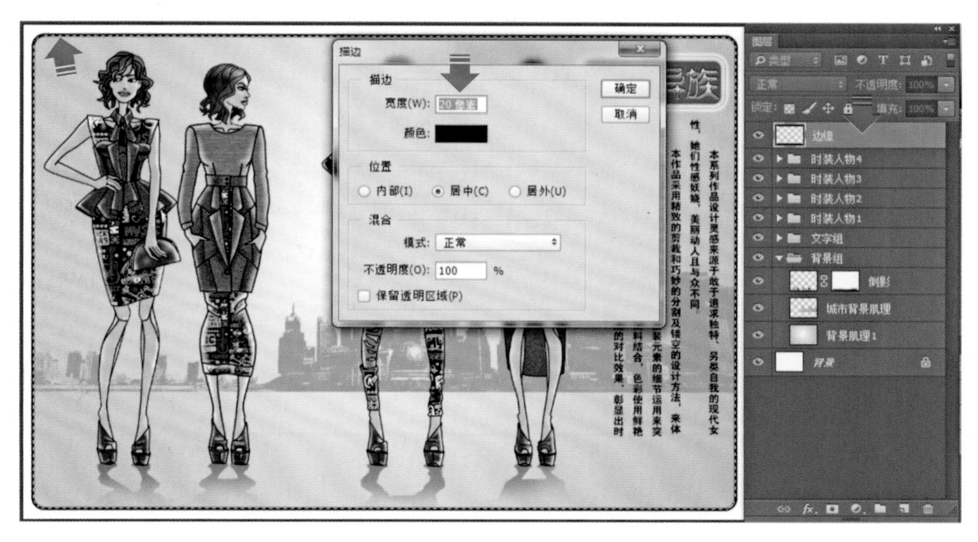

图6–122

31．确认【图层】面板中“边缘”图层处于选中的状态下，单击【样式】面板上方的向下倒三角图标，在弹出的下拉菜单内选择【Web样式】命令，单击【样式】面板中的【水银】图标，为“边缘”图层添加图层样式，效果如图6–123所示。

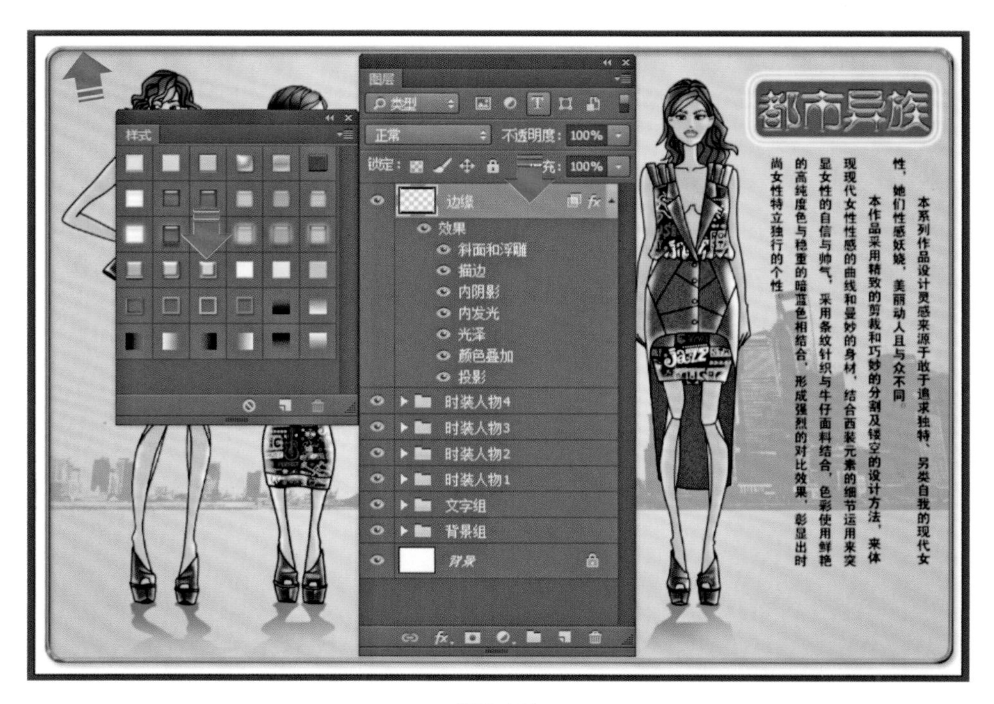

图6–123

32．系列时装效果图（参赛时装效果图）的最终绘制完成效果，如图6–124所示。

都市异族
本系列作品设计灵感来源于敢于追求独特、另类自我的现代女性。她们性感妖娆，美丽动人且与众不同。
本作品采用精致的剪裁和巧妙的分割及镂空的设计方法，来体现现代女性性感的曲线和曼妙的身材，结合西装元素的细节运用来突显女性的自信与帅气。采用条纹针织与牛仔面料结合，色彩使用鲜艳的高纯度色与稳重的暗蓝色相结合，形成强烈的对比效果，彰显出时尚女性特立独行的个性
图层
正常
不透明度：100%
锁定：
填充：100%
边缘
效果
斜面和浮雕
描边
内阴影
内发光
光泽
颜色叠加
投影
时装人物4
时装人物3
时装人物2
时装人物1
文字组
背景组
背景

图6-124